JN349733

How It Ends
Copyright ©2010 by Chris Impey
Korean Translation Copyright ©2012 by Sigongsa Co., Ltd.
All rights reserved.
Korean edition is published by arrangement
With W. W. Norton & Company, Inc., New York
Through Duran Kim Agency, Seoul.

이 책의 한국어판 저작권은 듀란킴 에이전시를 통한 Norton, W. W. & Company와의 독점계약으로 시공사에 있습니다.
저작권법에 의하여 한국 내에서 보호를 받는 저작물이므로 무단 전재와 무단 복제를 금합니다.

세상은 어떻게 끝나는가

크리스 임피 지음 ✱ **박병철** 옮김

시공사

| 차례 |

| 서문 |

우주라는 장대한 이야기

철학자이자 정치가였던 뮤리엘 루카이저Muriel Rukeyser는 말했다. "우주는 원자가 아닌 이야기로 이루어져 있다." 나 역시 이 말에 전적으로 동의한다. 과학의 가장 큰 수수께끼 중 하나는 과학 자체가 모호하면서도 완고한 사실들로 이루어져 있다는 것이다. 과학은 우리에게 세계를 체계적으로 설명해 주고 있으며, 그 앞에서 신화는 더 이상 설 자리가 없다. 우리는 조그만 시공간으로 시작된 우주가 50억 개의 은하로 진화한 이야기를 알고 있으며, 원시 지구에서 역동적으로 움직이던 분자들이 생명체의 살과 피로 변화된 이야기도 알고 있다. 또한 우리는 수백만 종의 생명체들 중 한 특별한 종이 고도로 진화하여 50억 개의 은하를 그들의 머릿속에 담게 된 이야기도 알고 있다.

이 책의 목적은 모든 만물의 '끝'을 조명하는 것이다. 사실 과학의 주된 관심사는 끝이 아니라 '진행되는 과정'이다. 그러나 훌륭한 이야기는 반드시 끝이 있기 마련이다. 덴마크의 유명한 만화가 스톰 피Storm P는 이런 말을 한 적이 있다. "무언가를 예측하기란 결코 쉽지 않다. 특히 미래를 예측하는 것은 가장 어려운 일에 속한다." 이 책에 실린 대부분의 내용은 사실에 기반을 두고 있으나, 결국에는 추론으로 갈 수밖에 없다. 과학자들은 자신이 아는 것과 모르는 것 사이의 경계를 넘나들 때 가장 큰 흥미를 느낀다. 나는 이 책의 상당 부분을 사색적인 고찰에 할애했지만, 독자들이 나름대로 그 가치를 판단해 주기 바란다.

이 책은 인간에서 우주에 이르는 다양한 스케일을 다루고 있으며, 시간적으로는 수십 년에서 영원의 세월까지 포함하고 있다. 처음 두 장章에서는 인간의 죽음과 그것을 대하는 자세를 다루었고, 3장에서는 인간의 삶을 위협하는 요인들을, 4장에서는 다가올 인류의 미래를 나름대로 조명해 보았다. 유인원처럼 육체적 활기가 지능보다 앞선다면 인류는 살아남기 어렵겠지만, 생물학적 한계를 뛰어넘을 가능성도 있다. 5장에서는 인간의 삶이 생태계에 어떤 식으로 얽혀 있는지를 알아보고, 6장에서는 앞으로 전체 생태계에 닥칠 위험을 예측해 보았다. 이 모든 이야기에서 빠지지 않고 등장하는 것이 바로 원자atom이다.

이 책의 후반부는 좀 더 큰 스케일에서 미래를 조명하고 있다. 지구가 황폐화되면 당장 이주할 행성이 없을 것 같지만, 태양계를 벗어나면 지구와 비슷한 행성이 수백만 개나 존재할 수도 있다. 태양의 운명과 행성의 거주 가능성을 고려할 때, 앞으로 인간은 은하수Milky Way의 거주민으로 살게 될지도 모른다. 마지막으로 우주의 마지막 운명을 예측하고, 140억 년에 걸친 우주의 역사가 사실이 아니거나 시공간이 만들어낸 많은 이야기들 중 하나일 가능성을 타진해 볼 것이다.

왠지 난해한 이야기가 될 것 같지만, 어쨌거나 이것은 우리와 관련된 이야기다. 지구를 에워싸고 있는 우주적 환경을 고려해 보면, 우주가 우리에게 호의적이라는 생각을 누구나 떠올리게 된다. 물론 우주는 인간의 생존에 아무런 관심도 없겠지만, 인간이 나타날 것을 미리 알고 준비를 해 온 것처럼 지구에는 모든 조건이 알맞게 갖춰져 있다. 이 이야기에서는 시간이 척도 역할을 한다. 이제 우리는 심장의 박동 주기에서 10^{80}년(은하가 분해될 때까지 걸리는 시간)에 이르는 방대한 규모의 시간을 고려하게 될 것이다. 물리학자 존 휠러John Wheeler는 이런 말을 한 적이 있다. "시간은 모든 사건이 한꺼번에 일어나지 않고 순차적으로 발생하도록 우주의 질서를 조절하고 있다."

이 책은 일반 독자를 염두에 두고 쓰였다. 전문 용어의 사용을 최대한 자제했고, 중요한 용어는 책 뒷부분의 '용어 설명'에 정리해 두었다. 그리고 기술적인 내용이나 본문의 주제와 다소 거리가 있는 내용들은 따로 미주에 모아서 설명을 곁들였다. 각 장의 첫머리에는 해당 분야 석학의 의견이나 개인적인 일화들이 소개되어 있는데, 그 모든 내용은 결국 "과학은 근본적으로 인간 활동의 산물이기에 인간처럼 복잡다단하고 종종 틀릴 수도 있다"는 점을 시사하고 있다.

'좋은 결말'은 누구나 바라는 희망 사항이다. 특히 사람들은 영화나 소설에 등장하는 극적인 결말을 좋아한다. 영화나 소설에서는 결말에 이르면 절정까지 고조되어 온 긴장감이 해소되면서 모든 것이 바람직한 방향으로 말끔하게 정리된다. 그러나 이 책은 소설이 아니다. 이 책은 행성과 별, 그리고 은하의 최후 등 매우 사실적인 결말을 다루고 있다. 물론 그렇다고 해서 비관적인 생각을 가질 필요는 없다. 우주는 우리를 위해 다양한 가능성을 열어 놓고 있기 때문이다.

사실 나는 화학, 지질학, 생물학, 그리고 사회학 분야에서 이 책을 집필할 만큼 전문적인 지식을 갖고 있지 않다. 그래서 해당 분야의 여러 학자들에게 도움을 받을 수밖에 없었는데, 그중에서도 프레드 애덤스

Fred Adams와 닉 보스톰Nick Bostorm, 캐롤 클리랜드Carol Cleland, 프랭크 드레이크Frank Drake, 카를로스 프렌크Carlos Frenk, 안드레아 게즈Andrea Ghez, 리처드 고트Richard Gott, 데이비드 그린스푼David Grinspoon, 필 홉킨스Phil Hopkins, 리사 칼텐네거Lisa Kaitenegger, 마이클 컬Michael Kearl, 레이 커즈와일Ray Kurzweil, 크리스 맥케이Chris McKay, 케이티 필라초프스키Katy Pilachowski, 마틴 리스Martin Rees, 그리고 애리조나 대학의 여러 동료들에게 감사의 말을 전한다. 이 책에 오류가 있다면 그것은 전적으로 나의 잘못임을 밝혀 두는 바이다.

나는 이 책을 쓰면서 인터넷의 덕을 톡톡히 보았다. 세르게이 브린Sergey Brin과 래리 페이지Larry Page가 수십억 개에 달하는 웹 페이지의 색인을 제공해준 덕분이다. 또한 책의 집필을 지원한 템플리튼 재단Templeton Foundation NSF, 나사NASA, 그리고 집필 중에 조용한 환경을 제공해 준 아스펜 물리학 센터Aspen Center for Physics에도 감사의 말을 전한다. 그동안 나의 길을 인도해 준 출판 대리인 안나 고쉬Anna Gosh와 노튼사Norton의 안젤라 폰 데어 리페Algela von der Lippe, 그리고 내가 집필에 너무 집착하고 있을 때 끊임없는 도움으로 현실감을 되살려 준 여러 친구들에게도 고맙다는 말을 전하고 싶다.

1장

당신이 늙는다는 것

젊은 가수이자 작곡가인 패티 레이놀즈Patti Raynolds는 1991년에 남편과 함께 앨범을 준비하던 중 갑자기 말을 할 수 없게 되었다. 급히 병원으로 달려가 MRI 촬영을 해 보니, 두뇌 혈관에서 동맥류(동맥의 내벽이 부분적으로 확장되는 질환 : 옮긴이)가 발견되었다. 이미 피가 새어 나오고 있던 그녀의 두뇌는 언제 터질지 모르는 폭탄이나 다름없었다.

며칠 후에 애리조나의 외과 의사 로버트 스피츨러Robert Spetzler가 그녀의 체온을 16℃까지 낮춘 후, 마치 자동차 엔진에서 오일을 뽑아내듯이 머리에서 모든 피를 뽑아냈다. 심장 정지cardiac standstill라 불리는 이 대담한 시술은 동맥류를 제거하여 그녀를 사지에서 구출하는 긴 수술의 서막에 불과했다. 당시 스피츨러는 '패티는 깊은 혼수 상태에 빠져 있을 뿐, 의학적으로 분명히 살아 있는 상태'라고 강조했다. 수술이 진행되는 동안 패티의 눈과 귀는 완전히 가려져 있었다.

그런데 패티는 (훗날 그녀의 회고에 따르면) 갑자기 깨어났다. 이때 그녀는 이상하게도 수술실의 천장 높이에 두둥실 떠서 수술대 주변에 모여 있는 20여 명의 사람들을 내려다보고 있었다. 그녀의 귀에는 치과 의사의 드릴 소리가 선명하게 들려왔고, 의사와 간호사들이 주고받는 대화까지 전해졌다. 그리고 그녀는 어떤 터널을 빠져나간 후 불빛을 보았고, 돌아가신 할머니와 삼촌을 만나 대화도 나누었다. 의사가 패티의 심장을 다시 뛰게 했을 때, 그녀는 팝 그룹 이글스Eagles가 '호텔 캘리포니아Hotel California'를 부르는 장면까지 목격했는데, 특히 "체크아웃은 아무 때나 할 수 있지만, 이곳을 떠날 수는 없다You can check out anytime you like, but you can never leave"는 마지막 가사가 마음속 깊이 와 닿았다.

패티는 그때 자신의 눈에 보인 것들이 환상이었다고 생각했다. 그러나 패티가 보았다고 말한 내용은 당시 수술실에 있었던 사람들의 증언이나 병원의 기록과 정확하게 일치하고 있다. 시종일관 수술실 침대에 가만히 누워 있던 그녀가 어떻게 그와 같은 장면을 목격할 수 있었을까? 담당의였던 스피츨러는 과학적 설명이 불가능하다며 고개를 내저었다. 회의적인 사람들은 흔히 '터널과 빛'으로 대변되는 임사臨死 체험이라는 것이 산소 부족으로 인한 뇌의 기능 장애 때문에 나타나는 현상이라고 주장한다.

그러나 지금까지 보고된 임사 체험기에 의하면 뇌의 전기적 활동이 감지되지 않을 정도로 낮아진 순간에도 환자에게는 당시의 기억이 남아 있다. 그렇다면 하나의 질문이 자연스럽게 떠오른다. 뇌가 작동을 멈췄을 때, 인간의 의식은 어디로 가는가?

결국, 별 수 없다

아가멤논의 가면

아침에 일어나 커피를 마실 때, 햇살이 우리 집 거실 안으로 들어와 벽에 걸려 있는 금색 가면을 정면으로 비출 때가 있다. 그러면 가면의 코가 오뚝하게 강조되면서 눈을 반쯤 감은 표정이 연출된다. 가면의 주인공은 트로이 전쟁 때 그리스 병사들을 지휘했던 아가멤논Agamemnon이다. 우리 집에 있는 것은 물론 모조품이고, 진품은 하인리히 슐리만Heinrich Schliemann이 1876년에 미케네Mycenea(그리스의 고대 도시 : 옮긴이)의 한 무덤에서 발견했다. 이 유물이 발견되면서 역사학자들은 호머Homer의 서사시를 통해 전설처럼 전해 오던 트로이 전쟁사가 3,000년 전에 실제로 있었던 사건임을 인정하게 되었다.

아가멤논의 차분한 표정을 바라보고 있노라면, 언젠가는 반드시 찾아올 죽음이 오히려 긍정적으로 느껴진다. 왕이면서 영웅이었던 그에게는 죽음조차도 영예로운 사건이었을 것이다. 물론 아가멤논은 그리스의 다른 영웅들과 마찬가지로 결점을 갖고 있다. 그는 트로이로 출정하기 직전에 바람의 방향을 바꾸기 위해 자신의 딸인 이피게니아Iphigenea를 제물로 바쳤고, 자신을 위해 싸우는 아킬레스와 끊임없이 말다툼을 벌였다. 그러나 그는 결국 전쟁을 승리로 이끌었으며, 전쟁터에서 많은 영웅담을 남겼다. 그는 영웅적이었지만 비극적으로 죽었다. 그가 승리자로서 카산드라라는 트로이의 여성 예언자를 전리품으로 취해 고향에 돌아왔을 때, 이미 애인을 두고 있던 그의 아내 클라이템네스트라Clytemnestra는 전쟁 승리를 축하하는 연회장에서 남편을 잔인하게 살해했다.

우리 모두는 언젠가 죽을 수밖에 없다. 그것이 영웅적이건 혹은 비극적이건 말이다. 아가멤논의 가면이 제아무리 찬란하게 빛난다고 해도, 그것은 어디까지나 환상일 뿐이다. 미케네에 남아 있는 묘지들은 트로이 전쟁이 일어나기 300년쯤 전에 만들어진 것으로 추정되고 있다. 황금 가면은 당시에 살았던 어느 유명인이나 왕의 얼굴을 본뜬 것으로서, 아가멤논의 얼굴이라고 주장할 만한 증거는 없다. 심지어는 유적지를 발견한 슐리만이 세간의 이목을 끌기 위해 미리 가지고 간 가면을 무덤 속에 슬쩍 넣어 두었다는 소문도 있다.■[1] 아가멤논의 죽음에 관해서는 아직도 설이 분분하다. 기원전 5세기에 활동했던 그리스의 서정 시인 핀다로스Pindar는 아가멤논이 목욕을 하고 있을 때 클라이템네스트라가 나타나 그의 몸을 담요로 덮은 후 살해했다고 적은 바 있다.

우리의 죽음도 이와 비슷하게 일어난다. 개중에는 찰나의 순간에 죽음을 맞이하고 사후에 더 유명해진 사람도 있다. 영화배우 제임스 딘James Dean은 24세의 젊은 나이에 자동차 충돌 사고로 사망했고, 고등학교 교사였던 크리스타 맥걸리프Christa McAuliffe는 민간인 최초로 우주 왕복선 챌린저호에 탑승하는 영광을 안았으나 발사 후 73초 만에 폭발 사고가 일어나 순식간에 세상을 떠났다.

사람들이 죽음을 떠올릴 때 가장 두려워하는 것은 고통이 오래 지속되거나 두뇌의 기능이 서서히 정지하는 경우이다. 불행히도 우리의 삶은 예술과 많이 다르다. 누군가의 삶이 한 편의 영화 같았다고 해도, 최고조에 이르렀을 때 죽음을 맞이한다는 보장은 어디에도 없다. 영화에서 그려지는 죽음은 지나칠 정도로 극적이거나 자극적이어서 배우들이 대사를 잊어버리는 경우가 종종 발생한다. 우리의 인생을 콘서트에 비유한다면 크레센도crescendo(점점 세게)로 끝나는 경우는 거의 없고, 대부분 악기가 고장 나거나, 연주자가 악보를 잊어버리거나, 아니면 음악이 점차 희미해지면서 마무리되곤 한다.

삶의 마지막을 탐구하려면 우리 자신의 죽음을 충분히 인지하고 그것을 뛰어넘어야 한다. 물론 이것은 결코 쉬운 일이 아니다. 인간의 꿈과 욕심은 40대의 난폭한 버스나 80대의 악성 종양에 의해 차단된다. 가끔은 위대한 업적을 남기는 사람도 있지만, 죽음 앞에서는 모든 것이 공허하기만 하다. 자살하는 경우를 제외하면 유일하게 가변적인 것은 죽음을 대하는 자세뿐이다.

죽음은 인생을 압도한다

우리는 '상상하기 어려운' 죽음을 떠올릴 때마다 밤잠을 설치며 심란해 한다. 르네상스 시대 프랑스의 작가였던 프랑수아 라블레François Rabelais는 죽음을 '가장 거대한 사건'이라고 했다. 어떤 사람들은 죽음에서 영감을 받아 위대한 창조성을 발휘하기도 했다. 막내딸 코델리아Cordelia의 죽음을 한탄하는 리어왕King Lear에서 토머스 핀천Thoman Pynchon의 《중력의 무지

개Gravity's Rainbow》에 이르기까지, 죽음은 많은 작가들의 상상력을 자극해 왔다. 지난 한 세기를 풍미했던 유명한 시와 소설, 영화 등을 보면 죽음은 작품 전체에서 중요한 축을 형성하고 있다. 작가들은 그것을 은유적이거나 상징적으로, 혹은 냉정하거나 반어적으로 표현해 왔지만 죽음은 항상 모든 것을 압도할 만큼 강력한 사건이었다.

문학에서는 죽음이 인간의 삶과 존재를 평가하고 반추하는 수단으로 사용되곤 한다. 손톤 와일더Thornton Wilder의 희곡《우리 읍내Our Town》는 삶의 무상함이 삶의 경이를 일깨운다는 내용을 담고 있으며, 헨리 소로Henry Thoreau의《월든Walden》도 자연과의 대화를 통해 이와 비슷한 메시지를 전달하고 있다. 톨스토이Lev Nikolayevich Tolstoy의 소설《이반 일리치의 죽음The Death of Ivan Ilyich》에서 주인공 이반 일리치는 불치병에 걸려 부정적인 생각에 빠졌다가 결국 모든 것을 체념하고 죽음을 받아들인다. 프란츠 카프카Franz Kafka와 로렌스D.H. Lawrence의 소설, 그리고 유진 오닐Eugene O'Niell과 테네시 윌리엄스Tennesse Williams의 희곡은 도덕이라는 것이 강박 관념의 산물임을 강조하고 있다. 그런가 하면 시詩는 이보다 한 술 더 떠서, 죽음의 가장 원초적인 속성을 적나라하게 보여준다. 미국의 시인 실비아 플래스Sylvia Plath와 앤 섹스턴Anne Sexton은 예민한 감수성으로 자신의 운명을 있는 그대로 받아들였기에 대중들에게 인정받을 수 있었다.

도덕은 자명한 이치이자 일종의 터부(금기 사항)이기도 하다. 서양의 대중 매체들은 현실적인 죽음을 '조심스럽게' 부정하면서, 그것을 다른 무언가로 포장하려는 경향이 있다. 어떤 문명권에서는 삶과 죽음이 자연스러운 현상이며, 이들이 서로 연결되어 있다는 믿음을 갖고 있다. 죽음은 멀리 있지 않다. 그것은 필연적인 사건이며 지극히 현실적이다. 과거에는 사람들이 이 점을 잊지 않기 위해 끊임없이 되새기곤 했다.

로마 제국 시대에는 전쟁에서 승리를 거둔 장군이 기념 행진을 벌일 때, 노예들이 특정한 음조로 "잊지 마소서, 당신도 언젠가는 죽을 운명입니다"라고 노래를 부르며 그 뒤를 따르는 전통이 있었다. 그리고 중세인들은 한쪽에 아름다운 여인, 다른 한쪽에 썩은 시체가 새겨져 있는 조각상을 바라보며 죽음을 되새겼다.

현대의 서구 문화에는 죽음에 대하여 상반된 관점이 공존하고 있다. 죽음은 젊음과 삶이 짧고 덧없음을 일깨워 주지만, 다른 한편으로는 폭력적이고 파괴적인 이미지를 연상시킨다. 이것은 참으로 아이러니가 아닐 수 없다. 그래프로 아무리 분석해 봐야 죽음의 신비에 대해서는 알 수가 없기 때문이다. 아이가 자라서 죽음을 알게 되는 순간 순수함의 일부는 사라지지만, 그로부터 얻는 것은 아무것도 없다. 월트 디즈니의 만화를 예로 들어 보자. 〈아기 사슴 밤비Bambi〉에서는 어미 사슴이 죽었다는 것을 슬쩍 암시만 하고 넘어갔지만, 그로부터 50년 후에 만들어진 〈라이언 킹Lion King〉에서는 주인공 심바의 아버지 무파사가 죽는 장면을 직접 보여 줌으로써 상상의 여지를 남겨 놓지 않았다. 이런 변화의 절정을 보여 주는 것이 마구잡이로 총을 쏘아 대는 컴퓨터 게임이다. 현실감을 생명으로 하는 슈팅 게임은 시종일관 유혈이 낭자한 장면으로 도배되어 있다.■ 2

예술 분야에서 죽음을 직시하는 것은 상당한 용기를 필요로 한다. 이런 작품들은 지나칠 정도로 슬픔과 공포를 자극하는 경향이 있다. 죽음을 은유적으로 표현하는 고전적 기법은 현대에 와서 '현실주의realism'라는 사조로 대치되었다. 데미언 허스트Damien Hirst의 '다이아몬드가 박힌 해골'은 예술품 경매에서 100만 달러라는 고액에 팔려 나갔고, 귄터 폰 하겐Günther von Hagen이 수집한 '절단된 시신'은 전 세계에서 2500만 명이 관람했다. 심지어 그레고르 슈나이더Gregor Schneider는 그의 행위 예술 현장에서 기꺼이 죽을 사람을 모집 중이라고 한다.

이런 것들이 부담스럽다면 우디 앨런Woody Allen(미국의 영화감독 : 옮긴이)이나 아트 버크월드Art Buchwald(미국의 칼럼니스트 : 옮긴이)처럼 명언이나 경구를 들먹이며 한 걸음 뒤로 물러날 수도 있다. 버크월드는 신장염을 앓으면서 이런 말을 했다. "죽는 건 쉬워요, 주차가 어렵지." 〈로드러너Roadrunner〉라는 만화를 보면 코요테가 로드러너를 쫓아가다가 아무리 큰 사고를 당해도 항상 멀쩡한 모습으로 다시 나타난다(아니면 각 에피소드마다 다른 코요테가 등장하는지도 모르겠다). 그리고 만화가 끝날 때면 교활하게 생긴 토끼가 갑자기 나타나서 시청자를 향해 외친다. "너무 심각하게 받아들이지 마세요. 이건 만화라고요!"

당신은 어떻게 죽고 싶은가

완벽한 끝(죽음)이라는 것이 과연 존재할까? 굳이 찾는다고 해도, 기껏해야 IRA(아일랜드 공화국군)의 자동차 폭탄이나 헤즈볼라Hezbolla(레바논 이슬람교 시아파 교전 단체 : 옮긴이)의 자살 폭탄처럼 '대의를 위해 스스로 죽기' 정도일 것이다. 비극 전문 배우였던 해럴드 노먼Harold Norman은 1947년에 맥베스Macbeth의 칼싸움 장면을 너무 리얼하게 연기하다가 불의의 사고로 세상을 떠났고, 훈족의 왕 아틸라Attila the Hun는 결혼식 날 밤에 코피로 인한 과다 출혈로 사망했다. 그런가 하면 조깅에 관한 베스트셀러 작가로 유명했던 짐 픽스Jim Fixx는 달리던 도중에 죽었고, 자연 식품 운동의 선구자였던 어빙 로데일Irving Rodale은 '딕 캐비트 쇼Dick Cavette Show'에 출연하여 인터뷰를 하던 중 심장 마비로 사망했다. 이들의 공통점은 자신의 일에 몰두하다가 세상을 떠났다는 것이다. 엉뚱한 일을 하다가 엉뚱한 사고로 죽는 것보단 의미가 있겠지만, 그렇다고 해서 이들의 죽음을 완벽하다고 할 수 있을까?

마무리가 웅장하다고 해서 완벽한 것도 아니다. 볼링 선수였던 돈 두에인Don Duane의 죽음이 대표적인 사례이다. 45년 동안 선수로 활동했던 그는 2008년 10월에 미시간 주의 라벤나Ravenna에 있는 볼링장에서 모든 볼링 선수들의 꿈인 300점짜리 퍼펙트게임을 달성하고 팀 동료와 하이파이브를 하다가 갑작스런 심장 마비로 사망했다.

죽음에 대해 논하는 사람들은 (의사와 장의사, 보험 계리사는 제외하고) 일반인들의 생각과 달리 그 방면의 전문가가 전혀 아니다. 트리니티 대학의 교수였으며 죽음과 관련된 수십 편의 논문을 발표한 바 있는 마이크 컬Mike Kearl은 "나의 전문 분야는 사망 심리학thanatology이므로, 그리스 어를 알아야 내 논문을 이해할 수 있다"고 단언했다. 그는 죽음에 관한 방대한 웹사이트를 관리하면서, 세 개의 백과사전 출판사에서 이 분야의 집필 위원으로 활동하고 있다. 이런 식의 학문적 접근은 대체로 환영을 받는 분위기다. 우리가 느끼는 위기의식과 실질적인 위험은 반드시 비례하지 않기 때문이다.

컬은 크리스마스 때마다 지인들로부터 묘비를 선물 받아 뒷마당에 쌓아 놓을 정도로 죽음과 친한 사람이지만, 죽음에 병적으로 집착하지는 않는다고 주장한다(그는 친구들에게 "묘비보다는 링컨의 DNA가 들어 있는 1,600달러짜리 펜이 더 좋다"고 선언했다). 그는 서구 문명이 죽음을 매우 혐오하며, 죽음을 가장 강하게 부정하는 나라가 미국이라고 했다. 실제로 미국에 있는 126개의 의과 대학 중에서 죽음과 관련된 강좌가 개설된 학교는 단 5개교뿐이다. 그런가 하면 30년 전에는 미국의 성인들 중 사후 세계를 믿는 사람이 15%에 불과했으나, 지금은 40%로 증가했다. 죽음으로 모든 것이 끝난다고 생각하는 사람이 그만큼 줄어들었다는 뜻이다.[3]

작가인 마이클 라고Michael Largo는 주변 사람들이 걱정할 정도로 죽음이라는 주제를 더욱 깊이 파고들었다. 그는 자신을 걱정하는 친구들에게 "죽음을 모르고서는 삶이라는 특별한 기회를 활용할 수 없다"는 달라이 라마Dalai Lama의 격언을 들려주곤 했다. 여기서 잠시 그의 회고담을 들어 보자. "나의 부친은 뉴욕 시 살인 담당 경찰관이었는데, 나와 함께 엠파이어 스테이트 빌딩 근처를 지날 때면 건물을 손으로 가리키며 '저 360m짜리 건물 옥상에서 61명이 뛰어내렸다'고 회고하면서 그와 무관한 다른 자살 사건을 추가로 들려주곤 했다. 나는 그런 종류의 이야기를 수도 없이 들으면서, 죽는 방법이 참으로 다양하다고 생각했다."[4] 그 후 라고는 살인에 관심을 갖게 되면서 온갖 사건 기록과 관련 서적을 수집하기 시작했고, 마침내 주변 사람들에게 '쓰레기의 왕King of Kaput'으로 불리게 되었다.

라고는 죽음과 관련된 통계 자료와 기담들을 10년 동안 수집한 끝에 《파이널 엑시트Final Exits》라는 책을 출판했는데, 제목은 다소 으스스했지만 많은 사람들이 가벼운 마음으로 그 책을 읽었다. 이 책에서 그는 죽음이라는 사건이 점점 더 흥미로워지고 있음을 지적했다. 1700년대에는 사람을 죽음에 이르게 하는 원인이 100가지도 채 되지 않았으나, 지금은 3,000가지가 넘는다. 심지어는 암벽 등반과 스카이다이빙을 접목한 베이스 점프(base jumping, 암벽을 타고 올라가 낙하산을 타고 뛰어내리는 익스트림 스포츠 : 옮긴이)도 새로운 사망 원인으로 등록되었을 정도이다.

라고는 자신의 책을 읽으면 수명이 최소 2년 이상 길어진다고 장담했다. 물론 그 진위 여부를 확인하기는 쉽지 않다. 그는 회전문이나 물침대에서 죽은 사례 및 기도를 하다가, 웃다가, 혹은 딸꾹질을 하다가 죽은 사례들을 일일이 열거하여 어떤 사람들에게는 안도감을 주었고, 또 어떤 사람들에게는 경각심을 불러일으켰다. 그는 죽음을 '침울한 어머니'로 정의한 한편, 9 · 11 사태 당시 쌍둥이 빌딩에서 극적으로 살아남은 사람이 30개월 후에 스태튼 아일랜드(뉴욕 만 내의 섬 : 옮긴이)에서 배를 타고 가다가 다른 배와 충돌하여 사망한 사건을 언급하면서 '운명의 배신'이라고 말하기도 했다(이 사고로 13명이 사망했다).

고전적인 용기의 전형(전쟁터에서 장렬하게 죽기)은 플라톤의 《국가 Republic》와 아리스토텔레스의 《니코마코스 윤리학 Nicomachean Ethics》에서 정립되었는데, 지금 읽어 보면 관점이 다소 편협하다는 느낌이 든다. 용기를 발휘하는 방법은 수없이 많고, 죽음의 수수께끼에 직면하여 정면으로 돌파하는 것도 분명히 그중 하나에 속한다. 특히 이런 용기가 종교적 믿음 없이 발휘되는 경우는 더욱 흥미롭다.

전기 작가인 제임스 보즈웰 James Boswell의 경우를 예로 들어 보자. 기독교인이었던 그는 당대의 저명한 철학자이자 무신론자였던 데이비드 흄 David Hume의 임종을 지키면서 나눴던 대화를 다음과 같이 기록해 놓았다. "죽어 가는 흄에게 '죽으면 아무것도 남지 않고 그냥 사라진다'고 생각하면 심란하지 않느냐고 물었더니 그는 단호하게 'no!'라고 외치면서 루크레티우스(Lucretius, 로마 시대의 시인, 철학자 : 옮긴이)가 그렇게 생각했기 때문에 그를 따라 하는 것은 아니라고 했다."[5] 그런가 하면 앤 드루얀 Ann Druyan은 그녀의 남편이자 유명한 천문학자였던 칼 세이건 Carl Sagan이 백혈병으로 죽음을 맞이하던 순간을 다음과 같이 적어 놓았다. "임종의 순간이 다가왔음을 알았지만, 우리는 아무런 대화도 나누지 않았다. 갑자기 천국이나 사후 세계를 보고 마음이 편해지는 듯한 징후도 없었다. 마지막 순간에도 칼에게 중요한 것은 오직 진실뿐이었다. 그때 누군가가 나서서 '현실을 외면하면 구원받을 수 있다'고 유혹했어도, 남편은 눈썹 하나 까딱하지 않았을 것이다."■[6]

생물이라는 굴레

우리는 한 치 앞도 모른다

번거로운 속세에 대하여 약간의 전망을 해 보자. 서구 선진국에서 갓 태어난 신생아의 평균 기대 수명은 약 80년(약 25억 초)이다. 시계의 초침만 바라보면서 산다면 이것은 거의 영원처럼 느껴지는 긴 시간이다. 인간의 수명은 기록으로 남겨진 인류 역사의 1%에 해당하며, 호모 사피엔스Homo sapiens의 역사의 0.1%에 불과하다. 그런데 최근의 인구 증가율을 보면 놀라운 사실을 알게 된다. 인류가 지구 상에 출현한 후로 지금까지 태어난 인간의 대부분이 바로 지금 이 시대에 살고 있다.

지구의 역사를 돌아볼 때 인류가 출현한 것은 극히 최근의 일이다. 바다에서 탄생한 생명체가 육지로 처음 진출한 것이 지금으로부터 4억 년 전이었다. 지구에 생명체가 처음 탄생한 것은 40억 년 전으로 추정되는데, 당시 대기에는 산소가 없었고 태양계를 형성하고 남은 잔해들이 수시로 지표면을 때리고 있었다. 우주의 역사로 눈길을 돌리면 태양계도 비교적 젊은 축에 속한다. 우주에는 수십억×수천억 개의 별과 행성들이 다양한 시기에 형성되었다. 과학자들은 빅 뱅의 잔해로 남아 있는 마이크로파 배경 복사를 분석하여 우주의 나이가 약 137억 년이라는 결론을 내렸다.

이것이 얼마나 긴 시간인지 이해하기 위해, 시간의 스케일을 137억 배로 줄여서 생각해 보자. 지금은 12일 31일 자정(또는 다음 해 첫날)이다. 이 해의 1월 1일이 밝던 순간에 빅 뱅이 일어나 우주가 탄생했고, 9월 중순경에 행성이 처음으로 형성되었으며, 12월 21일이 되어서야 비로소 동물이 번성하기 시작했다. 그리고 인간이 지구에 처음 등장한 것은 12월 31일 밤 10시 50분경이다. 르네상스와 농업 혁명, 산업 혁명, 그리고 우주 시대의 개막과 컴퓨터의 등장 등은 모두 12월 31일 밤 11시 59분 59초 이후에 일어났다.

이 시간 스케일에서 인간의 수명은 0.1초가 조금 넘는 정도이다. 우주의 수명을 1년으로 압축하면 희망과 꿈, 야망 등 모든 인간사는 눈 깜짝할 시간 안으로 압축된다. 영화 〈이것이 스파이널 탭이다 This Is Spinal Tap〉에서 보았듯이, 우리는 짧은 인생을 살면서 너무나 많은 예측을 남발하고 있다.

장수하는 동물과 식물

지금 살아 있는 생명체들 중 나이가 가장 많은 것은 어떤 종일까? 박테리아는 영원히 산다고 할 수도 있으나 집단으로 모여 있어야 생존이 가능하고, 줄기세포나 배우자(配偶子, gametes)도 같은 범주에 속한다. 원생동물도 동물이지만 세포 분열로 번식하기 때문에 개성이라는 것이 전혀 없다. 그래서 앞으로는 우리의 관심을 '이성 간의 접촉을 통해 후손을 생산하는 생물'로 한정하고, 유전적으로 완전히 동일한 개체군은 무시하기로 한다. 지표면의 토양은 수천 년 전에 생성되었으므로, 일부 생명체들은 먼지보다 오래 살아온 셈이다.

현재 살아 있는 식물 중에서 가장 나이가 많은 것은 '므두셀라Methuselah'라는 별칭으로 불리는 브리슬콘소나무bristlecone로 주로 모하비 사막에 서식하고 있으며, 훼손을 막기 위해 미국 산림청이 특별 관리를 하고 있다. 므두셀라는 지난 2008년에 4,840번째 생일을 맞이하여 극소수의 하객들과 함께 조용한 잔치를 치렀다. 클론 집락(clonal colony, 집단으로 서식하면서 무성 생식하는 생명체 : 옮긴이) 중에는 므두셀라보다 나이가 많은 것도 있다. 이들은 오래된 뿌리에서 새로운 개체가 계속 생성되고 있으며, 오래된 개체는 옛날에 사라졌다.[7] 크레오소트관목creosote bush도 모하비 사막에 서식하고 있는데, 이들의 나이는 므두셀라의 두 배가 넘는 11,000살로 알려져 있다. 스웨덴에는 마지막 빙하기가 끝나던 무렵인 9,500년 전에 생성된 뿌리에서 성장한 가문비나무가 지금까지 살아 있으며, 호주 태즈메니아 지방 열대 우림 지역에는 43,600년 된 관목들이 1km에 걸쳐 서식하고 있다. 또한 유타 주 중심부에 있는 사시나무는 무려 8만 년 동안 살아 왔다. 그러나 이들은 지중해의 이비자 섬Ibiza island을 에워싸고 있는 해초에 비하면 젊은 축에 속한다. 이 해초 중 일부는 같은 장소에서 거의 10만 년 동안 살아 왔다.

바다 속에서 오래 살려면 몸이 차가울수록 유리하다. 서서히 자라는 대서양의 해면동물은 1,550년 동안 살아 온 것으로 추정된다. 지난 2007년에는 북극해에서 405년 된 조개가 발견되기도 했다(조개의 나이는 나무의 나이테처럼 더운 계절마다 생기는 껍질층의 개수로 추정할 수 있다). 이 조개는 윌리엄 셰익스피어가 《맥베스Macbeth》를 집필하던 무렵에 유아기를 보냈고, 최초의 미국 이주자들이 플리머스(Plymouth, 1620년 메이플라워호가 미국을 향해 떠난 항구 : 옮긴이)에 도착하기 전에 미국 여행을 했던 노르웨이 인들의 그물망에도 잡히지 않고 살아남았다. 다행히도 이 조개를 발견한 연구원도 거의 반세기 동안 지구에서 살아 온 그 희귀한 조개를 조개탕 속에 집어넣지 않았다.

물고기도 수명이 긴 편이지만, 평생 이동하면서 살기 때문에 나이를 추정하기가 쉽지 않다. 다만 일본 나고야에 있는 한 연못에는 하나코Hanako라는 잉어가 226년 동안 살고 있는 것으로 확인된 바 있다. 그 지역에 있는 한 여자 대학 총장의 말에 의하면 그 잉어는 누군가가 자기의 이름을 부르면 즉각적으로 반응하고 머리를 두드려 주면 좋아하며, 자기를 안아 주기 위해 물에서 끄집어내면 불편해도 참는다고 한다. 볼락(rockfish, 양볼락과의 바닷물고기 : 옮긴이)은 불룩한 눈과 두툼한 입술과 턱 등 제 어미나 예뻐할 것 같은 모습을 하고 있지만, 수명은 사람보다 훨씬 길어서 200년가량 된다. 점잖기로 유명한 금붕어도 40년이 넘게 살 수 있다.

거북이는 장수의 상징으로 알려져 있다. 세계에서 가장 유명한 거북이는 아마도 호주 브리즈번Brisbane의 동물원에 살았던 갈라파고스거북이일 것이다. 해리Harry라고 불렸던 이 거북은 찰스 다윈Charles Darwin이 갈라파고스를 답사한 후 HMS 비글호(다윈이 타고 다녔던 배의 이름 : 옮긴이)에 실어서 영국으로 데려왔는데, 그때 나이가 5살이었다. 그러나 해리는 영국의 기후가 몸에 맞지 않아 거의 대부분의 시간을 동면 상태로 보내다가 기후가 좋은 호주의 동물원으로 이송되었다. 관리인들은 해리의 번식을 위해 암컷 거북 한 마리를 같은 우리에 넣어 주었으나, 100년이 지나도록 아무런 일도 일어나지 않았다. 그런데 이상한 것은 그 긴 세월 동안 아무도 136kg짜리 거북이를 뒤집어서 성별을 확인하려는 시도를 하지 않았다는 것이다. 해리가 100살이 훌쩍 넘었을 때 비로소 성별이 확인되었는데, 놀랍게도 수컷이 아니라 암컷이었다. 이 일을 계기로 해리의 이름은 해리엇Harriet으로 바뀌었고, 어린이들을 등에 태우고 걸어가는 묘기를 보여 주며 많은 사람들의 사랑을 받다가 150살이 되었을 때 명예롭게 은퇴했다. 그 뒤 해리엇은 파슬리와 상추, 스쿼시 열매, 청경채(중국 배추의 일종), 히비스커스(무궁화속의 열대성 식물) 등 고급 다이어트 음식을 먹으며 매일 목욕을 하는 등 극진한 대접을 받다가 2006년에 176살을 일기로 긴 삶을 마감했다.

마다가스카르에서 태어난 거북이 투이 말릴라Tu'i Malila는 해리엇보다 수명이 더 길어서, 미국이 독립하던 무렵에 태어나 비틀스가 미국을 강타했던 1960년대까지 살아 있었다. 이 거북이는 1777년에 제임스 쿡 선장(Captain James Cook, 18세기 영국의 탐험가이자 항해가. 지도 제작에 큰 업적을 남겼다 : 옮긴이)이 남태평양 통가 왕국의 왕가에 선물했고, 왕가 사람들은 희귀한 선물에 큰 감명을 받았다고 한다. 또한 동인도 회사의 로버트 클리브Robert Clive 장군이 길렀던 거북이는 250년이 지난 지금까지 살아 있는데, 사람들은 이 거북이의 나이를 놓고 논쟁을 벌이면서도 진상 규명을 서두르지는 않는 것 같다.

몸집이 클수록 오래 산다

동물원이나 수족관에 남아 있는 사육 기록을 살펴보면 동물의 크기와 최장 수명 사이에 어떤 상호 관계가 있다는 것을 알 수 있다. 코끼리의 평균 수명은 약 70년이고 사자는 30년, 늑대는 15년, 토끼는 10년, 쥐는 5년 정도이다. 파충류 중에서 가장 오래 사는 코끼리거북은 평균 수명이 150년에 이르고 악어는 70년, 살모사는 20년이다. 조류의 경우 칠면조독수리turkey buzzard의 수명은 120년, 앵무새는 80년, 카나리아는 20년, 벌새는 10년이다. 여기서 한 가지 눈에 띄는 현상은 "몸집이 클수록 오래 산다"는 것이다. 어류와 양서류의 수명도 이와 비슷한 양상을 보인다.

각 동물의 크기(몸무게)와 최장 수명은 대체로 비례하지만, 예외도 많이 존재한다. 예를 들어 박쥐와 뱀장어는 몸집에 비해 수명이 매우 긴 편이다. 어쨌거나 이런 비례 관계를 생태학적 관점에서 보면 "작은 동물은 포식자에게 잡아먹힐 확률이 높기 때문에 평균적으로 빨리 죽는다"고 설명할 수 있다. '수명과 크기' 외에 '신진대사율과 크기' 사이의 상관관계도 생각해 볼 수 있는데, 이 점에 대해서는 논쟁의 여지가 아직 남아 있다. 동물의 크기나 몸무게가 수명과 관련되어 있다는 것은 신진대사와 수명 사이에 어떤 관계가 있음을 의미한다. 파충류와 양서류가 비슷한 크기의 다른 동물보다 수명이 긴 이유는 냉혈 동물이어서 신진대사가 느리기 때문일지도 모른다. 그리고 항상 바쁘게 움직이는 쥐는 인간이나 코끼리보다 수명이 짧다. 이런 식의 설명은 일견 설득력이 있어 보인다. 모든 동물들에게는 평생 동안 뛸 수 있는 심장 박동 수가 이미 정해져 있어서, 그것을 빨리 소모할수록 빨리 죽는다고 생각할 수 있다.

그러나 실제 상황은 이보다 훨씬 복잡하다. 몸무게에 따른 변화를 무시하고 두뇌의 무게와 최장 수명 사이의 상관관계를 따져보면 노화의 원인이 두뇌에 있는 것 같진 않다. 두뇌가 크면 포식자로부터 도망가는 능력도 그만큼 발달할 것이기 때문이다. 그리고 동일한 종에서 보면 위와 같은 경향이 오히려 반대로 나타난다. 즉, 몸집이 클수록 수명이 짧다. 사람의 경우에도 작은 사람이 큰 사람보다 오래 산다는 통계가 있으며, 애완견을 키우는 사람은 잘 알겠지만 작은 개가 큰 개보다 수명이 길다.

이 미묘한 관계는 리버풀 대학의 젊은 학자 쥬앙 페드로 데 마갈리스 João Pedro de Magalhães 에 의해 집중적으로 연구되었다. 그는 노화의 원인을 유전학적으로 규명하는 연구팀을 이끌고 있으며, 동물의 수명과 노화의 유전적 원인에 관한 자료를 제공하는 웹사이트를 운영하고 있다. 그는 죽음이 두려움의 대상임을 자연스럽게 시인하면서, "노화는 내가 사랑하는 사람들이 겪고 있거나 앞으로 겪게 될 고통과 죽음의 주된 원인이기 때문에, 앞으로 연구를 통해 반드시 극복하고 싶다"고 했다. 두려움을 극복하기 위해 음악과 스탠드업 코미디에 심취한다는 그는 "성공은 거듭되는 실패로부터 만들어진다. 단지 열정만 잃지 않으면 된다"는 윈스턴 처칠Winston Churchill 의 말과 "전문가의 말에 귀를 기울여라. 그들은 불가능한 목록과 그 이유를 설명해 줄 것이다. 그들의 말을 잘 들은 후에 곧바로 실행하라"는 SF 작가 로버트 하인라인Robert Heinlein 의 말을 항상 되새기면서 노화를 극복하기 위한 연구에 전념하고 있다.

운동을 하면 노화 방지에 도움이 될까? 몸을 많이 움직이면 심장 박동이 빨라지는데, 앞서 말한 대로 평생 동안 뛸 수 있는 심장 박동 수가 이미 정해져 있다면, 운동이 오히려 수명을 단축시키는 건 아닐까? 간단한 계산이니 한번 시도해 보자. 건강 상태가 평균인 40대 여성의 심장 박동 수는 분당 75회, 일주일에 75만 회이다. 그녀는 일주일에 5시간씩 운동을 하고 있다. 운동 중에는 심박 수가 분당 120회 정도로 빨라지지만, 휴식을 취하는 동안에는 분당 65회까지 내려간다. 이것은 정상적인 사람이라면 누구에게나 나타나는 현상이다. 즉, 그녀는 운동을 하면서 심장을 13,500회 더 뛰게 만들었지만, 휴식을 통해 박동 수를 10만 회나 '절약했다.' 뿐만 아니라, 운동을 하면 심장 근육이 그만큼 강해지는 효과도 있다. 이 정도면 결코 본전치기가 아니다. 그러므로 스테어마스터(Stairmaster, 스텝퍼와 회전 계단이 결합된 운동 기구 : 옮긴이) 무용론을 펼칠 때 신진대사 이론을 인용하는 것은 별로 좋은 생각이 아니다.

아직도 심박 수와 수명의 관계가 신경이 쓰인다면, 불쌍한 하루살이를 생각해 보라. 이 곤충의 학명은 '*Ephemeroptera*', 즉 '단명하는 날짐승'이라는 뜻이다. 암컷 하루살이는 강이나 호수의 수면 아래에서 1년 동안 거의 아무런 활동도 하지 않은 채 유충기를 보내고, 성충이 된 후에는 물 위로 날아올라 단 5분 동안 날아다니다가 생을 마감한다. 이 짧은 시간 안에 짝짓기를 하여 물속에 알을 낳아야 한다. 거의 1년을 죽은 듯이 지낸 것치고는 수명이 너무 짧다고 생각되지 않는가?

인간의 운명

'위대한 원숭이Great Apes'란 인간이 속한 영장류를 뜻하는 말이다. 인간과 비슷한 유인원들은 야생에서 30~40년을 살지만, 동물원에서 사육되면 수명이 더 길어진다. 제니Jenny라는 이름의 롤런드고릴라는 지난 2008년에 55회 생일을 맞이하여 과일로 만든 4단 케이크와 바나나 등 푸짐한 생일상으로 잔치를 치른 후 4개월 뒤에 사망했다.

현재 가장 나이가 많은 침팬지는 영화를 통해 세계적으로 유명해진 '치타Cheeta'이다. 이 침팬지는 2008년에 76세가 되어 '인간을 제외하고 가장 나이가 많은 영장류'로 기네스북에 올랐다. 치타는 1934~1949년에 걸쳐 조니 와이즈뮬러Johnny Weismuller, 렉스 바커Lex Barker 등과 함께 영화 〈타잔Tarzan〉에 12번이나 출연했고, 〈벨라 루고시, 브루클린 고릴라를 만나다Bela Lugosi Meets a Brooklyn Gorilla〉라는 영화에서는 라모나Ramona 역을 맡았으며, 1967년에 렉스 해리슨Lex Harrison과 함께 출연한 〈닥터 두리틀Doctor Doolittle〉을 마지막으로 은막에서 은퇴했다. 그 뒤 치타는 팜 스프링스로 이사하여 그림을 그리거나 피아노 연주를 하면서 한가한 나날을 보냈고, 가끔은 손자와 함께 자신이 출연했던 옛날 영화를 보기도 했다. 한번은 치타가 그린 그림이 만 달러에 팔려 자선 단체에 기부된 적도 있으며, '침팬지의 어머니'로 불리는 영국의 동물학자 제인 구달Jane Goodall의 연구 본거지인 탄자니아의 곰베Gombe 지방을 방문하기도 했다. 치타는 2008년에 자서전(물론 자신이 직접 쓰지는 않았다) 《나, 치타Me Cheeta》까지 출판할 정도로 많은 이들의 사랑을 받았으나, 할리우드 명예의 거리(Walk of Fame, 영화, TV, 음악계 스타들의 이름이 새겨진 별 모양의 동판이 도로에 박혀 있는 거리 : 옮긴이)에서 팅커벨(Tinkerbell, 월트 디즈니 만화에 등장하는 요정 : 옮긴이)에게 밀리는 수모를 겪기도 했다(치타는 이 책이 출간된 뒤인 2011년 12월 24일, 신장 기능 이상으로 사망했다 : 편집자).

그렇다면 '가장 위대한 영장류'라는 인간은 어떤가? 100살까지 사는 사람은 아직 흔치는 않지만, 그다지 놀랄 만한 존재도 아니다. 현재 전 세계적으로 50만 명 정도가 100살이 넘은 것으로 추정되는데, 그 중 6만 명은 미국에 있고 3만 명은 일본에 살고 있다. 미국에서 100세가 넘은 노인들은 대통령으로부터 축하 편지를 받고 NBC 방송국의 투데이쇼The Today Show에서 축하 인사를 받는다.[■8] 영국인들도 100회 생일을 맞이하면 왕실로부터 대대적인 축하 인사를 받는데, 이 인사는 그 후로 생일을 맞이할 때마다 반복된다. 지금도 스코틀랜드에 거주하는 많은 할머니와 증조할머니들은 엘리자베스 여왕으로부터 받은 축하 편지를 집 안에 자랑스럽게 전시해 놓고 있다. 또한 아일랜드의 센테네리언(centenarian, 영어권에서 100세가 넘은 사람을 통칭하는 말 : 옮긴이)들은 정부로부터 2,540유로의 상금을 받는다. 그러나 일단 100살이 넘으면 생존율이 급격하게 줄어들어서, 센테네리언 천 명 중 한 사람만이 110살까지 살 수 있다. 이들을 슈퍼-센테네리언이라 한다. 그리고 슈퍼-센테네리언 중 115살까지 사는 사람은 50분의 1에 불과하다. 러시아의 코카서스Caucasus 지방의 어떤 사람이 혹독한 추위 속에서 시큼한 치즈와 염소의 피를 먹으며 150살까지 살았다는 이야기가 전해 오고 있지만, 확인된 사실은 아니다. 세계에서 가장 오래 살았던 사람은 장 루이 칼망Jeanne Louise Calment으로 알려져 있다. 그녀는 1875년에 프랑스의 아를Arles에서 태어나 1997년에 122살을 일기로 사망했다. 칼망은 13살 때 빈센트 반 고흐Vincent van Gogh를 보고는 "몸은 더럽고 옷도 엉망이고 불쾌한 사람"이라 평가했다고 한다. 그녀는 85살 때 펜싱을 배우기 시작했고 100살이 될 때까지 자전거를 탔으며, 90살 때에는 역모기지(reverse mogagy, 자신이 소유한 집을 은행에 맡기고 생활비를 조달하는 제도 : 옮긴이)에 걸려 있는 자신의 아파트를 변호사에게 팔면서 "내가 죽을 때까지 매달 일정액을 송금하라"는 조건을 내걸었다. 칼망이 오래 살지 못할 것으로 생각한 그 변호사는 조건을 수락했고, 결국 그는 원래 집값의 두 배가 넘는 돈을 지출해야 했다. 100살이 넘어서도 총명함을 잃지 않았던 그녀는 "내 얼굴에 주름이 하나 있는데, 별로 신경 쓰지 않는다"고 자신 있게 말하기도 했다.

독자들은 칼망 여사의 장수 비결이 궁금할 것이다. 그런데 그녀의 삶을 돌아보면 여러 가지 요인들이 복합적으로 작용한 것 같다. 무엇보다도 그녀는 젊은 나이에 부유한 상점 주인과 결혼하여 평생을 여유 있게 살았다(칼망의 남편은 디저트로 상한 체리를 먹었다가 식중독을 일으켜 아내보다 55년 먼저 세상을 떠났다). 또한 그녀는 모든 음식에 올리브기름을 발라서 먹었고(가끔은 몸에 바르기도 했다) 포도주를 즐겨 마셨으며, 일주일에 초콜릿 1kg을 규칙적으로 먹었다. 그런데 한 가지 이상한 점은 그녀가 열렬한 애연가였다는 점이다. 그녀는 117살까지 담배를 피우다가 눈이 침침해져서 담배에 불을 붙이기가 어려워지자 어쩔 수 없이 끊었다고 한다.

언제까지나 살 것 같았던 칼망 여사도 결국은 다른 사람들과 마찬가지로 세상을 뜨고 말았다. 그녀의 삶을 돌아보면, 장수는 "아무것도 나를 괴롭힐 수 없다"는 생각에서 비롯되는 듯하다. 장 루이 칼망의 몸을 이루고 있던 원자들은 이제 산산이 흩어져서 새로운 배열을 이루고 있다. 그녀에 관한 기억은 생전에 그녀와 가까웠던 사람들의 머릿속에 한동안 남아 있을 것이며, 그녀의 삶을 조명한 책들은 (이 책을 포함해서) 사람의 기억보다 더 오래 남아 있을 것이다. 그러나 이런 것들은 칼망 여사의 희미한 그림자에 불과하다. 이제 우리는 죽음의 마지막 순간을 좀 더 신중하게 들여다볼 필요가 있다.

삶과 죽음, 그 경계선

나는 누구인가

인류의 문화는 지난 수천 년 동안 '사후 세계'라는 개념을 별 거부감 없이 수용해 왔다. 이 개념에 의하면 죽은 사람은 비물질적인 (또는 영적인) 세계로 갈 수도 있고, 다른 육체를 빌려 이 세상에 다시 태어날 수도 있다. 사후에 존재하는 세계에 대한 인식은 각 문화권마다 다르게 나타난다. 고대 그리스 인들이 생각했던 저승은 하데스Hades라는 곳으로, 현대인이 생각하는 천국과 달리 매우 황량한 곳이었다. 그러나 일신교에서 말하는 저승은 천국에서 지옥에 이르기까지 다양한 단계로 존재한다. 동양에는 사람이 죽으면 동물이나 식물, 심지어는 바위로 다시 태어난다고 믿는 종교도 있다.

대부분의 종교들은 사후 세계를 강조하면서 그로부터 도덕적 기초를 제시하고 있다. 현생에서의 삶이 어땠는가에 따라 사후 세계에서 보상을 받거나 응분의 대가를 치른다는 것이다. 그런데 사후 세계라는 것이 정말로 존재할까? 그 가능성을 타진하려면 '정체성'이라는 골치 아픈 문제부터 해결해야 한다.

플루타르크Plutarch의 영웅전에는 테세우스(Theseus, 고대 아테네의 전설적인 왕. 이오니아의 창건 영웅 : 옮긴이)의 배에 대한 이야기가 나온다. 이 배는 테세우스가 죽고도 한참 지난 후인 기원전 3세기까지 그리스에 전시되었는데, 플루타르크는 여기서 다음과 같은 문제점을 제시했다. "테세우스와 아테네의 젊은이들이 탔던 배에는 30개의 노가 있었다. 아테네인들은 이 배를 데메트리오스 팔레레우스(Demetrius Phalereus, BC 350?~?. 아테네의 정치가, 철학자. 아리스토텔레스의 제자 : 옮긴이)의 시대까지 보존했는데, 그 사이에 낡은 갑판을 모두 떼어 내고 튼튼한 새 나무로 교체했다. 그렇다면 이 배를 과연 원래의 배라고 할 수 있을까? 사람들은 이 문제를 놓고 열띤 공방을 벌였다. 어떤 철학자들은 같은 배라고 주장하는가 하면, 결코 같은 배일 수 없다고 주장하는 철학자도 있었다."

아테네 인들은 테세우스가 탔던 배를 좋은 상태로 보관하기 위해 거의 모든 목재를 새 것으로 교체했다. 그렇다면 이 배는 테세우스가 탔던 바로 그 배인가? 조지 워싱턴의 도끼에 대해서도 이와 비슷한 의문을 제기할 수 있다. 미국 초대 대통령의 미담이 서려 있는 이 유명한 도끼는 세월이 흐르는 동안 날과 손잡이가 여러 번 교체되었다. 다시 말해서, 조지 워싱턴이 휘둘렀던 도끼의 원래 재질은 하나도 남아 있지 않은 셈이다. 푸에르토리코 출신의 젊은이들로 구성된 밴드인 메누도Menudo는 30년 동안 비슷한 음악을 연주해 왔는데, 그 사이에 멤버가 여러 번 바뀌면서 원년 멤버는 하나도 남아 있지 않다.

변화와 영속은 배뿐만 아니라 인간의 몸에도 똑같이 적용된다. 몸을 이루는 세포만 놓고 보자면 당신은 10년 전의 당신과 완전히 다른 존재이다. 세포의 평균 수명이 약 10년이기 때문이다. 세포의 수명은 '몸'이라는 전쟁터에서 각자 맡은 역할에 따라 조금씩 다르다. 위의 세포는 5일밖에 견디지 못하고, 적혈구는 3개월 동안 1,600km를 여행한 후 수명이 끝난다. 간세포의 수명은 약 1년이고, 두개골을 이루는 세포는 뼈를 분해하고 재생하는 세포에 의해 10년마다 새것으로 교체된다. 사람의 수명만큼 사는 세포는 안구의 수정체 세포와 대뇌피질에 있는 뉴런neuron뿐이다.

워싱턴 대학의 마크 코헨Marc Cohen은 테세우스의 배에 관한 의문을 더욱 명료하게 부각시켰다. 첫째, 테세우스가 항해를 떠날 때 모든 교체 부품을 배에 실은 채 떠났다고 가정해 보자. 그리고 항해를 하는 동안 하나둘 교체하여 결국 배의 모든 부분이 새 부품으로 바뀌었다고 하자. 그렇다면 테세우스가 돌아왔을 때 그의 배는 처음 출발할 때 타고 갔던 배와 같은 것인가? 만일 다르다면, 얼마나 많은 부품이 원래대로 남아 있어야 같은 배라고 할 수 있는가?

코헨이 제기한 두 번째 질문은 더 혼란스럽다. 테세우스가 항해를 떠날 때, 쓰레기를 수집하는 사람이 그 뒤를 따라갔다고 하자. 항해를 하는 동안 테세우스는 배의 부품을 계속 교체해 나갔고 그럴 때마다 원래의 낡은 부품을 바다에 버렸는데, 뒤따라오던 사람이 그것을 알뜰하게 건져 올려서 재조립하여 원래의 배를 복원하는 데 성공했다. 이제 두 척의 배가 항구에 나란히 정박했다면, 둘 중 어떤 것이 테세우스의 원래 배인가? 낡은 부품을 재조립한 것이 원래의 배라고 생각한다면, 테세우스가 타고 있는 배는 '무언가 달라진 배'이다. 그러나 '테세우스가 항해를 끝낸 배'가 원래의 배라고 주장한다면, 그의 배는 처음 출발한 배와 동일한 부품이 하나도 없고 그 옆에 정박한 배는 모든 부품이 원래의 배와 동일한데도 '다른 배'가 된다!

독자들은 철학자들이 이런 생각을 하면서 한가하고 행복한 시간을 보낸다며 부러워할지도 모르겠다. 그러나 여기에 '저승'이라는 개념을 도입하면 문제는 꽤 복잡해진다. 만일 죽음이라는 것이 정말로 모든 것(모든 기억과 경험, 정체성 등)의 끝이라면 더 이상 논할 것이 없다. 하지만 죽음 후에도 인간이 생물학적 육체를 초월하여 계속 존재한다면, 그 형태가 무엇인지 묻지 않을 수 없다.

할리우드, 데카르트, 두뇌

아마도 이런 식은 아닐 것이다. 1990년에 개봉된 영화 〈사랑과 영혼Ghost〉에서 패트릭 스웨이지Patrick Swayze와 데미 무어Demi Moore는 갓 결혼한 신혼부부였는데, 어느 날 밤 스웨이지가 강도에게 살해되면서 이들의 행복은 산산이 부서진다. 그는 죽은 후에도 생전에 같이 일했던 동업자가 자신의 아내(데미 무어)를 위협한다는 사실을 깨닫고 어떻게든 막아 보려고 하지만, 이미 죽어서 영혼이 되었기 때문에 아무런 조치도 취할 수 없었다. 그러나 우연한 기회에 사기꾼 영매(우피 골드버그Whoopi Goldberg가 연기했다)를 만나면서 일말의 희망을 갖게 된다. 이 영화에서는 죽은 사람이 자신의 육체를 이탈하여 투명한 형태로 계속 존재한다. 죽은 영혼은 사람의 몸이나 벽은 물론이고, 다른 단단한 물체들도 마음대로 통과한다(그런데 이상하게도 길을 걷거나 의자에 앉을 수는 있었다. 발바닥과 엉덩이는 예외였나 보다 : 옮긴이). 대부분의 사람들은 이들을 볼 수 없고, 특별한 능력을 가진 일부 사람들만 볼 수 있다.

할리우드는 이런 종류의 영화에 대체로 너그럽다. AP통신사에서 2007년에 실시한 설문 조사에 의하면 미국인의 4분의 1이 귀신을 봤거나 영적 존재를 느낀 적이 있으며, 천사와 악마의 존재를 믿는 사람은 70%에 달했다. 또한 사후 세계를 믿는 사람이 전체의 4분의 3이었다.[9]

사후 세계에 대한 믿음은 '이원론(二元論, dualism)'이라는 철학 이론과 직접적으로 연관되어 있다. 이원론자들은 인간이 물질적인 육체와 정신적인 영혼으로 이루어져 있다고 주장한다. 또한 이원론은 물리적 두뇌의 인식 상태와 비물리적 마음의 인식 상태를 엄격하게 구별한다. 이와 같은 철학 사조는 플라톤과 아리스토텔레스 시대에 탄생하여 17세기 철학자 르네 데카르트René Descartes에 의해 체계적으로 정리되었다. 데카르트는 몸과 마음이 완전히 다른 존재라고 결론지었다.[10] 1641년에 출간된 그의 저서 《성찰Meditation on First Philosophy》에는 다음과 같이 적혀 있다. "나는 '생각하지만 크기가 없는' 마음의 존재를 분명히 느낀다. 또한 나는 '크기는 있지만 생각이라는 것을 전혀 하지 않는' 몸의 존재도 뚜렷하게 느낄 수 있다. 내가 뚜렷하게 상상할 수 있는 모든 것은 신도 만들어 낼 수 있다. 그러나 생각할 능력이 있는 마음은 몸 없이도 존재할 수 있다. 따라서 마음은 몸과 분명히 다른 존재이며, 그 근본은 '사고思考'이다."

이원론이 그럴 듯하게 들리는 이유는 정신적 상태와 육체적 상태가 크게 다르기 때문이다. 우리 집 뒷마당에는 나무가 한 그루 있는데, 나에게 출입을 허락받기만 하면 누구나 그 나무를 볼 수 있다. 이와 마찬가지로, 우리는 전자를 맨눈으로 볼 수 없지만 동일한 도구를 사용하여 누구나 그 존재를 확인할 수 있다. 그러나 이와는 반대로 나의 정신적 상태는 어느 누구와도 공유할 수 없고, 오직 나 혼자만 느낄 수 있다. 그래서 사람들은 자신의 생각에는 항상 전적으로 동의하면서 다른 사람의 생각에는 회의적인 반응을 보이곤 한다. 불에 덴 손가락이나 푸른 하늘, 악기에서 나는 소리 등의 물리적 상태를 서술하는 것은 별로 어렵지 않다. 그러나 화상의 고통과 푸른 하늘을 보면서 떠오르는 느낌, 음악에서 느낀 감동 등은 객관적으로 정의하기 어렵다. 이원론자들은 "정신적 사건(이것을 '퀄리아qualia'라고 한다)이라는 것은 다분히 주관적이기 때문에, 물리적인 대상으로 환원될 수 없다"고 주장한다.

현대 과학은 이원론의 정의를 더욱 어렵게 만들었다. 물리적 사건과 정신적 사건은 다양한 인과적 연결 고리를 통해 서로 연결되어 있기 때문이다. 나는 커피를 마시고 싶어서 커피 주전자가 있는 곳으로 걸어간다. 그리고 뜨거운 기운이 느껴지는 순간, 주전자에서 황급히 손을 뗀다. 뜨거운 느낌은 가스레인지에서 분출되는 불에서 기인한 것이다. 오늘날 신경 과학자들은 정신적 상태와 두뇌의 전기 · 화학적 활동의 상호 관계를 거의 규명해 놓았다. 데카르트의 이원론은 물리적 세계와 완전히 독립적인 영적 세계의 존재를 가정하고 있다. 그러나 사고의 과정과 영혼의 본질적 특성은 물리적 세계에 하나의 작용으로 나타난다. 우리의 삶은 물질로 이루어진 하나의 세포에서 시작되었으며, 그 후에 이루어진 정신적, 육체적 성장은 비물질적 논리를 도입하지 않아도 얼마든지 설명할 수 있다.■[11]

이원론자들은 한 인간을 육체나 두뇌와 동일시하지 않는다. 따라서 그들은 사후 세계를 거부할 이유가 없다. 초자연적이고 비물질적인 세계에서는 모든 것이 가능하다. '테세우스의 배'를 예로 든다면, 원래 배를 이루고 있던 목재와 상관없이 '배의 정체성shipness'이라는 것이 원래부터 존재한다는 이야기다. "인간은 육체와 영혼이 분리되어도 생존할 수 있다"는 주장을 완전히 부인할 수는 없지만, 그것이 어떤 상태인지는 여전히 오리무중이다. 모르긴 몰라도, 할리우드에서 만든 영화 같지는 않을 것이다.

예수는 정말 부활했을까

유일신을 믿는 유대교, 기독교, 이슬람교 등 전통 종교들은 육체적 부활을 인정하고 있다. 그런데 유물론적 관점에서도 부활이라는 것이 과연 가능할까? 살아 있는 생명체의 몸에서는 원자들이 끊임없이 움직이고 있으므로, 부활은 실로 커다란 변화가 아닐 수 없다. 한 번 죽은 육체가 어떻게 시간과 공간을 뛰어넘어 다시 살아난다는 말인가? 그리고 부활한 사람이 이전에 죽었던 그 사람과 동일인이라는 보장이 어디 있는가?

이 문제는 반드시 극복되어야 한다. 왜냐하면 부활은 기독교 교리의 핵심이기 때문이다. 나사렛의 예수는 십자가에서 처형당한 후 사흘 만에 다시 살아나 자신을 따랐던 제자들에게 영감을 불어 넣어 주었다. 기독교는 예수뿐만 아니라 모든 인간도 부활할 수 있다고 주장한다. 게다가 부활은 나사로(Lazarus, 예수가 부활시켰다는 인물. 요한복음 11장 참조 : 옮긴이)의 경우처럼 단순히 죽기 전의 상태로 되돌아가는 것이 아니라, 완전히 새로운 삶을 의미한다. 예수는 부활한 후에도 여전히 하나의 생명체였으며, 그의 몸은 위쿼크와 아래쿼크(up-quark and down-quark, 물질을 이루는 최소 단위의 소립자 : 옮긴이), 그리고 전자로 이루어져 있었다. 그러나 한 번 되살아난 그의 몸은 창조주의 의지가 고스란히 반영되어, 모든 기능이 성스럽고 완벽하게 작동되도록 재조립되었다.

전능한 신이 소크라테스의 죽음을 안타까워한 끝에, 이제 와서 다시 살리기로 마음먹었다고 가정해 보자. 자, 어떻게 살릴 것인가? 이원론자들은 별문제 없다고 생각할 것이다. 왜냐하면 소크라테스는 육체의 기능이 정지된 것 뿐, 어디로 떠난 것이 아니기 때문이다. 따라서 영혼이 거주할 수 있는 신선한 육체만 주어지면 소크라테스는 살아날 것이다. 그러나 유물론자들은 이렇게 주장할 것이다. "소크라테스는 2,400년 전에 죽었으므로, 그의 몸은 이미 원자 단위로 분해되어 산지사방에 흩어졌다. 제아무리 전지전능한 신이라고 해도, 그것들을 다시 모아 원래대로 재조립하는 것은 불가능하다." 만일 신이 흩어진 원자들을 모두 모아 재조립해서 소크라테스가 죽기 직전인 기원전 399년의 모습으로 복원시킬 능력이 있다면, 그보다 훨씬 젊은 시절인 기원전 440년의 모습으로 복원할 수도 있을 것이다. 그리고 41살의 차이가 나는 이들 두 사람의 소크라테스는 어떤 원자도 공유하고 있지 않으므로, 두 사람을 동시에 만들 수도 있다. 그렇다면 누가 진짜 소크라테스인가? 둘 중 하나만 진짜일 수는 없다. 그런데 소크라테스라는 인물이 두 사람일 수는 없으므로, 결국 둘 다 소크라테스가 아니라는 결론이 내려진다. 이로써 우리는 '테세우스의 배'로 되돌아가게 되는 것이다.

노트르담 대학의 철학자이자 신학자인 피터 반 인바겐Peter van Inwagen은 여기서 한 걸음 더 나아가 다음과 같은 대안을 제기했다. 전능한 신이라면 사람이 죽을 때마다 아무도 모르게 나타나서 시체를 수거하고, 불에 쉽게 타거나 쉽게 썩는 재질로 만든 완벽한 복제품을 놓고 갈 수도 있다. 또는 효율적인 보관을 위해 가장 중요한 부분만 추출해서 가져갈 수도 있다. 이렇게 하면 우리가 느끼는 연속성에는 아무런 문제가 없다. 그 뒤 부활할 때가 되면 신은 이미 확보해 둔 몸뚱이에 생명을 불어넣기만 하면 된다. 부활이 이런 식으로 이루어진다면, 정체성이 유지되는 유물론적 부활도 불가능한 일은 아니다. 단, 이 모든 과정이 성공적으로 이루어지려면 극도로 정교한 솜씨가 요구된다.

유일신이 아닌 여러 신을 섬기는 종교들은 사후 세계와 관련하여 또 다른 문제점을 안고 있다. 불교와 자이나교(Jainism, 기원전 6세기경 인도에서 마하비라에 의해 창시된 종교 : 옮긴이), 그리고 힌두교의 일부 종파에서는 사람은 이생에서 지은 업(業, 카르마karma)에 따라 각기 다른 형태로 부활(환생)한다고 믿고 있다. 선행과 악행의 정도에 따라 다음 생이 달라진다는 이야기다. 그러나 이들의 말대로라면, 당장 '카르마 관리'라는 복잡한 문제가 발생한다. 왜냐하면 이생에서 당신이 갖고 있는 유전자와 가족, 환경은 부모에게 물려받은 것인데, 그것이 전생의 업보와 일치해야 하기 때문이다. 자연의 법칙은 오묘하고 복잡하지만, 인간사와는 아무런 관계가 없다. 물리적 세계는 인간의 도덕적 관념에 아무런 관심도 없다. 따라서 인도인들이 생각하는 '카르마에 의한 도덕적 질서'는 물리적 세계를 지배하는 법칙과 완전히 달라야 한다. 그러나 이들이 긴밀하게 연결되어 있을 가능성이 아주 없는 것은 아니다.

죽음을 겪었다고 주장하는 사람들

이성적 사고와 믿음 사이에서 갈팡질팡하다 보면 길을 잃기 쉽다. 이럴 때 가장 바람직한 돌파구는 삶과 죽음의 경계에서 어떤 일이 일어나는지를 최대한 객관적으로 판단하는 것이다. 이 장의 서두에서 소개했던 패티 레이놀즈는 체온이 16℃까지 떨어진 상태에서 수술용 침대에 누워 있었고, 두뇌의 기능은 완전히 정지되어 있었다. 그 뒤 의식이 돌아왔을 때 그녀가 들려준 경험담은 임사 체험의 전형적인 사례가 되었다. 1982년에 실시된 한 설문 조사 결과에 따르면 미국인 중 800만 명이 그와 비슷한 경험을 겪었다고 한다.

심령주의 단체와 교령회(交靈會: 죽은 자의 영혼과 교류를 시도하는 모임)는 사후 세계에 대한 과학적 접근법에 회의적인 시각을 가져왔다. 과거에 과학자들은 해리 후디니(Harry Houdini, 19세기 말~20세기 초에 걸쳐 활동했던 헝가리계 미국인 마술사. 탈출 마술과 스턴트에 능했다 : 옮긴이)의 속임수에 쉽게 넘어가곤 했다. 유명한 정신과 의사인 엘리자베스 퀴블러 로스Elisabeth Kübler-Ross는 죽음이라는 것이 아예 존재하지 않는다고 주장했다. 그녀는 죽음의 순간에 육체를 초월한 경험을 대중에게 널리 알리면서 유명해졌으나, 그녀가 한 남자를 고용하여 과부들에게 환생한 남편인 척하면서 잠자리를 같이 하도록 사주했다는 사실이 밝혀지면서 명성에 큰 타격을 입었다.

네덜란드의 한 연구팀은 심장이 멈추거나 호흡 기능이 정지되었다가 되살아난 환자 344명의 임사 체험기를 조사한 결과, 그들 중 12%가 유사한 경험을 했다는 사실을 알게 되었다. 이들은 깊은 평정을 느끼거나, 터널을 통과한 후 빛을 보거나, 인생을 통째로 되돌아보거나, 이미 죽은 친구나 가족과 대화를 나누거나, 유체 이탈을 경험했다.[12] 또한 이들은 사회적 지위나 나이, 인종, 또는 결혼 상태와 상관없이 거의 동일한 경험을 한 것으로 밝혀졌다.

그러나 죽음과 관련된 체험담은 문화권마다 내용이 다르고, 당사자의 기억이 정확하다는 증거도 없다. 고성능 MRI로 촬영을 해 보면 식물인간 상태에 빠진 환자의 두뇌도 미약하긴 하지만 분명히 어떤 활동을 하고 있다. 누구나 죽음에 임박하면 신경계에 잡신호가 유입되고 두뇌에 산소가 부족해지며, 엔도르핀이 과도하게 분비되는 등 신경 화학적 반응이 과도하게 나타난다. 런던 모즐리 병원Maudsley Hospital의 의사인 칼 젠슨Karl Janson은 "환각성 마취제인 케타민ketamine을 환자에게 투여하면 임상 체험과 거의 비슷한 경험을 하게 된다"고 했다.[13]

죽음에 임박한 환자들이 침대에 누워 사경을 헤매면서도 주변 상황을 인지할 수 있다는 확실한 증거가 발견된다면, 죽음에 대한 연구는 커다란 전환점을 맞이하게 될 것이다. 노스 텍사스 대학의 의사인 잔 홀든Jan Holden과 버지니아 대학의 의사인 브루스 그레이슨Bruce Greyson은 이 증거를 발견하기 위해 수술실 천장에 노트북 컴퓨터를 매달아 놓았다. 수술대에 누운 환자는 이 컴퓨터를 절대로 볼 수 없으며, 화면에는 여러 가지 영상이 무작위로 뜨도록 만들어 놓았다. 만일 환자들 중 누군가가 육체를 이탈하여 공중에 떠 있는 경험을 한다면, 이 컴퓨터에서 무엇을 봤는지 증언할 수 있을 것이다. 그러나 안타깝게도 아직은 흥미를 끌 만한 사례가 발견되지 않았다. 현재 영국과 미국의 25개 병원에서는 심장 박동이 멈춘 2,500명의 환자들을 대상으로 이와 비슷한 실험을 실행하고 있다. 만일 누군가가 노트북에 뜬 영상을 증언한다면, "정보는 닫힌 문을 뚫고 지나갈 수 있다"는 놀라운 현상이 사실로 입증되는 셈이다.

2장

우리는 언젠가 죽는다

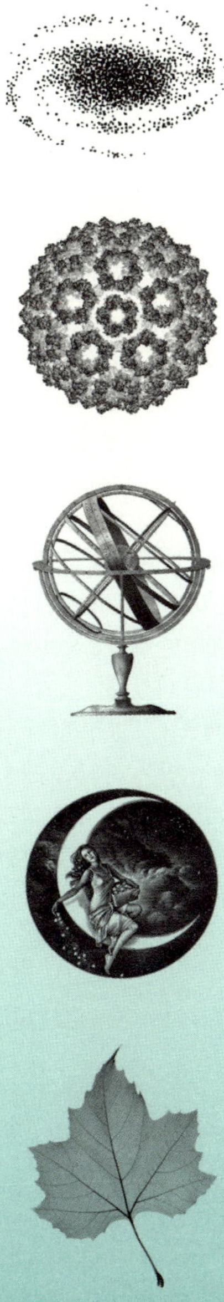

벤자민 곰퍼츠Benjamin Gompertz는 술집 테이블에 앉아 있다가 무언가 어색하고 불편한 느낌이 들었다. 그는 맥주 한 잔을 들이켜고 허리띠의 버클을 만지작거렸다. 몇 미터 옆에서는 한 무리의 선원들이 큰 소리로 대화를 나누고 있었으며, 바로 옆에서는 몸집이 큰 남자가 테이블 위에 얼굴을 댄 채 엎어져 있었다. 벽돌공 차림을 한 그 남자는 두툼한 손가락으로 맥주잔을 움켜진 채 곯아떨어진 것 같았다. 곰퍼츠는 겨우 18살이었지만, 주변에는 더 어린 소년들이 술에 취해 흥청거리고 있었다. 런던 도크랜즈 뒤쪽의 스피탈필즈Spitalfields 중심부에 자리 잡고 있는 그 술집에는 웨스트민스터 사원의 종소리가 간간이 들려왔다. 때는 1799년이었다.

곰퍼츠는 바로 하루 전에 알게 된 중고 서적 상인을 기다리는 중이었다. 그는 곰퍼츠와 마찬가지로 수학에 남다른 흥미를 가진 사람이었다. 그는 곰퍼츠에게 '스피탈필즈 수학회Spitalfields Mathematical Society'에 대한 이야기를 들려주었는데, 이 단체의 회원들은 대부분 노동자들이었고 정기적으로 술집에서 만나 수학 이야기를 나누곤 했다. 잠시 후 회원들이 하나둘 모이기 시작하더니 곧 10여 명의 젊은이들이 낡은 테이블 주변에 모여 앉아 다양한 수학 문제들을 논하기 시작했다. 대화의 규칙은 단 하나, '설명하기'였다. 이 모임에서 무언가를 배운 사람은 반드시 무언가를 가르쳐야 했다. 회원 중 한 사람이 질문을 던지면 그의 동료가 해답을 제시하고, 만일 답을 제시하지 못하면 벌금으로 1페니를 물어야 했다. 이런 분위기 속에서 회원들은 협동심을 키워 나갔고, 언제든지 아이디어를 교환할 준비를 갖추었다. 유태인이었던 곰퍼츠는 대학에 갈 수 없었지만, 스피탈필즈 수학회에서 수학적 소양을 꾸준히 키워 나갔다.

훗날 40대에 접어들었을 때 곰퍼츠는 신분상의 제한을 극복하고 영국 왕립 학회의 회원이 되었다. 그리고 그 다음 해에는 미적분학을 이용하여 인간의 기대 수명을 예측하는 논문을 발표했다. 그의 이론을 사람에게 적용하면 현재 나이에 상관없이 앞으로 얼마나 더 살 수 있는지를 계산할 수 있었다. 오랜 세월 동안 예측 불가능한 것으로 간주되어 왔던 죽음을 '논리적으로 계산 가능한 범주'에 올려놓은 것이다. 시장 규모가 1조 달러까지 성장한 오늘날의 보험업계는 지금도 곰퍼츠의 이론을 사용하고 있다.

죽음에 항거하다

인디언이 상처를 꿰매는 방법

사람의 몸을 요새에 비유한다면, 거기에는 가장 왕래가 잦은 큰 길이 존재한다. 우리 몸의 세포는 10년에 한 번씩 교체되고 있다. 나이가 들수록 새로 입대한 신병의 수가 줄어들면서 요새 전체가 조금씩 붕괴의 조짐을 보이다가, 결국 움직이는 부분은 작동을 멈추고 유전적 기계 장치를 파괴하려는 이교도들이 세포벽을 뚫고 침범한다. 과거의 인류는 생존이 지상 최고의 과제였기에, 늙는 것을 걱정할 여유가 없었다. 그들의 사망 요인은 주로 질병이나 유아 사망, 또는 전쟁이었다. 우리의 선조들은 수명이 짧았기에 삶의 초점이 육체가 아닌 마음에 집중되어 있었다.

인간의 기대 수명은 유구한 역사를 거치면서 거의 3배 이상 길어졌다. 지금까지 발견된 원시인의 뼈를 통해 추리해 봤을 때(그 수가 얼마 되지 않아 확실치는 않지만), 인간의 수명이 처음으로 크게 늘어난 것은 불을 최초로 사용하기 시작했던 50만 년 전의 일로 추정된다. 짐승의 고기와 생선을 구워 먹기 시작하면서 수명 단축의 주된 요인이었던 기생충의 유입이 크게 차단되었기 때문이다. 그럼에도 불구하고 네안데르탈인 시대와 청동기 시대, 그리고 BC 0년에 끝난 철기 시대의 무덤에서 출토된 뼈를 분석해 보면 당시의 평균 수명은 약 30년이었고 가장 오래 살았던 사람도 45년을 넘기지 못했다. 중세 시대에 이르러서도 앵글로-색슨 족의 노동자들 중에는 45년 이상을 산 사람이 거의 없었다.

르네상스 시대에 갓 태어난 신생아의 기대 수명은 25~30년에 불과했는데, 이는 유아 사망률이 그만큼 높았기 때문이다. 어떤 시대이건, 건강을 유지하려면 그만큼의 대가를 지불해야 했다. 서기 1000년~1800년 사이에 영국 왕실 가족의 기대 수명은 50살이었다. 무려 8세기 동안 수명의 변화가 거의 없었다는 뜻이다. 이들이 유아기를 무사히 보내고 전쟁에서도 살아남아 21살을 맞이했다면, 기대 수명은 65살이다. 따라서 부자들은 큰일이 없는 한 70~80대까지 살았으며, 가난한 사람들도 운이 좋으면 그 정도의 수명을 누릴 수 있었다. 그러나 장수하는 동물에 비하면 그리 오래 사는 것도 아니었다. 지난 2001년에 포획된 북극고래의 몸에서 작살이 발견되었는데, 탄소 동위 원소의 함량으로 연대를 측정해 보니 그 작살은 1790년경에 만들어진 것이었다. 즉, 그 고래는 200년을 넘게 살았던 것이다.

수명에 관한 데이터를 분석하다 보면 흥미로운 사실을 알게 된다. 사람의 평균 수명은 지난 200년 사이에 크게 증가했는데, 이것은 노인의 수명이 길어져서가 아니라 유아 사망률이 낮아지면서 나타난 결과이다. 영국의 철학자 토머스 홉스Thomas Hobbes는 우리의 선조들이 '불결하고 야만적이면서 짧은 삶'을 살았다고 했지만, 사실은 그렇지 않다. 선사 시대에는 의료 수준도 원시적이었으나 약초를 이용한 치료법은 오랜 세월 동안 구전되어 상당한 효과를 거두어 왔으며, 지금은 대부분이 문서화되어 있다. 약초에 대한 지식과 사용법은 지역에 따라 조금씩 차이가 있지만, 그 내용은 매우 인상적이다. 예를 들어 버섯은 장에 서식하는 기생충을 박멸하고 이완 효과를 가져오며, 로즈메리는 혈압을 유지하는 데 효과적이다. 또한 쿠라레(curare, 남미 원주민이 화살에 바르는 독 : 옮긴이)는 근육 완화제로 쓰이고 디기탈리스(foxglove, 현삼과의 여러해살이풀. 7~8월에 붉은빛을 띤 자색의 꽃이 핀다. 잎은 응달에 말려 심장병의 약재로 쓴다. 유럽이 원산지이다 : 옮긴이)는 종기 치료에 쓰이고 흥분 효과가 있으며, 익모초(motherwort, 주로 한국, 일본, 대만에 서식하는 꿀풀과의 두해살이풀 : 옮긴이)는 천식 치료에 효과적이다. 그리고 우리에게 친숙한 점토는 골절상을 치료하는 부목으로 사용된다.

물론 개중에는 등골이 오싹한 치료법도 있다. 미국 인디언 중 어떤 종족은 상처를 꿰맬 때 개미를 사용했다. 상처 주위에 개미를 풀어 놓으면 이들이 피부를 세게 물어서 핀셋이 피부를 잡아당기도록 만드는 식이다. 지구 상의 여러 문화권에는 천공술(穿孔術, 두개골을 절개하는 의술 : 옮긴이)이 전해 내려오고 있다. 이것은 단단한 도구를 이용하여 두개골에 직경 5cm의 구멍을 뚫는 기술인데, 상상만 해도 속이 메스꺼워진다. 아마도 인디언들은 두통과 간질을 치료하거나, 몸에 들어온 악마를 내쫓기 위해 천공술을 사용했을 것이다. 수술 후 일정 기간이 지나면 두개골은 스스로 봉합된다. 그런데 인디언들이 천공술로 제거된 두개골 조각을 행운의 상징으로 보관해 온 것을 보면, 대부분의 사람들이 이 시술을 받고 살아남았던 것 같다. 너욱 놀라운 것은 환자를 마취시키지도 않고 이런 끔찍한 수술을 시행했다는 점이다.

많은 사람들은 '문명이 발달하면 건강도 향상된다'고 생각하는 경향이 있는데, 반드시 그렇지만은 않다. 민족학과 고고학적 자료들을 종합해 보면 과거에 사라진 종족들은 고칼로리 영양식을 섭취하면서 균형 잡힌 다이어트를 실행했다. 이들의 식생활 수준은 현재 제3세계의 도시민들이나 선진국의 저소득층보다 훨씬 높았던 것으로 추정된다. 수렵 민족들은 다량의 섬유질과 저지방, 저염분, 저칼로리 음식을 주로 섭취했는데, 이는 당뇨병과 순환계 질병, 퇴행성 질병 등을 예방하는 효과가 있었다. 유목민들은 도시 거주민보다 기생충 보유율이 낮고, 결핵이나 말라리아 같은 전염성 질병에 잘 걸리지 않으며 선페스트(bubonic plague, 흑사병의 하나. 전신의 림프절이 부어오르는 특징이 있다 : 옮긴이) 감염률도 낮다. 그러나 문명화된 도시는 외부인들이 수시로 드나들기 때문에 새로운 질병이 퍼질 확률도 그만큼 높아진다. 도시가 문명화되면 여러 가지 편리한 점이 많지만, 그곳에 사는 사람들의 건강이 향상된다는 보장은 어디에도 없다.

현대 의학이 태어나다

히포크라테스의 선서는 다음과 같은 구절로 시작된다. "나는 의사인 아폴로Apollo와 아스클레피오스Asclepius, 그리고 하이게이아Hygeia와 파나케이아Panacea를 비롯한 모든 남신과 여신들을 증인으로 삼아 나의 능력과 판단으로 다음의 선서를 이행할 것을 서약합니다." 여기 등장하는 파나케이아는 치유를 원하는 병자들이 섬기던 여신이고, 하이게이아는 계속 건강하기를 기원하는 건강한 자들이 섬기던 여신이다. 그 뒤 과학이 등장하여 근 2,400년 동안 군림해 온 미신을 몰아내면서 히포크라테스 선서의 고귀한 목적은 어느 정도 실현되었다.■[1]

현대 의학은 사람의 기대 수명을 획기적으로 늘려 놓았다. 16세기경부터 수백 년 동안 평균 수명이 30~40세를 오락가락하다가(이 무렵에 유럽을 강타한 흑사병 때문에 그래프에 깊은 골짜기가 생겼다) 20세기 중반에 이르러 서양인들의 수명이 급격하게 길어지기 시작했다. 세균 이론에 의하면 대부분의 질병은 미생물에 의해 옮겨진다. 프랑스의 미생물학자 루이 파스퇴르(Louis Pasteur, 1822~1895)는 자연 발생설(spontaneous generation, 생물이 어미 없이도 생길 수 있다는 학설 : 옮긴이)을 대신하는 새로운 이론을 주장했고, 독일의 의사이자 노벨상 수상자인 로버트 코흐(Robert Koch, 1843~1910)는 일련의 실험을 통해 세균 이론의 타당성을 입증했으나, 이것이 의학에 적용되기까지는 수십 년의 세월이 더 흘러야 했다.

이보다 앞서 19세기 중반에 헝가리의 의사였던 이그나즈 젬멜바이즈 Ignaz Semmelwies는 산모의 3분의 1이 출산 도중 발열로 사망하는 원인이 의사의 불결한 손 때문이라고 주장했다. 당시 의사들은 시체를 부검하다가 급히 불려 나와 아이를 받곤 했는데, 이 과정에서 손을 씻지 않았기 때문에 산모들이 세균에 감염되었던 것이다. 그 후로 병원 측에서 청결 교육을 강화하여 불필요한 감염은 많이 줄어들었지만, 산파의 손을 거쳐 아이를 품에 안은 산모들 중 상태가 정상인 경우는 전체의 1%에 불과했다.

20세기에는 삶의 방식과 의술 등이 크게 개선되어 사람의 기대 수명이 급격하게 늘어났다.■2 1900년에는 신생아의 10%가 1년을 넘기지 못했고, 5살까지 살지 못하는 경우도 전체의 20%에 달했다. 그러나 2000년에 이르러 이 확률은 각각 0.7%와 0.8%로 감소했다. 의학의 발달은 산모들에게도 좋은 소식을 안겨주었다. 산모가 출산 중 사망하거나 산후에 병균 감염으로 사망할 확률이 1%에서 0.01%로 떨어진 것이다. 다시 말해서, 요즘은 만 명의 산모들 중 출산으로 사망하는 사람이 단 한 명에 불과하다는 뜻이다.

1900년에 태어난 사람의 기대 수명은 50년이었지만, 2000년에는 이것이 80년으로 늘어났다. 불과 100년 사이에 인간의 수명이 60%나 길어진 것이다. 수명이 연장된 요인은 여러 가지가 있겠으나, 정황을 잘 분석해 보면 크게 두 가지로 압축된다. 첫째는 질병의 감염과 전염을 방지하는 데 크게 성공한 점을 들 수 있다. 1900년에는 인구 10만 명당 200명이 결핵으로 사망했지만, 방역 기술이 발전하면서 1900년대 중반에는 결핵균이 거의 멸종했다. 또한 1900년에는 폐렴과 감기에 의한 사망률이 결핵과 비슷했는데, 20세기 말에는 10분의 1로 감소했다. 다른 선진국과 마찬가지로 요즘 미국에서는 '콜레라'와 '천연두'라는 용어가 거의 자취를 감췄다. 또한 많은 사람들이 자동차로 인한 사고가 많아졌다고 생각하는 경향이 있지만, 사실은 그렇지 않다. 1930년에는 사망자 10만 명 중 교통사고로 죽은 사람이 25명이었는데, 지금은 자동차의 수가 10배 이상 많아졌음에도 불구하고 교통사고로 인한 사망률은 40% 이상 감소했다.

기대 수명이 급격하게 길어진 두 번째 이유는 질병의 종류가 달라졌다는 데서 찾을 수 있다. 12세기 중반에는 전염병으로 인한 사망률이 만성병에 의한 사망률과 거의 비슷했지만, 현재 미국인을 죽음에 이르게 하는 가장 큰 원인은 심장병과 암이다. 인구 10만 명당 300명이 심장병으로 사망하고, 200명이 암으로 사망한다.■3 과거에 주된 사망 요인이었던 결핵이나 장염 등은 이제 거의 생명을 위협하지 않는다. 그 대신 새로운 질병이 다양한 경로로 진입되어 생명을 위협하고 있다.

우리는 '비교적 상대하기 쉬운' 질병과의 전쟁에서 승리했지만, 그와 동시에 희생양이 되기도 했다. 수명이 연장되는 속도가 느려졌기 때문이다. 1900~1950년 사이에 신생아의 기대 수명은 18년이나 길어졌지만, 1950~2000년 사이에는 8년밖에 길어지지 않았다. 미국인의 암 사망률은 1900년에 10만 명당 65명에서 2000년에는 10만 명당 200명으로 증가한 반면, 심장 혈관 질환에 의한 사망률은 인구 10만 명당 340명으로 크게 변하지 않았다.

그러나 사망률 통계 자료에는 현대 과학이 '어렵게 거둔 승리'가 드러나 있지 않다. 80대 노인이 만성 질환으로 사망할 확률은 20대 청년의 경우보다 1,000배나 높다. 따라서 평균 수명이 길어질수록 더 많은 사람들이 만성 질환으로 사망한다. 미국인의 심장병에 의한 연령 교정 사망률(age-adjusted mortality ratio, 동일 연령대의 사람들이 사망할 확률 : 옮긴이)은 1960년대부터 꾸준히 감소해 왔는데, 여기에는 흡연의 위험성과 운동, 다이어트의 장점이 널리 홍보된 것도 큰 영향을 미쳤다. 암에 의한 연령 교정 사망률은 1980년대 중반에 정점을 찍은 후로 서서히 감소하고 있다. 암의 치료와 예방에 수조 달러를 쏟아부은 것이 효과를 거두고 있는 셈이다.

각 나라의 평균 기대 수명은 경제적 여유와 의료 서비스의 수준, 그리고 영양 상태에 따라 커다란 편차를 보이고 있다.[■4] 아프리카의 보츠와나와 스와질란드는 워낙 가난한 데다 AIDS의 참화까지 덮치는 바람에 기대 수명이 33~34년밖에 되지 않는다. 반면에 초소형 국가인 안도라와 산마리노는 기대 수명이 82~83년에 달한다. 러시아의 남자는 기대 수명이 59년인데, 이는 세계 166위라는 초라한 성적이며, 러시아 여자보다 14년이나 짧다. 한 나라 안에서 수명이 크게 차이 나는 경우도 있다. 영국 칼튼의 글래스고Glasgow 빈민가에 거주하는 남성의 기대 수명은 54년인데, 이로부터 불과 8km 거리에 있는 렌지Lenzie 거주민의 기대 수명은 82년이다. 아마도 그들이 즐겨 먹는 해기스(haggis, 양이나 송아지의 내장을 잘게 다져서 오트밀과 섞은 뒤 원래 동물의 위胃에 넣어 삶은 스코틀랜드 요리 : 옮긴이)에 무언가 말로 표현하기 어려운 원인이 있는 것 같다.

우리는 어떻게 죽는가

당신과 내가 앞으로 죽을 확률은 얼마나 될까? 어디 보자……. 소수점 다섯 자리를 옮겨서 제곱근을 취하고, 여기에 다시 로그를 취하면…… 거의 끝나 간다…… 오케이, 답이 나왔다. 100퍼센트다! 그런데도 우리는 죽음을 '제어 가능한 대상'으로 생각하는 경향이 있다. 만일 자신이 그런 부류에 속한다면, 다음의 통계 자료를 잘 읽어 보기 바란다.

전 세계 사망자의 절반은 심장병으로 죽고 30%는 호흡기 질환으로, 12%는 암으로, 6%는 부상으로 죽는다. 그 외의 잡다한 원인들은 다 합쳐도 5%가 채 되지 않는다. 그러나 이 통계 자료만 보면 지구 상에 '두 개의 세계'가 존재한다는 사실을 간과하기 쉽다. 선진국의 주된 사망 요인은 암과 심장병이지만, 개발 도상국에서는 가장 높은 사망 원인이 AIDS이고 그 다음이 호흡기 질환과 심장병이다. 서양에서 암으로 죽는 사람보다 제3세계에서 설사병으로 죽는 사람(주로 어린이들)이 더 많다. 가난한 나라의 주된 사망 요인들은 선진국에서 대부분 제어되고 있거나, 아예 사라진 것도 있다.

국가들 사이의 사망률 차이를 비교해 보면 많은 사실을 알 수 있다. 예를 들어 남유럽에서 심장병으로 죽는 사람은 북유럽의 3분의 2에 불과하다. 이것은 아마도 지중해식 다이어트 덕분일 것이다. 또 암 사망률은 덴마크에서 높고 핀란드에서는 낮다. 건강한 사람들 사이에 섞여서 살고 싶다면 네덜란드나 노르웨이, 또는 뉴질랜드로 갈 것을 권한다. 운전은 포르투갈과 러시아에서 제일 위험하고, 스웨덴과 영국에서 가장 안전하다. 그리고 러시아 인들과 헝가리 인들을 사귈 때는 되도록 조심하는 게 좋다. 이들의 자살률은 낙천적이기로 유명한 스페인 인이나 포르투갈 인보다 일곱 배나 높다.■[5]

우리가 매일같이 하는 일들 중에서 가장 위험한 것은 운전이다. 그러나 그 위험성을 제대로 인식하는 사람은 별로 없다. 운전은 미국 청소년의 사망 원인 중 단연 1위이다. 아직도 많은 사람들은 운전보다 비행을 두려워하는데, 비행기 사고로 사망할 확률은 19,000분의 1에 불과하다. 즉, 하늘로 이륙한 비행기 19,000대 중 1대가 사고를 겪게 된다는 뜻이다. 따라서 평생 동안 매주 한 번씩 비행기를 타는 사람이 비행기 사고로 죽을 확률은 암으로 죽을 확률과 비슷하다. 테러 공격을 걱정하는 것도 그리 바람직하지 않다.■[6] 미국인 한 사람이 테러로 죽을 때마다 다른 미국인 1만 명이 테러리스트가 아닌 사람이 쏜 총에 맞아 죽어 나가고 있다. 살인범들은 대부분 피해자와 친분이 있는 사람으로, 가족이나 배우자인 경우가 많다.

일반적으로 추위는 더위보다 위험하며, 이쑤시개가 번개보다 위험하다. 그리고 당신에게는 화재보다 길거리 보행자들이 더 위험하다. 침대는 사다리보다 위험하고, 뱀은 테러리스트보다 위험하다. 가연성 소재로 만든 잠옷은 벌에게 쏘이는 것보다 위험하며, 코코넛은 상어보다 위험하다.■[7]

지금까지 소개한 통계 자료와 관련하여 한 가지 조언할 것이 있다. 미국 의학 협회American Medical Association의 발표에 따르면 미국인의 사망 원인

중 상당 부분이 '교정 가능한 잘못된 행동'에서 비롯되었다고 한다. 만일 모든 사람들이 균형 잡힌 식사에 적당한 운동을 하면서 담배를 멀리하면 사망률은 3분의 1로 떨어진다.

하도 많이 들어본 이야기라 깊이 와 닿지 않는 독자들을 위해, 몇 가지 통계를 추가로 소개한다. 사고로 부상을 당해 사망할 확률은 36분의 1이고(사고를 36번 당하면 그중 한 번은 죽게 된다는 뜻이다 : 옮긴이) 추락도 상당히 위험하다. 그러므로 운동을 끝낸 후에는 집으로 돌아가 의자에 가만히 앉아 있을 것을 권한다. 그 다음으로 위험한 것은 바로 당신 자신이다. 그러니 자살의 유혹을 뿌리치려면 행복한 생각을 계속 떠올리는 것이 좋다. 그리고 적절한 거주지에 살면 일련의 자연재해를 피할 수 있다. 예를 들어 인디애나 주의 먼시Muncie에 살면 토네이도와 허리케인, 지진, 쓰나미를 걱정할 필요가 없고 익사할 염려도 없다. 뿐만 아니라 이 동네는 집값도 싸다. 당신이 법적 처형(사형)을 당할 확률은 6만 분의 1이지만, 몸가짐을 조심하면 이 확률은 크게 낮아진다.

이런 식으로 따지면 위험하지 않은 일이 없겠지만, 그래도 통계는 거짓말을 하지 않으니 내친 김에 좀 더 알아보자. 물은 양이 적을수록 위험하다. 즉, 욕조는 수영장보다 위험하고 수영장은 바다보다 위험하다. 그러므로 차나 커피가 담겨 있는 잔은 각별히 주의해야 한다. 또한 사나운 개나 독사로부터 몸을 보호하고 감전사(또는 전기의자 처형)나 희생제물로 바쳐지는 것을 피하려면 부도체로 만들어진 갑옷과 내화복을 입고 다니는 것이 좋다. 도박도 위험하기는 마찬가지다. 미국 공영 라디오 방송에 의하면 뉴욕에 사는 사람이 복권을 사러 다리를 건너 뉴저지로 갈 때 사고로 죽을 확률은 그 복권이 당첨될 확률보다 높다. 역시 의자에 가만히 앉아 있는 게 최고다.

마지막으로 또 한 가지 짚고 넘어갈 사항이 있는데, 사실 이것은 당신이 컨트롤할 수 없는 부분이기 때문에 엄밀히 따지면 조언은 아니다. 당신이 여자라면 행운이고, 남자라면 그냥 받아들여라. 여자는 남자보다 오래 산다. 여자들이 살면서 겪는 가장 큰 위험은 출산인데, 요즘은 의학이 비약적으로 발전하여 출산 중에 죽는 여자는 거의 없다. 또한 여자는 전쟁터에 끌려 나가 죽을 염려도 없다. 그러나 남자의 삶에는 도처에 적이 도사리고 있다. 남자는 여자보다 술을 많이 마시고 담배도 많이 피우며, 마약도 많이 하고 자동차에 더 자주 치이고, 사람을 더 많이 죽이고 자살도 더 많이 한다. 그 결과 남자와 여자의 기대 수명의 차이는 지금도 계속 늘어나고 있다.

사람은 왜 늙을까

로마의 상조회

지난 수백 년 동안 사람들은 불확실한 삶과 언제 찾아올지 알 수 없는 죽음에 대처하기 위해 많은 노력을 기울여왔다. 거의 모든 시대에 '자선'이라는 안전망이 있긴 했지만, 이것만으로는 완벽한 보장을 기대하기 어려웠다. 그래서 고대 그리스 인들은 연금 제도를 최초로 도입했고 로마 인들은 장례 비용을 부담하는 단체를 조직했다. 그런가 하면 중세에는 수도원에 목돈을 기부하고 남은 여생을 그곳에서 지내는 제도가 있었다(혼자 있기를 좋아하고 신앙심이 깊은 사람들만 이 제도를 이용했을 것 같다).

죽음에 대한 과학적 접근은 1662년에 런던의 포목상이었던 존 건트John Gaunt에 의해 처음으로 시도되었다. 그는 한 개인의 미래가 매우 불확실함에도 불구하고, 여러 사람들의 죽음에서 어떤 규칙을 발견했다. 이 연구를 이어받은 사람이 바로 이 장의 서두에서 소개된 벤자민 곰퍼츠Benjamin Gompertz이다. 그는 예측하기 어려운 죽음에서 수학적 규칙을 찾아내어 '보험'이라는 사업의 서막을 연 장본인이다. 같은 시기에 런던에서 살았던 혜성 사냥꾼 에드문드 핼리Edmund Halley와 프랑스의 난민이었던 아브라함 드 무아브르Abraham de Moivre도 곰퍼츠의 연구에 중요한 실마리를 제공했다. 특히 무아브르는 자신의 수면 시간이 매일 조금씩 길어지고 있다는 사실로부터 자신이 죽는 날을 정확하게 예측한 것으로 유명하다. 곰퍼츠는 사람의 나이가 20세를 넘기면 매 7년마다 '죽음의 강도force of mortality'가 두 배씩 증가한다는 사실을 발견함으로써, 세계 최초의 보험 계리사가 되었다.

죽음에 대한 생각을 자주 떠올리는 것은 건강에 좋지 않지만, 여기에는 교묘한 역설이 숨어 있다. 톨스토이는 삶의 말년에 존재에 대한 심리적 고통으로 괴로워했는데, 이것이 그의 수명을 단축했다는 의견이 지배적이다. 그러나 이성적인 사고로 죽음을 계산하는 사람들이 건강하게 잘 사는 것도 사실이다. 몇 년 전 〈월 스트리트 저널The Wall Street Journal〉은 가장 좋은 직업으로 보험 계리사를 꼽았다. 보험 계리사는 연봉이 높으면서 사람들과의 교류가 적기 때문에 체감 스트레스는 상대적으로 낮다.[8] 이 기사에 의하면 가장 안 좋은 직업은 벌목꾼과 어부이다. 그러므로 당신에게 선택권이 있다면 자연이 아닌 숫자와 관련된 직업을 택하는 것이 좋다. 곰퍼츠 자신도 통계치를 훨씬 웃도는 86세까지 살았다.

보험 계리사는 죽음을 강조하지 않는다. 이들의 주특기는 다양한 상황에서 위험도를 계산하는 것이다. 때때로 이들은 "회계사가 되고 싶은 사람들 중 인간성이 결여된 사람은 보험 계리사가 된다"는 잔인한 농담거리가 되기도 한다. 2002년에 개봉된 영화 〈어바웃 슈미트About Schmidt〉에서 잭 니콜슨은 아내를 잃고 성미가 고약해진 보험 계리사로 등장했는데, 계리사 협회에는 이 영화에 대한 공식적인 입장을 인터넷을 통해 다음과 같이 밝혔다. "보험 계리사를 '수학밖에 모르고 사회적으로 단절되어 있으며 헤어스타일이 최악인 사람'으로 표현하는 것은 사실과 다를 확률이 97.28892%이다." 우리 천문학자astronomer들은 알파벳 순으로 나열된 직업 목록에서 보험 계리사actuary보다 뒤에 나오지만, 영화에서는 〈록산느Roxanne〉의 데릴 한나Daryl Hannah와 〈콘택트Contact〉의 조디 포스터Jodie Foster처럼 실제보다 훨씬 멋지게 포장되곤 한다.

과학, '나이 듦'을 말하다

늙는 것을 좋아할 사람은 없다. 그런데 우리는 젊은 시기에 젊음을 '다 써 버려서' 늙는 것일까? 중년에는 노화가 비교적 서서히 진행되기 때문에, 몸의 유연성이 떨어지거나 날카로운 통찰력이 무뎌지는 등 일련의 노화 현상들이 심각하게 느껴지지 않는다(아니면 이미 심각한 수준인데 느끼지 못할지도……). 인간의 수명은 지난 세기에 가히 혁명적으로 길어졌지만, 퇴행성 질병이나 암으로 인한 사망자 수는 점점 증가하고 있다. 우리는 그리스 신화에 등장하는 티토노스Tithonus의 신세와 비슷하다. 그의 애인인 에오스Eos가 제우스에게 부탁하여 티토노스를 불사不死의 존재로 만들었는데, 늙지 않게 하는 것을 깜빡 잊었다. 그리하여 티토노스는 점점 늙고 쇠약해지다가 결국 매미가 되고 말았다. 노화는 끝이 벽으로 막혀 있는 바윗길과 비슷하다. 벽을 조금 뒤쪽으로 밀어낼 수는 있지만, (철저한 이원론자가 아닌 한) 벽을 통째로 치울 수는 없다.

노화는 참으로 신비로운 현상이다. 과학자들은 노화를 초래하는 생물학적 과정을 아직도 알아내지 못했다. 세포 화학과 유전학에서 노화와 관련된 부분이 너무 복잡하고 어렵기 때문이다. 그중에서도 가장 큰 문제는 원인과 결과를 분리하는 것이다. 예를 들어 '질병이 노화와 죽음을 초래한다'는 주장은 매우 그럴 듯하게 들리지만, 직접적인 증거는 단 한 번도 발견된 적이 없다.

노화를 설명하는 이론은 크게 두 부류로 나눌 수 있다. 노화를 생명체의 특성으로 간주하는 이론과, 잘못된 결함으로 간주하는 이론이 그것이다. 후자를 주장하는 학자들은 세포 규모에서 피할 수 없는 퇴행 과정이 진행되어 노화가 나타난다고 주장한다. 우리의 몸은 자동차와 비슷한 일종의 역학계이기 때문에, 엔트로피나 산화 등 다양한 손상 과정이 모든 것을 망가뜨린다. 관절염이나 백내장, 심장병 등을 치료하는 것은 고장 난 엔진이나 브레이크를 수리하고 차체에 페인트칠을 새로 하는 것과 비슷하다. 그러나 고장을 일으키는 원인 자체를 제거할 수는 없다. 이 관점을 고수하는 사람들은 "육체의 성능이 저하되는 것은 필연적인 현상이기 때문에, 노화 방지 연구는 잘못된 길로 가고 있다"고 주장한다.

프리-래디칼(free-radical, 짝짓지 않은 전자를 갖는 원자단 : 옮긴이) 이론에 의하면, 노화는 전자쌍을 이루지 못한 원자와 분자 때문에 발생한다. 원자가를 늘리는 요소들은 환경 속에 존재하고 세포의 신진대사를 통해 생성되기도 하지만, 이들은 반응성이 매우 크고 불안정하기 때문에 세포에 심각한 화학적 손상을 입힌다. 이와 같은 손상이 세포에 누적되면서 나타나는 결과가 바로 노화라는 것이다. 간단히 말해서, 우리의 몸이 안으로부터 녹슬어 가는 셈이다. 비타민 C나 E 등 노화 방지제가 2007년에 30억 달러 이상 팔려 나간 것을 보면, 대부분의 사람들이 이 의견에 동의하는 것 같다. 프리-래디칼 이론은 백내장과 같은 노화 관련 병리학에서 중요한 역할을 하지만, 쥐를 대상으로 노화 방지 실험을 한 결과 프리-래디칼이 노화와 직접적으로 관련되어 있다는 증거는 발견되지 않았다.

노화를 '진화의 특성'으로 간주하는 이론도 있다. 즉, 노화는 우리의 유전자 속에 이미 각인되어 있어서, 미리 설정된 프로그램에 따라 자연스럽게 진행된다는 것이다. 그러나 대부분의 포유류에서 성장과 생식, 그리고 노화의 특성이 평생에 걸쳐 일정한 비율로 나타나는 것을 보면, 생명체의 성장을 제어하는 유전적 프로그램에 의해 노화가 진행된다고 생각할 수도 있다. 단 하나의 유전자 세포에 변이가 생겨서 노화를 가속시키는 경우도 있는데, 이런 증세를 겪는 청소년들은 심장병에 걸리기 쉽다. 그런가 하면 지렁이나 쥐의 유전자 중 특정한 하나를 무력화시키면 수명이 6배까지 길어지기도 한다.

언뜻 생각해 보면 노화는 다윈의 진화론에 역행하는 것 같다. 진화는 왜 죽음을 증대시키고 재생산(번식) 능력을 감퇴시키는 '노화'를 그대로 방치해 왔을까? 유아기 때 이롭게 작용했던 유전 인자가 노후에 나쁜 쪽으로 작용했을 가능성도 있고, 생명체가 노화 방지보다는 번식에 주력한 결과일 수도 있다. 주변 환경에 위험 요소가 많으면, 자신의 몸을 보존하고 수리하는 것보다 자손을 낳는 데 주력하는 것이 더 이롭기 때문이다. 노화를 설명하는 일반적인 법칙을 찾는 것도 중요하지만, 생명체들이 이 법칙을 대수롭지 않게 여겨 왔다는 데서 많은 사실을 새롭게 알 수 있다.

영원히 사는 방법

사실 노화는 불가피한 현상이 아니며, 모든 생명체에 나타나는 현상도 아니다. 노화의 미묘한 특성을 보여 주는 사례로 '헤이플릭 한계Hayflick limit'라는 것이 있다(이것을 발견한 유전학자의 이름을 따서 명명되었다 : 옮긴이). 태아의 세포 조직을 추출해서 배양하면 약 50회까지는 별문제 없이 분열하지만, 그 후에는 분열 능력을 상실하고 죽어 버린다. 이런 한계가 존재하는 이유는 염색체들이 '말단 소체telomere'라 불리는 반복형 DNA 덩어리에 둘러싸여 있기 때문이다. 말단 소체는 일종의 '소모형 정보 저장소'로서, 이것이 모두 소모되면 세포는 더 이상 분열을 할 수 없게 된다. 이것만 놓고 보면 "죽음은 세포 단위에서 이미 프로그램되어 있다"는 주장이 그럴듯하게 들리기도 한다. 그러나 말단 소체는 암의 주 원인으로 알려진 '염색체의 재배열'을 방지하는 역할도 하고 있다.[■9]

노화의 징후는 피부 조직이나 장기의 기능이 쇠퇴하는 쪽으로 나타난다. 이들 중 '가장 약한 연결 고리'가 끊어지면 생명 활동은 끝난다. 100년 이상 장수한 사람들도 사정은 마찬가지다. 단순히 늙었다는 이유로 죽는 사람은 이 세상 어디에도 없다. 나이가 들수록 특정 질병에 걸리기 쉬워지긴 하지만, 늙음 자체는 결코 질병이 아니다. 병리학의 특정 분야에 집중하다 보면 노화의 일반적인 메커니즘을 놓치기 쉽다.

개중에는 노화가 나타나지 않는 종種도 있다. 북해에 사는 새인 '리치 스페트럴Leach's petrel'은 나이가 들수록 말단 소체가 길어지기 때문에 원리적으로는 나이를 먹지 않는다. 또 100살이 넘은 거북이의 간, 허파, 신장 등의 상태는 10년 남짓 산 어린 거북이의 장기와 다른 점이 거의 없다. 거북이는 신진대사를 스스로 조절할 수 있어서, 병에 걸리거나 상위 포식자에게 잡아먹히지만 않으면 죽지 않는다. 볼락rockfish과 철갑상어, 바닷가재의 신체 연령도 나이와 무관하다. 이 종의 늙은 개체들은 젊은 개체와 비교했을 때 약하거나 느리지 않으며, 병에 대한 저항력도 크게 다르지 않다. 이들은 나이가 많을수록 몸집이 크고 활동도 더욱 왕성해진다. 볼락의 수명은 동일한 환경 속에서도 수십 년에서 200년까지 편차가 크게 나타난다.

영생의 비결을 알고 싶다면 몸길이 6mm에 80~90개의 촉수와 붉은 내장을 갖고 있는 투명한 해파리 '투리톱시스 누트리쿨라Turritopsis nutricula'를 관찰할 필요가 있다. 전 세계 바다에 골고루 서식하고 있는 이 조그만 해파리는 성적으로 성숙한 단계에 이르면 삶의 주기를 거꾸로 역행하여 어린 개체로 되돌아가는 신비한 능력을 갖고 있다. 게다가 이 과정은 무한히 반복될 수 있기 때문에, 결국 이 해파리는 영원히 사는 셈이다.

투리톱시스 누트리쿨라의 영생 비결은 무엇이며, 긴 수명의 장점은 무엇인가? 바닷가재는 특수한 효소를 분비하여 말단 소체의 쇠퇴를 방지하고 암도 피해 간다. 볼락은 자체적으로 노화 방지제를 생산하는 기능이 있다. 이들이 굳이 수명을 늘리는 쪽으로 진화하게 된 이유는 분명치 않지만, 극단적인 장수 동물의 자연 선택 원리는 어느 정도 알려져 있다. 북극에 사는 조개와 브리슬콘소나무는 안정된 조건에서 집단 서식을 하기 때문에 성체로 성장할 기회를 잡기가 쉽지 않다. 이들이 근처에 있는 이웃보다 오래 살려면 다른 개체가 희생되어야 한다. 간단히 말해서, 노화 방지를 위한 군비 확장 경쟁이 벌어지고 있는 것이다.

노화는 피할 수 없는 생물학적 특성인가? 아니면 잘못된 결함으로 나타난 결과인가? 아직은 결론을 내리기가 쉽지 않다. 분자 수준에서 결함이 누적되어 노화가 나타나는 것이라면, 왜 쥐만 한 크기의 근육 덩어리는 사람만 한 크기의 근육 덩어리보다 거의 수백 배 이상 빠르게 소진되는가? 인간의 몸이 더 뛰어난 치유 기능을 갖고 있기 때문일 것으로 추정되긴 하지만, 그 실체는 아직 파악되지 않았다. 유전자는 각 개체를 더 강하고 똑똑하게 만들어 주지만, 외부의 위험 요인이나 환경의 파괴까지 막을 수는 없다. 그러나 이 분야의 과학자들은 "영원히 사는 생명체와 노화를 관장하는 유전자를 더욱 면밀히 분석하면 인간의 수명을 획기적으로 연장할 수 있다"는 낙관론을 신중하게 펼치고 있다.

우주의 질서

생명과 엔트로피

시작과 끝은 삶의 일부이며 우주의 리듬이다. 그러나 이 모든 사건의 배경이 되는 시간은 참으로 신비한 존재이다. 우리의 확고부동한 시간 감각은 물리학에 뿌리를 두고 있다. 개개의 원자들은 시계를 갖고 있지 않고 입자들 사이의 상호 작용은 과거와 미래로 모두 진행될 수 있지만, 이들이 모인 집단에서 시간은 명백하게 미래를 향해 흘러간다. 물론 시간이 전혀 흐르지 않는 우주도 이론적으로는 얼마든지 가능하다. 이런 우주에서는 '이야기'라는 것이 아예 존재하지 않을 것이다. 다행히도 우리의 우주에서는 시간이 흐르기 때문에 이야깃거리가 아주 많다.

그러나 이야기가 아무리 풍부해도 들어줄 '귀'가 없으면 아무런 의미가 없다. 이런 점에서 보면 생명은 우주에 가장 커다란 기여를 하고 있는 셈이다. 다들 알다시피 우주 공간의 대부분은 아무것도 없이 꽁꽁 얼어붙은 진공 상태이다. 생물학이 적용되는 곳은 (적어도 우리가 아는 한) 적절한 크기의 별로부터 적절한 거리만큼 떨어져 있는 행성이나 위성들뿐이다. 우주의 수명에 비하면 생명체의 수명은 너무나도 짧다. 우주의 수명을 보름(15일)이라고 하면, 사람의 수명은 벌새가 날개를 한 번 파닥이는 시간에 불과하다.

우주의 진화 과정은 엔트로피entropy를 이용하여 서술할 수 있다. 엔트로피는 무질서와 혼돈, 무작위, 또는 정보의 손실과 관련된 물리량으로서, 우주의 모든 사건은 오직 엔트로피가 증가하는 방향으로만 진행된다. 표면적으로 보면 생물학은 이 법칙을 벗어난 것처럼 보인다. 무생물에서 생물이 생겨나려면 질서가 더욱 높아지고 조직도 복잡해지며 정보도 많아져야 하기 때문이다. 그러나 생명체를 이루는 것은 세포나 유기체뿐만이 아니다. 엔트로피와 생물학의 관계를 제대로 논하려면 생명체의 안과 밖으로 흐르는 에너지까지 고려해야 한다.

살아 있는 생명체는 자신의 엔트로피를 낮은 상태로 유지하는 능력이 있다. 예를 들어 음식물로부터 에너지를 추출하는 과정에서 엔트로피는 낮아진다. 그러나 생명체의 몸을 유지하는 고도의 질서는 그들이 소비하는 영양분의 '무질서도randomness'를 대가로 치르고 얻은 것이다. 식물이 광합성을 하면 태양이라는 혼돈적 에너지원으로부터 질서정연한 생체 분자가 만들어진다. 사람들은 흔히 엔트로피를 무질서도로 이해하고 있는데, 관점을 조금 바꿔서 '열'로 간주하면 여러모로 유용하다. 열이란 가장 혼돈적인 에너지 형태이기 때문이다.[■10] 광합성이 진행될 때 태양 빛은 일련의 순환적 화학 반응을 일으키고, 포도당이 만들어지면서 열이 발생한다. 인간을 비롯한 동물들도 외부에 열을 방출하고 있으며, 그 결과로 우리가 사용하는 에너지의 엔트로피가 증가한다.

도시인들은 태양과 거의 무관하게 살아가는 것 같지만, 사실 이들은 생명 피라미드의 중요한 기초를 형성하고 있다. 지구의 생태계는 태양으로부터 에너지를 얻고 있으므로, 지구에 서식하는 모든 생명체는 뜨거운 태양과 차가운 우주 공간 사이의 '온도 중간역'인 셈이다.

엔트로피는 미시적 스케일에서 시간의 흐름을 이해하는 실마리를 제공한다. 분자들이 상호 작용을 주고받으면 충실도fidelity가 무작위로 감소하는데, 이 효과가 누적되면 시스템을 치유하거나 유지하는 능력이 발휘되지 못할 수도 있다. 그 대표적인 사례가 알츠하이머병이다. 엔트로피의 증가는 두뇌와 신경계의 노화를 초래한다. 신체 대사에서 엔트로피의 증가를 설명하는 간단한 모형을 이용하면 남녀의 평균 수명을 예측할 수 있다.

엔트로피의 증가는 누구도 막을 수 없다. 우주를 감방에 비유하고 엔트로피를 간수라고 한다면, 모든 생명체들은 그 안에 수감되어 사사건건 간수의 간섭을 받는 죄수나 다름없다. 그러나 다행히도 우리는 비교적 편안하고 자유로운 수감 생활을 누리는 편이다. 우리 주변에는 에너지와 자원이 널려 있고, 생명체는 오랜 세월 동안 환경에 적응해 오면서 파멸과 죽음을 피해 왔다.

냉동 인간을 꿈꾸다

이 글을 쓰고 있는 지금, 내 나이는 53살이다. 내 몸은 그런대로 건강한 편이고 식생활도 별문제 없으며, 삶의 끝을 생각하기에는 아직 이른 나이라고 할 수 있다. 나는 상상력이 빈곤한 편은 아니지만, 나라는 존재가 사라진 후의 세상을 머릿속에 그리기란 결코 쉽지 않다. 내 주변 사람들은 천국이나 윤회, 또는 무형의 영생과 같은 개념들을 종종 화제로 삼곤 하는데, 나에게는 그들의 말을 믿거나 반박할 논리가 없기 때문에 그저 귀담아듣기만 하는 편이다.

만일 나에게 운이 따라준다면 남은 30년 (또는 그 이상) 동안 엔트로피를 무시한 채 살 수도 있겠지만, 지구에서는 매년 6000만 명의 사람들이 죽고 있고 누구도 죽음을 피할 수는 없다. 혹시 노년이 되어 이미 생기를 잃은 수명을 구차하게 늘리는 것보다, 그 비용을 젊은 시절에 투자하는 것이 더 합리적이지 않을까? 죽음을 좋아할 사람은 없겠지만, 피할 수 없는 것을 억지로 피하다 보면 더 나쁜 결과가 초래될 수도 있다.

인체 냉동 기술을 신봉하는 사람이라면 이 문제를 놓고 별로 고민하지 않을 것이다. 1970년대까지만 해도 죽음을 코앞에 둔 사람은 땅 속에 묻혀 썩거나, 아니면 연기가 되어 사라지거나 둘 중 하나만을 선택할 수 있었다. 그러나 지금은 세 번째 선택이 가능해졌다. 살아 있는 사람의 몸을 액체 질소의 온도인 영하 196℃로 꽁꽁 얼려서 보존하는 기술이 개발된 것이다. 비용은 15만 달러 정도인데, 그중 절반이 두뇌를 보존하는 데 사용된다. 냉동 보관된 신체는 그다지 아름다운 모습이 아니지만, 과학적으로 불가능한 일은 아니다. "우리의 모든 기억과 정체성은 두뇌 조직 속에 저장되어 있다"는 이론이 사실이라면, 지금 냉동된 사람들은 의학이 발달한 미래에 깨어나 새로운 육체를 이식받을 수 있을 것이다.

현재 냉동 상태로 보존되고 있는 사람은 약 200명 정도이다. 이들 중 일부는 애리조나 주의 스코츠데일에 있는 알코어사Alcor에 보관되어 있고, 나머지는 미시간 주 클린턴 타운십의 클라이어닉스 인스티튜트사Cryonics Institute에서 관리하고 있다. 그런데 클라이어닉스사는 1979년에 재정난을 겪으면서 9명의 몸을 해동시켰다. 불치의 병에 걸려 신체 냉동 각서에 서명한 사람들은 아마도 회사의 재정 상태를 너무 믿었던 것 같다. 두 회사는 몸을 냉동시켰을 때 세포에 손상이 생기는 문제를 해결했다고 주장하고 있다.

지금까지 냉동 인간은 한적한 교외의 창고에 보관되는 수준이었다. 그러나 스티븐 발렌타인Stephen Valentine이라는 한 인물이 기존의 추세를 바꾸려 하고 있다. 워싱턴의 홀로코스트 박물관과 뉴욕의 롱아일랜드 기차역을 설계할 정도로 유명한 건축가인 그는 약 24,000m^{2}의 땅에 초현대식 거물을 짓고 그 안에 무려 5만 명을 냉동시켜서 미래에 해동시킨다는 야심 찬 계획을 세우고 있다. 들리는 바에 따르면 홀의 중앙에서 안개가 피어오르고, 주변에 설치된 거울들이 하늘을 반사하도록 설계될 예정이라고 한다. 발렌타인은 이를 두고 '생물학적 포트녹스(Fort Konx, 미국 켄터키 주 북부의 군용지. 1936년 이래 미국 연방 금괴 저장소가 이곳에 있다 : 옮긴이)이자 미래형 노아의 방주'라고 했다.

이 비현실적인 프로젝트에 지원하는 사람은 대체 어떤 사람들일까? 참여 희망자 대부분은 익명을 요구했고, 신분을 공개한 사람들은 기업가나 컴퓨터 기술자 등 대부분 남자로 알려졌다. 항간에는 애니메이션의 대부 격이었던 월트 디즈니Walt Disney가 1966년에 디즈니랜드에 있는 기구 '캐리비안의 해적'이 지나가는 곳 지하에 냉동된 상태로 묻혔다는 소문이 있다. 그러나 사실 그의 시신은 화장되었고, 유해는 포리스트 론Foret Lawn 공동묘지에 안장되었다. 캐롤 버넷 쇼Carol Burnett show의 작가였던 딕 존스Dick Jones는 알코르사의 고객으로, 그가 생전에 탔던 에미상과 함께 보관되고 있다. '뛰어난 달리기 선수splendid splinter'로 유명한 테드 윌리엄스Ted Williams는 스코츠데일에 거꾸로 선 채 보관되어 있다. 알코르사의 부사장은 냉동 인간이 되려는 사람들의 특징을 네 가지로 분류했다. 그들은 죽음을 두려워하고 자기도취적 성향이 강하며, 죽음에 대해 아무런 해답도 갖고 있지 않고, 세상 사람들의 놀림감이 될 만한 소수 집단에 끼는 것을 별로 두려워하지 않는다고 한다.

정상적인 성인의 두뇌는 1000억 개의 신경과 60조 개의 시냅스(synape, 연접부)로 이루어진 전기 · 화학적 네트워크이다. 이 복잡한 시스템을 한동안 꺼 두었다가 미래의 어느 날 재가동시킨다는 것은 엄청난 기술이 아닐 수 없다. 한 개인을 이런 식으로 살릴 수 있을지는 알 수 없지만, 정자나 달걀을 안전하게 얼리는 것은 지금의 기술로도 가능하다.[11] 냉동 상태로 9년 동안 보관된 배아에서 아이가 성공적으로 태어난 사례도 있다. 냉동 인간을 지지하는 사람들은 "비싼 가격 외에는 문제될 것이 없다"고 주장한다. 하긴, 이미 죽었다면 그보다 더 나쁜 일이 어떻게 생길 수 있겠는가?

지금, 당신의 심장이 멈춘다면

인체 냉동사 측의 주장은 다소 오해의 소지가 있다. 그러나 이들의 시도는 죽음의 정의에 대한 새로운 논쟁의 일부분일 뿐이다. 육체를 초월한 생존에 대해서는 앞 장에서 이미 언급했지만, 육체가 언제, 어느 시점에 삶을 포기하는지는 여전히 미스터리로 남아 있다. 알코르사 설립자의 아들인 데이비드 에팅거David Ettinger는 이렇게 말했다. "죽음이란 의사들이 더 이상의 조치를 포기하는 시점을 의미한다. 이것은 법적인 정의이지, 의학적인 정의는 아니다." 1968년 이후로 대부분의 선진국에서는 심장이나 다른 장기와 무관하게 환자의 두뇌 활동이 멈췄을 때 사망 선고를 내려왔다.[12]

심장은 두뇌에 산소를 공급하는 엔진이다. 심장이 작동을 멈추면 두뇌는 5분 이내에 죽는다. 그러나 장기 이식 수요가 꾸준하게 증가하면서, 의사들은 장기가 싱싱할 때 적출하기를 원하고 있다. 지금은 장기 기증을 약속한 환자가 죽음을 앞두고 있다 해도, 그의 두뇌가 활동을 멈추기 전에는 심장을 적출할 수 없다. 결국 의사들은 '이미 몇 분 전에 멈춘' 심장을 꺼내서 다른 환자에게 이식해야 하는 것이다. 그러나 사망이 확실시되는 환자라면 빨리 사망 선고를 내리고 아직 살아 있는 장기를 적출하는 것이 바람직하다. 환자가 죽는 시점은 소생이 불가능할 때가 아니라, 소생시킬 필요가 없을 때라고 봐야 한다.

이 말이 다소 불편하게 들리겠지만, 이보다 더 불편한 사실도 있다. 심장이 멎은 뒤에 취해지는 통상적인 조치들은 환자의 죽음을 부채질한다. 미국에서는 매년 25만 명의 심장이 작동을 멈춘다. 이들 중 살아난 사람은 구급대가 빨리 도착했거나 가까운 곳에서 심폐 소생술을 받을 수 있었던 운 좋은 사람들이다. 만일 당신에게 이런 일이 생긴다면 죽을 확률은 95%이다. 앞 장에서 보았듯이 과학자들 중에는 죽음을 100% 필연적인 사건으로 보지 않는 사람도 있지만, 지금 당장은 논리를 펴 나가기 위해 죽음을 '어떤 대가를 치르더라도 가능한 한 피해 가야 할 그 무엇'이라고 가정하자.

만일 지금 당신의 심장이 멈춘다면, 20초 이내에 수천억 개의 두뇌 뉴런이 여분의 산소를 모두 소진하여 더 이상 전기 신호를 보낼 수 없게 된다. 병원으로 실려 가면 의사는 제세동기(defibrillator, 심장 박동을 정상화시키기 위해 전기 충격을 가하는 의료 장비 : 옮긴이)로 심장을 소생시키려 할 것이고, 만일 효과가 있으면 (사실은 효과가 없어도) 당신에게 산소를 공급할 것이다. 그러나 최근 연구 결과에 의하면 세포의 죽음은 매우 길고 복잡한 과정을 거쳐 일어난다. 두뇌의 뉴런과 심장 세포는 피가 공급되지 않아도 수 시간 동안 살아 있다. 잘하면 하루 정도는 버틸 것이다. 그러나 산소가 5분 이상 공급되지 않으면, 그 뒤 산소 공급을 '재개하는' 순간에 환자는 죽는다. 평소에 세포들은 암세포의 공격에 대비하여 자살 기능을 갖추고 있는데, 산소가 갑자기 주입되면 이 기능이 활성화되면서 죽어 버리는 것이다.

심장과 뇌는 평소에 산소를 게걸스럽게 소비하고 있으므로, 산소 부족은 치명적이다. 그러나 세포의 죽음은 단계가 매우 복잡하여 완전히 죽으려면 몇 시간이나 걸린다(거의 하루가 걸릴 수도 있다). 펜실베이니아 소생 과학 센터Center for Resuscitation Science의 랜스 베커Lance Becker는 미토콘드리아mitochondria에서 해답을 찾고 있다. 미토콘드리아는 세포 안에 있는 관 모양의 조직으로, 이곳에서 산소와 포도당이 결합하여 생명 활동에 필요한 에너지를 만들어 낸다. 또한 미토콘드리아는 필요 없는 세포나 손상된 세포로 하여금 스스로 죽게 만드는 아폽토시스(apoptosis, 세포 자살)를 제어한다. 암세포는 미토콘드리아로부터 주변 세포에 하달되는 자살 지령을 차단함으로써 번식하는 것이다. 그래서 암을 연구하는 학자들은 미토콘드리아의 기능을 되살리는 방법에 관심을 갖고 있다. 그런가 하면 랜스 베커는 이와 반대로 '산소 부족으로 손상을 입었지만 회복 가능한 세포'들이 자살을 하지 않도록 유도하는 방법을 연구하고 있다.

심장이 멈췄을 때에는 산소를 서서히 공급하는 것이 바람직하다. 얼어붙은 강물 위를 걷다가 얼음이 깨져서 물속에 빠진 사람은 꽤 오랜 시간이 지나도 소생이 가능하다. 나폴레옹 군대의 군의관들은 차가운 땅에 방치된 부상병이 불 근처에 방치된 부상병보다 살아날 가능성이 크다는 것을 잘 알고 있었다. 정확한 원인은 알 수 없지만, 저체온증으로 인해 신진대사가 느려지고 과도한 산소 공급으로 세포가 자살하는

것을 방지하여 회복할 시간을 벌어 주었기 때문일 것이다.[13]

희망을 갖는다고 만사가 해결되진 않는다. 그러나 심장 박동이 멈춘 환자의 몸을 냉동 보관했다가 먼 미래에 해동하여 마치 신생아에게 하듯이 엉덩이를 때려 깨워서 새 인생을 시작하게 만들 수 있다면, 그 좋은 방법을 마다할 이유는 없다.

자연은 잔혹하다

거시적인 관점에서 보면 인간의 탄생과 죽음은 생태계라는 거대한 경제 시스템 속에서 일어나는 작은 사건에 불과하다. 과거에 시인들은 자연을 종종 '자비로운 어머니'에 비유하곤 했지만, 사실 자연은 지독하게 인색하다. 모든 생명체의 몸을 구성하는 물질들은 오래 전에 살았던 다른 생명체의 구성 물질이었으며, 이것은 미래에 태어날 또 다른 생명체의 몸에 쓰일 것이다(아직 출현하지 않은 새로운 종일 수도 있다). 지금 당신의 몸을 이루고 있는 모든 원자들은 새것이 아니라 유구한 세월 동안 대물림하여 재활용되어 왔다.

사람들은 현재의 연도에서 출생 신고서에 적힌 연도를 뺀 값을 자신의 나이로 알고 있지만, 사실은 그렇지 않다. 과학자들은 몇 년 전에 탄소 동위 원소인 ^{14}C를 이용하여 세포의 나이를 측정하는 방법을 개발했다. 세포 내부의 분자는 밖으로 흘러나올 수도 있고 외부의 분자가 세포 안으로 침투할 수도 있지만, DNA는 그렇지 않다. 따라서 DNA에 남아 있는 ^{14}C의 양을 측정하면 세포의 나이를 가늠할 수 있다. 다들 알다시피 생명체의 주된 구성 성분은 물이다. 동면 중인 씨앗은 수분 함량이 5%이고 해파리와 어린 식물의 세포는 수분 함량이 무려 95%에 달하는 등 정도의 차이는 있지만, 어쨌거나 모든 세포는 물을 함유하고 있다. 사람의 몸은 60%가 물이며, 며칠이 지나면 몸 안의 물은 완전히 순환된다(즉, 완전히 새로운 물로 교체된다). 그러나 수분 섭취량을 줄여도 체중 감량에는 별 효과가 없다. 몸에 수분이 부족해지면 자연스럽게 수분이 함유된 음식을 탐하게 되기 때문이다(건강한 성인은 하루에 2.5리터의 물을 마신다). 사람의 몸에 어떤 형태로든 물이 보충되지 않으면 10일 이내에 죽는다.

물 다음으로 생명체에게 필수적인 요소는 탄소(C, carbon)다. 탄소는 우리 몸무게의 약 18%를 차지한다. 지방과 탄수화물, 단백질, 비타민 등 사람에게 필요한 대부분의 영양소에는 다량의 탄소가 포함되어 있다. 한 번 생성된 탄소 원자는 도중에 없어지지 않고 영원히 존재한다. 그렇다면 이들은 인간의 삶에서 어떤 방식으로 순환되고 있을까?

탄소의 순환 주기에는 긴 것도 있고 짧은 것도 있다. 가장 긴 주기는 수억 년에 걸쳐 일어나는데, 이 과정에서 탄소 원자는 지각 속에 묻혀 있다가 지각 이동이나 화산 활동에 의해 대기에 방출된다. 이 양의 2,000분의 1에 해당하는 탄소는 깊은 바다 속에 거의 10만 년 동안 갇혀 있다. 또한 지각에 묻혀 있는 탄소의 0.001%는 대기와 동식물, 그리고 바다 표면에 떠다니는 미생물의 몸을 통해 순환된다. 평균적으로 볼 때 하나의 탄소 원자는 1~100년마다 한 번씩 다른 상황에 놓이게 되는 셈이다.

전 세계 인류의 몸속에 들어 있는 탄소를 모두 합하면 무려 800억 톤이나 된다. 그러나 이것은 전체 생명체의 탄소 함유량의 0.01%이며, 전체 생태계에 존재하는 탄소의 양과 비교하면 그야말로 조족지혈에 불과하다. 이처럼 인류는 탄소 순환에 별다른 기여를 안 하고 있지만,

탄소가 지금과 같이 순환되지 않으면 인간은 태어날 수도, 살아갈 수도 없다.

탄소의 순환은 우주적인 스케일에서도 진행된다. 우리는 지구의 생물권에서 탄소를 빌려 쓰고, 죽은 후에는 (매장을 하건 화장을 하건) 고스란히 반납한다. 우리 몸에 들어 있는 탄소는 까마득한 옛날에 어느 별 속에서 만들어졌다가, 그 별이 폭발하면서 우주 공간으로 흩어졌다. 우주의 나이는 약 137억 년이므로 우리 몸을 이루는 탄소 중 제1세대는 130억 년 이상 전에 만들어졌겠지만, 대부분은 20억~80억 년 전에 만들어진 것들이다. 헬륨으로 이루어진 별의 내부 온도가 1억°C 이상이면 그 안에서 핵융합 반응이 일어나 탄소 원자가 만들어진다. 생명체의 기본 요소가 만들어지려면 엄청난 화력을 갖춘 오븐이 필요한 것이다.

대부분의 탄소 원자는 죽은 별 속에 영원히 매장되지만, 일부는 별의 노년기에 외부로 방출되어 우주 공간을 표류한다. 우주 공간에는 다양한 탄소 화합물들이 스모그처럼 떠다니고 있다. 그중에는 일산화탄소(CO)와 이산화탄소(CO_2), 메탄(CH_4), 포름알데히드(HCHO), 시아노겐($(CN)_2$), 카본 모노설파이드(CS), 탄화규소(SiC), 아세틸렌(C_2H_2), 메탄올(CH_3OH), 벤젠(C_6H_6) 등이 있고, 분자 구조가 훨씬 복잡한 버키볼(buckyball, C_{60})도 있다. 새로운 별이 생성되면 이 탄소들은 먼지나 바위, 행성 등에 유입되며, 지구의 생명체도 이와 같은 과정을 거쳐 만들어졌다.

당신이 사후에 우주 장례를 치르지 않는 한, 탄소의 순환은 여기서 끝난다. 몸무게가 70kg인 성인의 몸을 화장하면 약 5kg의 탄소 재만이 남는다. 휴스턴에 있는 셀레스틱스사Celestics에 2,500달러를 지급하면 화장 후 남은 재 몇 그램을 립스틱만 한 용기에 담아서 위성 궤도로 쏘아 올려 준다. 그러나 이 높이에서는 우주로 가지 못하고 대기로 떨어지면서 결국 지구로 되돌아오게 된다. 죽은 후에 태양의 중력을 완전히 벗어나고 싶다면, 12,500달러를 내고 셀레스틱스사가 제공하는 서비스를 이용하면 된다. 지금까지 사후에 태양계를 벗어난 사람은 미국의 천문학자 클라이드 톰보Clyde Tombaugh뿐이다. 그의 유해는 NASA에서 발사한 뉴호라이즌호New Horizon에 실려 2015년에 명왕성에 도달할 예정이며, 그 후에는 더 깊은 우주로 날아갈 것이다.

톰보를 제외한 우리들은 몸에 지니고 있던 원자를 지구 생태계에 모두 반환할 수밖에 없지만, 사실 이들은 매우 특별한 원자들이다. 한 사람의 몸속에는 4×10^{27}개의 탄소 원자가 들어 있다. 탄소 원자는 사방에 너무나 많기 때문에 인간의 몸속에 들어올 기회를 갖는 원자는 전체의 극히 일부에 불과하지만, 그래도 결코 적은 양은 아니다. 우주에 퍼져 있는 그 많은 탄소 원자들이 장구한 세월 동안 우여곡절을 겪다가, 숨 쉬고 생각하는 한 생명체의 몸으로 들어온 과정을 상상해 보라. 이들의 사연은 그 어떤 인간의 개인적인 사연보다 엄청나게 길고도 기구할 것이다.

3장

인류는 어떻게 멸종될 것인가

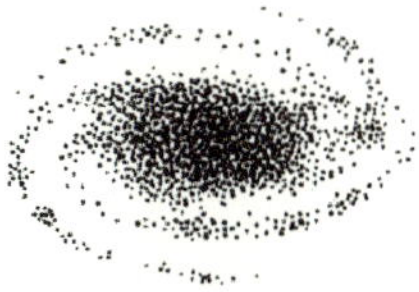

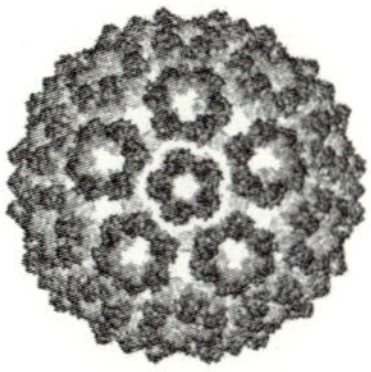

원주민들의 말에 의하면, 사람들은 웃으면서 죽었다고 했다. 빈센트 지가스Vincent Zigas는 텐트 안으로 기어 들어오는 벌레에 신경을 곤두세운 채 어른거리는 등불 밑에서 이 믿기지 않는 사실을 글로 써내려 갔다. "보이지 않는 독기가 사람들을 죽였을까? 대기나 우주, 또는 토양 속에 학계에 알려지지 않은 유행성 인자가 있는 것일까? 이들이 사람들의 몸속에 가차 없이 쳐들어와서 집단 학살을 벌이고 있는 것일까?"

1950년, 호주의 의사였던 지가스는 파푸아 뉴기니에서 의술을 펼치고 있었다. 온통 산으로 뒤덮인 그 지역에는 700족이 넘는 원주민들이 서로 다른 언어를 쓰면서 다른 부족의 존재를 전혀 모른 채 살아가고 있었다. 당시 일부 선진국에는 우주 시대가 도래하고 있었지만, 이곳은 우림에 의지하여 살아가는 석기 시대나 다름없었다. 그중 한 마을에서 지가스는 포레족Fore 사람들이 끔찍한 병에 걸려 있는 것을 발견했다. 환자들 중에는 말을 제대로 하지 못하는 사람도 있고, 오한에 걸린 듯이 덜덜 떠는 사람도 있었다.

환자의 대부분은 제대로 걷지 못했다. 그들은 침대에 누운 채 사지를 서서히 휘저으면서 간간이 웃음을 터뜨리곤 했다. 말기에 접어든 환자는 자제력을 완전히 상실했고, 심각한 궤양 증세를 보였다. 원주민들은 이 괴질을 '떨림'을 뜻하는 토속어인 '쿠루kuru'라고 불렀다. 누구든지 이 병에 걸리면 거의 1년을 앓다가 무력하게 죽어 갔는데, 환자의 대부분은 여성이었다. 당시 지가스가 아는 것이라곤 쿠루가 치명적인 병이라는 사실뿐이었다.

지가스는 자신이 만났던 환자들과 포레족의 장례 의식을 연관시키지 못했다. 장례식에서는 죽은 사람의 외가 쪽 친척이 나와서 사체를 절단하고 살을 벗겨낸 후 두뇌와 장기를 꺼냈다. 그런데 포레족의 여성들은 장례식에서 적출된 사람의 내장을 아이들에게 먹이고 있었다. 뿐만 아니라 그들이 먹는 회색 수프는 사람의 두뇌로 만든 것이었다.

포레족의 식인 풍습과 괴질 사이의 관계를 알아낸 사람은 노벨상 수상자인 칼튼 가이듀섹Carleton Gajdusek이었다. 그는 쿠루가 유전이나 바이러스와 무관하며, 지난 수백 년 동안 양들 사이에 퍼져 왔던 '스크래피scrapie'병과 관련되어 있다고 추측했다. 쿠루병을 옮기는 매개체는 1980년대에 와서 스탠리 프루시너Stanley Prusiner에 의해 발견되었으며, 그 역시 이 공로를 인정받아 노벨상을 수상했다. 이 병으로 사망한 환자의 두뇌는 마치 스위스 치즈처럼 곳곳에 구멍이 뚫려 있었다. 포레족이 식인 풍습을 폐지한 후로 쿠루병 환자는 더 이상 발생하지 않았다.

사람이 걸리는 쿠루병과 양들이 걸리는 스크래피병, 그리고 이들의 사촌 격으로 소들이 걸리는 광우병은 '프리온prion'이라는 감염성 단백질 인자가 그 원인이다. 이것은 아주 작은 병원균으로서 언뜻 보기엔 그다지 위험할 것 같지 않지만, 사람에게 치명적인 불치병을 야기할 수 있다. 생물학자들은 단백질이 전염성 질병을 일으킨다는 사실을 알고 경악을 금치 못했다. 유전 정보를 전달하려면 DNA나 RNA 같은 핵산이 반드시 필요하다는 것이 생물학의 기본 원리였기 때문이다. 잘못 접혀진 양말을 서랍에 넣어 뒀다는 이유로 그 집에 사는 모든 사람들이 죽는다고 상상해 보라. 이 얼마나 황당하고 두려운 질병인가!

세상에서 가장 특이한 동물

장미와 사자

장미는 북반구에만 자라는 풍토성 식물로서, 3500만 년 전인 올리고세 지층에서도 장미의 화석이 발견된다. 장미는 자신의 아름다움을 찬양하는 인류가 지구에 출현하기 훨씬 전부터 지구를 아름답게 장식하고 있었다. 고대 이집트의 무덤에서는 장미로 만든 화환이 발견되었으며, 기원전 1700년 것으로 추정되는 그리스 크레타 섬Crete의 프레스코 벽화에도 장미가 등장한다. 뿐만 아니라 쐐기 문자가 새겨진 메소포타미아의 석판에도 장미가 그려져 있고, 그리스 인과 로마 인들은 성스러운 행사를 치를 때 성직자나 이교도를 불문하고 한결같이 장미를 사용했다.

내가 당신에게 장미 두 송이를 건넸다고 상상해 보자. 둘은 색깔과 향기, 크기, 꽃잎의 모양이 다르고 잎사귀와 가시의 특성도 다르다. 그렇다면 이들은 서로 다른 종에 속하는가? 이것은 뭐라고 결론을 내리기 어려운 문제이다. 식물학자들은 장미를 100종 이상으로 분류해 놓았는데, 어떤 종은 동일종 사이의 차이가 다른 종과의 차이보다 더 큰 경우도 있다. 장미에 대해 알면 알수록 종을 분류하기가 더욱 어려워진다. 1700년대 말에 생명력이 질긴 중국산 다년생 장미를 유럽산 장미와 접붙여서 최초의 잡종 장미가 탄생했고(꽃은 한 번밖에 피우지 못했다), 그 후로 다양한 실험을 거쳐 2만 여종의 새로운 장미가 만들어졌다. 그러나 이들의 선조는 단지 몇 종에 불과하다.

종種이란 무엇인가? 생물학자들은 형태학적인 차이와 외관상의 특징을 근거로 종을 분류해 놓았다. 삼나무는 삼나무처럼 생겼고, 사자는 사자처럼 생겼다. 18세기 중반에 생물 분류법의 기초를 다졌던 칼 린네우스Carl Linnaeus는 분류의 가장 중요한 기준으로 외형을 꼽았다. 물론 이런 분류법은 대체로 무난하다.[1] 에른스트 마이어Ernst Mayr는 뉴기니의 산에서 발견된 새를 137종으로 분류했고, 식물학자들은 멕시코의 치아파Chiapa에서 발견된 수백 종의 식물을 분류했는데, 이들의 분류법은 원주민들 사이에 통하는 분류법과 99% 가까이 일치한다. 어떤 분야이건 간에, 전문가의 의견과 일반인의 상식이 일치하기만 하면 만사가 형통하다.

그러나 모든 법칙에는 예외라는 것이 있다. 두 생물이 겉모습은 매우 비슷하지만 서로 생식이 불가능하면 다른 종으로 취급할 수밖에 없다. 미국 동부와 중앙에 서식하는 회색나무개구리가 그 대표적인 사례이다. 이들은 겉모습이 거의 같고 사는 환경도 비슷하며 같은 종류의 먹이를 먹지만, 짝짓기 시즌이 오면 동일한 종들끼리만 어울린다. 나무개구리의 염색체를 분석해 보면 이들이 여러 종으로 나누어진다는 사실을 분명하게 알 수 있다.

박테리아처럼 무성 생식으로 번식하는 미생물을 분류할 때, 형태학적 분석은 별로 도움이 되지 않는다.[2] 또한 무성 생식을 하는 생물들은 종을 정의하는 것조차 쉽지 않다. 그리고 유성 생식을 한다 해도 나비

(또는 나방)와 그 애벌레들은 일생 동안 외형이 크게 달라지며, 어떤 나비는 방어 기제의 하나로 포식자가 먹을 수 없는 다른 종의 나비로 자신의 모습을 바꾸는 능력이 있다.

일반적인 관찰자들이 볼 때 서로 다른 종들의 겉모습이 다른 데에는 환경적 요인도 작용한다. 쇠귀나물의 한 종은 땅에서 자라면 화살 모양의 잎사귀가 나지만, 물에서 자랄 때는 잎사귀가 길고 가냘파진다. 수국의 꽃잎은 토양의 산성도와 뿌리에서 흡수된 알루미늄의 양에 따라 푸른색에서 붉은색에 걸쳐 다양한 색상을 띤다.

어떤 종에서는 암수의 외형상 차이가 극단적으로 나타난다. 대부분의 거미는 수컷이 암컷보다 훨씬 작고, 그 삶도 매우 극적으로 끝난다. 아귀의 수컷은 전체적으로 발육이 부진하고 소화 기관이 아예 없다. 이들은 다른 생명체에 기생하면서 정자를 생산하는 것이 삶의 전부이다. 그런가 하면 수컷 바다지렁이는 거의 눈에 띄지 않을 정도로 작아서 평생을 암컷의 생식낭 안에서 살아간다. 이들에게 이혼은 불가능할 것이다.

법칙 1: 섹스가 가능한가

1940년대에 생물학자들은 "실제로, 또는 잠재적으로 교배가 가능한 생물"을 동일한 종으로 분류했다. 사람은 인종에 관계없이 남녀 간 번식이 가능하지만, 다른 종과는 그럴 수 없다. 유전자의 경우, 이와 비슷한 개념이 바로 '유전자 풀(genetic pool, 상호 교배가 가능한 종의 모든 유전자 집합)'이다. 동일한 종에 속하는 모든 개체들은 유전자 풀에서 유전자를 교환하고, 이로부터 유전적 다양성이 창출된다. 원리는 단순한 것 같지만, 이것도 자세히 들여다보면 예외적인 경우가 심심치 않게 발견된다.

삶의 대부분, 또는 삶의 전부를 생식에만 몰두하는 생명체들에게는 생물학의 표준적 정의가 적용되지 않는다. 동물 중에서 어떤 도마뱀과 도롱뇽은 종 전체가 암컷이다. 이들은 수정되지 않은 알을 낳고, 부화된 새끼는 모두 암컷으로서 자신의 어미와 같은 삶을 살아간다. 식물은 무성 생식하는 경우가 많은데, 민들레와 딸기, 미국삼나무가 대표적인 사례이다. 꽃을 피우는 식물의 대부분과 고사리, 그리고 약 25만 종에 달하는 식물들 중 거의 반 정도는 배수성(polyploidy, 염색체의 수가 정상적인 경우의 배수倍數로 나타나는 현상)이라는 과정을 통해 후손을 생산한다. 인간은 부모로부터 오직 한 세트의 염색체만을 물려받지만, 식물은 세 개(바나나, 사과, 생강 등)나 네 개(감자, 목화, 리크 〈백합과의 양파 비슷한 식물〉 등), 여섯 개(밀, 귀리, 키위 등), 또는 여덟 개(딸기, 삼색제비꽃) 세트로 이루어진 염색체를 물려받는다.

그런데 여기에는 '잡종'이라는 문제가 있다. 까마귀carrion crow와 뿔까마귀hooded crow는 생긴 모습도 다르고 대부분 자기들끼리 짝을 짓지만, 가끔 이들 사이에 잡종이 태어나는 경우가 있다. 일반적으로 잡종은 특별한 영역 안에서 발생한다.■3 불락꾀꼬리bullock oriole와 볼티모어꾀꼬리Baltimore oriole는 각자 고유의 서식 영역을 갖고 있는데, 미국 대륙의 중심을 지나는 수직 방향 영역에서는 이들 사이의 잡종이 탄생하고 있다. 두 종은 유전적으로 다르지만 경계 영역에서는 유전자가 섞이고 있는 것이다. 잡종의 형태를 분석하면 새로운 종이 탄생하는 과정을 부분적으로나마 이해할 수 있다.

외형이 비슷한 두 종의 포유류가 짝짓기를 하면 후손을 낳을 수는 있지만, 대부분의 경우 그 후손은 생식력이 없다. 말과 당나귀 사이에서 태어난 노새가 대표적인 사례이다. 사람의 통제하에 강제 교배로 탄생한 잡종으로는 라이거(liger, 사자-호랑이)와 조스(zorse, 얼룩말-말), 홀핀(holpine, 고래-돌고래), 렙잭(lepjag, 표범-재규어), 카마(cama, 낙타-라마), 비팔로(아메리카들소-소) 등이 있다. 반면에 블링크스(blynx, 보브캣-스라소니)와 피즐리(pizzly, 북극곰-그리즐리곰)는 야생에서 태어난 잡종들이다. 회색여우와 코요테 사이에서 태어난 붉은여우는 수천 년 전부터 야생에서 존재해 왔다.

지금 우리는 미묘한 세계를 향해 조금씩 나아가고 있다. 그것은 바로 우리 인간과 다른 종 사이의 번식을 금지한 신성불가침의 세계이다.[4] 어떤 동물이 인간의 정액을 받아 수태를 한다 해도, 더 이상 아무런 일도 일어나지 않는다. 종 사이의 벽이 너무 높은 것이다. 인간은 DNA의 99%를 침팬지와 공유하고 있지만, 인간과 침팬지 사이에 '휴먼지'라는 잡종이 탄생할 가능성은 눈곱만큼도 없다. 인간의 염색체는 23쌍이고 침팬지는 24쌍이다. 염색체의 서열이 맞지 않기 때문에 태아가 형성되지 못하는 것이다. 그러나 염색체가 32쌍인 말과 염색체가 33쌍인 몽골야생말 사이에는 생식 능력을 갖춘 후손이 탄생하는 경우도 있다. 구소련의 과학자 일리야 이바노프Ilya Ivanov는 초인 군대를 창설하라는 스탈린의 지시를 받고 인간과 원숭이의 교배종을 연구했다고 전해진다. 그가 성공했다는 증거는 없지만, 이 소문을 들은 사람들은 한결같이 몸서리를 쳤다.

서로 다른 종들 사이에 번식이 가능한지는 쉽게 판별할 수 있다. 그러나 여기에 생물학적 정의를 적용하면 다양한 가상의 상황이 만들어지곤 한다. 과거 동시대에 살았지만 지금은 멸종한 두 종의 생명체가 서로 번식이 가능했는지, 지금으로선 일 길이 없다. 따라서 상당수의 종은 발생과 진화의 역사가 화석에 새겨져 있을 것이다. 3억 4000만 년 전에 살았던 삼엽충은 3억 1000만 년 전에 살았던 삼엽충과 상호 번식이 가능했을까? '잠재적 교배 가능성'이라는 모호한 용어를 이 경우에 적용할 수 있을까? 두 무리의 달팽이가 고속 도로를 사이에 두고 양쪽에 따로 서식한다고 가정해 보자. 이들이 고속 도로를 건너는 것은 매우 위험한 일이므로 상호 교배가 일어나기는 어렵다. 그러나 완전히 불가능하지는 않기 때문에, 이들을 다른 종으로 규정할 수도 없다.

종을 정의하는 문제에 관해서는 찰스 다윈조차도 소극적이었다. 그는 1856년에 쓴 편지에 다음과 같이 적어 놓았다. "동물학자들이 종에 대해 하는 말을 들어 보면 실소를 금할 길이 없다…… 나는 이 모든 상황이 정의할 수 없는 것을 애써 정의하려는 무리한 시도에서 비롯되었다고 생각한다." 현실을 감안하여 내린 정의들은 대체로 큰 무리 없이 적용될 수 있다. 그러나 생물학은 워낙 예외가 많은 분야이기 때문에 어떤 주장도 확신을 갖기 어렵다.■[5]

종에 대한 정의는 개인적 관점에 따라 달라질 수 있다. 우리가 "인간은 원숭이와 다르다"고 말할 때에는 순수 생물학적 관점보다 "우리는 원숭이보다 우월하다"는 뉘앙스가 더 강하다. 나는 어린 시절을 런던에서 보냈는데, 그 무렵에 동물원에서 가장 유명했던 동물은 '가이 더 고릴라Guy the Gorilla'였다. 웨스턴롤런드고릴라western Lawland의 일종으로 등에 은색 털이 나 있던 그 녀석은 몸무게가 270kg이나 나가고 양팔을 벌리면 그 폭이 3m에 달했으며, 웬만한 어른의 허리둘레와 비슷한 목을 갖고 있었다. 이 고릴라는 우리 안으로 날아든 새들을 쓰다듬곤 했는데, 마음만 내키면 그 손으로 사육사의 목을 부러뜨릴 수도 있었다. 이제 과학자가 된 나는 그 고릴라의 DNA가 나의 DNA와 거의 일치한다는 사실을 잘 알고 있다. 그러나 어린 시절의 나는 이런 지식이 전혀 없었으므로, 낡고 지저분한 우리를 바라보면서 그 안에 갇혀 있는 고릴라가 불쌍하다고 생각했다. 특히 그의 눈을 바라보면 의구심과 슬픔, 존엄성 등 복잡한 감정들이 어린 마음을 사로잡곤 했다. 왜냐하면 나는 고릴라가 아닌 인간이었기 때문이다.[6]

DNA, 보르헤스의 도서관

인류의 마지막을 논하려면, 인간을 비롯한 수백만 종의 생명체들이 어디서 왔는지부터 알아야 한다. 진화의 특징은 새로운 종이 끊임없이 탄생한다는 것이다. 지구의 생명체가 미생물에서 시작하여 세균과 해조류, 나비, 코끼리, 해마 등으로 진화했다는 것은 이 문제를 항상 생각하는 생물학자들에게도 놀라운 사건이 아닐 수 없다. 그러나 계통 발생학을 잘 적용하면 40억 년에 걸친 진화 과정을 추적할 수 있다. 여기서 가장 중요한 것은 RNA와 DNA 염기쌍 서열의 변화를 추적하는 것이다. 생명의 나무에서 식물과 동물은 두 개의 가지에 해당하며, 생명의 청사진인 DNA의 관점에서 보면 모든 생명체는 하나로 통합된다.

몇 주일 전에, 나는 동네에 있는 선술집에 간 적이 있다. 활기찬 대화를 나누는 사람들 속에서 내 머릿속에는 문득 '통일된 생명'이라는 단어가 떠올랐다. 단백질 시토크롬(cytochrome, 동식물의 세포 속에 존재하는 몇 종의 산화 환원 효소 : 옮긴이)의 아미노산 서열을 기준으로 했을 때, 나는 붉은털원숭이와 99%가 같고 닭하고는 84%가 같으며, 나방과는 68%, 효모균하고는 60%가 같다.[7] 나는 안경 너머로 사람들을 바라보면서 인간과 곰이 크게 다르지 않다고 생각했다. 유전자 알파벳의 글자 하나를 바꿔서 이와 같은 다양성이 창출된 것이라면, 이 알파벳으로 쓰인 소설은 얼마나 다양한 내용을 담고 있을까?

살아 있는 모든 생명체는 후손에게 물려줄 정보를 몸 안에 간직하고 있다. 유전자형genotype은 생명체를 만들고 운영하는 방법이 DNA라는 염기쌍 알파벳으로 적혀 있는 청사진이며, 표현형phenotype은 그 결과로 나타난 생명체의 형태이다. 생물학자들은 표현형이 유전자형 속에 암호화되어 있다고 말한다. 유전자는 개개의 특질이 암호화된 최소 단위이며, 모든 개체의 유전자를 한데 모아 놓은 것을 유전자 풀gene pool이라고 한다. 유전자의 분자 구조에 조금만 변형이 가해져도 당장 변이가 나타난다. 이러한 변이가 다른 유전자와 섞이면서 오랜 세월 동안 누적되다 보면 표현형에 변화가 나타나는 것이다.

현대의 생물학자들은 한 줌의 DNA와 그 미세한 변이만으로는 진화의 다양성을 설명할 수 없다고 주장한다. 그래서 등장한 것이 바로 '진화 발생 생물학(evolutionary developmental biology, 줄여서 'evo-devo'라고도 함)'이다. 이 학문은 식물과 동물의 몸체가 마치 갈빗대처럼 동일한 구조가 반복되어 형성되었다는 점과, 유전자를 제어하는 것이 매우 복잡하다는 점에 주목하고 있다. 유전자는 스위치처럼 켜거나 끌 수 있고 환경에 따라 변형될 수 있으며, 동일한 유전자도 다른 생물에서는 다르게 사용될 수 있다. 또한 유전자형이 환경에 맞게 표현형을 바꿀 능력이 있다는 것은, 유전적 변화가 새로운 특성을 개발하는 데 주도적 역할을 하는 것이 아니라 그 결과로 나타난다는 것을 의미한다. 즉, 모든 진화가 후손에게 전달되지는 않는다는 것이다.

인간의 유전자 대립 형질은 무려 10,600가지의 조합이 가능하다. 이 정도면 당신과 유전자 조합이 완전히 동일한 생명체는 지금까지 지구상에 단 하나도 없었고, 앞으로도 영원히 없을 것이라고 단언할 수 있다! 표현 형질이 환경에 따라 달라진다는 것은 일란성 쌍둥이도 완전히 같을 수 없음을 의미한다(일란성 쌍둥이는 지문도 서로 다르다). 유전자의 가능성은 무궁무진하고, 복잡한 환경에서 그것이 발현되는 방식도 매우 다양하다.

이 모든 '유전자 뒤섞기'와 그 변형들은 애초의 의도와 다른 가능성을 낳기도 한다. 자연의 모든 만물이 의미를 갖는 것은 아니다. 앞서 말한 대로 자연은 근검절약의 표본이지만, 때로는 게으른 모습을 보여 주기도 한다. 남자는 여자처럼 젖꼭지를 갖고 있으나 별 소용이 없고 크게 자라지도 않는다. 사랑니와 맹장은 기능이 거의 퇴화되었지만 있다고 해서 크게 불리한 점도 없다. 그래서 자연은 이런 것들을 완전히 제거하지 않았다. 진화의 가장 강력한 힘은 환경을 바꿔서 개체 수를 줄이는 것이다. 그리고 대개의 경우에는 살아남는 수보다 도태되는 수가 훨씬 많다.

인간이 등장하다

이 점을 염두에 두고 다음과 같은 질문을 던져보자. 새로 나타난 종은 어떻게 진화하는가? 우리의 목적은 소진화(microevolution, 유전자 구성의 변화)와 대진화(macroevolution, 새로운 생명체의 등장)를 연결하는 것이다. 생물학자들은 '진화 속도rate of evolution'라는 말을 즐겨 사용하는데, 사실 진화는 매우 천천히, 점진적으로 일어난다. 새들이 어느 날부터 갑자기 하늘을 날아다닌 것은 아니며, 영장류 역시 갑자기 계산 능력을 습득하게 된 것은 아니다. 연속적인 진화 단계에서 새로운 종이 출현한 시기를 가늠하기란 결코 쉬운 일이 아니다. 그래서 생물학자들은 필요할 때마다 실용적인 정의를 도입하곤 한다.

새로운 종의 탄생 여부는 그 반대쪽으로 진행되는 과정에 의해 좌우된다. 한 종의 생명체들이 오랜 세월 동안 번식을 하다 보면 모든 개체들이 비슷해지는 쪽으로 유전자가 흘러가기 때문에 새로운 종이 탄생하기 어렵다. 규모가 작은 집단에서 유전 형질의 출현 빈도수가 무작위로 변하거나 자연 선택이 이루어지면 개체 수가 줄어들게 되는데, 이것을 '유전적 부동genetic drift'이라고 한다. 이런 현상이 나타나면 새로운 종이 탄생할 가능성이 커진다. 어떤 이유에서건 세대에 따른 유전자의 흐름을 방해하는 요인이 생기면 유전적 다양성에 의해 새로운 종이 탄생하게 된다.

유전자를 교환할 수 없게 만드는 가장 명백한 방법은 하나의 종을 지형학적으로 고립시키는 것이다. 그렇다고 굳이 바다나 산으로 막을 필요는 없다. 서식 지역에 약간의 변화만 생겨도 이와 같은 결과가 초래될 수 있다. 지금으로부터 150년 전까지만 해도, 인도의 트인 목초지에는 사자가 살았고 숲 속에는 호랑이가 살고 있었다. 야생에서는 호랑이와 사자의 잡종이 탄생하지 않는다. 심지어는 이들이 같은 영역에서 서식하는 경우에도 이종 간 생식을 불가능하게 만드는 어떤 요인이 있는 것으로 추정된다. 단순하게 성sex이라는 문제만 놓고 생각해 보자. 수컷이 이종의 암컷을 만났다 해도 서로 관계 맺는 방법이 다를 수도 있고, 정자를 전달하지 못할 수도 있고, 정자가 전달되었다고 해도 암컷의 몸 안에서 수정되지 않을 수도 있다. 이 모든 역경을 극복하고 수정에 성공한 경우에도 태아가 도중에 죽을 수도 있고, 태어난다고 해도 적응력이 떨어지거나 생식 능력이 없을 가능성이 크다.

이 모든 시나리오는 인간의 조상들에게도 그대로 적용된다. 포유류는 지구 상의 생물이 대량으로 멸종했던 6500만 년 전부터 폭발적으로 번성하기 시작했다. 그로부터 약 3000만 년이 지난 후 지금의 인간과 비슷하게 생긴 영장류가 아프리카를 떠나 대서양을 건너 남아메리카로 진출한 것으로 추정된다. 그 후로 구대륙의 원숭이와 신대륙의 원숭이들은 지리적으로 완전히 고립되어 각자 고유의 진화 과정을 겪었다.

구대륙에 남은 원숭이들은 약 2500만 년 전에 유인원과 분리되었으나, 이들은 아프리카의 숲 속에서 함께 살았다. 그런데 유인원이 먹이 경쟁에서 밀리는 바람에 종의 다양화를 실현하지 못했다. 원숭이들은 어금니가 날카롭고 내장이 튼튼하여 다양한 먹이를 먹을 수 있었지만, 유인원은 그렇지 못했던 것이다. 지금으로부터 1000만~1500만 년 전인 중신세 중기~말기에 걸쳐 날씨가 매우 추워졌는데, 이 시기에 새로운 먹잇감을 찾는 능력은 생존에 필수적이었다.

호미니드(hominid, 인간)와 침팬지가 서로 다른 길로 갈라져 나온 것은 인간의 진화 역사에서 커다란 전환점이 된다. 이것은 약 700만 년 전에 일어난 사건으로, 화석을 통해 사실로 확인되었다. 지난 2006년에 일단의 과학자들은 500~600만 년 전에 인간과 침팬지의 유전자가 동일했다고 발표하여 세상을 놀라게 했다.■8 다시 말해서, 인간과 침팬지는 두 번째(그리고 마지막) 분기점에 도달하기 전까지 상호 번식을 했다는 뜻이다. 물론 보수적인 학자들은 이 학설을 받아들이지 않았다. 사실 진화론은 여러 가지 면에서 점잖은 신사가 좋아할 만한 이론은 아니다. 이종 간 교배로 태어난 수컷은 생식 능력이 없기 때문에 대부분 멸종할 수밖에 없다. 그렇다면 과거에 인간과 침팬지의 잡종은 어떻게 살아남을 수 있었을까? 가장 그럴듯한 추측은 암컷 잡종이 수컷 침팬지와 짝짓기를 하여 생존 가능한 후손을 낳았다는 것이다. 그리고 현대인의 혈통은 이 잡종 속에서 발생했다.

침팬지는 수백만 년 동안 열대 밀림에서 과일을 먹고살면서 고릴라와 인간이라는 변종을 낳았다. 이들 중 고릴라는 채식을 하면서 숲을 떠나지 않았지만, 인간은 습기가 적은 평원으로 진출하여 훗날 지구를 정복하게 된다. 인간과 침팬지는 진화 나무에서 분리되기 500만 년쯤 전부터 서서히 각자의 길을 가기 시작했다. 식물이 부족한 사바나 초원에서 인간은 두 발로 걷기 시작하면서 활동 반경이 넓어졌고, 그 덕분에 더 많은 식량을 구할 수 있었다. 이때부터 인간은 남아프리카의 전 지역으로 퍼져 나가게 된다.

지금으로부터 약 300만 년 전에 지구가 추워지기 시작하여 과거 수백만 년 동안의 평균 기온보다 4~6℃ 아래까지 내려갔다. 그리하여 대부분 생명체들은 추위에 시달렸고, 추위에 약한 일부 종들은 아예 멸종되고 말았다. 그러나 인간은 도구를 개발하거나 따뜻한 곳으로 이주하거나, 사냥을 함으로써 추위를 견뎌냈다. 특히 호모 하빌리스(homo habilis, 도구를 만들어 쓴 초기 인류 : 옮긴이)의 두뇌는 다른 어떤 유인원들보다 두 배나 컸는데, 현대의 유전학자들은 이들의 두뇌가 커지게 만든 유전자를 찾아내는 데 성공했다.■9 인류가 얼음 속에서 음식을 찾아내는 방법을 알아낸 뒤부터, 그들은 사냥꾼이면서 다른 동물의 먹이가 되었다. 이러한 포식 관계는 인간들로 하여금 사회적 협조를 이끌어 내게 만들었고, 이 과정에서 인간들은 커진 두뇌를 십분 활용했다. 그러나 침팬지는 치러야 할 대가가 전혀 없을 때에도 서로 협조하지 않았다. 사회적 진화가 인간과 침팬지 사이를 더욱 멀어지게 만든 것이다.

최근에 이루어진 인류의 진화를 살펴보면 '고립된 번식'의 사례가 종종 발견된다. 호주 대륙의 원주민들은 거의 5만 년 동안 외부와의 접촉을 전혀 하지 않은 채 살아 왔다. 그러나 현대에 이르러 여행이 일상화되면서 이들도 다른 부족을 만나게 되었고, 그 와중에 혈통이 섞이면서 지금과 같은 후손들이 탄생하게 된 것이다. 어떤 상황에서도 진화는 결코 멈추는 법이 없다. 인류의 문명이 탄생하기 전인 37,000년 전까지만 해도, 특정한 종족들만이 뇌의 크기를 좌우하는 유전자인 마이크로세팔린microcephalin을 보유하고 있었다.[■10] 이것은 인간의 두뇌가 얼마나 유연하고 적응력이 뛰어난지를 보여 주는 사례이다.

인간의 유전자는 지난 15만 년 동안 크게 변하지 않았다. 15만 년 전에 살았던 원시인을 지금 여기에 데려와서 면도를 시키고 깔끔한 정장을 입혀 놓으면 아무도 눈치 채지 못할 것이다. 그러나 택시를 잡을 때 그와 시비가 붙었다면 무조건 달아나는 게 상책이다.

과연 살아남을 수 있을까

진화의 성공 여부를 종의 개체 수로 판단한다면, 60억에 달하는 인류는 꽤 성공적이라 할 수 있다. 그러나 냉수 생태계의 중요한 부분을 차지하는 남극크릴새우는 개체 수가 무려 5×10^{14}개에 이른다. 크릴새우 한 마리의 무게는 몇 그램에 불과하지만, 이들을 한 곳에 쌓아 놓으면 모든 인류의 몸무게를 합친 것보다 무겁다. 개체 수가 가장 많은 생명체는 육지가 아닌 바다에 산다. SAR-11이라 불리는 박테리아가 바로 그것이다. 이 생명체는 대기 중의 이산화탄소를 제거하여 지구의 생태계를 보존하는 데 중요한 역할을 하고 있는데, 개체 수는 약 3×10^{29}개 정도로 추정된다. 지구인 한 사람당 1000억×10억 개씩 할당되는 셈이다.

진화의 성공 여부를 종의 수명과 다양성으로 판정한다면, 현존하는 챔피언은 단연 '개미'이다. 개미는 무려 1억 년 동안 진화하면서 2만여 가지의 종으로 분화했다. 과거에 살았던 삼엽충은 17,000종이나 있었는데, 크기도 눈에 간신히 보일 정도로 작은 것에서 어른의 다리만큼 큰 것까지 매우 다양했다. 이들은 캄브리아 폭발기에서 페름기에 걸쳐 거의 2억 5000만 년 동안 번성했다. 다양성으로 말하자면 암모나이트도 빠지지 않는다. 거의 1만 종에 달하는 암모나이트는 수 밀리미터에서 3m에 이르기까지 크기도 다양했고, K-T멸종(6,500만 년 전)이 일어날 때까지 거의 4억 년 동안 생존해 왔다. 이런 점에서 볼 때, 인간은 역사가 100만 년에 불과한 신출내기에 불과하다.

지난 40억 년 동안 지구에는 거의 5억 종의 생명체가 존재했고, 그들 중 2%만이 현재 생존하고 있다. 멸종한 종의 수를 전체 종의 수로 나누면 멸종한 생명체의 비율을 알 수 있는데, 이 값을 흔히 '배경 멸종률 background extinction rate'이라고 한다. 생명체는 물리적인 변화나 환경의 변화로 인해 멸종할 수도 있지만, 개체 수나 생식 능력, 유전적 특성, 지리적 분포, 다른 종과의 관계 등도 중요한 원인으로 작용한다.[11]

단세포 생물과 식물 종의 평균 생존 기간은 1000만~3000만 년이고, 곤충은 수백만 년이다. 포유류 중에서 인간은 약 100만 년을 생존해 왔다. 지구 상의 생명체는 2억 5000만 년 전에 있었던 '페름기 대폭발 Permian explosion'을 계기로 엄청나게 다양해졌는데, 이는 멸종하는 속도보다 새로운 종이 탄생하는 속도가 훨씬 빨랐음을 의미한다. 현재와 같은 생명체의 다양성은 주로 열대 지방에서 발생했는데, 그 이유는 저위도 지방일수록 변화가 느리게 일어나기 때문이다. 즉, 열대 지방에서는 새로운 종이 탄생하는 속도가 느리고 기존의 종이 멸종하는 속도도 느리기 때문에, 주어진 한 시기에 존재하는 종의 수가 다른 지역보다 많다. 최근 들어 과학자들은 새로운 종이 탄생하는 데 일정한 양의 에너지가 필요하다는 사실을 알아냈다.

지난 5억 년 동안은 화석이 비교적 풍부해서 종의 수와 다양성을 추정하는 데 별 어려움이 없다. 이 기간 동안 멸종률은 서서히 감소했지만, 자연 재해가 일어나면서 짧은 시간 동안 갑자기 증가하는 양상을 보인다. 대량 멸종은 4억 3500만 년 전과 3억 7500만 년 전, 2억 5000만 년 전, 2억 500만 년 전, 그리고 6500만 년 전 등 다섯 번에 걸쳐 일어났으며, 이보다 규모가 작은 멸종 사건도 다섯 번쯤 있었던 것으로 추정된다. 고생대 말기인 2억 5000만 년 전에 대멸종이 일어났을 때에는 육지와 바다에 살던 생명체의 95%가 사라졌다. 멸종의 원인으로는 화산 폭발에 의한 기후 변화가 유력하지만, 운석의 충돌 가능성도 배제할 수 없다. 특히 6500만 년 전의 대멸종은 운석 때문이라는 것이 학계의 공통된 의견이다.

모든 증거들을 종합해 볼 때, 지금 우리는 여섯 번째 대량 멸종을 겪고 있는 것 같다. 화석을 분석한 자료에 의하면 과거의 멸종률은 1년당 30종이었다. 그런데 UN 산하 조직인 새 천 년 환경 평가회Millennium Ecosystem Assessment의 발표에 따르면 현재의 멸종률은 1년당 3만 종이나 된다. 과거 멸종률의 1000배에 달하는 수치이다. 게다가 지구 온난화 등 현재의 상황을 감안할 때, 멸종률은 앞으로 10배 이상 커질 것으로 예상된다. 일각에서는 앞으로 100년 이내에 모든 동물과 식물의 30%가 멸종한다고 주장하는 학자도 있다. 이전의 멸종과는 달리, 앞으로 다가올 멸종은 우리 인간들이 그 원인을 제공할 것이다. 이 시점에서 다음과 같은 질문이 자연스럽게 떠오른다. 인간이 환경적 대재앙을 불러온다면, 그 와중에 인간은 과연 살아남을 수 있을까?

종말의 10가지 시나리오

환경 오염에 대한 엇갈리는 시선

우주 공간에 떠 있는 지구를 상상해 보라. 검은 하늘을 배경으로 희미하게 빛나는 진주와 비슷할 것이다. 지구를 사과에 비유하면 대기의 두께는 사과 껍질과 비슷하다. 이제 장면을 확대해 보자. 지구가 자전하는 소리가 들려오고, 표면에는 태양 빛이 닿는 곳과 닿지 않는 곳의 경계선이 뚜렷하게 나타난다. 지구에서 해가 뜨면 새들이 울기 시작하고, 이 광경은 시간당 수백 킬로미터의 속도로 서쪽을 향해 파도처럼 퍼져 나간다. 그러나 요즘은 해가 떠도 하루의 시작을 알리는 새들의 울음소리가 들리지 않는다.

레이첼 카슨Rachel Carson이 1962년에 발표하여 환경 운동의 시발점이 되었던 《침묵의 봄Silent Spring》을 읽으면 위와 같은 이미지가 떠오른다. 살충제의 무절제한 사용을 금지해야 한다는 그녀의 주장은 많은 사람들의 지지를 받았지만, 반대 의견도 만만치 않았다. 화학업계에 종사하는 사람들은 일제히 카슨을 비난하고 나섰고, 이들의 대변자였던 로버트 화이트 스티븐스Robert White-Stevens는 공식 석상에서 다음과 같이 주장했다. "카슨 여사의 말대로라면, 우리는 해충과 전염병이 득실거리는 중세의 암흑기로 되돌아가야 한다." 그러나 당시 백악관의 자문 위원회는 카슨의 손을 들어 주었고, 살충제의 사용을 제한하는 법률이 제정되었다. 1968년에 아폴로 8호가 40만km 상공에서 찍은 지구 사진을 전송해 왔을 때, 사람들은 지구라는 생태계가 얼마나 망가지기 쉬운지를 처음으로 깨달았다.

인류가 수렵 생활을 하면서 인구수가 1000만 명에 달했을 무렵에는 지구에 별다른 흔적을 남기지 않았다. 그들은 반드시 필요한 자원만 소비했고 미생물에 의해 분해될 수 있는 쓰레기만을 양산했으며, 대기로 방출하는 열과 이산화탄소의 양도 매우 미미했다.

그러나 어느덧 세계 인구는 60억을 넘어섰고, 현대인의 삶은 지나칠 정도로 과학 기술에 의존하고 있다. 요즘 한 사람이 1년 동안 배출하는 쓰레기의 양은 거의 1톤에 달하는데, 그중 재활용이 가능한 쓰레기는 4분의 1도 안 된다. 현재 미국인들은 1년 사이에 5000만 대의 컴퓨터와 1억 개의 휴대 전화, 30억 개의 배터리를 버리고 있다. 전자 제품 폐기물에는 납, 카드뮴, 크롬, 수은, 폴리염화비닐 등 독성 물질이 함유되어 있어서 두뇌를 손상시키거나 암을 유발할 수 있다. 매 1년마다 양산되는 360만 톤의 광고 우편물과 220억 개의 플라스틱 병, 그리고 650억 개의 음료수 캔들은 전자 제품과 달리 독성은 없지만 지구를 병들게 하긴 마찬가지다. 쓰레기에 관한 한, 미국은 단연 세계 챔피언이다. 미국의 인구는 세계 인구의 5%에 불과하지만, 쓰레기 생산량은 전체의 40%를 차지하고 있다.■12

쓰레기는 아무리 잘 처리해도 완전히 사라지지 않는다. 땅속에 묻으면 독소가 흘러나와 지하수에 섞이고, 소각장에서 태우면 독성 물질이 대기와 섞인다. 미국 환경 보호국은 독성이 강한 쓰레기를 배출하는 1,300개의 장소를 선정하여 집중적으로 관리하고 있다. "환경을 더럽힌 자가 그 처리 비용을 지불한다"는 취지로 법안이 만들어졌고 기금도 조성되었지만, 몇 년 전부터 재정 상태가 악화되어 별다른 실효를 거두지 못하고 있다. 미국에는 120곳의 핵폐기물 매립지가 있는데, 오염을 정화하는 작업은 정말로 큰 문제가 아닐 수 없다. 우라늄을 정화할 때 나오는 쓰레기는 2억 4500만 톤에 달하고, 상업용 및 군사용 핵 반응로에서는 방사성이 강한 연료를 매년 45,000톤씩 소비하고 있으며, 플루토늄을 만드는 과정에서 3억 4000만 리터의 쓰레기가 양산되고 있다. 네바다 주의 유카 산Yucca Mt.에 핵폐기물 처리장이 있긴 하지만, 이런 막대한 양의 쓰레기를 처리할 능력이 없다는 게 문제이다.

전염병학자인 데브라 데이비스Devra Davis는 세계 보건 기구의 자문 위원으로, 지미 카터Jimmy Carter가 대통령일 때부터 백악관의 공공 보건 담당 보좌관으로 일해 왔다. 그녀는 "환경이 더 오염되기 전에 공공의 이익을 위해 폐기물을 특별 관리해야 한다"고 주장했다가 레이첼 카슨처럼 관련 업계에 종사하는 사람들로부터 격렬한 비판을 받았다. 데이비스는 펜실베이니아의 도노라Donora에서 어린 시절을 보냈는데, 인근에 있던 아연 제련소에서 방출된 스모그 때문에 20명이 사망하고 마을 사람의 절반이 병에 걸리는 참사가 발생했다. 이 사건을 계기로 1970년에 제정된 것이 바로 '대기 오염 방지법Clean Air Act'이다.

데이비스는 많은 사람들이 탄산수와 화장품, 그리고 의사의 처방 없이 먹을 수 있는 약품에 들어 있는 발암 물질을 대수롭지 않게 여긴다고 주장했다. 이대로 간다면 미국인 남자의 절반, 그리고 여자의 3분의

1이 암에 걸릴 것이므로, 발암 물질은 한두 명을 죽이는 살인자가 아니라 대량 살상범인 셈이다. 개발 도상국 국민의 평균 수명은 그 나라의 산업 폐기물 처리 기술에 따라 크게 달라진다. 아폴로 우주선의 조종사에게 우주복을 더럽히면 어떻게 되는지 물어보라. 어떤 대답이 돌아올 것 같은가?

지구 온난화는 과연 진실인가

지금 우리가 직면하고 있는 가장 큰 문제는 기후의 변화이다. 인간의 모든 활동은 지구의 온도를 높이는 원인이 된다. 이것은 지난 10년 동안 분명하게 확인된 사실이다. 그중에서도 화석 연료의 과도한 사용과 지나친 벌목이 주된 원인으로 꼽히고 있다. 기후 변화에 관한 정부 간 위원회Intergovernmental Panel on Climate Change가 2007년에 발표한 보고서는 30개의 명망 있는 과학 학회의 전폭적인 지지를 받았다. 환경론자들의 주장을 반대해 왔던 일부 회의론자들도 세계적인 과학자들이 제시하는 증거 앞에서 입을 다물 수밖에 없었다.

당신이 거실 소파에 앉아 책을 읽고 있을 때 누군가가 실내 온도 조절기의 눈금을 0.75℃(이 값은 지난 100년 동안 지구 평균 온도의 상승치에 해당한다)만큼 올렸다면, 당신은 그 차이를 거의 감지하지 못할 것이다. 그런데 과학자들은 왜 이 작은 변화에 그토록 민감하게 반응하는 것일까? 사실 지금까지 나타난 온도 상승은 그다지 심각한 수준이 아니다. 그러나 지금과 같은 추세로 온도가 올라간다면 지구는 파국을 맞을 수밖에 없다. 과거의 기온 변화 데이터로 미루어 볼 때, 21세기에는 기온이 1~5℃까지 올라갈 것으로 예상된다. 초대형 유조선이 항해 중에 갑자기 방향을 바꿀 수 없듯이, 지구의 기후도 빠르게 변하지 않는다. 당장 내일부터 온실가스 배출량을 통제한다고 해도, 지구 온난화는 몇백 년 동안 계속될 것이다. 이미 바닷물 속에 엄청난 열기가 저장되어 있기 때문이다. 기후는 예전으로 되돌릴 수 없고, 지금 우리는 티핑 포인트(tipping point, 작은 변화가 충분히 누적되어, 약간의 충격만으로 큰 변화가 일어날 수 있는 단계 : 옮긴이)에 도달했다.

지구 온난화는 심각한 문제임이 분명하지만, 종의 생존까지 위협할 정도는 아니다. 정부 간 위원회의 보고서에 의하면 온난화의 영향은 습지는 더욱 습해지고 건조지는 더욱 건조해지며, 더운 곳은 더 더워지고 추운 곳은 더 추워지는 것으로 나타난다. 뿐만 아니라 가뭄과 홍수도 더욱 빈번하게 나타나게 한다. 이 상태가 지속되다 보면 생태계의 자연적인 복구 능력은 한계점에 도달하여 두 번 다시 되돌릴 수 없게 된다. 21세기 중반에 이르면 탄소 소비량이 최고조에 달할 것이고, 그 후로 감소하면서 기후 변화를 더욱 재촉할 것이다.

처음에는 승자와 패자가 극명하게 갈린다. 만일 당신이 뱅고르Bangor나 민스크Minsk에 살고 있다면, 겨울에 기온이 조금 더 내려갔다고 해서 큰 불편은 없을 것이다. 그러나 날씨가 건조해지면 곡물 수확량이 감소할 것이고, 아프리카와 아시아의 가난한 나라들은 당장 식량난을 겪게 된다. 2050년이 되면 생활 수준과 상관없이 거의 모든 나라들이 기후 변화의 영향을 받게 될 것이다.

지구 온난화를 국지적인 변화로 생각하거나 그 영향을 과소평가하는 사람들을 위해 좀 더 실감 나는 사례를 들어 보자. 우선 온난화가 진행된 이후로는 바닷가재나 연어를 먹을 생각은 접는 게 좋다. 이들은 더운 바닷물에서 살 수 없기 때문이다. 그리고 포도의 산지가 다른 곳으로 이동할 것이므로 프랑스산 와인도 더 이상 즐길 수 없게 된다. 목재로 만든 야구 배트와 크리스마스트리는 희귀 품목이 될 것이고, 제물낚시터와 스키 리조트에는 고객의 발길이 뚝 끊길 것이다. 북극곰과 북극여우, 그리고 코알라는 야생에서 완전히 멸종하여 동물원에 가야 볼 수 있을 것이다.

이 정도는 시작에 불과하다. 온난화가 계속 진행되면 민들레가 잔디밭을 점령할 것이고, 숲을 뒤덮은 덩굴옻나무가 당신의 산책을 방해할 것이다. 해변에서는 해파리에 쏘이는 사람이 속출하고, 곰팡이와 돼지풀이 이산화탄소와 함께 번성하여 사방에 천식과 알레르기 환자가 넘쳐날 것이다. 우리는 남미를 덮친 콜레라와 모스크바를 덮친 말라리아, 그리고 캐나다를 덮쳤던 웨스트나일 바이러스(West Nile virus, 뇌에 치명적인 손상을 입히는 뇌염의 일종. 1938년 우간다의 웨스트나일 지역에서 처음 발견되었다 : 옮긴이)를 아직도 기억하고 있다. 날씨가 더워지면 모기와 쥐, 진드기 등 병균을 옮기는 동물과 곤충의 행동반경이 넓어지면서 온갖 질병이 만연할 것이다.

핵폭탄과 종말 시계

그 시계는 디자인이 매우 단순했다. 시계판의 4분의 1에만 눈금이 그려져 있고, 나머지는 텅 비어 있었다. 다른 눈금은 필요 없었기 때문이다. 원자력 과학자 회보Bulletin of the Atomic Scientists에 실린 '종말 시계Doomsday Clock'는 핵에너지 시대를 상징하는 아이콘이 되었다. 이 시계 바늘이 밤 12시를 가리키면 지구는 종말을 맞게 된다.

100여 년 전에 아인슈타인이 $E=mc^2$이라는 기념비적 방정식을 유도할 때, 그는 새로운 가능성과 함께 끔찍한 결과를 어느 정도 예측하고 있었다. 핵무기는 기존의 어떤 화학 무기보다 수백만 배나 강력한 에너지를 방출한다. 냉전 기간 중에 소비에트 연방(소련)과 미국은 핵분열을 이용한 원자 폭탄A-bomb과 핵융합을 이용한 수소 폭탄H-bomb을 개발했고, 이로 인해 종말 시계는 2분 더 돌아갔다. 핵무기로 인한 대량 살상이 코앞으로 다가온 것이다. 1963년에 부분적 핵 실험 금지 조약이 맺어지고 1972년에 탄도 미사일 금지 조약이 채결되면서 긴장이 다소 완화되는 듯 했으나, 1984년에 종말 시계는 밤 11시 57분까지 돌아갔다. 미국과 소련은 무려 7만 개의 핵폭탄을 만들어 놓고 서로를 위협하고 있었다.

냉전이 끝난 뒤, 사람들은 핵무기로 멸망할지도 모른다는 공포에서 해방됐다. 1991년에는 베를린 장벽이 무너졌고, 미국과 소련이 상당수의 무기를 폐기하면서 종말 시계는 밤 11시 43분으로 후퇴했다. 그러나 지난 10년 사이에 다시 자정에 가까워졌고, 2007년에는 11시 55분까지 돌아갔다. 냉전도 끝난 지금, 대체 무엇이 지구를 위협한다는 말인가?

지구 온난화와 생화학 무기의 위협도 종말 시계를 돌아가게 하는 원인이지만, 이것이 전부가 아니다. 현재 전 세계에서 10개국이 핵무기를 보유하고 있는데, 이 숫자는 머지않아 15~20개국으로 늘어날 것이고, 이들 대부분이 비민주 국가이다. 게다가 1,500톤의 농축 우라늄과 500톤의 플루토늄을 정부가 아닌 민간이 소유하고 있다. 무기를 감축하자는 국가 간 회담이 답보 상태에 이른 것도 큰 문제이다. 중국은 군사력을 꾸준히 키우는 중이고, 미국과 러시아는 26,000개의 핵폭탄을 무기고에 쌓아 놓고 있다. 이들 중 2,000개는 이미 표적을 향해 정조준되어 있으며, 마음만 먹으면 몇 분 이내에 발사할 수 있다.[■13]

종말 시계의 바늘은 쉽게 움직이지 않는다. 원자력 회보의 운영 위원들은 전 세계의 저명한 정치인들과 18명의 노벨상 수상자들에게 자문을 구하고 있는데, 스티븐 호킹도 그들 중 한 사람이다. 호킹은 2007년에 발행된 간행물에 다음과 같이 적어 놓았다. "우리는 일상생활 속에 숨어 있는 위험을 사람들에게 알릴 의무가 있다. 정부와 사회가 핵무기의 위협을 묵과한다면 우리라도 나서야 한다." 현재 전 세계 핵무기 보유량은 전성기의 10분의 1로 줄어들었지만, 그래도 히로시마에 떨어진 원자 폭탄의 14만 배에 달한다. 이것은 1조 8000억 톤의 TNT와 맞먹는 양이다.

세계적 규모의 핵전쟁이 발발했을 때 사망자가 얼마나 발생할지 미리 예측하긴 어렵지만, 아무리 적어도 수천만에서 수억 명이 죽게 될 것이다. 사방에 난무하는 폭탄과 방사능 낙진 속에서도 인류는 어떻게든 살아남겠지만, 총체적인 혼돈과 불안정 속에서 인류의 문명은 사양길을 걷게 될 것이 뻔하다. 개중에는 "범지구적인 핵전쟁은 발발할 가능성이 없다"고 믿는 사람도 있을 것이다. 좋다. 그렇다고 치자. 그러나 국지적인 핵전쟁도 지구 전체를 파멸시킬 수 있다. 소위 말하는 '핵겨울nuclear winter' 현상을 피해갈 수 없기 때문이다.

핵겨울이란 핵무기 폭발 후 나타나는 기후 변화를 뜻하는 용연결 고리다. 폭발 초기에는 뜨거운 열과 함께 다량의 재와 연기가 대기 상층부로 흩어지고, 이것이 태양열을 차단하여 기온이 내려간다. 그 후에 어떤 결과가 나타날지는 불을 보듯 뻔하다. 당장 곡물 수확량이 감소하여 많은 사람들이 기근에 시달리게 될 것이다. 그런데 문제는 이 희생자들이 핵전쟁을 벌인 국가와 아무 관계도 없는 사람들이라는 것이다. 충분한 시간이 지나면 지구 반대편에 사는 사람들도 핵겨울의 영향권에 들어가게 된다. 이 문제는 1980년대 초에 칼 세이건이 지적한 후 비로소 세간의 관심을 끌기 시작했다. 구소련의 서기장 및 대통령을 역임했던 미하일 고르바초프Mikhail Gorbachev는 2000년에 한 인터뷰 석상에서 다음과 같이 말했다.[14] "러시아와 미국 과학자들은 핵전쟁이 핵겨울을 초래하여 지구 상의 모든 생명체를 파멸시킨다고 예견했다. 이 사실을 알고 있다면 인간의 윤리와 도덕성에 입각하여 그에 걸맞게 처신해야 할 것이다."

핵겨울에 관한 초기의 연구는 논쟁의 여지가 많았다. 과거에는 컴퓨터의 연산 능력에 한계가 있었으므로, 사실보다 과장된 측면도 있을 것이다. 그래서 요즘 과학자들은 핵무기의 위협을 한층 더 냉정한 목소리로 경고하고 있다. 미국 지구 물리학회가 2006년에 발표한 보고서에 의하면 국지적인 핵전쟁도 2차 세계 대전 못지않은 사상자를 낼 것이며, 폭발로 인한 재와 먼지가 대기로 유입되어 농경 지역의 온도가 몇 도 떨어지면서 식량 생산에 심각한 차질을 빚게 된다. 미국 과학 학술회에서 2008년에 발행한 회보에도 이와 비슷한 내용이 수록되어 있는데, 여기에는 "북반구 오존층의 절반이 사라진다"는 경고가 추가되어 있다.

지구 물리학회와 과학 학술회 학자들의 연구 사례는 각기 50개의 핵탄두를 보유하고 있는 아열대 지역 국가들까지 고려한 것이다. 인도와 파키스탄은 70~80개의 핵탄두를 보유하고 있으며, 지난 60년 사이에 심각한 전쟁을 세 번이나 치렀다. 좀 더 넓은 관점에서 보면 인류는 이제 막 청년기를 끝내고 성인이 되는 단계라고 볼 수도 있다. 그러나 갓 성인이 된 우리는 스스로를 몇 번이나 파괴하고도 남을 폭탄을 깔고 앉은 채 불투명한 미래를 향해 나아가고 있다. 핵무기의 폐해를 충분히 인식하지 않는다면, 인류는 성인이 되기도 전에 요절하고 말 것이다.

바이러스가 당신을 노린다

생물학적 테러의 역사는 로마 시대까지 거슬러 올라간다. 그들은 죽은 동물을 우물에 빠뜨려서 적진의 식수를 오염시키는 작전을 펼쳤다. 중세에는 군대가 도시를 포위한 후 흑사병을 퍼뜨리는 경우도 있었는데, 공격자들이 병균을 제대로 관리하지 못하여 아군에게도 피해가 속출하곤 했다. 1차 세계 대전에서는 연합군과 독일군 모두 머스타드 가스(mustard gas, 최초로 발명된 인마 살상용 독가스. 겨자유와 비슷한 냄새를 풍긴다고 해서 이런 이름이 붙었다 : 옮긴이)를 사용했고, 1925년 제네바 협약에서 독가스 사용을 금지한다는 조항이 체결되었다. 그 뒤 생물학 무기 금지 협약Biological Weapons Convention이 설립되어 185개 국가가 참여했으나, 앙골라와 이집트, 이라크, 북한, 소말리아, 시리아 등 불참 국가들은 지금도 위기감을 조성하고 있다. 생화학 무기는 그동안 전쟁을 치르면서 수십 차례에 걸쳐 사용되어 왔는데, 심지어는 내전 중에 사용된 적도 있다. 지금 세계 각국에는 4만 톤에 달하는 생화학 무기가 아무도 모르는 은밀한 장소에 숨겨져 있다.

요즘 생화학 테러는 전쟁 무기가 아니라 '일반 시민이 다른 시민을 죽이는 수단'이라는 인식이 강하다. 1995년에 일본의 '옴진리교'라는 사교 단체가 동경 지하철역에 사린 가스를 살포하여 12명이 죽고 5,000여 명이 다친 사건이 있었다. 그리고 2001년에는 탄저균이 잔뜩 묻은 편지가 워싱턴 DC에 배달되어 5명이 죽고 17명이 감염되었다. 소문에 의하면 이 편지는 생화학 무기 방어 연구소의 과학자인 브루스 아이빈스Bruce Ivins가 보냈다고 하는데, 나중에 그는 스스로 목숨을 끊었다.

생화학 무기에는 세 가지 종류가 있다. 첫 번째가 신경가스nerve agent인데, 위에 언급된 사린 가스가 여기 속한다. 신경가스는 천연물이 아니라 인공적으로 만든 가스로서, 신경 전달 물질을 파괴하여 근육을 이완시킨다. 신경가스에 노출되면 신경계에 심각한 손상을 입게 되고 심하면 죽을 수도 있지만, 타인에게 전염되지는 않는다. 두 번째는 생물 작용제biological agent로서 프리온, 세균, 기생충 등이 있는데 가장 흔한 형태는 바이러스이다. 황 바이러스와 뎅기 바이러스, 에볼라 열병, 천연두 등은 탄저증과 페스트, 콜레라, 보툴리누스 식중독 등을 일으킨다. 생물 작용제의 효과는 치사율과 전염률로 평가되며, 신체 접촉이나 호흡으로 전염되는 경우가 가장 위험하다. 특히 세균이 사람의 몸 안에서 며칠 동안 잠복하는 경우에는 이미 주변 사람들에게 전염된 후에 자각 증세가 나타나기 때문에 피해가 클 수밖에 없다.

병원균에 대한 우리의 방어 체계는 아직 미약한 수준이다. 에볼라 열병이나 마버그열Marburg fever과 같은 바이러스성 출혈열은 치사율이 30~80%에 이르며 마땅한 치료법도 없다. 탄저병과 보툴리누스 식중독, 페스트 등은 백신이 개발되어 있지만, 공격을 당한 지역에 빠르게 배급되기 어렵다. 게다가 공격하는 측에서는 아직 백신이 개발되지 않은 신종 생물학 무기를 사용할 가능성이 크다.

문제의 심각성을 체감하기 위해, 구소련의 생화학 무기 개발사를 간단히 살펴보자. 소련은 1944년에 독일군이 스탈린그라드를 침공했을 때 툴라레미아(Tularemia, 야토병을 일으키는 박테리아 : 옮긴이)라는 병균을 살포하여 거의 10만 명을 감염시켰다. 그 후 소련은 1972년에 생물학 무기 금지 조약에 서명한 후에도 대량 살상용 생화학 무기를 계속 개발해 오다가, 1979년에 스베르들롭스크Sverdlovsk 근처의 창고에 보관 중이던 탄저균이 방출되는 바람에 최소한 100명이 사망하는 사고가 발생했다. 그러나 사고 직후에 KGB가 나타나서 모든 증거물과 기록을 수거해 갔기 때문에 정확한 피해 규모는 알려지지 않았다. 1980년대에도 소련은 박사급 연구원 수천 명을 비롯한 3만 명의 전문가를 20개의 비밀 연구소에 배치하여 생화학 무기를 개발했다. 그 뒤 소비에트 연방은 붕괴되었지만 연구소는 아직도 건재하다. 서방 세계의 과학자들은 그곳에서 무슨 연구가 진행되고 있는지 전혀 모르고 있다.

아는 것이 없으면 불안할 수밖에 없다. 세르게이 포포프Sergei Popov는 지난 20년 동안 시베리아 인근의 연구소에서 유전적으로 변형된 세균을 개발해 온 저명한 과학자이다. 그는 본파이어 프로젝트Project Bonfire에 참여하여 10여 종의 항생제에 저항력을 가진 페스트 박테리아와 '모든' 백신에 저항력을 가진 탄저균을 개발했다. 이보다 더 무시무시한 헌터 프로그램Hunter Program에서는 바이러스의 모든 유전자를 조합하여 난공불락의 변종 바이러스를 개발 중이라고 한다. 포포프는 2001년에 〈노바Nova〉와의 인터뷰에서 다음과 같이 밝혔다. "세포 안에 바이러스를 품고 있는 박테리아를 상상해 보라. 이런 경우 박테리아의 세포를 들여다보기 전에는 바이러스의 존재를 알 수 없다. 이런 박테리아가 질병을 옮겨서 항생제를 투여하면 그때 비로소 바이러스가 활동을 시작한다. 박테리아에 의한 질병이 치유되자마자 바이러스에 의한 질병이 또 다시 덮치는 것이다. 그것은 뇌척수염일 수도 있고, 천연두나 출혈열일 수도 있다. 가장 치명적인 스파이는 사람이 아닌 바이러스다."

또 다른 사례도 있다. 포포프가 이끌던 연구팀이 포유동물의 DNA에 폐렴을 일으키는 박테리아를 주입했더니 면역 체계가 자신의 미엘린(myelin, 신경 섬유 주위를 피막처럼 둘러싸고 있는 인지질 성분의 막 : 옮긴이)을 병원균으로 착각하여 공격하는 현상이 나타났다. 실험에 사용된 동물들은 한결같이 두뇌 손상과 마비 증세를 보였고, 치사율은 100%였다. 또한 포포프는 경화증을 일으키는 생물학 무기를 개발한 경험도 있다.[■15] 러시아는 아직 대량 생산 체계를 갖추지 않았지만, 마음만 먹으면 언제라도 가능하다는 것이 포포프의 증언이다.

러시아의 과학자들을 믿지 않는다고 해도, 인류가 위기에 처했다는 주장은 다소 억지처럼 들린다. 그러나 유전 공학이 상상을 초월할 정도로 발전하여 상황이 크게 악화되었다. 과거에는 러시아 같은 강대국이 막대한 돈을 투입해야 가능했던 일을, 지금은 누구나 할 수 있게 된 것이다. 인터넷 상점인 이베이eBay와 운송업체인 페덱스FedEx를 잘 활용하면 누구나 유전자 염기 서열을 분석하여 가공할 무기를 만들 수 있다.

2008년에 미국 의회는 대량 살상 무기와 테러의 확산을 우려하며 다음과 같은 성명을 발표했다. "우리의 안전은 증대되지 않고 오히려 줄어들고 있다. 생물학적 무기의 위협은 핵폭탄보다 훨씬 심각하다. 치명적인 세균을 확보하여 무기로 가공한 후 살포하는 것이 우라늄이나 플루토늄을 훔쳐서 핵폭탄을 만드는 것보다 훨씬 쉬워졌기 때문이다."[■16] 악의 무리들이 완벽한 세균을 개발하여 전 세계에 살포하는 것은 더 이상 SF 소설에나 등장하는 일이 아니라 현실적으로 일어날 수 있는 사건이 되었다. 한 가지 다행스러운 것은 선한 무리들도 동일한 기술을 갖고 있다는 점이다.

인공적인 위협에 주의를 기울인다 해도 자연의 진화는 계속되기 때문에, 바로 코앞에 있는 위험을 간과할 수도 있다. 이 장의 서두에서 언급한 대로, 기형적인 단백질이 자연적으로 발생하여 두뇌 조직을 파괴할 수도 있는 것이다. 감염성 단백질 인자인 프리온은 매우 효율적으로 작동하고 치사율도 높기 때문에, 이 병에 걸릴 확률이 100만 분의 1이라는 것은 매우 다행스러운 일이 아닐 수 없다. 뿐만 아니라 우리는 '생물학적으로 죽어 있는' 대상들과도 싸워야 한다. 숙주가 모두 죽으면 프리온도 살 수 없지만, 구조가 너무 단순하여 다루기 어렵다는 게 문제이다.

생물학 테러와 핵무기를 통한 대량 살상은 종말론이라는 새로운 사조를 낳았다. 요즘 TV를 비롯한 미디어들은 세계의 종말을 공공연히 강조하고 있으며, 2012년에 강력한 태양풍이 지구를 덮친다거나, 니비루Nibiru라는 소행성이 지구와 충돌할지도 모른다는 소문이 나돌고 있다. 물론 이것은 과학적 근거가 별로 없는 가설에 불과하다. 그런데도 2012년 종말론이 나도는 것은 일부 학자들이 마야의 신화를 잘못 해석했기 때문이다. 1910년에 핼리 혜성이 나타났을 때, 그리고 노스트라다무스가 예언했던 1999년 종말론에 Y2K가 가세했을 때에도 결국은 아무런 일 없이 무사히 지나갔다. 지금까지 확인된 바에 의하면 모든 종말론은 턱도 없는 헛소리에 불과했다. 그래서 나는 지구의 종말을 주장하는 모든 개인과 단체에게 다음과 같이 건의하고 싶다. "나는 당신들이 틀렸다는 데 나의 전 재산을 걸 용의가 있다. 이것은 무조건 나에게 유리한 도박이다. 내 말이 맞는다면 나는 부자가 될 것이고, 내가 틀렸다면 세상이 사라질 것이므로 나는 잃을 것이 없다!"

4장

진화의 고속 도로

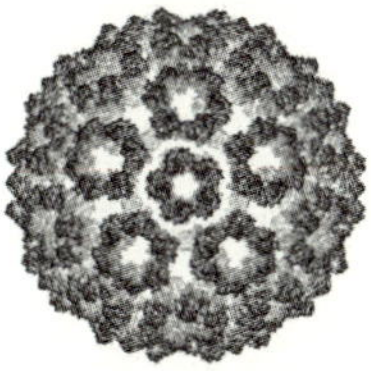

나무 꼭대기에서 원숭이오징어들이 하던 대화를 멈추고 나무 밑으로 지나가는 털복숭이쥐를 바라보며 코를 킁킁거린다. 초대형 다람쥐는 그들에게 무서운 적이지만, 무리를 지어 다니는 원숭이오징어를 공격하지는 않는다. 딱정벌레들이 먹이를 찾아 돌아다니는 소리가 사방에서 시끄럽게 들려오고, 공룡거북이는 숲의 변두리에서 새로운 먹이를 찾고 있다. 거북이가 발을 내디딜 때마다 나무가 이리저리 흔들린다. 공룡거북이는 가장 큰 나무를 제외하고 숲의 모든 것을 내려다볼 수 있을 정도로 크다.

이곳은 200만 년 후의 지구이다. 그 사이에 기후가 변하여 많은 종들이 멸종했고 새로운 종이 탄생했다. 영국의 지질학자 듀걸 딕슨Dougal Dixon은 상상력을 십분 발휘하여 미래의 생명체들을 그려냈다. 새로 등장한 탑독top dog은 육지로 올라온 오징어와 작은 원숭이 사이에서 태어난 변종이다.

딕슨이 예견한 미래에는 주먹만 한 딱정벌레와 집채만 한 도마뱀 이외에 트럭만 한 크기의 해파리인 '바다도깨비ocean phantom'와 육지에 사는 오징어인 '메가스키드megasquid'도 등장한다. 물론 개중에는 작은 생명체도 있다. 물고기에서 새로 진화한 '플리쉬flish'는 여전히 크기가 작다.

워싱턴 대학의 지질학자 피터 워드Peter Ward는 더욱 논리적인 사고를 통해 미래의 생태계를 예견했다. 그는 지구 온난화와 목초지 소실로 인해 사자와 호랑이, 곰과 같은 포유동물은 모두 사라지고 초분류군(超分類群, supertaxon)이 최후의 승자가 될 것으로 내다봤다. 이들은 매우 빠른 속도로 분화하여 멸종률이 상대적으로 낮을 것이라는 이야기다. 환경의 변화는 뱀과 바퀴벌레, 육식성 조류 등에게 유리하게 작용하고(이 부분에서 워드는 딕슨을 비롯한 많은 생물학자들과 의견을 같이한다) 쥐는 몸집이 매우 커진다.

워드가 바라본 인간의 미래는 딕슨보다 낙천적이지만 장밋빛은 아니었다. 그는 인간이 지금처럼 힘을 남용하면서 진화의 법칙을 거스른다면, 최악의 결과가 초래될 수도 있다고 경고했다.

다윈이 말하기를…

조지 부시라는 딱정벌레

지구를 점령한 털 없는 원숭이는 위험한 장난감을 지나치게 좋아하는 별종이다. 이들이 과연 진화라는 전쟁터에서 살아남을 수 있을까? 아직은 알 수 없지만 한 가지는 확실하다. 살아남고 싶다면 자연에서 더 이상 멀어지지 말고 자연의 일부가 되어야 한다. 인간은 역사가 20만 년밖에 되지 않은 신종이다. 우리의 먼 조상인 호모 에렉투스Homo erectus는 150만 년 전에 혹독한 환경에서 살아남았고, 그 사촌 격인 네안데르탈인은 10만 년 전에 사라졌다. 우리는 아직도 갈 길이 멀다. 아니, 그렇게 생각하고 싶다.

진화의 원동력은 종의 변이와 환경의 변화이다. 그러나 성공적으로 진화한 종들은 인내력이 뛰어나다는 특징을 갖고 있다. 상어와 악어가 거의 아무런 변화 없이 거의 1000만 년 동안 살아올 수 있었던 것은 변하는 환경에 적응을 잘했기 때문이다. 이보다 단순한 생명체들은 적응력이 더 뛰어나다. 지구 초창기에 널리 퍼져 있던 혐기성 박테리아는 지금도 왕성한 번식력을 자랑하며 지구 곳곳을 뒤덮고 있다. 스트로마톨라이트stromatolite라는 박테리아군은 해변에서 무려 35억 년 동안 살아왔다. 생명체에게 적응력은 필수 조건이지만, 반드시 완벽할 필요는 없다. 척추동물의 눈에 있는 맹점blind spot이 좋은 사례이다. 삶은 불확실하지만 블랙잭과 비슷한 도박이어서, 어떤 종은 적절한 손을 개발하기도 하고, 또 어떤 종은 변할 생각을 하지 않고 끝까지 버티기도 한다.

그동안 지구에서는 수많은 종이 태어나고 사라졌다. 그들의 자취를 추적하기란 보통 어려운 일이 아니다. 200만 년 전까지의 종에 대해서는 그런 대로 알려져 있는데, 그래 봐야 전체 종의 10%밖에 안 된다. 현존하는 종들이 빠르게 멸종되어 가고 있다는 점도 문제이다. 새로운 종의 목록을 작성하는 국제 연구팀의 다프네 퍼틴Daphne Fautin은 이렇게 말했다. "우리가 새로운 종을 찾아내는 사이에 더 많은 종들이 멸종하고 있다. 종을 찾는 속도보다 멸종하는 속도가 더 빠른 것이다. 그러므로 지구 상에 분명히 존재했는데도 우리에게 그 존재조차 알려지지 않은 종이 엄청나게 많다. 우리는 그들의 존재를 영원히 알 수 없을 것이다."

현재 알려진 종의 50%는 곤충이다. 딱정벌레만 해도 35만 종이나 된다. 영국의 유전학자 할데인J.B.S. Haldane은 누군가에게 "자연을 연구하면서 창조주에 대해 어떤 사실을 알게 되었는가?"라는 질문을 받고 다음과 같이 대답했다. "만일 창조주가 존재한다면 그는 딱정벌레를 사무치게 좋아하는 존재임이 틀림없다." 현재 고생물학계는 가능한 한 종을 세분화하려는 '분류파'와 종의 수를 줄이려는 '통합파'의 논쟁이 끊이지 않고 있으며, 또 다른 한쪽에서는 진화가 갑작스럽게 이루어졌다고 주장하는 '급진파'와 천천히, 연속적으로 이루어졌다고 주장하는 '온건파'의 논쟁으로 날이 저물고 있다.

현재 지구에 살고 있는 포유류와 조류는 거의 대부분 알려져 있지만, 회충이나 십이지장충 등 다른 생명체들은 극히 일부만이 발견된 상태이다. 몸집이 작은 종으로 가면 상황이 더 나빠져서, 굳이 비유하자면 공의 표면에 간신히 흠집을 낸 정도밖에 되지 않는다. 한 연구팀은 미네소타 주에서 채취한 토양 1g 속에서 1만 종의 박테리아를 발견했는데, 이것은 지금까지 실험실에서 배양되었거나 학계에서 분류된 박테리아의 4배나 되는 수치이다. 사람들은 흔히 "만 개의 호수가 있는 땅(Land of 10,000 Lakes, 미네소타 주의 별칭 : 옮긴이)에는 생명체가 거의 살지 않는다"고 주장하지만, 이 사실을 안다면 할 말이 없어질 것이다.

이토록 다양한 생명체를 분류하려면 아주 먼 곳까지 이 잡듯이 뒤져야 한다. 현재 알려진 종의 70%가 단 12개국에 집중되어 있다(호주, 브라질, 중국, 콜롬비아, 에콰도르, 인도, 인도네시아, 멕시코, 마다가스카르, 페루, 자이르). 나머지 200여 개의 나라에 어떤 새로운 종이 살고 있을지, 아무도 알 수 없다. 동물학자들에게는 보통 어려운 일이 아니다. 분류학의 창시자인 18세기 스웨덴의 과학자 칼 린네우스Carl Linnaeus는 많은 학생들을 외국에 파견하여 새로운 종을 필사적으로 찾았는데, 그들 중 세 명이 여행 중 사망했다. 학계에서는 그의 공로를 인정하여 린네우스의 방식에 따라 종의 이름을 붙이기로 결정했고, 그 전통은 지금까지 이어지고 있다.

이름이란 무엇인가? 장미를 다른 이름으로 부른다고 해서, 지금보다 더 향기로운 냄새가 나지는 않는다. 만일 당신이 새로운 동물이나 식물, 또는 광물을 발견한다면 당신이 직접 이름을 지을 권한이 주어진다. 대개의 경우에는 신중한 고민 끝에 격식을 차린 이름을 붙이지만, 항상 그런 것은 아니다.

린네우스는 못생긴 잡초가 발견되면 그게 걸맞게 '별로 예쁘지 않은' 학명을 붙이곤 했다. 여기서 잠시 뉴욕 자연사 박물관의 수석 고생물학자인 리처드 포티Richard Fortey의 회고담을 들어 보자. "내 연구 동료 중에 공산주의를 몹시 혐오하는 학자가 있었다. 그래서 그는 자신이 발견한 지렁이에 '크루세비아 리디쿨라(Krushevia Ridicula, '멍청한 흐루쇼프'를 패러디한 것 : 옮긴이)'라는 이름을 붙였다. 또 그는 펑크 음악을 매우 좋아해서 두 종류의 삼엽충을 각각 '시드 비셔시(Sid viciousi, 1977년에 결성된 펑크 그룹 섹스 피스톨즈의 베이스 기타 연주자인 시드 비셔스Sid Vicious의 패러디 : 옮긴이)'와 '쟈니 로테니(Johnny rotteni, 같은 그룹의 보컬리스트 쟈니 로튼Johnny Rotten의 패러디 : 옮긴이)'로 명명했다." 쿠엔틴 휠러Quentin Wheeler는 점균류를 먹고사는 딱정벌레에 조지 부시 대통령과 각료들의 이름을 붙였다가 항의가 들어오자 "나는 영원한 공화당 지지자이며, 그들의 이름을 학명에 남기는 식으로 경의를 표한 것뿐이다"라고 해명했다. 그런가 하면 스코틀랜드의 커캘디G.W. Kirkaldy는 벌레의 이름에 그리스식 접미사인 '~chisme'를 붙여서 낭만적인 분위기를 자아냈다. 예를 들면 플로리쉬스메Florichisme, 마리쉬스메Marichisme, 페기쉬스메Peggichisme 등이다.■1

가끔은 긴 사연을 간직한 이름도 있지만, 대부분의 경우에는 한눈에 이해가 갈 정도로 의미가 명백하다. 지난 20여 년 사이에 붙여진 이름을 예로 들어 보자. 아그라 베이션Agra vation과 아그라 포비아Agra phobia는 딱정벌레의 학명이고 피누스 리지두스pinus rigidus는 소나무이다. 또 어떤 연체동물은 아브라 카다브라Abra cadabra, 이미 멸종한 쥐캥거루는 와키와키Wakiewakie라고 부른다. 오손웰즈Orsonwelles라는 거미도 있고, 비티움Bittium이라는 달팽이보다 조금 작은 달팽이의 학명은 리티비티움Littibitium이다. 굳이 동물학자가 아니어도 이와 같은 '이름짓기 놀이'에 참여할 수 있다.

2007년에 인터넷의 한 도박 사이트는 볼리비아원숭이의 학명을 짓는 권한을 갖는 조건으로 65만 달러를 지급했으며, 어떤 자연 보호 단체는 물고기 10종의 학명을 짓는 권한을 경매에 부치기도 했다(이때 모금된 돈은 그 지역의 동물을 보호하는 데 사용되었다). 케이블 TV 진행자인 스티븐 콜버트Stephen Colbert는 자신의 프로그램에 생물학자를 초대하여 어떤 특정 과학자의 이름을 거미의 학명으로 붙여 달라고 제안했다.■2

생명체에 이름을 붙여 놓으면 일단 안심이 되긴 하지만, 그들이 탄생하고 멸종해 간 자취를 추적하기란 보통 어려운 일이 아니다. 자료가 부족한 상태에서 애써 결론을 내리다 보니, 멀쩡하게 살아 있는 종을 멸종했다고 판단하는 경우도 종종 발생한다. 예를 들어 실러캔스(coelacanth, 총기류總鰭類에 속하는 물고기)는 800만 년 전에 멸종한 것으로 한동안 알려져 있다가, 1938년에 살아 있는 종이 발견됨으로써 현존하는 종의 명단에 추가되었다. 학계에서는 이런 경우를 두고 '나사로 효과Lazaro's effect'라고 부른다. 멸종한 것으로 거의 결론지어졌다가 막판에 극적으로 존재가 확인되는 경우도 종종 있는 것이다.

이브가 우리 모두를 낳았다

현재 개체 수가 68억에 달하는 인간은 아직 위험과 거리가 멀다. 우리 선조들의 생존에 관한 이야기는 미토콘드리아 DNA와 Y 염색체 속에 새겨져 있다. 이 두 가지는 진화가 아무리 진행되어도 결코 다른 것과 섞이지 않는다. 인류의 기원을 설명하는 '아프리카 발생론'에 의하면 모든 인간의 DNA는 16만 년 전에 아프리카에 살았던 이브Eve라는 한 여성에서 비롯되었으며, 모든 남자들의 Y 염색체는 6만 년 전에 아프리카에 살았던 한 남성에게 물려받은 것이다. 그 직후에 인간은 두 그룹으로 나뉘어서 남쪽으로 이주한 그룹은 오늘날의 부시맨(Bushman, 남아프리카의 키가 작은 수렵 민족 : 옮긴이)이 되었고, 나머지는 동쪽으로 이동하여 부시맨을 제외한 모든 인류의 조상이 되었다.

지금으로부터 9만~13만 5,000년 전에 아프리카 대륙은 심한 가뭄에 시달렸다. 화석에서 채취한 DNA를 분석해 보면 당시의 인구수에 심각한 '병목 현상'이 나타났음을 알 수 있는데, 학자들은 그 무렵의 인구가 2,000명 내외까지 감소했을 것으로 추정하고 있다. 가뭄이 끝난 후 인구는 원래의 수준을 회복했고, 인류는 약 40개의 집단을 이루어 아프리카 전역에 흩어졌다. 74,000년 전에는 수마트라에 있는 토바Toba 화산이 폭발하여 향후 몇 년 동안 기온이 크게 떨어졌고, 인류는 또 한 번의 시련을 겪어야 했다. 그 뒤 6만 년 전에는 수백 명으로 추정되는 두 개의 소집단이 향후 역사를 바꾸게 될 이주를 감행했다. 아프리카에서 탄생한 인류는 5만 년 전에 호주로 진출했고, 35,000년 전에는 유럽으로, 15,000년 전에는 아메리카 대륙으로 진출했다.

어떤 종이건 간에, 개체 수가 급감하여 유전적 다양성이 줄어들면 어렵게 살아남은 생존자들은 새로운 선택을 꺼릴 것이고, 이러한 성향은 '멸종'이라는 최대의 위기를 초래하게 된다. 우리의 조상들도 과거에 이와 비슷한 위기를 겪었지만 다행히 살아남았다. 〈제노그래픽 프로젝트Genographic Project〉의 편집자이자 미국 지리학 협회의 주재 탐험가인 스펜서 웰스Spencer Wells는 이렇게 말했다. "지금 우리는 유전학이라는 강력한 학문을 도구 삼아 인간이라는 종의 역사에서 가장 중요했던 사건을 밝히기 위해 노력 중이다. 초기 인류의 소수 집단이 혹독한 환경을 피해 다른 곳으로 이주했다가 되돌아왔고, 그들의 후손이 지금 전 세계에 퍼져 있다. 이것은 우리의 DNA에 새겨져 있는 장엄한 드라마이다."[3]

인구 병목 현상을 야기한 자연재해는 인류의 생존에 긍정적인 영향을 미치기도 했다. 우리의 선조들을 달라진 환경 속에서 새로운 생존 방식을 빠르게 터득했다. 이것은 평생 뛰어난 테니스 선수로 살다가 갑자기 롤러스케이트로 종목을 바꾼 것이나 다름없다. 그러나 새로운 생활 방식을 개발한 종은 자원을 획득하는 데 상대적 우위를 점유할 수 있다. 유전학적으로 볼 때 개체 수가 줄어드는 것은 결코 좋은 일이 아니다. 한 종이 병목 현상을 겪으면 유전적 부동genetic drift은 증가하지만 유전자 풀gene pool의 규모가 축소되어 적응력이 떨어지는 유전자가 살아남을 가능성이 커진다. 인간과 침팬지는 진화 나무에서 서로 갈라져 나온 후로, 무려 14만 개의 '별로 이롭지 않은 DNA 변종'을 축적해 왔다. 그러나 유전적으로 유사한 쥐rat와 생쥐mouse는 이 기간 동안 해로운 유전자를 거의 축적하지 않았다. 그래서 인간은 쥐보다 암에 더 취약하다.

종의 개체 수가 얼마나 줄어들었을 때 멸종이 닥치는가? 생태학적 분석에 의하면 종의 수가 아무리 줄어도 어떤 최솟값을 유지하면 40~50세대 후에 원래 개체 수의 90~95%까지 회복될 수 있다. 대형 포유류의 경우, 이 최솟값은 약 50마리이다.

박테리아, 인간의 동반자

인간과 미생물이 진화의 와중에 군비 확장 경쟁을 벌이는 동안 벌레들은 한참 앞서 갔다. 현재 지구에 서식하는 박테리아의 수는 전 세계 사람들의 몸을 이루는 세포의 수를 모두 합한 것보다 훨씬 많으며, 종류도 1,000종이 넘는다. 이들 중 상당수는 실험실에서 인공적으로 배양될 수 없는 것들이다. 대부분의 미생물들은 땅속이나 바다 속에 있어서 잘 보이지 않고 하나의 무게는 (습기를 제거했을 때) 1000조 분의 1g(10^{-15}g)이 채 안 되지만, 지구에 사는 미생물의 개체 수는 무려 6×10^{30}개나 되고 이들을 모두 합한 무게는 거의 10억 톤에 달한다.

대부분의 미생물은 인간에게 해를 끼치지 않는다. 그러나 이들의 사촌 격인 바이러스와 프리온은 틈만 나면 사람을 해칠 궁리만 하고 있고, 우리는 이들의 공격에 완전 무방비로 노출되어 있다. 인간은 스스로를 지구의 지배자로 생각하고 있지만, 사실은 미생물의 세계에 세 들어 사는 것이나 다름없다. 뿐만 아니라 인간의 유전 물질이 형성되는 과정에는 우리 몸 안에 사는 박테리아가 우리의 몸보다 더 많은 기여를 하고 있다. 엄밀히 말하면 미생물과 인간을 분리하는 것 자체가 무의미하다. 박테리아는 인간이 먹는 것과 동일한 음식을 먹으면서 인간의 몸이나 주변 환경과 복잡한 상호 작용을 교환하고 있다. 따라서 사람은 '인간과 박테리아의 잡종'이라고 불러도 무방하다. 결국 박테리아는 인간이라는 옷을 구성하는 직물인 셈이다.

우리가 복잡다단한 미생물 생태계에서 그들과 공존한다는 것은 다소 당혹스러운 일이지만, 문제는 그들의 존재 자체가 아니라 상대적인 진화 속도이다. 박테리아는 단 10년 사이에 거의 20만 세대가 흘러간다. 그러나 인간은 침팬지와 갈라진 직후부터 헤아려야 간신히 20만 세대를 채울 수 있다. 인간은 한 세대가 채 가기 전에 수십 종의 새로운 항생 박테리아와 AIDS와 같은 치명적인 질병을 접하게 된다. 지금도 HIV(인체 면역 결핍 바이러스)에 감염된 사람 주변에서는 매일 수백억 개의 새로운 바이러스 입자가 탄생하고 있다. 바이러스가 항생 물질에 노출되면 그에 맞서 저항하거나 죽는 수밖에 없다. 바이러스와 박테리아는 '유전자 수평 전이horizontal gene transfer'라는 과정을 통해 다량의 유전자를 전달함으로써 진화를 가속시킨다. 그러나 인간은 '진화의 난관'에 빠져 있다. 루이스 캐럴Lewis Carroll의 《거울 나라의 앨리스Through the Looking Glass》에서 붉은 여왕이 했던 말처럼, "제자리에 멈춰 있으려면 있는 힘을 다해 달려야 한다."

박테리아의 유전에 관한 연구로 노벨상을 수상했던 조슈아 레더버그Joshua Lederberg는 2000년에 발행된 한 과학 잡지를 통해 다음과 같이 말했다. "미생물의 진화가 흥미롭고도 위험하게 느껴지는 것은 이들의 개체 수가 엄청나게 많으면서도 역동적으로 변하기 때문이다. 미생물은 항생제와 마주치거나 자연적인 위험에 처하면 재빨리 숙주를 갈아 치운다. 이들의 이동은 매우 빨라서, 단 하루 만에 개체 수가 100억 배까지도 늘어나거나 줄어들 수 있다. 미생물의 진화는 그들의 숙주와 비교가 안 될 정도로 빠르게 진행되기 때문에 미생물의 진화는 '개체 수'와 '속도 면'에서 숙주보다 상상할 수 없을 정도로 유리하다. 심지어 미생물의 1년은 포유류가 진화해 온 전체 역사와 비슷하다! 이들을 연구하다 보면 우리 인간이 진화라는 전쟁터에서 소외된 듯한 느낌마저 든다."■4

세계적인 역학자疫學者이자 박애주의자로 유명한 래리 브릴리언트Larry Brilliant는 특이한 이력을 갖고 있다. 그는 미국 원주민 학생들(인디언)이 앨커트래즈 섬Alcatraz을 점령하여 영유권을 주장했던 1969년에 의사가 되었고, 발리우드(Bollywood, 봄베이와 할리우드의 합성어로, 인도의 영화 산업을 일컫는 말 : 옮긴이)의 단역 배우로 활동하면서 1985년에 세계 최초의 온라인 커뮤니티를 창설하여 저개발국의 200여만 명을 기아에서 구제했다. 그러나 그의 가장 큰 업적은 젊은 시절에 한 의료팀의 일원으로 활동하면서 천연두를 박멸한 것이다.

브릴리언트는 2006년에 구글Google.org의 전무 이사로 임명되었다. 구글의 이사회는 브릴리언트의 박애 정신을 이어받아 회사 주식의 1%와 수익금의 1%를 좋은 일에 쓰기로 결정했다. 브릴리언트는 인터넷이 조류 독감이나 HIV의 새로운 변종 바이러스를 사전에 경고하는 수단으로 사용되기를 바라고 있다. 여기서 잠시 그의 말을 들어 보자. "현존하는 질병과 새로 나타난 병원균을 감시하려면 완전히 새로운 과학이 필요하다. 여기에는 요즘 유행하는 전쟁 게임의 기술도 도입할 필요가 있다."

이것을 어떻게 구현할 수 있을까? 열병이나 호흡기 질환의 발생률을 웹web에 게시하면 구글 어스Google Earth를 이용하여 특정 질병의 지리적인 발생 상황을 한눈에 알 수 있고, 이 자료를 잠재적인, 또는 현존하는 병원균의 유전적 정보와 연계시키면 더욱 효율적인 대응책을 강구할 수 있다.[5] 브릴리언트는 HIV나 AIDS 바이러스가 탄생했을 때 우리가 그 장소에 있었다면, 이 끔찍한 질병을 예방할 수 있었을 것이라고 강조했다.

브릴리언트는 2008년에 구글에서 스컬 재단Skoll Foundation의 긴급 위험 기금Urgent Threat Fund 책임자로 자리를 옮겼다. 그가 유행병을 걱정하는 이유는 자명하다. 항생제에 내성을 가진 박테리아가 많아지는 것도 문제지만, 더욱 심각한 것은 동물을 거치지 않고 곧바로 사람을 공격하는 질병이 날로 증가한다는 점이다. 조류 독감과 광견병, 사스SARS, 일본 뇌염 바이러스, 뎅기 바이러스, 웨스트나일 바이러스West Nile virus, 라사열Lassa fever 등이 그 대표적 사례이다. 바이러스성 열병은 치사율이 높고 아직 치료법이 개발되지 않았기 때문에 가장 위험하다고 할 수 있다. 지난 2000~2005년 사이에 무려 5000만 명이 동물로부터 전염되는 병에 걸렸으며, 그들 중 10만 명이 사망했다. 이런 재난을 예방하려면 좀 더 현명한 대응책이 필요하다.

진화의 두 얼굴

"환경에 적응을 가장 잘한 쪽이 살아남는다"는 것이 자연 선택의 정의라면, 현대의 인간은 매우 심각한 위기에 처해 있다. 대부분의 선진국에서는 비만율이 30%를 상회하고, 정상적인 성인들도 계단을 오르면서 숨을 헐떡거린다. 미국인의 50%는 시력 교정이 필요하고, 신생아의 30%는 자연 분만이 아닌 제왕 절개로 태어나고 있다. 또한 사람들은 병원균을 지나치게 두려워해서 약물을 남용하는 바람에 면역 체계가 현저하게 약해졌다. 이런 상태에서 병에 걸리면 쉽게 낫지 않는다. 현대인들이 모든 과학 문명을 버리고 1만 년 전의 수렵 생활로 되돌아간다면, 대부분은 1개월도 살지 못할 것이다.

인간은 진화라는 게임에서 제외되는 쪽을 선택했다. 도구와 기술을 발전시켜서 무자비한 생존 경쟁의 장을 빠져 나온 것이다. 그래서 인간은 자연을 멀리한 채 자동차를 운전하거나 TV를 시청하고, 책상 앞에 구부리고 앉아 컴퓨터를 바라보는 능력을 꾸준하게 키워왔다.

과학자들은 "인간의 진화가 매우 느려져서 거의 정지한 상태"라고 말한다. 영국의 유전학자인 스티브 존스Steve Jones는 이렇게 말했다. "소수의 사람들이 고립된 지역에 거주하면 유전자가 우연히 소실될 가능성이 크기 때문에 진화가 무작위로 일어난다. 그러나 오늘날 세계인들 사이에는 상호 연결 고리가 점점 더 많아지고 있으므로, 무작위 변화가 일어날 가능성은 줄어들고 있다. 역사는 침실에서 이루어진다는 말이 있지만, 지금은 침실들끼리도 서로 가까워지는 추세다. 세계인들이 하나의 덩어리로 뭉칠수록 인류의 앞날은 불투명해진다."■6

존스는 변해 가는 생식 패턴도 지적했다. 나이 많은 아버지가 줄어드는 추세가 종의 변화에 영향을 미친다는 것이다. 사람은 나이가 많아질

수록 세포 분열 횟수가 많아지며, 매번 분열이 일어날 때마다 실수나 변이가 나타날 가능성이 있다. 29살 난 아버지의 정자는 300번의 분열을 거치는데, 이들 중 한 집단이 배우자에게 전달된다. 반면에 50살 난 아버지의 정자는 분열 횟수가 1,000번을 넘는다. 또한 존스는 인구가 계속 증가하는 것도 자연 선택의 영향이 줄어드는 증거라고 주장했다. 그는 "고대에는 아이들의 절반이 20세를 넘기지 못하고 죽었으나, 지금은 서방 국가 아이들 중 98%가 건강한 모습으로 21살 생일을 맞이하고 있다"면서, 현대에 이르러 진화의 3요소인 자연 선택, 변이, 무작위 변화가 상당 부분 사라졌음을 지적했다.

영국의 진화학자인 올리버 커리Oliver Curry는 존스의 주장을 전반적으로 수용하면서, 앞으로 수천 년 동안 인간이 걷게 될 진화의 길을 두 가지로 예측했다. 우선, 전체적으로 부유해지고 여행을 통한 접촉이 잦아지면서 지역 간 문화의 차이가 줄어들 것이다. 키가 크고 지적이면서 커피색 피부를 가진 엘리트층이 등장하지만, 자신의 생존을 과학 기술에 지나치게 의존한 나머지 결국은 작고 못생긴 마귀 같은 모습으로 전락하게 된다. 커리의 예측대로라면, 장차 인간은 조지 웰스H.G. Wells의 소설 《타임머신Time Machine》에 등장하는 엘로이족Eloi과 몰록족Morlocks처럼 호리호리하고 튼튼한 모습으로 진화할 것이다. 부디 그의 예측이 틀리기만을 바랄 뿐이다.

그러나 우리가 유전에 대해 더 많이 알아낼수록, 인간의 진화가 그 어느 때보다 격렬하게 진행되고 있다는 증거도 쌓여 가고 있다. 인간과 침팬지가 진화 나무에서 갈라져 나온 후 지난 600만 년 동안 인간의 DNA는 침팬지보다 7배나 빠른 속도로 변해 왔다. 현대의 인간은 서로 다른 종족끼리 피가 골고루 섞이고 있기 때문에 소그룹의 종족이 주류에서 갈라져 나가기 어렵다. 인구가 증가하면 내부에서 탄생한 변종도 그만큼 많아지겠지만, 종족 간 결혼이나 국제결혼이 많아지면서 변형된 유전자가 다시 섞이게 된다. 이러한 유전자의 재조합은 상상을 초월할 정도로 빠르게 진행되고 있다.

2005년에 시카고 대학의 브루스 란Bruce Lahn은 인종과 성별에 상관없이 인간의 두뇌의 발달에 중요한 역할을 하는 두 개의 유전자를 알아냈다. 그중 4만 년 전에 탄생한 마이크로세팔린microcephalin 유전자는 현재 70%의 사람들이 갖고 있으며, ASPM 유전자는 10만 년 전에 탄생하여 현재 25%의 사람들이 갖고 있다. 이 유전자의 구체적인 역할은 아직 밝혀지지 않았지만, 성공적인 적응과 생존에 중요한 역할을 해 왔던 것만은 분명하다.

락타아제lactase는 우유를 분해하는 효소로서, 인간이 소를 사육하던 무렵부터 생겨났다. 또한 인간이 큰 집단을 이루어 살면서 유행병이 돌기 시작했던 1만 년 전에 생겨난 유전자도 있는데, 이들은 현재 일부 사람들 속에 존재하면서 말라리아와 천연두, AIDS 등의 공격을 막아 내는 데 일조하고 있다.

인류학자인 존 호크스John Hawks는 각 게놈(염색체 세트)들 사이에서 뉴클레오티드(당, 인산, 염기가 1:1:1의 비율로 결합되어 있는 화합물로, 핵산의 기본 단위 : 편집자)의 차이에 해당하는 대립 형질을 분석하여 '진화를 통해 유전자가 섞이는 정도'를 알아냈다. 그는 게놈에서 유전적 변이가 통계적 확률보다 더 빈번하게 일어나는 위치를 집중적으로 분석했다. 이런 변화는 종종 자연 선택에서 유리한 점으로 작용하기 때문이다. 호크스가 이끄는 연구팀은 게놈의 7%에 해당하는 1,800개의 유전자에서 이와 같은 증거를 발견했다.

인류 문명의 역사에 해당하는 지난 5,000년 동안 '긍정적인 자연 선택'은 인간의 역사를 통틀어 그 어떤 시기보다 100배 이상 빠르게 진행되어 왔다. 호크스는 "현생 인류와 5,000년 전에 살았던 인류의 차이는 현생 인류와 네안데르탈인 사이의 차이보다 훨씬 크다"고 말한다. 만일 타임머신이 있어서 5만 년 전으로 되돌아가 인류의 변화 과정을 지켜볼 수 있다면 정말로 흥미진진할 것이다.

인간과 인간 아닌 것

당신은 결국 기계가 된다

길가메쉬Gilgamesh의 영웅담이 새겨져 있는 12개의 점토판 중 10번째 판에는 길가메쉬의 친구였던 엔키두Enkidu의 죽음에 관한 이야기가 나온다. 사람이자 신이었고 매우 활동적인 왕이었던 길가메쉬는 두 명의 사람을 만나기 위해 위험한 항해를 떠난다. 그 사람들은 신으로부터 영생을 보장받았기에, 길가메쉬도 그들을 통해 영생을 얻고 싶었던 것이다. 그는 태양이 가려진 땅을 지나 자신만이 '죽음의 물'을 건널 수 있는 유일한 존재라고 믿는 돌 거인을 죽이고 300그루의 나무를 베어 노를 만들어서 강을 건넌다. 결국 길가메쉬는 우트나피시팀(Utnapishtim, 고대 메소포타미아의 신화에 등장하는 인물로, 대홍수에서 방주를 만들어 살아남았으며, 신으로부터 영생을 얻었다고 한다 : 옮긴이)과 그의 아내가 살고 있는 섬에 도달하여 영생을 달라고 요구한다. 그러나 이 부부는 인간의 운명과 맞서 싸우는 것이 부질없는 짓이며, 삶을 망치는 지름길이라고 충고한다.

'길가메쉬 서사시'는 세계에서 가장 오래된 이야기 중 하나로, 고대 메소포타미아의 영웅담을 담고 있으며 호머의 '오디세이'와 훗날 추가된 성서에 큰 영향을 미친 것으로 알려져 있다. 길가메쉬는 실존 인물로서, 기원전 3000년경에 존재했던 우루크Uruk 제1왕조의 다섯 번째 왕이다. 이토록 오래된 이야기가 지금까지 전해진 것은 상실과 죽음에 대한 고뇌가 적나라하게 드러나 있기 때문이다. 길가메쉬는 신의 속성을 갖고 있어서 막강한 힘과 긴 수명을 보장받은 몸이었지만 영생을 얻는 데에는 실패했다.

레이 커즈와일은 좀 더 치밀한 계획을 세웠다. 그는 매일 250종의 다이어트 식품과 알칼리수, 그리고 각종 녹차를 마시면서 위험한 행동을 철저히 삼가고 있다. 커즈와일이 이토록 유별나게 구는 데에는 그럴 만한 이유가 있다. 그의 부친과 조부가 심장 질환으로 세상을 떠났기 때문이다. 그는 2종 당뇨병을 앓고 있었는데, 인슐린을 투여하지 않고 오직 식이 요법만으로 병을 다스리고 있다.

사람들은 커즈와일을 괴짜처럼 취급하지만, 사실 그는 사회에 아무런 해도 끼친 적이 없는 공학자이자 미래학자이다. 그는 8살 때 로봇으로 배경을 조종하는 초소형 극장을 만들었고, 16살 때는 컴퓨터를 직접 제작하고 작곡용 프로그램까지 만든 수재였다. 또한 그는 발명가들의 최고 영예로 꼽히는 레멜슨-MIT상Lemelson-MIT prize을 수상했고, 미국 기술메달National Medal of Technology도 받았다. 그가 던지는 메시지는 현재 빠르게 발전하고 있는 컴퓨터와 나노 기술, 그리고 유전 공학을 아우른다. 그는 장차 인간이 생물학을 초월하여 영생을 누리게 되면 이 모든 분야들이 하나로 통합된다고 굳게 믿고 있다. 이것은 애매모호한 SF 소설 이야기가 아니다. 커즈와일은 앞으로 30년쯤 후에 이 세계가 자신이 말하는 '특이점singularity'에 도달한다고 주장했다.■[7]

지금 우리는 이 길을 향해 빠르게 달려가고 있으며, 과학 기술은 우리가 과학을 제어하는 능력이나 과학의 사회적 영향을 가늠하는 능력보다 훨씬 빠르게 발전하고 있다. 조엘 가로Joel Garreau는 자신이 집필한 책 《급진적 진화Radical Evolution》를 통해 일반 대중에게 유전적 진화의 중요성을 강조했다. 비아그라와 보톡스, 스테로이드 등은 유전자 치료법을 통해 우리 자신을 바꾸는 과정의 초기 단계에 불과하다는 것이다. 개선된 인간은 제일 먼저 스포츠나 전쟁터에 나타날 것이고, 이 치료법의 가격이 저렴해지면 일반 대중들도 이용하게 될 것이다. 그러나 조엘 가로는 다음과 같은 상황을 걱정했다. 시간이 충분히 흐르면 인류는 똑똑하고 섹시한 '개량 인간'과 철학이나 종교적 이유로 인공적 개선을 거부한 '자연 인간'으로 나뉠 것이고, 이들 사이에 갈등이 생겨날 수도 있다. 또한 이들 외에 재정적인 문제로 혁명에서 소외된 빈곤층은 삶의 질이 돈에 전적으로 좌우되는 현실에 크게 분노할 것이다.

커즈와일은 미래에 컴퓨터 공학과 의학이 하나의 분야로 통합되어 인간의 몸을 수리하고 교체하는 데 사용될 것이라고 예측했다. 그는 SF 소설의 상투적 플롯인 '인간과 기계의 대결 구도'가 현실성이 없으며, 미래에는 인간이 과학 기술에 완전히 병합되어 인간 스스로 기계가 된다고 주장했다. 나노봇으로 만들어진 수백만 개의 혈액 세포가 인간의 몸속을 돌아다니면서 병원균을 감시하고, 손상된 뼈와 근육, 동맥과 두뇌 세포 등을 치료한다는 것이다. 커즈와일의 예측에 의하면 미래의 인간에게 죽음은 그야말로 '비극적인 사건'이다. 절대로 지치지 않는 '수리 전문 요원'들이 병균을 퇴치하고 장기를 재생하고, 심지어는 지적 능력의 한계까지 뛰어넘게 할 것이다. 뿐만 아니라 누구든지 인터넷에서 유전자 개선 프로그램을 다운로드 받을 수 있다. 이것은 고전적인

'유토피아(Utopia, 이상향)'와 크게 다르지 않다. 정말로 그렇지 않은가?

위험한 낭떠러지

그러나 커즈와일이 제시한 이상향에는 어두운 면도 있다. 과학으로 노화를 극복한다면, 인간은 결국 영원히 죽지 않는 사이보그로 진화하는 셈이다. 복잡한 윤리적 문제는 차치하고, 과연 그럴 필요가 있을까? 이보다 더 심각한 질문도 있다. 만일 그 시스템이 잘못된 길로 간다면 어찌할 것인가?

이 경우에 최악의 시나리오를 제안한 사람이 빌 조이Bill Joy였다. 그는 유닉스 운영 체계UNIX operating system를 만든 원조이자 자바Java 프로그램 언어의 창시자이며, 1982년에 선 마이크로시스템스Sun Microsystems라는 컴퓨터 회사를 설립한 사업가이기도 하다. 그는 술집에서 커즈와일과 대화를 나누다가 영감을 얻어 〈와이어드Wired〉에 '미래는 왜 우리를 필요로 하지 않는가(Why the Future Doesn't Need Us)'라는 유명한 글을 기고했다. 조이는 기술이라는 것이 매우 위험한 요소를 갖고 있기 때문에, 특정 분야의 연구는 정치가와 사회 과학자들이 그 폐단과 위험성을 충분히 인식할 때까지 통제할 필요가 있다고 주장하면서 하나의 사례를 들었다. 호주의 과학자들이 쥐의 피임약을 개발하기 위해 마우스팍스 바이러스(mousepox virus, 쥐에게만 감염되는 천연두 바이러스 : 옮긴이)를 연구한 적이 있었다. 이 바이러스는 사람에게 아무런 해가 없지만, 천연두와 매우 가까운 사촌지간이다. 그런데 연구진은 마우스팍스의 유전자를 이리저리 변형시키다가 사람에게 100% 치명적인 신종 바이러스를 만들어서 전 세계 유전학자들을 놀라게 했다.

요즘 유전 공학과 관련된 대부분의 정보는 인터넷에서 누구나 쉽게 조회할 수 있다. 이런 위험한 바이러스 제작법이 불온한 집단이나 개인에게 넘어간다면, 그 뒷일은 불을 보듯 뻔하다. 조이는 향후 25년 사이에 인류가 사라질지도 모른다고 주장하면서 다음과 같이 경고했다. "100만 명의 사람들이 원자 폭탄을 개인적으로 소장하고 있다면, 그들 중 미친 짓을 저지를 사람이 단 한 명도 없다고 어떻게 단언할 수 있는가? 요즘 과학자와 기술자들은 과학적 성취감을 만끽하느라 그 결과를 생각해 볼 겨를이 없다. 인간은 오래 전부터 무언가를 알고자 하는 욕망을 키워 왔다. 물론 이것은 과학적 탐구의 본질이므로 욕구 자체를 막을 수는 없다. 그러나 새롭고 강력한 기술을 추구하되, 다른 한편으로는 그것이 초래할 결과를 신중하게 고려하는 자세도 필요하다."[8]

조이의 주장은 간단하다. 폭탄은 한 번 사용하면 끝이지만 로봇이나 생체 공학 물체, 그리고 나노봇은 자기 복제가 가능하다는 것이다. 그러나 로봇 공학자인 한스 모라벡Hans Moravec은 이것을 장점으로 간주하고 있다. 심지어 그는 인간을 대체할 로봇을 창조하는 일이 자랑스럽다고 말한다. 그들도 엄연한 우리의 자손이므로, 그들의 앞날을 위해 우리가 길을 터 줘야 한다는 것이다.

대부분의 사람들은 이런 말을 들으면 기분이 심란해질 것이다. 그러나 다행히도 과학 기술은 사회적 테두리를 벗어나지 않는다. 핵무기와 핵 발전소, 그리고 줄기세포와 생명체 복제 기술의 개발사를 되돌아보면, 사람들은 각 기술의 폐단을 놓고 열띤 논쟁을 벌여왔으며, 사회는 새로운 기술에 규칙을 부여하고 응용 분야를 엄격하게 통제해 왔다. 나노 기술과 유전자 변형술의 경우에도 이와 같은 추세가 계속되지 말라는 법은 없다.

미래학자들은 기술의 발전을 의심스러운 표정으로 바라보고 있지만, 그레고리 폴Gregory Paul과 얼 콕스Earl Cox처럼 낙관적인 사람들도 있다. 이들이 공동 저술한 책《인간을 넘어서Beyond Humanity》에는 다음과 같이 적혀 있다. "우리는 지금 이상한 꿈을 꾸고 있다. 기술이 미천한 상태에서 살았던 과거의 인간과 인간을 초월한 존재로 살게 될 미래의 인간 사이에서 짧은 과도기를 거치고 있는 것이다. 앞으로 지구는 성능이 더욱 개선되고 뛰어난 경쟁력을 갖춘 생명체로 가득 차게 될 것이다. 그러나 이것으로 인간성이 사라지지는 않는다. 생체 공학의 혜택을 받는 것은 물리적 외형뿐이기 때문이다." 그러나 인간은 별로 지혜롭지 않고 좀처럼 다루기 어려운 원숭이이기 때문에, 눈부시게 발전하는 과학 기술을 신중하게 제어하지 않는다면 미래에 어떤 재앙이 닥칠지 아무도 알 수 없다.

외계인을 찾아서

인류의 미래는 불확실하다. 그러나 별들 사이에 어떤 협조적인 관계가 형성될 가능성도 있다. 단, 이 가능성을 긍정적으로 탐색하려면 지구에 지적인 생명체가 태어나 기술을 발전시켜 온 것이 요행수가 아니었다고 가정해야 한다.

생명체를 이루는 요소는 우주 어디서나 동일하다. 137억 년 전에 탄생한 우리의 우주는 생명체가 살아갈 만한 장소를 도처에 만들어 두었다. 현재 은하수(우리의 태양계가 속해 있는 은하 : 옮긴이)에는 생명체가 살 수 있는 행성이 약 1억 개 정도 있으며, 우주에는 이런 은하가 500억 개쯤 존재한다. 이 정도면 결코 적은 수가 아니다. 그렇다면 은하수에는 우리와 상호 교신이 가능한 지적 문명이 몇 개나 존재할까? 우리는 외계인 펜팔 친구를 몇 명이나 사귈 수 있을까?

천문학자 프랭크 드레이크는 외계의 지적 생명체를 찾다가 1961년에 어떤 방정식 하나를 만들어 냈다. 그는 외계 문명을 찾기 어려운 것이 방법의 문제가 아니라 우리의 무지함 때문이라고 생각했다. 드레이크의 계산에 의하면 우리 은하에는 '생명체가 생존 가능한 행성'이 수백만 개나 있지만, 정작 우리는 어느 곳을 탐색해야 할지조차 모르고 있다. 태양계 너머에서 지금까지 관측된 행성은 약 400개인데, 대부분이 기체로 되어 있어서 생명체가 존재할 가능성은 거의 없다. 그러나 컴퓨터 시뮬레이션을 해 보면 지구와 비슷한 행성이 우리의 연락을 기다리고 있다는 심증을 떨치기 어렵다. 물론 다수의 천문학자들도 이렇게 믿고 있다. 지금 우리의 기술은 그들을 찾을 수 있는 기초 단계에 막 접어든 수준이다. 또 우리는 외계 생명체들이 그들의 기술을 이용하여 우주 공간으로 신호를 쏘아 보내고 있으며, 이런 행위는 그들의 삶을 개선하려는 노력과 무관하다고 가정해야 한다(만일 그렇지 않다면 지구를 정복하려는 외계인들을 애써 불러들이는 꼴이 될 수도 있기 때문이다 : 옮긴이).

드레이크 방정식에서는 '접촉 가능한 외계 문명의 개수'를 N으로 표기한다. 방정식은 다음과 같다.

〔1년당 태양과 비슷한 별이 탄생하는 횟수〕×〔이 별들이 행성을 거느리고 있을 확률〕×〔하나의 태양계 안에 존재하는 지구형 행성의 수〕×〔이 행성들에 생명체가 존재할 확률〕×〔원시 생명체가 지적인 생명체로 진화할 확률〕×〔지적인 생명체가 우주 공간으로 신호를 보낼 정도의 기술을 습득할 확률〕×〔통신 기술을 확보한 외계 문명의 평균 수명〕

물론 드레이크의 방정식은 불확정성으로 가득 차 있다.[9] 처음 몇 개의 인자는 그런 대로 알려져 있지만, 마지막 몇 개는 어떤 값을 대입해야 할지 확실치 않다.

예를 들어 태양 같은 별이 1년에 5개 태어난다고 가정하고 이들 중 50%가 행성을 거느리고 있으며, 하나의 태양계 안에 지구와 비슷한 행성이 2개씩 있고, 모든 행성에 생명체가 살지만 그들 중 20%가 지적 생명체로 진화한다고 가정하면 방정식은 $N = L$로 귀결된다(여기서 L은 외계 문명의 평균 수명이다). 이는 곧 외계인 펜팔의 총 수가 그들 문명의 평균 수명에 의해 좌우된다는 뜻이다. 그래서 프랭크 드레이크의 자동차 번호판에는 "N EQLS L"이라고 적혀 있다.

은하수는 120억 년 동안 존재해 왔고, 그 안에서는 별들이 수시로 태어나고 죽어 간다. 그 근처에는 생명체가 갓 태어난 행성도 있고 문명이 수백만 년 동안 지속된 행성도 있으며, 별의 수명이 다하는 바람에 문명이 사라진 행성도 있을 것이다. 이런저런 상황을 고려해 보면 생명체가 있는 행성보다 생명체가 아직 없거나 이미 사라진 행성이 훨씬 많을 것이다. 드레이크 방정식을 약식으로 적용하면 무수한 가능성들이 간단한 등식으로 축약된다. 이것은 우주 안에서 우리 자신의 모습을 비춰 주는 거울이기도 하다.

우리에게 중요한 것은 외계 생명체들이 지능을 갖는 시점이 아니라, 그들이 외계로 신호를 전송하거나 외계에서 온 신호를 수신할 수 있을 정도로 진보된 과학 기술을 습득하는 시점이다. 드레이크 방정식은 자각의 수준에서 기술 개발의 수준으로 도약한 외계 문명에 초점을 맞추고 있는데, 사실 이것은 지나친 제한 조건이다. 우리 지구만 해도 코끼리, 낙지, 고래 등 고도의 인지 능력과 자기 성찰 능력을 갖고 있으면서

멋대로 자연을 망가뜨리지 않는 생명체는 얼마든지 있다. 이런 생명체들이 지배하는 행성이 있다면 우리가 아무리 신호를 보내도 응답을 듣기 어려울 것이다.

두 가지 가능성을 고려해 보자. 지금 지구의 종말 시계는 거의 자정에 가까워졌다. 우리가 커즈와일의 특이점에 도달하여 불안정한 기술이 인류를 파멸시켰다고 하자. 이런 일이 앞으로 50년 뒤에 일어난다면, 인류가 라디오 신호를 전송하고 로켓을 쏘아 올린 지 100년 만에 문명이 사라지는 셈이므로 $L=100$이고 따라서 $N=100$이다. 오직 100개의 외계 문명만이 존재한다면 우리의 은하는 참으로 외로운 곳이 아닐 수 없다. 이런 경우, 외계인이 살고 있는 행성까지의 평균 거리는 약 1만 광년이다. 그런데 그들 역시 교신 가능한 기간이 단 100년에 불과하기 때문에, 이 짧은 기간 동안 다른 외계 문명과 통신을 교환할 가능성은 거의 없다.

좀 더 낙관적으로 생각해 보자. 인류가 지금의 문명 수준을 유지한 채 여타의 종들과 비슷한 기간만큼 생존한다면 $L=N=1,000,000$이 된다. 그렇다면 은하수는 문명을 이룬 행성으로 가득 차 있고 이들 사이의 평균 거리는 100광년으로 짧아진다. 따라서 약간의 인내력만 발휘한다면 외계 문명과 얼마든지 신호를 주고받을 수 있다. 우주에는 약 500억 개의 은하가 있으므로, 우주 전체에 외계인이 거주하는 행성의 수는 100만×500억 개에 달한다. 물론 이들 중 대부분은 너무 멀리 떨어져 있지만, 어떤 문명이 수억 년 동안 유지된다면 그들은 은하 전체에 메시지를 보낼 수 있을 것이다.[■10]

이런 문명이 정말로 존재한다면, 그들은 특이점을 넘어서 (우리가 볼 때) 거의 신과 같은 불멸의 존재일 것이다. 외계인과 친분을 맺거나 월

등한 문명의 도움을 받기 위해 우리의 불완전한 기술을 개선한다는 것은 어불성설이지만, 일단 개선이 되면 별에서 태어난 수많은 후손들 사이에서 우리의 자리를 확고하게 지킬 수는 있을 것이다.

5장

지구는 살아 있다

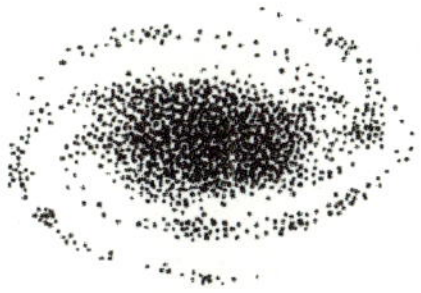

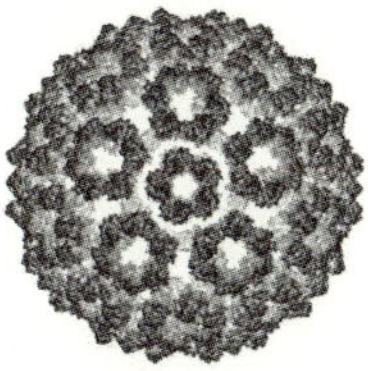

지구가 살아 있다고 주장한 그는 영국의 한적한 시골에서 살던 사람이었다. 데번Devon 주의 한 작은 시골 마을 오솔길가에는 방앗간이 있었고, 그 옆에는 슬레이트 지붕으로 된 작은 오두막집이 있었다. 제임스 러브록James Lovelock은 그의 두 번째 아내와 약간의 신체장애가 있는 어린 아들을 데리고 이곳에서 살았다. 주변에는 12만m^{2}에 달하는 울창한 숲이 집을 에워싸고 있었다. 그것은 지구에서 볼 수 있는 가장 자연스러운 풍경이었다.

러브록이 어렸던 시절, 영국의 시골에는 신성한 기운이 남아 있었다. 그는 런던 남부에서 가난한 노동자의 아들로 태어났다. 그의 아버지는 부족한 식량을 충당하기 위해 밀렵을 하다가 6개월 동안 옥살이를 했고, 어머니는 여권 신장 운동의 선구자인 페미니스트였다. 그래서 러브록은 조부모 밑에서 어린 시절을 보냈다. 학창 시절에는 태만한 학생이었고, 약간의 실독증失讀症 증세를 보였다. 숙제보다는 장난을 좋아했고 쥘 베른Jules Verne과 조지 웰즈의 소설을 탐독하느라 며칠 동안 사라진 적도 있었다. 그러나 아버지와 함께 런던의 숯검정을 벗어나 한적한 시골길을 걸으면서 새로운 세계에 눈을 뜨게 되었다. 바로 그때 그는 가이아Gaia의 얼굴을 처음 보았다고 한다.

러브록은 환경 운동을 처음으로 시작했던 사람 중 하나이다. 그는 1957년에 부엌 테이블에서 집안일을 하다가 대기에 포함된 화학 물질과 오염 물질을 측정하는 도구를 발명했다. 그로부터 5년 후, 레이첼 카슨이 《침묵의 봄》이라는 책을 출간하여 살충제 사용에 경종을 울렸고, 그때부터 러브록의 발명품은 카슨의 주장을 입증하는 중요한 도구로 부각되기 시작했다. 일본에서 가동되는 공장이 유럽의 대기에 영향을 미칠 수 있다는 것도 이때 알려진 사실이다.

러브록은 중년이 되어서 가이아라는 아이디어를 처음으로 떠올렸다. 당시 그는 지루한 직장에 다니는 40대 중반의 평범한 가장이었다. 네 명의 아이들 중 하나는 선천적인 장애를 가지고 있었고 같이 사는 어머니는 성질이 매우 까다로웠다. 그는 술과 담배에 파묻혀 살면서 조금도 행복하지 않았다. 그래서 캘리포니아의 제트 추진 연구소(Jet Propulsion Laboratory, JPL)로부터 "행성 탐사 프로젝트에 참여해 달라"는 편지를 받았을 때 망설임 없이 짐을 꾸렸다.

당시 제트 추진 연구소의 과학자들은 화성 탐사선 바이킹Viking에 탑재할 관측 장비를 설계하고 있었다. 그들의 계획은 화성의 토양을 채취하여 그 속에서 박테리아를 찾는 것이었다. 그러나 러브록의 생각은 달랐다. 왜 어렵게 땅을 파는가? 화성의 대기에서 생명체를 찾으면 되지 않는가? 만일 대기 속에 생명체가 존재한다면, 그들은 지구 생명체와 마찬가지로 생명 활동에 필요한 모든 자원을 대기에서 얻을 것이고, 배설물도 대기 속으로 내보낼 것이다. 그러므로 대기 속에서 생명 활동에 의해 야기된 불균형이 발견된다면 화성에 생명체가 존재한다는 뜻이다. 이것은 화성의 땅을 파서 분석하는 것보다 훨씬 쉽다. 바로 이때부터 러브록은 지구라는 행성을 다른 시각으로 바라보게 되었다. 지구를 멀리서 바라보면 생명체가 표면을 덮고 있고, 그 생명체들은 대기와 균형을 이루고 있다. 이로부터 러브록은 대기에 관하여 이전까지 그 누구도 던지지 않았던 질문을 떠올리게 된다.

아기가 태어나면 가장 먼저 하는 행동이 호흡이다. 그 후로 우리는 평생 동안 단 한 순간도 호흡을 멈추지 않으면서 대기의 존재를 당연하게 생각한다. 태양이 뜨고 지는 것이 당연하듯이, 대기가 변하지 않는 것도 당연한 사실이다. 대기는 태양 빛을 걸러주는 완벽한 스테인드글라스 창문이자, 가연성 기체가 마구 섞여 있는 복잡한 화합물이기도 하다. 그런데 대기의 구성 성분은 왜 변하지 않는 것일까? 1965년에 러브록은 과감한 가설을 내세웠다. 대기의 성분비가 일정하게 유지되는 것은 무언가가 그것을 관리하고 있기 때문이다. 그 무언가란 바로 '생명'이었다.

신비로운 세계

탐사 로봇이 살포된다면

어떤 외계 문명이 지구를 포함한 은하수의 일부 지역을 관측하기 위해, 지능형 탐사 로봇을 다량으로 살포했다고 가정해 보자. 이들 중 태양계로 진입한 수천 개의 탐사 로봇들은 각자 눈에 띄는 행성에 착륙하여 그곳의 환경을 분석하고, 결과를 본부로 전송한다. 지구에는 100개의 탐사 로봇이 전 지역에 걸쳐 골고루 착륙했다고 하자. 자, 과연 그들은 무엇을 발견할 것인가?

100개 중 70개 정도는 바다에 떨어질 것이다. 지구 표면의 70%가 바다이기 때문이다. 이들은 바닷물에서 수십억 개의 세포와 2만 종이 넘는 박테리아, 그리고 사람의 염색체 속에 있는 양보다 훨씬 많은 DNA를 발견할 것이다. 그리고 나머지 30개 중 9개는 초원에 착륙해서 수백 종의 동식물을 접할 것이고, 7개는 사막에 착륙하여 몇 종의 동물과 수십 종의 식물, 그리고 수백 종의 박테리아를 발견할 것이다. 탐사 로봇 중 6개는 열대 우림 지역에 떨어져서 생명의 다양성을 한눈에 목격하게 된다. 지구에 존재하는 생명체 종의 50%가 이런 곳에 살고 있기 때문이다. 그리고 4개는 툰드라 지대에 착륙하여 몇 종의 동물과 다양한 식물, 이끼, 박테리아 등을 발견할 것이다. 3개 정도는 얼음과 빙하로 뒤덮인 극지방에 떨어질 텐데, 그곳에서도 생명의 흔적을 발견할 것이다. 남극의 박테리아는 영하 20°C의 얼음 속에서도 살아 있다.

탐사 로봇들이 인간을 발견하건 말건 간에, 이 정도면 지구 탐사는 완전 성공이다. 셰익스피어가 살아 있던 무렵, 전 세계에서 인구 100만 명이 넘는 도시는 런던뿐이었다. 지금은 4억 명 이상이 도시에 살고 있고 전 세계 도시의 평균 인구 밀도도 1km²(제곱킬로미터) 당 40명이 넘지만, 도시의 면적을 모두 합해 봐야 지구 표면적의 5%가 채 되지 않는다. 따라서 지구로 떨어진 100개의 탐사 로봇들 중 인간과 조우하는 로봇은 잘해야 1개이다. 물론 그래도 상관없다. 나머지 99개의 로봇들이 충분히 많은 생명체 데이터를 수집할 것이기 때문이다.■[1]

지구의 초기 역사를 되짚어 보면 생명의 인내력과 지속력이 얼마나 대단한 것인지 새삼 깨닫게 된다. 그동안 화산 활동과 지각 변동으로 인해, 지구 생성 후 7억 년까지의 흔적은 대부분 사라졌다(이 시기를 하데스대Hadean period라 한다). 바위는 뜨거운 열과 강한 압력을 받으면서 내부 구조가 완전히 바뀌었고 초기 미생물의 흔적도 거의 남아 있지 않다. 당신이 사는 동네에서 아무 돌멩이나 집어 들어 시기를 추적해 보면 대부분이 1~2억 년 전에 형성된 것들이다. 지질학자들은 고대 생명체의 흔적을 찾기 위해 이보다 더 오래된 바위가 있는 특별한 지역을 탐사하고 있다.

현재 학계에서 수용되고 있는 가장 오래된 바위는 캐나다 노스웨스트 테리토리(Northwest Territories, 캐나다 북서부의 연방 직할시 : 옮긴이)의 아카스타 강Acasta River근처에서 발견되었는데, 형성 시기는 약 40억 년 전으로 추정된다. 최근 들어 43억 년 된 바위가 캐나다 북부 지방에서 발견되었고, 생명체의 흔적이 남아 있는 최고령 바위가 호주 서부에서 발견되기도 했다. 이 바위에는 33억 5000만 년 전에 살았던 몇 종의 미생물과 35억 년 전에 살았던 미생물 집단 스트로마톨라이트stromatolite가 화석의 형태로 남아 있다.

이보다 오래된 생명체는 증거가 태부족하여 추정하기가 쉽지 않다. 최근 연구에 의하면 초기의 지구는 짙은 안개가 드리워진 춥고 어두운 곳이었다고 한다. 하데스대의 지구는 불과 유황으로 가득 차 있어서, 기독교에서 말하는 지옥과 비슷했다. 지구의 생성 초기에 다량의 소행성과 운석이 지구로 떨어진 시기가 있었는데, 현재 지구에 존재하는 대부분의 물이 이때 '배달'되었다는 것이 학계의 중론이다. 이 난리가 끝난 것이 약 38억 년 전이므로, 최초의 생명체는 그 후에 탄생했을 것이다.

현재 지구의 나이는 약 45억 5000만 년이다. 초기의 지구는 매우 활동적이었다. 탄생 후 3000만 년(지구 나이의 5%에 해당하는 기간) 이내에 먼지가 뭉쳐서 작은 돌과 산만 한 바위가 만들어졌고, 큰 덩어리들이 중력 때문에 녹으면서 맨틀에는 화학 성분이 다른 여러 개의 층이 형성되었다. 또 이 무렵에 화성만 한 천체가 지구와 충돌한 후 튕겨 나가면서 달이 만들어졌다(이것은 정설이 아니라 일부 학자들이 주장하는 가설이다 : 옮긴이).

과학자들은 호주 대륙의 서부 지역을 뒤지다가 지구에서 가장 오래된 물질을 발견했다. 이것은 바위가 아니라 지르콘zircon이라는 결정 덩어리였는데, 대부분이 42억 년 전에 형성되었고 개중에는 44억 년이나 된 것도 있었다. 결정체에 포함된 광물질을 분석한 결과, 당시의 지구는 단단한 지각으로 에워싸인 '물의 세계'였으며, 바위들이 어떤 순환 과정을 겪었음을 알게 되었다.[2] 당시의 태양은 지금보다 30% 정도 어두웠기 때문에, 지구는 전체적으로 차가웠고 어떤 지역은 아예 얼음으로 덮여 있었다. 모든 정황을 고려해 볼 때, 최초의 생명체는 약 1000만 년의 생성 과정을 거쳐 탄생했을 것으로 추정된다. 이것은 우리가 물증을 확보하고 있는 가장 오래된 생명체보다 10억 년이나 앞선 것이다.

그 후로 지구의 운명은 결코 순탄하지 않았다. 향후 5억 년 동안 지구에는 수많은 운석들이 충돌했다. 스탠퍼드 대학의 지구 물리학자 놈 슬립Norm Sleep의 계산에 의하면, 직경이 150km에 달하는 초대형 운석이 적어도 10번 이상 지구를 강타했으며, 이중에는 직경이 300km가 넘는 것도 서너 개쯤 있었다고 한다. 이 정도 충돌이면 에너지가 너무 커서 바다가 순식간에 끓어올랐을 것이다. 충돌이 일어난 후 대기는 수증기와 먼지로 가득 찼고, 바닷물의 수위는 수천 년이 지나서야 원래의 상태로 되돌아갈 수 있었다. 충돌의 결과에 대해서는 지질학자마다 의견이 다르지만, 가장 큰 운석이 떨어졌을 때는 깊은 바다 속이나 지각 속에 살던 생명체들도 깡그리 멸종했다는 것이 중론이다.

지구가 자신의 역사 중 95%를 생명체와 함께했다면, 지구의 환경이 생명 활동에 적합한 것은 당연한 결과이다. 그렇다면 한 가지 질문이 자연스럽게 떠오른다. 최초의 생명체는 과연 어떻게 태어났을까?

생명은 어떻게 탄생했는가

가장 단순한 세포도 그 기능을 살펴보면 혀를 내두를 정도로 복잡하다. 생물학을 모르는 사람은 창조론과 지적 설계설 사이에서 많은 당혹감을 느낄 것이다. 지구의 생물권은 무無에서 창조된 것이 아니라, 간단한 형태의 무생물에서 시작되었다. "생명은 어떻게 시작되었는가?"라는 질문을 계속 떠올리다 보면 결국 "생명이란 무엇인가?"로 귀결된다. 그리고 그 속에는 "생명은 왜 중요한가?"라는 더욱 심오한 질문이 숨어 있다.

사람들은 거의 2,000년 동안 무생물에서 자발적으로 생명이 만들어졌다고 믿어 왔다. 아리스토텔레스는 썩은 고기에 구더기가 생기고 건초 더미에 쥐가 모이고 나무에 새가 모여들고 땀이 나는 곳에 이가 생기고 썩은 나무에 악어가 모여드는 것이 당연한 현상이라고 생각했다. 그러나 이와 같이 안일한 사고방식은 17세기 중반에 일련의 실험을 거치면서 의심의 대상이 되었고, 19세기에 루이 파스퇴르의 새로운 이론에 밀려 완전히 폐기되었다. 파스퇴르의 발생 이론에 의하면 모든 생명체는 다른 생명체를 기반으로 자라난다. 19세기 중반에 파스퇴르는 미시 생명체의 번식과 진화 과정을 설명했고, 찰스 다윈은 몸집이 큰 생명체의 번식과 진화 과정을 설명했다. 그러나 무생물에서 생물이 탄생한 과정은 여전히 미스터리로 남아 있었다.[3]

생명의 기원을 규명하는 일은 실험 과학이 아닌 역사 과학의 범주에 속한다. 지구의 초기 10억 년 동안은 생명체를 추적할 만한 직접적인 증거가 거의 없다. 그러나 광물질이 근육으로 변하고 진흙이 위장 도구로, 박테리아가 새들의 노래로, 분자가 DNA 사슬로 변한 놀라운 과정을 설명하는 이론을 만들 수는 있다. 더욱 놀라운 것은 이 이론이 검증 가능하다는 것이다.

다윈은 그의 대표적 저서인 《종의 기원The Origin of Species》에서 이 문제를 피해 갔지만, 1871년에 친구에게 보낸 편지에 다음과 같이 적어 놓았다.

"지구의 생명은 암모니아와 인산염, 빛, 열, 전기 등이 골고루 갖춰진 따뜻한 작은 연못에서 시작되었을지도 모른다. 이런 곳에서 매우 복잡한 화학 과정을 거쳐 단백질 혼합물이 생성되었을 것이다." 1920년에 러시아의 생화학자 알렉산더 오파린Alexander Oparin과 영국의 진화 생물학자 존 할데인John Haldane은 '원시 수프primordial soup'라는 아이디어를 최초로 제안했다. 원시 시대의 바다에 적당한 양의 햇빛을 비추면, 산소 없이도 간단한 유기 분자가 더 복잡한 분자로 변할 수 있다는 것이다. 그 뒤 1952년에 미국의 화학자 헤럴드 우레이Harold Urey와 그의 제자 스탠리 밀러Stanley Miller는 오파린과 할데인의 가설을 확인하기 위해 밀봉된 플라스크에 화학 물질을 넣고 초기 지구의 에너지 환경을 그대로 재현해 놓았다. 이것이 바로 그 유명한 '병 속의 생명life in a bottle'이라는 고전적 실험이다. 결국 이들은 생명체를 생성하는 데 실패했지만, 생명을 이루는 다양한 기본 요소들이 플라스크 안에서 발견되었다. 그 뒤 화산 활동 등 몇 가지 요소를 추가하여 동일한 실험을 실행한 결과, 22종의 아미노산이 검출되었다.

생명은 언제 시작되었을까? 지구의 표면에 서식하는 최초의 생명체는 42억~45억 년 전에 출현한 것으로 추정되며, 이들을 멸종시킬 수 있는 사건은 운석 충돌뿐이었다. 큰 운석이 지구로 떨어지는 '초대형 사고'는 지금까지 여러 번 발생했을 것이다. 과학자들은 그린란드Greenlasd의 퇴적암 층 바위에 함유된 탄소 동위 원소의 양을 측정하여 "대충돌 직후인 38억 5000만 년 전에 모종의 생명체가 신진대사를 했다"는 결론을 내렸다. 그러나 증거가 불충분했기 때문에 논쟁의 여지는 아직 남아 있다. 박테리아 군락의 화석은 그로부터 3억 년이 지난 후에야 나타나기 시작한다. 깊은 바다 속 화산구 근처에서 살던 생명체들은 운석이 충돌했을 때에도 살아남았겠지만, 심해의 화산구는 장기간 유지되는 안정된 환경이 아니기 때문에 생명이 널리 퍼질 수 없다는 것이 문제이다.[4]

원시 수프에서 간단한 생명체로의 변환은 빠르게 진행되었을 것이므로 시간은 큰 문제가 되지 않는다. 스탠리 밀러는 멕시코의 생물학자 안토니오 라즈카노Antonio Lazcano와의 공동 연구를 통해 "자기 복제가 가능하면서 다윈의 진화론을 따르는 생명체는 100만 년 이내에 탄생했으며, 단순한 시아노박테리아는 1000년에 한 번꼴로 유전자를 복제하면서 진화해 왔다"고 주장했다.[5] 이들의 주장이 맞다면 원시 수프가 간단한 벌레로 진화하는 데 1000만 년이 채 걸리지 않은 셈이다.

최초 생명의 탄생 과정에 대해서는 아직 정설이라는 것이 없다. 염색체 연구소Institute for Genomics Research의 크레이그 벤터Craig Venter가 이끄는 연구팀은 하향식 접근법을 채택하여 원핵생물의 유전자를 조금씩 제거해 가면서 '생명체라 부를 수 있는 가장 단순한 조직'을 찾고 있다.[6] 그리고 하버드 대학의 잭 쇼스택Jack Szostak은 상향식 접근법의 일환으로, 단순한 구조를 조합하여 원시 세포protocell를 만들어 내는 연구를 수행하고 있다.

무생물에서 생물로 변하는 과정에서 가장 넘기 어려운 난관은 단순한 생체 기본 요소들이 결합하여 폴리머(polymer, 중합체)가 되는 과정이다. 게다가 이 폴리머들이 또 다시 결합하여 서로 상호 작용을 교환하는 원시 세포가 되어야 한다. 생명 활동에서 교환되는 화학 물질은 대부분 어떤 용액에 녹은 상태로 이동하여 생물학적 기능을 수행하게 되는데, 이 분야를 연구하는 과학자들은 주로 물을 사용한다. 그러나 물은 폴리머까지 분해하기 때문에 연구에 어려움이 많다. 또 한 가지 문제는 세포가 기능을 제대로 발휘하려면 단백질과 핵산의 협동 작용이 필요하다는 점이다. 둘 중 하나만 없어도 세포는 제 기능을 발휘하지 못한다. 그렇다면 "둘 중 어느 쪽이 먼저 출현했는가?"라는 질문에도 답을 제시해야 한다.

많은 생물학자들은 정보를 운반하는 분자RNA가 DNA의 전신이었을 것으로 추측하고 있다. 그래서 'RNA 세계RNA world'라는 가설(최초의 세포가 탄생하기 전에 짧은 RNA 가닥이나 더 원시적인 유사체가 자기 복제를 촉진했다는 가설)을 세우고 이를 확인하는 실험을 진행 중이다. 세포의 성장은 진흙 또는 황철광이 함유된 표면이나 자발적으로 형성된 지방성 미소구체microsphere의 내부에서 일어난다.

다윈의 자연 선택은 자기 촉매 구조self catalyzing structure에도 적용된다. 따라서 이들은 별로 유용하지 않은 분자와의 경쟁에서 이길 가능성이 크다. 가장 효율적이고 강한 기계가 살아남는 격투기장에 레고LEGO 블록처럼 부품을 추가할 수 있는 기계가 투입되었다면, 경쟁에서 당연히 유리할 것이다.

'RNA 세계'가 그저 그런 가설인지, 아니면 생명의 기원을 말해 주는 설득력 있는 이론인지는 시간이 더 흘러야 알 수 있을 것이다. 물론 이 분야에는 다른 가설도 있다. 귄터 베히터스호이저Günter Wächtershäuser는 생명체의 물질대사가 유전적 특징보다 먼저 시작되었다는 '철-유황 세계iron-sulfur world 가설'을 제안했다. 이 이론의 핵심 아이디어는 생명체의 복잡한 생화학적 구조가 (바다가 아닌) 뜨거운 심해 화구에서 생성되었다는 것이다. 결국 지구의 생명체는 끓는 물과 철-유황, 일산화탄소 거품과 황화수소, 그리고 아미노산과 단백질로부터 생성되었다고 할 수 있다.

최근 들어 한 연구팀이 "최초의 세포는 생명체가 아니라 심해의 어두운 바닥에서 철-유황으로 만들어진 무생물이었다"고 주장하여 베히터스호이저의 가설에 힘을 실어 주었다. 심해의 분화구 근처에 나 있는 미세한 공동空洞이 화학 작용을 일으키는 용기의 역할을 했다는 것이다. 아마도 이곳에 열수熱水가 계속 흐르면서 필요한 성분들이 누적되었을 것이다. 카네기 학회Carnegie Institution의 지질학자인 로버트 헤이즌Robert Hazen과 UC 산타크루즈Santa Cruz의 화학자 데이빗 디머David Deamer는 피루브산pyruvate 용액이 물과 섞이면 심해의 열수 분출구hydrothermal vent와 유사한 환경이 만들어지면서 소낭小囊처럼 생긴 유사 세포가 자연적으로 형성된다는 사실을 알아냈다. 피루브산은 생화학, 특히 물질대사에서 중요한 역할을 한다. 지금까지 알려진 사실을 종합해 볼 때, 아마도 모든 생명체의 '최후의 공통 조상'은 바다 속 화산 분출구 근처에서 탄생한 것 같다.

극한 미생물, 생명의 끈질긴 힘

따뜻한 여름날, 시원한 풀장에 뛰어들었다고 상상해 보라. 그리고 그 물의 온도가 끓는 점 바로 아래이거나 어는 점 바로 위라고 상상해 보라. 그 다음에는 그 풀장이 식초나 암모니아, 또는 액체 세제나 소금물, 또는 배터리에 쓰는 산성 용액으로 가득 차 있다고 상상해 보라. 첫 번째 경우가 아니라면 당신은 몇 초 이내에, 또는 몇 분 안에 죽을 것이다. 그러나 미생물은 위와 같은 환경을 견뎌 낼 뿐만 아니라 그곳에서 왕성하게 번식까지 한다. 우리는 이 작은 창조물을 '극한 미생물extremophile'이라고 부른다. 이들은 지구에서 생명이 살 수 있는 곳과 살 수 없는 곳에 관한 기존의 가설을 완전히 뒤엎어 버렸다.

크리스 맥케이는 다정하고 사교적인 사람이지만, 혹독한 환경에서 사는 생명체를 찾기 위해 가능한 한 사람들과 멀리 떨어진 곳을 탐험하는 행성 생물학자이기도 하다. 그가 좋아하는 은신처는 시베리아와 칠레의 아타카마 사막, 그리고 남극 대륙 고지에 있는 계곡 등이다. 이 터프한 과학자는 춥고 메마른 땅만 골라서 돌아다니고 있다. 그의 목적이 '화성과 비슷한 환경에서 살아가는 생명체'를 찾는 것이기 때문이다. 그는 화성에서 생명체를 찾는 최선의 방법을 알아내기 위해, 지구의 극한 환경에서 살아가는 생명체를 연구하고 있다.

맥케이가 이끄는 연구팀은 매년 비행기를 타고 칠레 북부의 연안 도시 안토파가스타Antofagasta로 날아가서 다시 자동차로 몇 시간을 달려 이중 비 그늘(rain shadow, 산바람이 불어 내려오는 쪽에 있어서 비가 적은 지역 : 옮긴이) 고원을 찾아간다. 이곳은 해안을 따라 솟아 있는 연안 산맥이 서쪽에 자리 잡고 있고, 동쪽으로는 안데스의 화산 봉우리가 솟아 있다. 여기서 사람이 전혀 살지 않는 융가이Yungay 마을을 지나면 불모의 땅이 모습을 드러낸다. 여기에는 들쭉날쭉하게 생긴 바위들과 소금을 잔뜩 머금은 평원이 넓게 펼쳐져 있다. 역사가 기록된 이래 비가 거의 한 번도 오지 않았으니, 강수량이라고 할 것도 없다. 이곳은 그냥 '비가 오지 않는 불모의 땅' 그 자체다. 그러나 가까이 다가가서 유심히 관찰해 보면 그런 곳에도 생명이 살고 있다. 지의류나 이끼는 물론이고, 심지어는 조그만 벌레들도 눈에 뜨인다. 맥케이는 이곳에서도 가장 척박한 지역을 찾아내고는 이렇게 말했다. "이곳은 아타카마 사막에서 가장 건조한 곳이다. 만일 바이킹호가 화성 대신 이곳에 착륙하여 화성에서 했던 것과 동일한 실험을 실행했다 해도, 우리는 전혀 눈치 채지 못했을 것이다."■7

그런가 하면 다이애나 노섭Diana Northup이 이끄는 연구팀은 좁고 어두운 곳에서 생명체를 찾고 있다. 이들은 독성 가스로 덮인 축축한 곳을 탐사할 때 제일 행복하다고 한다. 미생물학자인 노섭은 여성임에도 불구하고 지하 300m 동굴 속의 칠흑 같은 어둠 속에서 기어이 생명체를 찾아냈다. 지하 동굴은 심해 바닥과 마찬가지로 완전히 고립된 세계가 아니다. 이곳에는 물과 일부 유기물이 조금씩 흘러 들어오고 있다. 그녀가 발견한 미생물의 대부분은 진화 나무의 뿌리에 해당하는 고세균류古細菌類, archaea로서, 지구 최초의 생명체로 추정되고 있다.

노섭의 연구팀은 멕시코에서 이상한 장소를 찾아냈다. 황화수소를 비롯한 유독성 기체로 가득 찬 곳에서 생명체가 살고 있었던 것이다. 여기서 잠시 노섭의 말을 들어 보자. "우리가 발견한 생명체 중에는 정자精子처럼 긴 꼬리를 가진 것도 있고, 꼬아 놓은 밧줄처럼 생긴 것도 있었다. 그들이 만들어 놓은 세계는 믿을 수 없을 정도로 멋지고 아름다웠다. 멕시코의 미야루즈 동굴Cueva de Villa Luz에서는 종유석에서 끈적끈적한 박테리아를 발견한 적도 있다." 물론 이러한 탐사에는 항상 위험이 도사리고 있다. "동굴 속 이산화탄소의 양이 위험 수위를 넘어선 경우도 있고, 포름알데히드나 이산화황 등 치명적인 가스가 우리의 생명을 위협하기도 한다. 그리고 어쩌다가 황화수소를 마시면 몇 초 이내에 죽을 수도 있다."■8

극한 미생물은 온도가 비등점보다 높거나 빙점보다 낮은 물속에서도 발견되며, pH 농도가 강한 산성이나 강한 알칼리인 곳에서도 아무런 문제없이 살아간다. 이들은 산꼭대기에도 있고 압력이 대기압의 1,000배가 넘는 심해에도 있다. 또한 이들은 바위 속에서도 살아 있으며, 꽁꽁 얼어붙은 상태에서 수십만 년 동안 견딜 수도 있다. 박테리아 중에는 인간 치사량의 1,000배가 넘는 방사능을 견디는 것도 있다. 극한 미생물은 생존력이 워낙 뛰어나서 메탄이나 황, 철, 카드뮴, 심지어는 비소에서도 에너지를 충당할 수 있다. 오랜 세월 동안 혹독한 환경에 적응해 오면서 이와 같은 능력을 획득한 것이다.

이런 생명체가 존재한다는 것은 지구의 생명계가 매우 광범위하고 굳건하다는 것을 의미한다. 그렇다면 지구의 환경이 지금보다 더 혹독해도 생명체가 살아남을 수 있었을까? 과학자들은 그 해답을 얻기 위해 지구의 구석구석을 덮고 있는 극한 생명체를 찾아다니고 있다. 지구의 극단적인 환경에서 생명이 탄생하고 성공적으로 번식했으므로, 외계 행성에서도 이와 같은 생명체가 얼마든지 존재할 수 있다.

지구의 중심에 도달하라

지구에 서식하는 미생물의 개체 수는 식물과 동물을 합한 것보다 많다. 숫자만 많은 것이 아니다. 종種도 미생물이 훨씬 다양하다. 지금 학계에 알려진 미생물은 극히 일부에 불과하다. 직접 채취하여 실험실에서 배양할 수 있는 미생물이 별로 없기 때문이다. 미생물은 자신이 처한 특이 환경에 집중적으로 적응해 왔기 때문에, 토양이나 물에서 이들을 채취하여 실험실로 가져오면 단 1%만이 살아남는다. 이것은 마치 반투족(Bantu, 아프리카 동부 내륙의 고지에 거주하는 원주민 : 옮긴이)이나 이누이트족(Inuit, 캐나다 북부 및 그린란드와 알래스카 일부 지역에 사는 종족 : 옮긴이)을 맨해튼으로 끌고 와서 "여기서 잘 살아 봐!" 하고 방치해 두는 것이나 다름없다.

그동안 기술이 개선되면서 미생물 세계의 미스터리가 조금씩 벗겨지고 있다. 하워드 휴즈 의학 연구소Howard Hughes Medical Institute의 연구원인 스티븐 퀘이크Stephen Quake는 기존의 자동화된 유전자 실험실을 거의 우표만 한 크기로 줄이는 데 성공했다.[9] 그는 미세 유체 공학 기술을 이용하여 나

노리터(10^{-9}리터)의 액체 안에 미생물을 담그고 하나의 세포 속에 함유된 유기물을 분석했다. 실험을 이와 같은 식으로 진행한다면 기존의 대형 실험실은 필요 없다. 퀘이크는 이 실험을 근 2년 동안 실행하여 사람의 입 속에 있는 700여 종의 미생물을 분석했고, 또 다른 초미세 실험실에서는 모든 박테리아들이 갖고 있는 9,000종의 유전자를 분석하여 1,800여 종의 박테리아가 지구의 대기 속에 날아다니고 있다는 사실을 알아냈다. 지구의 생태계는 땅속뿐만 아니라 위로도 펼쳐져 있었던 것이다.

지구의 생명체는 지각의 표면에 골고루 퍼져 있다. 그 지각이 물속에 잠겨 있어도 생명체는 여전히 존재한다. 그렇다면 지각 아래 더 깊은 곳에도 생명체가 살고 있을까? 지난 수십 년 동안 극한 생명체의 한 종류인 암석균endolith은 바위 속이나 광물 결정의 틈바구니에서 산다고 알려져 있었다. 이들은 생명 활동에 화학 에너지를 사용하기 때문에 햇빛이 없어도 살아갈 수 있다. 지각 속의 생명체들이 거의 알려지지 않은 이유는 땅속을 파 들어가기가 너무 어렵기 때문이다. 러시아 사람들이 콜라Kola 시추공을 24km 파는 데 무려 15년이 걸렸다.

땅을 파 들어간다면 과연 무엇을 발견하게 될까? 그 해답은 디설포루디스 오댁스비에이터(Desulforudis audaxviator, '용감한 여행자'라는 뜻 : 옮긴이)에서 찾을 수 있다. 이 생명체는 남아프리카에 있는 한 금광의 지하 2.73km에서 발견되었으며, 쥘 베른의 소설에 등장하는 대사 "내려가라, 용감한 여행자여. 깊이 내려가서 지구의 중심에 도달하라"에서 이름을 따왔다고 한다. 디설포루디스 오댁스비에이터는 붕괴되는 우라늄에서 에너지를 얻고 있었으며, 칠흑 같은 어둠 속에서 산소도 없이 60°C의 온도를 견뎌내고 있었다. 완전히 고립된 장소에서 발견된 생명체는 이것이 처음이다. 오댁스비에이터는 2,200개의 유전자로 이루어진 단순한 생명체였지만, 영양분이 거의 없는 지하에서 먹고, 움직이고, 바이러스로부터 자신을 보호하는 등 생명 활동에 필요한 모든 조건을 갖추고 있었다. 지구의 표면에서 수많은 생명체들이 생존을 위해 난리치는 동안, 지하에서도 또 하나의 생태계가 아무도 모르게 형성되어 있었던 것이다.

2002년에 지질학자 존 파크스John Parkes는 뉴펀들랜드 해안의 위와 비슷한 깊이(해저면으로부터 지하 약 2.7km)에서 채취한 진흙 샘플에서 단순한 형태의 원핵생물prokaryote을 발견했다. 이들 중 절반은 살아 있었는데, 100년에 한 번 분열할 정도로 세포 분열 속도가 엄청나게 느렸다. 포식자가 거의 없고 식량이 부족한 환경에서 굳이 번식을 서두를 이유가 없었던 것이다. 그래서 파크스는 그 미생물의 나이가 수백만 년은 족히 되었을 것으로 추정했다. 이들은 운석이 충돌했을 때에도 살아남았을 것이므로, '최초의 생명'에 관한 실마리를 제공해 줄 수도 있다.

그밖에 '오션 드릴링 프로그램Ocean Drilling Program'이라는 프로젝트도 진행 중이다. 이것은 세계 곳곳의 해저면을 뚫어서 총 무게가 무려 810억 톤에 달하는 미생물을 분석한다는 야심 찬 프로젝트이다. 박테리아는 지표면에서도 발견되지만, 해저면 지하 생태계의 90%는 초기 생명체의 직계 후손이라 할 수 있는 고세균들이 장악하고 있다. 그들은 이곳에서 다른 생명체들이 오래 전에 조리해 놓은 식물 화석에 들러붙은 채 긴 세월을 굶주리며 살아 왔다. 오만가지 생명체들이 치열한 경쟁을 벌이면서 시끌벅적한 생태계를 꾸려가고 있는 지상 세계와 비교하면 아무것도 없는 것이나 다름없지만, 그래도 생명체가 있는 한 엄연한 생태계이다.

콜로라도 대학의 철학자 캐롤 클리랜드Carol Cleland에게는 땅 파기가 어렵다는 것이 아무런 문제도 되지 않는다. 오히려 그녀는 "생명체가 너무 희한하게 생겨서 우리가 생명체로 인식하지 못할까 봐" 걱정하고 있다. 클리랜드는 2005년에 생명체를 정의하고 확인하는 방법을 주제로 책을 집필했는데, 그 책에서 처음으로 '그림자 생태계shadow biosphere'라는 용어를 사용했다. "우리가 알고 있는 기존의 생명체와 화학적, 분자 구조적으로 완전히 다른 미생물이 존재한다면, 이들은 다른 생명체와 경쟁을 벌이지 않을 것이다. 기존의 생명체들은 이들을 먹어 봐야 소화시킬 수 없을 것이기 때문이다. 따라서 어떤 미생물은 기존의 생명체들이 살지 않는 의외의 장소에서 완전히 다른 생태계를 꾸려가고 있을 것이다."[10]

그림자 생태계는 선뜻 수용하기 어려운 대담한 가설이지만, 클리랜드는 외계 생명체와 비슷한 것이 우리와 공존할 수 있다는 주장을 신중하게 펼치고 있다. 그동안 우리는 '아직 모르는 형태'의 생명체를 찾아온 것이 아니라, '이미 알고 있는 형태'의 생명체를 찾아왔기 때문에, 그런 것만 눈에 뜨였을 수도 있다. 예를 들어 지구에서 사용되는 생물학적 감지 장치는 (앞으로 화성에서 사용되겠지만) 중합 효소重合酵素, polymerase의 연쇄 반응을 이용하도록 고안되었는데, 이는 작은 DNA 조각을 확장하는 전형적인 방법이다. 그러나 정보를 저장하고 전달하는 데 핵산을 사용하지 않는 생명체에 이 장치가 적용된다면, 살아 있는 생명체로 인식되지 않을 것이다. 탄소에 기반을 두지 않거나 무언가 다른 에너지원을 사용하는 생명체들도 전통적인 생명 감지 장치에 포착되지 않는다. 그렇다면 우리는 생명에 대해 무엇을 알고 있는가?

가이아는 존재하는가

탄소 주고받기

대부분의 사람들에게 바위는 그저 바위일 뿐이다. 그러나 광물 박물관에 가면 지구의 환경이 얼마나 다양하고 오색창연한지 한눈에 알 수 있다. 2008년에 발표된 연구 보고서에 의하면 다양한 지구 환경은 생명의 존재 및 진화와 밀접하게 관련되어 있다. 지구 근처의 우주 공간에는 내행성과 지구의 중력으로 인해 뭉쳐진 먼지 덩어리들이 떠돌아다니고 있는데, 이 속에 포함된 원시 광물은 10여 종에 불과하다. 여기서 다른 광물이 더 생기려면 온도와 압력의 변화가 수반되어야 한다. 달이나 소행성과 같이 작은 천체에는 약 60종의 광물이 존재한다. 그리고 금성이나 화성처럼 화산을 소유한 행성의 표면을 덮고 있는 바위들은 500여 종의 광물을 포함하고 있다. 그러나 지구는 여러 차례의 지각 변동으로 극적인 변화를 겪은 결과, 무려 1,400여 종의 광물이 사방에 널려 있는 '광물 전시장'이 되었다.■[11]

태양계 안의 모든 천체들 중에서 생명이 존재하는 곳은 지구뿐이며,

이로부터 발생한 생물학적 과정들은 원래 4,300여 종이었던 광물의 종류를 거의 3배 가까이 늘려 놓았다. 미시 해조류는 대기에 산소를 방출했고, 산화된 바위가 풍화되면서 철광과 구리 등 많은 금속이 생겨났다. 또한 미생물과 식물의 꾸준한 생명 활동은 다양한 점토 광물을 낳았고, 생명체의 조각이나 껍질이 광물화 과정을 겪으면서 방해석calcite이 되었다. 생명체가 없는 행성에는 방해석이 존재하지 않는다. 지난 30억 년 동안 지구의 지질은 생명과 함께 진화해 왔으므로, 바위의 성분을 분석하면 생명체의 흔적을 추적할 수 있다. 그래서 과학자들은 외계 행성이나 위성의 바위들을 원격으로 분석하여 외계 생명체의 흔적을 찾는다는 계획을 세우고 있다.

바위에는 마치 직물의 날실과 씨실처럼 생명의 흔적이 곳곳에 남아 있다. 그러나 지질학과 생물학은 옷 한 벌에 해당하는 거시적 스케일에서 서로 연결되어 있다. 이 관계를 이해하려면 세 가지 원소 – 산소(O), 탄소(C), 질소(N)의 상호 작용을 추적해야 한다. 이들은 각각 우주에서 세 번째, 네 번째, 여섯 번째로 흔한 원소이다(가장 흔한 것은 수소〈H〉, 두 번째는 헬륨〈He〉, 다섯 번째는 네온〈Ne〉이다). 탄소는 복잡성을 낳는 범 우주적 레고LEGO 블록이자, 생명에게 주어진 천혜의 선물이다. 산소는 반응성과 휘발성이 강한 원소로서, 다른 원소에 들러붙어서 바위를 만들고 금속을 녹슬게 하고, 그 외 수많은 물질들을 산화시킨다. 질소는 산소의 무심한 사촌으로, 생명체에 필수적이지만 다량의 에너지를 뇌물로 바치지 않으면 게임에 참여하지 않는다.

탄소는 두 가지 순환에 관여하고 있다. 하나는 수백만 년을 주기로 반복되는 지질학적 순환이고, 다른 하나는 수천 년을 주기로 반복되는 생물학적 순환이다. 이산화탄소가 바닷물에 녹아들면 바닷물이 약한 산성을 띠게 되고, 칼슘과 마그네슘이 결합하여 탄산염이 생성된다(이 과정을 풍화weathering라고 한다). 그 뒤 부식된 탄산염은 해저면에 쌓이고, 다양한 물질이 맨틀에 흡수되면서 하나의 바위판이 다른 판 밑으로 미끄러져 들어간다. 이렇게 맨틀에 갇혀 있는 이산화탄소가 화산 폭발로 인해 대기에 방출되면 한 번의 순환이 마무리되는 것이다. 지각과 바다는 이산화탄소를 보관하는 거대한 저장소이며, 이로 인해 대기 중의 이산화탄소 농도는 오랜 기간 동안 일정한 값을 유지할 수 있다. 마치 어떤 도박사가 이산화탄소로 만든 칩을 잔뜩 갖고 있으면서 매번 조금씩 배팅을 하는 것과 비슷한 상황이다.

생명체의 탄소 농도는 지각의 수백 배에 달한다. 모든 생명체는 주변 환경에서 탄소를 취하고 있다. 식물과 해조류는 햇빛을 에너지 삼아 이산화탄소를 탄수화물로 변형시킨다. 동물은 탄수화물에서 에너지를 얻고, 호흡을 통해 이산화탄소를 대기 속으로 되돌려준다. 개중에는 연소나 붕괴를 통해 대기 속으로 유입되는 이산화탄소도 있다. 생물학적 순환 과정에 관여하는 탄소는 지질학적 순환에 관여하는 탄소보다 1,000배나 많다. 이것은 매번 많은 칩을 거는 도박사와 비슷하다.

생물학적 과정에서 꽤 오랜 시간 동안 보관되는 탄소도 있다. 육지에 서식하는 초목들은 토양이 풍화되면 대기에서 이산화탄소를 흡수한다. 바다 속에서는 플랑크톤이 탄소의 일부를 취하고, 이들이 바다 조개의 먹이가 되면서 해저에 쌓인다.

우리가 겪고 있는 지구 온난화는 처음 두 과정이 너무 빠르게 진행되는 바람에 나타난 현상이다. 나무를 지나치게 많이 자르고 태우는 것은 물론이고, 화석 연료의 지나친 소비가 지금과 같은 결과를 초래했다. 이산화탄소를 흡수하는 속도보다 대기에 반환하는 속도가 훨씬 빨라진 것이다. 지난 100년 동안 인간은 대기 중의 이산화탄소 농도를 20% 이상 높여 놓았는데, 이것은 지난 50만 년 동안 유례를 찾아볼 수 없을 정도로 많은 양이다. 인간의 활동에 의해 대기 중의 이산화탄소가 증가하는 속도는 자연적으로 증가하는 속도보다 1만 배 이상 빠르다. 지구가 이산화탄소의 양을 조절한다고 해도, 이렇게 빠른 증가를 감당할 수는 없다. 이 경우를 도박사에 비유한다면, 저축해 놓은 돈을 몽땅 털어서 도박을 하고 있는데 현재 상당히 많은 돈을 잃고 자제력을 거의 상실한 상태이다.

아, 대지의 어머니

제임스 러브록은 수줍음 많은 독불장군이다. 그는 자신의 아이디어를 상상의 세계에 방치하지 않았으며, 대중문화와 억지로 섞으려 하지도 않았다. 그가 윌트셔의 작은 마을에 살 때, 《파리대왕Lord of the Flies》의 작가인 윌리엄 골딩William Golding이 이웃집에 살고 있었다. 어느 날 골딩은 러브록과 함께 우체국으로 걸어가던 중 그의 새로운 이론에 '가이아'라는 이름을 제안했다고 한다. 기원전 7세기에 활동했던 그리스의 시인 헤시오도스Hesiod는 자신의 시에서 제1의 여신을 가이아라고 칭했다. 그녀는 태초의 혼돈 카오스Chaos에서 태어난 최초의 피조물로서, '대지의 신'이라 불리기도 한다. 고대 그리스 인들은 가이아의 이름 앞에 서약하는 것을 가장 굳은 약속으로 여겼다.

가이아의 속성은 2003년 〈네이처Nature〉에 실린 러브록의 글에 가장 잘 서술되어 있다. "생명체와 물질 환경은 하나의 결합된 계로 진화해 왔으며, 이로부터 기후와 화학 성분을 생존에 적절한 상태로 유지하는 자체-제어 능력이 개발되었다." 러브록은 지난 수십억 년 동안 지구에 도달하는 태양 에너지가 25%나 증가했음에도 불구하고, 대기의 온도가 크게 변하지 않았다는 점에 큰 충격을 받았다. 또한 그는 불안정한 기체인 대기 중 산소가 지각 속의 광물과 빠르게 결합하여 사라져야 함에도 불구하고, 오랜 세월 동안 대기의 성분이 변하지 않았다는 점도 신기하게 여겼다. 강물이 바다에 계속 유입되고 있음에도 불구하고 바다의 염분 농도가 세포 활동에 적절한 값을 유지하는 것도 신기하긴 마찬가지였다. 결국 러브록은 어떤 거시적인 계가 모든 것을 컨트롤하고 있기 때문에 지금과 같이 안정된 상태가 유지된다고 결론지었다.

기후가 복잡하게 나타나는 이유 중 하나는 피드백(feedback, 귀환 과정) 때문이다. 계로 되돌아오는 도중에 감소하거나 완전히 상쇄되는 것을 음의 피드백negative feedback이라 하는데, 이로부터 나타나는 변화는 별로 크지 않다. 반면에 양의 피드백positive feedback은 계로 되돌아오면서 크게 증폭되어 빠른 변화를 초래하고, 경우에 따라서는 제어가 불가능할 수도 있다. 예를 들어 핵의 연쇄 반응이나 오디오 앰프에서 나는 귀청이 찢어질 듯한 소리는 양의 피드백에 해당한다.

물과 공기도 피드백의 원인을 제공하고 있다. 지구의 표면 온도가 증가하면 더 많은 물이 대기 속으로 증발하고, 낮은 고도에서 구름의 양이 많아진다. 그러면 태양 빛이 구름에 더 많이 반사되어 기온이 내려가게 된다. 이와 반대로 지구 표면의 기온이 내려가면 대기에 유입되는 수증기의 양이 줄어들면서 구름이 적어지고, 그 결과 온도는 다시 올라가게 되는데, 이 과정은 음의 피드백에 해당한다. 그러나 상황은 그리 간단하지 않다. 수증기는 열을 간직하고 있으므로 이것이 대기에 유입되면 기온이 올라가고, 그러면 더 많은 수증기가 증발하면서 기온이 더욱 올라가게 된다. 이 과정은 양의 피드백에 해당한다. 그래서 과학자들은 기온의 변화를 예측하는 컴퓨터 프로그램을 만드는 데 많은 어려움을 겪고 있다.

러브록의 가설은 "변화를 최소화하는 음의 피드백 순환 과정에서 지구의 생명체들이 중요한 역할을 하고 있다"는 것이다. 이 가설은 학계에 부분적으로 수용되긴 했지만, 관련 데이터 수집과 적절한 모형이 구현되지 않아서 아직 구체적인 검증은 이뤄지지 않았다. 화산이 다량의 이산화탄소를 내뿜는 등 지구가 지질학적으로 활동적이었던 시기를 상상해 보자. 대기에 퍼진 이산화탄소는 바위에 포함된 광물과 상호 작용을 하면서 사라지는데, 이 과정은 토양에 사는 생명체들에 의해 더욱 빠르게 진행된다. 이산화탄소가 바닷물 속에 녹으면 그중 일부는 생명체의 외피에 저장되었다가 이들이 죽으면 해저면에 함께 매장된다. 또한 이산화탄소는 바다의 상층부에 있는 조류藻類에 의해 소모되는데, 이들이 죽으면 다시 대기에 방출되어 응결핵을 이루고, 그 결과로 구름의 양이 증가한다. 생명체가 화산 폭발로 증가한 이산화탄소를 조절하는 방법은 적어도 4가지가 있다.

러브록이 린 마굴리스Lynn Margulis와 공동 연구를 시작하면서 가이아 이론은 한층 더 힘을 얻게 되었다. 미생물학자인 마굴리스는 원시 전핵세포들이 뭉쳐서 진핵세포(eukaryotic cell, 핵막으로 둘러싸인 핵을 갖는 세포 : 옮긴이)가 되었다는 학계의 주장을 수용했고, 우주에서 바라본 공생계共生系가 바로 가이아라고 생각했다. 생명체는 환경과 공생 관계에 있으며, 환경은 생명체가 살아갈 수 있도록 스스로를 제어한다는 것이다. 가이아는 뉴에이지(New Age, 기존의 문화와 가치를 배척하고 종교, 철학, 과학, 환경 등에서 집적된 발전을 추구하는 신문화 운동 : 옮긴이) 붐을 타고 젊은 과학자들 사이에서 큰 반향을 불러일으켰으나, 러브록이 지구 자체를 거대한 생명체로 간주했기 때문에 생물학자와 생태학자들에게는 별로 환영을 받지 못했다. 지구가 생명체라면, 자연 선택에는 어떤 식으로 관여하고 있는가? 러브록은 이 질문에 마땅한 답을 제시하지 못했고, 결국 그의 이론은 학계에 수용되지 않았다.

그러나 양의 피드백이 강하게 작용하여 온도가 올라가는 등 자연의 자동 온도 조절기가 고장 난 지금, 러브록의 이론을 부정할 수만은 없다. 마굴리스는 "가이아는 강인한 여성"이라며 낙관적인 모습을 보이는 반면, 러브록은 "운이 좋다면 앞으로 20년은 괜찮을 것"이라며 나중에 후회하지 말고 삶을 즐기라는 등 명랑한 비관론자의 자세를 취하고 있다. 그는 친환경적인 삶에 대해서도 그리 긍정적이지 않다. "탄소 줄이기? 농담 마라. 나무 심는 데 돈 기부하기? 더 나빠지지 않으면 다행이다. 재활용? 시간과 에너지만 낭비할 뿐이다. 그린 라이프? 허세 떨지 마라!" 등이다. 러브록은 지구 온난화가 비가역적인 현상이며, 이 추세를 막을 방법은 없다고 단언한다. 그는 앞으로 지구가 더욱 뜨거워지고 해수면은 높아질 것이며, 그로 인해 인류의 삶은 대규모 이주 사태가 벌어지고 기근과 전염병이 나도는 등 악화일로를 치달을 것이라고 경고했다.[■12]

그녀는 강하다

이런저런 이유로 지구의 앞날은 그리 순탄하지 않을 것 같다. 그러나 이 시점에서 다시 한 번 되짚어 볼 것이 있다. 지구의 생명체는 최악의 온난화에서도 꿋꿋하게 살아남았다. 현재의 온난화가 심각하게 대두되는 이유는 그것이 양의 피드백으로부터 초래된 결과이기 때문이다. 얼음이 녹으면 지표면에서 반사되는 햇빛의 양이 줄어들고, 바다에서 증발한 수증기가 많아지면 대기는 더 많은 열을 보관하게 된다. 또한 동토층이 녹으면서 방출된 메탄은 잠재적인 온실가스이며, 사막화가 계속 진행되면 이산화탄소를 소비할 초목이 줄어든다.

그러나 무엇이든 한 번 올라가면 다시 내려오는 법이다. 다음과 같은 광경을 상상해 보라. 한때 바다였던 지역을 두께 1,000m가 넘는 얼음이 수평선 끝까지 덮고 있고, 기온은 영하 32도를 밑돈다. 얼음은 적도 근처까지 뒤덮었다. 대륙에서는 물과 얼음이 모두 증발했고 비는 더 이상 오지 않으며, 풍화 작용은 매우 느리게 진행된다. 평원을 아무리 둘러봐도 눈에 보이는 건 바싹 메마른 갈색 바위들뿐이다. 무슨 외계 행성이냐고? 아니다. 이것은 7억 년 전 지구의 모습이다.

과학자들은 이 시대의 지구를 '눈덩이 지구Snowball Earth'라고 부른다. 무엇 때문에 이 지경이 되었는지 확실치 않지만, 음의 피드백에 의해 지구가 얼어붙었을 가능성은 얼마든지 있다. 이 시대에 대륙은 하나로 뭉쳐 있었으며, 적도에 몰려 있는 대륙은 더 많은 태양 빛을 흡수하여 대기 중 이산화탄소의 상당량을 제거했다. 기온이 내려가고 얼음층이 두꺼워질수록 지표면의 태양열 반사율도 높아졌고, 그럴수록 대기는 더욱 차가워졌다. 한때 지구가 눈덩이였다는 증거는 적도에 남아 있는 빙하 퇴적물과 침전물에서 찾을 수 있다.[■13] 이 무렵에 땅은 매우 건조했고 바다 식물은 광합성을 거의 하지 못했으므로, 생명체들에게는 최악의 시련이었을 것이다.

이 어려운 시기를 어떻게 극복했을까? 물의 순환이 거의 이루어지지 않는다고 해도, 화산의 에너지원은 정상적으로 작동한다. 화산에서 이산화탄소가 분출되면 대기의 온도가 높아지고 얼음에 균열이 생기기 시작한다. 그러면 바다 속 미생물이 생명 활동을 하면서 만들었던 메탄(잠재적 온실가스)이 갈라진 얼음 틈새로 분출되고, 인(P)과 같은 영양 물질이 바다에 유입되어 시아노박테리아가 급증한다. 얼음이 붕괴되면 바다에 태양열이 더 많이 전달되어 온도가 상승하고, 시간이 흐를수록 이 과정은 더욱 빠르게 진행된다. 이 모든 '양의 피드백'으로 인해 1,000년 동안 지구를 덮고 있던 얼음이 서서히 사라지고, 드디어 지구는 표면을 드러내게 된다.

"한때 지구는 마치 얼어붙은 당구공처럼 표면 전체가 얼음으로 덮여 있었다"는 초기의 이론은 최근 들어 더욱 복잡한 이론으로 대치되었다. 지구는 7억 9000만 년 전~6억 3000만 년 전 사이에 여러 번의 빙하기를 겪었는데, 그중 가장 심각했던 세 차례의 빙하기 때는 지구의 대부분이 얼음으로 덮여 있었던 것으로 추정된다. 그리고 대륙이 처음으로 형성된 고원생대paleoproterozoic, 즉 22억~23억 년 전에도 '눈덩이 지구'의 증거가 발견되고 있다. 두 차례의 눈덩이 시대를 겪으면서 지구 생명체들은 커다란 스트레스를 받았지만, 그 뒤 대기 중 산소 농도가 다시 증가하면서 다양한 생명체들이 바다를 점령하게 되었다. 이 얼마나 끈질긴 생명력인가!

제2의 지구를 찾아서

화산 활동과 지각 변동은 지구 활동의 원천이며, 앞서 말한 바와 같이 이로부터 다양한 광물질이 만들어진다. 덩치가 작은 행성이나 위성은 질량이 작아서 (또는 중력이 작아서) 대기를 붙잡아 둘 수 없고 액체 상태의 중심부core도 없기 때문에 지각 변동이 일어나지 않는다. 그래서 천문학자들은 이런 행성을 '생물학적, 지질학적으로 죽은 행성'이라고 말한다. 가이아의 원조인 제임스 러브록은 화성을 탐사하기 위한 바이킹 프로젝트Viking Project가 한창 진행되던 무렵에 "생명체를 찾는 게 목적이라면, 굳이 비싼 우주선을 화성에 보낼 필요가 없다. 화성의 대기가 화학적으로 안정되어 있는지 확인만 하면 된다"고 주장했다. 러브록은 화성에 생물학적, 지질학적 동력이 존재하지 않기 때문에 이미 죽은 행성이라고 결론지었다.

생물권의 지속력을 가늠하는 방법 중 하나는 지구를 먼 거리에서 바라보는 것이다. (조명이나 대형 건축물 등 최근에 등장한 인류 문명의 흔적을 제외하고) 지구가 살아 있는 행성임을 보여 주는 증거는 무엇인가? 흔히 '생체 지표biomarker'라 불리는 이 증거들은 태양계 너머에 있는 행성에 생명체의 존재 여부를 가늠하는 중요한 지표이다.

나는 25살 때 하와이 대학에서 박사 후 과정(postdoc, 포스트닥)을 밟고 있었는데, 당시 나의 조언자 에릭Eric은 천문대 소장이자 화려한 연구 경력을 가진 천문학자였다. 바이킹의 후예답게 멋진 금발 머리를 갖고 있던 그는 틈날 때마다 내게 이런 충고를 했다. "여유가 있을 때 삶을 즐겨라. 대학원생은 아는 게 별로 없고, 졸업하려면 논문도 써야 한다. 나중에 운이 좋아서 교수가 되어도 위원회 일에 파묻힐 것이고, 재정 지원을 받기 위해 수많은 제안서를 써야 한다. 따라서 너는 지금이 즐기기에 가장 좋은 시기이다."

이 점에서 볼 때, 리사 칼테네거Lisa Kaltenegger는 진정으로 삶을 즐기는 천문학자이다. 그녀는 스미소니언 천체 물리학 센터에서 박사 후 과정을 밟으면서 근처에 있는 하버드 대학 천문학과에 출강하고 있다. 또한 그녀는 아스펜, 산타 클라라, 알프스, 베를린, 프라스카티, 벤쿠버, 산티아고 등 전 세계 학회 모임에 활발하게 참여하고 있다. 큰 키와 인상적인 외모에 생기발랄한 중유럽식 영어를 구사하는 칼테네거는 시간이 날 때마다 춤을 추거나 말을 타러 간다. 그러나 그녀의 최고 관심사는 태양계 바깥에서 행성을 찾고, 그곳에 생명체가 사는지 확인하는 것이다.

멀리 있는 행성은 천체 망원경으로 봐도 거의 점에 가깝기 때문에, 행성 표면 및 대기의 특성과 생명체의 존재 여부 등은 스펙트럼에 나타난 제한된 정보로부터 추측하는 수밖에 없다. 이런 식의 접근법을 최초로 시도한 사람은 칼 세이건이었다. 그는 외행성으로 가는 갈릴레오 탐사선이 우주 공간에서 전송해 온 지구의 사진을 분석하여 1993년에 논문을 발표했는데, 그 결과는 매우 충격적이었다. 그는 지구에 생명체가 산다는 명백한 사실을 완전히 무시한 채 오로지 스펙트럼만을 이용하여 지구에 산소와 메탄이 존재하며, 광물이 아닌데도 붉은 색을 흡수하는 색소가 있는 것으로 보아 생명체가 살고 있다는 결론을 내렸다. 그리고 칼테네거는 이 방식을 개선하여 지구의 생체 지표로부터 생명의 진화를 알아내는 방법을 고안해 냈다.

칼테네거가 처음으로 입수한 자료는 39억 년 전에 해당하는 '에퍽 제로Epoch Zero'였다. 이 시기의 행성은 생명체가 생성될 수 있을 만큼 나이를 충분히 먹은 상태이다. 이 시기에 행성의 대기는 격렬하게 움직이는 증기로 가득 차 있으며, 그 속에 질소와 황화수소, 그리고 다량의 이산화탄소가 포함되어 있어서 태양의 광량이 많지 않음에도 불구하고 따뜻한 기온이 유지된다. 이 정도면 생명체가 존재할 가능성은 충분하지만, 우주 공간에서 운석이 수시로 떨어지기 때문에 오래된 과거의 흔적을 찾기는 어렵다. 35억 년 전에 해당하는 '에퍽 원Epoch One'에는 박테리아가 이산화탄소를 소비하면서 대기에 메탄가스를 방출한다. 이 시기에 대기 중 이산화탄소 농도는 현재 지구의 100배 가량 되는데, 이것은 생명체가 갓 태어나던 초기 지구와 비슷하기 때문에 외계 행성의 생명체 존재 여부를 가늠하는 좋은 생체 지표가 될 수 있다.■[14]

24억 년 전에 해당하는 '에퍽 투Epoch Two'에서는 시아노 박테리아가 물과 이산화탄소, 그리고 빛을 산소와 설탕으로 바꾸는 놀라운 기술을 개발한 것으로 보인다. 광합성은 매우 효율적인 에너지 생산법이지만, 초기에 너무 빠르게 진행되면 미생물이 창궐하여 사방을 독성 물질로 오염시킨다. 이때 다행히도 자외선 복사가 빙하와 상호 작용하여 약간의 산소가 공급되었고, 그 덕분에 효소들이 부식성 기체를 차단하는 쪽으로 진화할 수 있었다. 간단히 말해서 '산소 혁명'이 일어난 것이다. 그러나 이 경우에도 만사가 형통하지는 않았다. 산소가 메탄과 결합하여 온실가스가 사라지면 총체적인 혹한이 찾아온다. 과거에 지구가 '눈덩이'로 변했던 것도 바로 이런 과정을 거쳤기 때문이다. '에퍽 쓰리Epoch Three'에는 이 역경을 이겨 내고 우리처럼 산소로 호흡하는 다세포 생명체가 등장한다.

8억 년 전인 '에퍽 포Epoch Four'에 접어들면 대기 중 산소 농도가 현재와 같은 수준으로 상승하고 생명체의 종류가 폭발적으로 증가한 '캄브리아 폭발Cambrian explosion'을 맞이하게 된다. 대기 중 이산화탄소의 농도는 뚝 떨어졌고 습지와 화산이 생겨났으며, 하나로 뭉쳐 있는 거대한 대륙은 얕은 바다로 둘러싸여 있었다. 3억 년 전인 '에퍽 파이브Epoch Five'에는 바다에 살던 생명체들이 육지로 진출했고 대기는 지금과 같은 성분을 갖추게 되었으며, 스펙트럼에 엽록소의 흔적이 나타날 정도로 푸른 초목이 넓게 퍼져 나갔다. 그러나 식물이 없어도 대기 중의 산소가 생체 지표의 역할을 했을 것이다.

칼테네거는 말한다. "인간이 이룬 기술의 역사는 40억 년에 걸친 진화 역사의 극히 일부분에 불과하다. 유감스럽지만, 외계로부터 날아오는 최초의 신호는 TV나 라디오 방송이 아니라 녹조류가 방출한 산소일 가능성이 높다. 지금까지 태양계 밖에서 발견된 400여 개의 행성들 중에서 우리와 같이 부동산을 소유한 문명은 거의 없을 것이다. 지구처럼 살기 좋은 행성은 정말로 찾기 어렵다."

6장

한꺼번에, 모든 것이 끝난다면

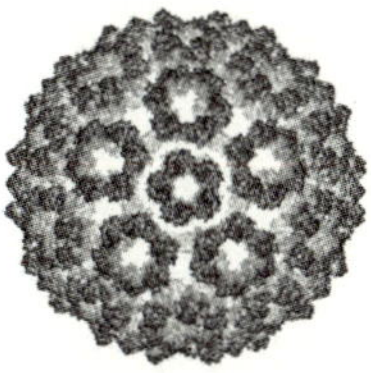

과거의 지구는 낯설고 생소한 곳이었다. 미국 뉴멕시코 주의 포코너(four corners, 유타 주, 애리조나 주, 콜로라도 주, 그리고 뉴멕시코 주의 경계가 만나는 지점 : 옮긴이)는 얕은 바다 주변에 있는 습지였고, 바다는 텍사스를 가로질러 미주리 주의 동부까지 이어져 있었다. 이곳에는 키가 3m나 되는 펭귄과 10m가 넘는 엘라스모사우르스(elasmosaurs, 바다에서 살았던 수룡의 일종 : 옮긴이), 그리고 물고기와 상어 등 다양한 생물들이 살고 있었다. 열대성 초원이었던 육지에는 삼나무와 버드나무, 망고나무, 장미 등이 그 위를 덮고 있었으며, 먹이 사슬의 최정점에는 뇌룡과 티라노사우루스가 있었다. 이 무렵에 역사상 처음으로 하늘을 나는 새들이 등장했고, 포유류는 조그만 설치류가 대부분이었다. 극지방에는 얼음이 없었고, 북미 대륙의 기온은 지금보다 15°C 쯤 높았다.

6500만 년 전의 어느 날, 웬만한 도시와 크기가 맞먹는 거대한 바윗덩어리가 시속 4만 km의 가공할 속도로 지구와 충돌했다. 구름 한 점 없던 깨끗한 하늘에서 날벼락이 떨어진 것이다. 충돌 자체도 대재앙이었지만 그 여파로 일어난 지진과 해일은 거대 파충류의 대부분을 멸종시켰다. 뿐만 아니라 대기에 가득 찬 먼지들이 태양 빛을 가리는 바람에 바다 생명체들도 떼죽음을 당했으며, 미생물의 먹이 사슬도 기초부터 붕괴되고 말았다. 이 재앙에서 득을 본 것은 조그만 원시 포유동물뿐이었다. 그들은 텅 빈 생태계에서 홀로 살아남아 장차 지구의 주인으로 등극하게 된다.

서서히 식어 가는 지구에서 소형 파충류는 극소수만이 살아남았고, 포유류는 대륙 전체에 퍼져 나가면서 전성기를 구가했다. 운석이 충돌하기 전, 지구에는 10개 과(科, family)의 포유류가 서식하고 있었는데 이들 중 5개 과가 충돌 사건으로 멸종했다. 그러나 살아남은 포유류들은 향후 1500만 년 사이에 무려 80개 과로 늘어났다. 새로 등장한 포유류는 과거의 파충류 못지않게 큰 성공을 거두었다. 개중에는 어깨 높이가 6m나 되는 대형 동물과 현대의 코끼리처럼 긴 엄니를 가진 고양잇과 동물도 있었다. 지금으로부터 600만 년 전에는 나무원숭이들이 세 개의 대륙에 걸쳐 번성했다. 인간은 지난 수백만 년 동안 두뇌의 용량이 크게 증가했는데, 이는 어떤 동물에서도 찾아볼 수 없는 혁명적인 변화였다. 호모 사피엔스라 불리는 '털 없는 원숭이'는 자연 선택이라는 자연의 힘으로부터 자신을 보호할 수 있는 유일한 종으로서, 수천 년 사이에 지구를 정복했다.

만일 6500만 년 전에 어떤 별이 태양계에 강한 중력을 행사하여 거대한 운석이 지구를 비켜 지나가게 만들었다면 지구의 역사는 어떻게 달라졌을까? 아마도 공룡 시대는 그 후로 1500만 년 이상 지속되었을 것이다. 포유류는 쥐만 한 크기에서 더 자라지 못하고 공룡의 눈길을 피해 불안하게 살았을 것이며, 원숭이와 유인원, 그리고 인간은 결코 탄생할 수 없었을 것이다.

또 하나의 가정을 해 보자. 괴물 같은 운석이 앞으로 몇 년 이내에 지구와 충돌할 예정이라면 어떻게 될까? 과거와 비교할 때 인류의 과학 기술은 눈부시게 발전했지만, 그런 대재앙을 막기에는 역부족이다. 인간은 가만히 앉아서 끔찍한 최후를 상상하다가 무력하게 죽어 갈 것이다. 대재앙이 지구를 강타한 후 역사의 새 장이 열리면 대부분의 종은 이미 멸종하고 없겠지만, 단 하나의 종은 끝까지 살아남아 지구가 얼마나 많은 것을 잃었는지 실감하게 될 것이다.

호시탐탐 우리를 노리는 소행성

별똥별을 보라

당신이 지구와 달 사이의 중간 지점에 있다고 상상해 보라. 그곳에서 당신의 고향 행성인 지구는 희미하고 푸르스름한 원반처럼 보일 것이다. 컴컴한 우주 공간을 배경으로 떠 있는 지구는 더할 나위 없이 아름답다. 그와 동시에 당신은 완전한 침묵을 경험하게 된다. 태양계는 거의 대부분이 텅 빈 공간으로 이루어져 있다.

그러나 시선을 달로 돌리면 완전히 다른 풍경이 펼쳐진다. 달의 표면은 크고 작은 분화구들로 완전히 덮여 있다. 개중에는 큰 분화구 안에 작은 분화구가 형성된 곳도 있다. 달은 우리에게 거울과 같은 존재이다. 달은 지구와 매우 가깝기 때문에, 태양계와 은하 속에서 달이 거쳐 온 여행 경로는 지구의 경로와 거의 동일하다. 따라서 과거에 달이 운석과 그토록 많이 충돌했다면, 지구도 그와 비슷한 시련을 겪었을 것이다. 달은 크기가 작아서 지질학적 활동이 거의 없고 표면을 풍화시킬 대기도 없기 때문에, 운석과의 충돌 흔적이 완벽하게 보존되어 있다.

그러나 지구는 침식과 풍화, 지각 변동 등 온갖 변화를 겪어 오면서 파란만장했던 과거의 흔적이 거의 사라졌다.

우주 쓰레기의 대부분은 화성과 목성 사이에 있는 소행성 띠asteroid belt에서 온 것이다. 이곳에는 수많은 바위와 돌멩이들이 다른 행성들처럼 공전을 하고 있는데, 수시로 자기들끼리 충돌하거나 중력을 행사하여 궤도를 이탈하곤 한다. 이렇게 벨트를 빠져 나온 소행성이 궤도 안쪽으로 진입하면 지구와 충돌할 가능성이 있다. 흔히 있는 일은 아니지만 혜성이나 혜성의 파편이 지구에 떨어지는 경우도 있다. 소행성은 초속 10~20km의 속도로 지구에 떨어지는 반면, 혜성은 초속 50km(시속 18만km)라는 어마어마한 속도로 떨어지기 때문에 충격이 훨씬 크다.

여기서 잠시 용어를 정리하고 넘어가는 게 좋겠다. 우주를 방랑하는 잡석들 중 직경이 머리카락 굵기보다 작은 것을 '행성 간 먼지interplanetary dust'라 하고, 머리카락보다는 굵으면서 버스보다 작은 것을 '유성체meteoroid'라 한다. 그리고 버스보다 큰 것들은 '소행성asteroid'이다(혜성은 이들 중 어디에도 속하지 않는다). 유성체 중에서 지구의 대기로 진입하여 긴 꼬리를 그리며 떨어지는 것을 유성meteor, 또는 별똥별shooting star이라 하고, 유성체가 일단 지구에 떨어지면 그때부터 이름이 '운석meteorite'으로 바뀐다. 대부분의 경우, 유성은 여러 개가 한꺼번에 떨어진다. 평균치보다 밝게 빛나는 유성이 천문학자의 눈에 뜨이면 '파이어볼fireball'이라 하고, 지질학자의 눈에 뜨이면 '볼라이드bolide'가 된다. 가장 원시적인 유성체는 미소 행성체에서 떨어져 나온 것들이다. 작고 동그란 돌멩이를 포함하고 있는 유성은 '크론드라이트(chrondrite, 구형 운석)'라고 한다(크론드라이트에는 네 가지 종류가 있는데, 지금 당장은 몰라도 상관없다). 동그란 돌멩이가 없는 운석은 '아크론드라이트achrondrite'이고, 철을 다량 함유하고 있는 운석은 '팰러사이트pallasite'라 한다. 용어가 헷갈린다고 걱정할 필요는 없다. 천문학자들도 헷갈리긴 마찬가지다.

행성 간 먼지는 무언가 비밀스럽고 추상적인 것 같지만, 분명히 존재하는 실체이다. 지구에는 매일 수백 톤의 행성 간 먼지가 쏟아져 내리고 있다. 다행히도 대부분이 아주 작은 알갱이여서 직접적인 피해는 없다. 빈 물통과 자석, 그리고 현미경만 있으면 누구나 그 실체를 확인할 수 있다. 미소 운석은 일반 가정의 지붕 위에 (그리고 우리 머리 위에) 수시로 쏟아져 내린다. 비 오는 날, 지붕에서 떨어진 (또는 홈통을 타고 흐르는) 빗물을 물통으로 받아서 나뭇가지나 잎사귀 등 불순물을 제거한 나머지를 플라스틱 판 위에 붓고 그 위로 강력한 네오디뮴(Nd) 자석을 갖다 대면 자성을 띤 물체들이 달라붙는다. 이것을 채취해서 현미경으로 관찰해 보면 미세한 구형 알갱이들이 눈에 뜨일 것이다. 이들이 바로 대기를 뚫고 지구 표면까지 날아온 미소 운석이다.

운석 충돌! 아마겟돈의 가능성

우리의 머리와 어깨 위로 떨어지는 미세한 '우주 비듬'은 별다른 해를 끼치지 않지만, 큰 덩어리는 사정이 다르다. 태양계의 행성들이 형성되던 무렵, 행성 주변의 미소 운석들이 서로 뭉쳐 자라나면서 지구를 크게 위협했다. 그 뒤 수억 년 사이에 우주를 떠돌던 물질들은 태어난 지 얼마 안 된 행성들과 수시로 충돌을 일으켰다. 지구는 엄청나게 큰 천체와 충돌하여 거의 파괴되었고, 이 충돌의 잔해로 달이 생겨났다. 그 후로 태양계는 비로소 안정을 찾게 된다. 한동안 제법 큰 운석들에게 수시로 폭격을 당했지만, 한 고비를 넘긴 후로는 충돌 횟수가 거의

1,000분의 1 수준으로 떨어졌다. 그러나 운석의 충돌은 시간과 관계없이 무작위로 일어난다.■[1]

바다 속에는 집채만 한 고래보다 작은 물고기가 훨씬 많다. 이것은 우주에서도 마찬가지다. 공간을 표류하는 바위들은 충돌을 겪으면서 서서히 손상되고, 한 번의 충돌이 일어날 때마다 수많은 알갱이들이 생성된다. 따라서 우주 공간에는 큰 바위보다 작은 돌멩이들이 훨씬 많다. 해변에 큰 돌멩이보다 작은 자갈이나 모래알이 더 많은 것과 같은 이치이다. 따라서 지구에는 큰 운석보다 작은 운석이 훨씬 많이, 그리고 빈번하게 떨어진다.

우선 별 위험이 없는 작은 것부터 살펴보자. 직경 1m짜리 바위는 지구 대기층 꼭대기에 거의 한 시간마다 하나씩 진입하고 있는데, 대기 하층부에 도달할 때쯤이면 대부분이 증발하여 흔적도 없이 사라진다. 맑은 날 밤에 한동안 하늘을 바라보고 있으면 이들의 흔적인 별똥별을 쉽게 발견할 수 있다. 직경 5m 내외의 바위는 거의 한 달에 한 개씩 떨어지는데, 이들이 대기 상층부에서 폭발하면 나가사키에 떨어진 핵폭탄과 비슷한 위력을 발휘한다. 일반인들은 이 사건을 직접 볼 수 없지만, 미국 공군은 비밀리에 진행되는 핵무기 실험을 감시하기 위해 저궤도 위성을 띄워 놓고 예의 주시하고 있다. 비밀 해제된 정부 문서에 의하면 대기 중 폭발 사건은 1975~1992년 사이에 136번이나 관측되었다고 한다. 만일 이것이 자연 현상임을 알지 못했다면 미군은 러시아의 소행이라 생각했을 것이고, 그 결과는 떠올리기조차 끔찍하다.

1908년 6월 30일, 시베리아 변방의 퉁구스카Tunguska에서 초대형 자연재해가 발생했다. 대기를 뚫고 들어온 운석이 지상 8km 지점에서 폭발한 것이다. 이로 인해 가까이 있는 나무들은 순식간에 재가 되었으며,

$2,600km^2$ 안에 있는 8000만 그루의 나무들은 폭발 지점을 중심으로 일제히 방사선 방향으로 드러누웠다. 폭발의 규모가 어찌나 컸는지, 런던에 있는 지진계에도 감지되었다고 한다. 퉁구스카 폭발은 TNT 900만 톤에 해당하는 위력으로, 지금까지 지구에서 터진 가장 큰 핵폭탄('캐슬 브라보Castle Bravo'로 알려진 실험용 수소 폭탄)보다 훨씬 강력했다. 당시 폭발한 운석은 직경이 약 30m로서, 100년에 한 번꼴로 지구에 떨어진다. 우리는 시간과 장소를 모두 피해 갔으니, 이중으로 운이 좋았던 셈이다. 만일 이 괴물이 다른 곳에 떨어졌다면 많은 사람이 죽거나 다쳤을 것이고, 냉전이 한창이던 1950년대에 떨어졌다면…… 결과는 독자들의 추측에 맡긴다.

애리조나 주 북부에 있는 배린저 분화구Barringer crater는 무려 5만 년 전에 생성되었음에도 불구하고, 건조한 사막 기후 덕분에 거의 원형 그대로 보존되어 있다. 당시 떨어진 운석은 주로 니켈과 철로 이루어져 있었으며, 초속 13km(시속 48,000km)의 속도로 지면과 충돌하여 직경 1.2km에 깊이 180m에 달하는 초대형 웅덩이를 만들었다. 이 정도 규모의 운석은 평균 1,000년에 한 번씩 떨어지면서 인류의 역사에 흔적을 남겨 놓았다. 배린저 분화구는 내가 사는 곳에서 자동차로 다섯 시간 거리에 있는데, 나는 분화구의 중앙에 서서 당시의 상황을 상상하며 그 막대한 위력에 감탄을 하곤 한다.

여러 분야의 학자들이 모여서 결성한 '홀로세 충돌 연구팀Holocene Impact Working Group'은 4,500~5,000년 전에 운석(또는 혜성)이 충돌했던 마다가스카르의 동쪽 바다 속에서 충돌의 잔해를 수집하고 있다. 이곳의 해저면에는 V자 모양의 퇴적물이 사방에 깔려 있는데, 모두가 직경 30km짜리 해저 분화구를 향하고 있다. 이때 일어난 충돌은 직경 200m에 달하는 쓰나미를 일으켰을 것으로 추정된다. 오래된 나무의 나이테를 분석해 보면 그때부터 기온이 급강하했음을 알 수 있는데, 이것은 충돌의 여파로 발생한 먼지가 대기를 덮어서 태양 빛을 가렸기 때문일지도 모른다. 그러나 아직은 증거가 부족하고 운석 충돌이 아닌 다른 설명도 얼마든지 가능하기 때문에 논쟁의 소지는 남아 있다.

일각에서는 지금으로부터 12,900년 전에 북미 대륙에 운석이 한 개 이상 떨어져서 매머드와 검치호랑이, 그리고 도구를 사용했던 초기 인류 문명인 '클로비스Clovis'가 모두 사라졌다고 주장하는 학자도 있다. 이들은 '텍타이트tektite'라 불리는 충격 받은 돌과 탄소가 풍부한 토양에 깔려 있는 이리듐 층, 그리고 초고온과 초고압에서만 생성될 수 있는 작은 다이아몬드 등을 증거로 제시하고 있다. 그러나 운석이 떨어진 흔적(분화구)이 없고, 이 충돌로 마지막 빙하기가 끝났다는 주장도 시기적으로 맞지 않는다. 지구의 기후는 그보다 몇백 년 전부터 서서히 변했기 때문이다. 그래서 운석 충돌을 주장하는 학자들은 결정적인 증거를 찾기 위해 지금도 노력하고 있다.[2]

좀 더 큰 돌멩이들은 생긴 것부터 이상하고 속도가 엄청나게 빠르다. 직경 200m짜리 바위는 10만 년에 한 번꼴로 지구에 떨어지고 그 위력은 TNT 60억 톤에 달하는데, 이는 전 세계에 있는 핵폭탄을 모두 합한 것보다 강력하다. 이런 운석이 떨어지면 직경 8km짜리 분화구가 생성되며, 리히터 규모 7.1에 달하는 지진이 발생한다. 충돌 지점에서 160km 떨어진 곳에서도 충격파와 파편으로 피해를 입을 정도이다. 이런 괴물이 도시에 떨어진다면 수백만 명이 죽게 될 것이다. 그러나 직경 200m짜리 운석은 그다지 큰 축에 끼지 못한다. 운석의 직경이 1km가 넘으면 지구 전역에 영향을 미치게 된다.

불바다와 폭풍

지금까지 언급한 우주 돌멩이들은 아무런 예고 없이 떨어진다. 그래서 "공룡을 멸종시킨 수 킬로미터짜리 운석은 평균 1억 년에 한 번씩 지구에 떨어진다"고 말하면서도 불안감을 떨칠 수 없는 것이다. 이런 운석이 지금으로부터 6500만 년 전에 떨어졌으니, 평균을 믿는다면 앞으로 3500만 년 후에 또 떨어질 것이므로 당장은 안심해도 될 것 같다. 과연 그럴까? 운석이 달력을 봐 가면서 정확하게 1억 년마다 한 번씩 떨어져 줄까? 그럴 리는 없다. 거대 운석이 당신의 다가오는 생일날 떨어질 확률은 3500만 년 후에 떨어질 확률과 거의 비슷하다.■[3]

운석의 충돌 시기를 예견할 수 있는 경우도 있다. 혜성이 지나가면서 온갖 찌꺼기를 뿌려 놓은 지점에 지구가 진입하면 유성 소나기가 쏟아진다. 천문학자들은 이런 현상이 일어날 때마다 유성들이 가장 밀집된 지역의 배경에 있는 별자리를 따서 이름을 짓곤 한다. 10월 21일에 절정을 이루는 오라이어니드Orionids는 핼리 혜성이 뿌린 잔해이고, 8월 12일에 나타나는 페르세이드Perseids는 1862 III 혜성의 잔해이며, 12월 14일경에 관측되는 제미니드Geminids는 3200 페이튼 혜성의 잔해이다.■[4]

유성 소나기의 패턴은 해마다 달라지는데, 이는 혜성이 뿌려 놓은 잔해가 불규칙하게 분포되어 있다는 증거이다. 혜성에서 떨어져 나온 찌꺼기 중에는 덩치가 매우 큰 것도 있어서, 이들이 지구에 떨어지면 대재앙을 피할 길이 없다. 레오니드Leonids가 나타나면 시간당 10여 차례의 불꽃이 관측된다. 그러나 1833년에 보스턴에서는 눈보라와 비슷한 수준의 불꽃들이 나타났고, 1966년에는 시간당 15만 개의 불꽃이 근 20분 동안 하늘을 뒤덮었다. 당시 사람들은 하늘이 너무 밝아서 해가 뜨는 줄 알았다고 한다.

타우리드Taurids는 인류의 문화와 의식에 커다란 영향을 미쳤다. 이것은 엔케 혜성Comet Encke의 잔해로서, 미국에서는 '할로윈 불덩어리Halloween Fireball'로 더 유명하다. 엔케 혜성은 공전 주기가 40개월밖에 안 되는 특이한 혜성으로, 원래는 매우 큰 천체였으나 2만 년쯤 전에 처음으로 태양계 내부에 진입한 후 여러 조각으로 분해되었다. 지구는 3,000년에 한 번씩 이 잔해의 중심을 지나게 되는데, 그때마다 타우리드는 최고의 장관을 연출할 것이다.

일반적으로 천문 현상과 역사적 사건을 연관 짓는 것은 매우 어려운 일이다. 그러나 타우리드는 역사적 사건에 여러 번 관여하여 뚜렷한 흔적을 남겼다. 그중 가장 최근에 있었던 사건이 바로 퉁구스카 폭발이며, 예수가 살아 있던 시대와 스톤헨지가 처음 세워지던 무렵에도 타우리드가 어떤 역할을 한 것으로 추정된다. 일부 학자들은 비옥한 초승달 지대(Fertile Crescent, 팔레스타인에서 페르시아 만에 이르는 지역 : 옮긴이)에 혜성이 떨어져서 청동기 시대가 끝났으며, 이라크에 있는 커다란 운석 분화구가 그 증거라고 주장하고 있다. 이 사건은 길가메쉬의 전설에도 다음과 같은 형태로 등장한다. "빛과 불꽃이 타올라 온 땅이 불바다가 되었으며, 낮이 밤처럼 어두워지면서 거대한 폭풍이 그곳을 덮쳤다."

유성 소나기가 지구의 종말과 어떤 관계에 있는지는 아무도 알 수 없지만, 반복되는 유성 소나기가 인류의 문화에 영향을 끼친 것만은 분명한 사실이다. 그러나 어느 날 유성 소나기가 유난히 밝은 빛을 보인다면, 그것은 길조가 아니라 재앙의 불꽃이 될 것이다.

지옥의 문이 열리다

우주에서 펼쳐지는 오페라

토머스 제퍼슨(Thomas Jefferson, 1743~1826)은 운석과 관련된 어떤 재판에서 "저 돌이 하늘에서 떨어졌다고 믿는 것보다 두 명의 양키 교수가 거짓말을 했다고 생각하는 편이 훨씬 타당하다"는 평결을 내렸다. 그 후 제퍼슨은 공정을 기하기 위해 과학자들에게 자문을 구했고, 모든 증거를 분석한 끝에 "하늘에서 떨어진 게 맞다"는 결론을 내렸다. 훗날 그는 과학의 위력을 강조할 때마다 이 사례를 들었다고 한다. 지구의 표면은 지각 활동과 풍화 작용에 의해 계속 변하기 때문에 충돌의 흔적이 거의 남아 있지 않다. 그래서 1950년대까지만 해도 과학자들은 애리조나 주의 배린저 분화구와 달에서 관측되는 수많은 분화구들을 화산 활동의 결과로 추정하고 있었다.

그 뒤 100여 개의 분화구가 세계 각지에서 발견되었고, 여러 증거들을 분석한 결과 우주에서 온 물질과 충돌한 흔적이라는 학설이 설득력을 얻게 되었다. 지금은 이 분야의 과학이 크게 발달하여 충돌의 빈도수를 추정하는 단계까지 이르렀다. 1996년 11월 7일에 발사된 화성 전역 조사선(마스 글로벌 서베이어, Mars Global Surveyor)은 1999년 5월부터 2006년 3월까지 화성에 새로 떨어진 물체를 20개나 발견했으며, 이로부터 현재의 충돌률을 매우 정확하게 계산할 수 있었다.

세간에 알려진 충돌 사건(앤 호지스Ann Hodges는 그녀의 거실 소파에 누워 있다가 지붕을 뚫고 떨어진 운석에 넓적다리를 다쳤고, 미셸 내프Michelle Knapp는 셰비 자동차를 몰고 가다가 연료 탱크에 운석이 떨어졌으며, 이집트의 한 개는 밖에 나갔다가 화성에서 날아온 돌멩이를 물어 왔다고 한다) 이외에, 우주 돌멩이가 지구를 아슬아슬하게 스쳐간 사례도 많이 있다. 1972년 8월에 로키 산맥의 북부에 사는 사람들은 대낮에 하늘에서 밝게 빛나는 불덩어리를 목격했다. 이것은 집채만 한 크기의 운석이었는데, 마치 물수제비를 타는 돌멩이처럼 대기 상층부에 여러 번 튕긴 후 우주 공간으로 사라졌다. 1996년 5월에는 천체 망원경에 직경 500m짜리 소행성이 발견되었는데, 이것은 그로부터 며칠 후에 지구로부터 45만km 떨어진 곳을 지나갔다(이 거리는 지구와 달 사이의 거리의 두 배 정도이다). 그리고 2004년 3월에는 이보다 작은 직경 30m짜리 소행성이 4만km의 거리를 두고 지구를 스쳐 지나갔다.

이 정도는 아무것도 아니다. 독자들을 겁주려는 것은 아니지만, 대재앙의 이미지는 한 번 떠오르면 쉽게 지워지지 않는다. 토머스 핀천의 유명한 소설《중력의 무지개》를 예로 들어 보자. 2차 세계 대전 중 런던에 사는 한 미국인이 있었다. 당시에는 독일이 개발한 V-2 로켓포가 런던에 수시로 떨어져서 막대한 피해를 입히고 있었다. 그 미국인은 길거리를 걸어가다가 초음속으로 날아온 V-2 로켓포에 직접 얻어맞는 끔찍한 상상을 떠올린다. 하늘에서 떨어지는 소행성도 그럴 가능성은 얼마든지 있다.

이런 황당한 일을 당하지 않으려면 어떻게 해야 할까? 일단 넓게 트인 장소는 피하는 것이 좋다. 집이나 사무실을 고층 건물의 낮은 층에 구하는 것도 좋은 방법이다. 하늘에서 떨어지는 돌멩이는 고층 건물의 꼭대기에 떨어질 확률이 높기 때문이다(돈이 많더라도 펜트하우스는 가급적 피하는 것이 좋다!). 비행기를 타고 도망가는 것은 별로 좋은 생각이 아니다. 높이 올라가면 당신을 보호해 줄 대기층이 그만큼 얇아지기 때문이다. 우주 찌꺼기가 많은 곳에 지구가 진입했을 때에는 자정 이후에 밖으로 나가지 않는 것이 좋다. 집 안의 가구에 침낭을 묶어 놓고 서서 자는 것도 좋은 방법이다. 서 있으면 위에서 내려다 본 단면적이 작아지기 때문에, 누워 있을 때보다 운석에 맞을 확률이 낮아진다. 소파에 누워 있었던 앤 호지스는 운석에 맞을 확률을 스스로 키운 셈이다. 마지막으로, 친구들이 당신의 정신 상태를 걱정하기 전에 이런 생각들을 털어 버려라. 천문학자 앨런 해리스Alan Harris의 계산에 의하면 사람이 일생을 살면서 운석에 맞아 사망할 확률은 70만 분의 1이다. 이것보다 테러를 당해 사망할 확률이 훨씬 높은데도, 테러를 걱정하며 사는 사람은 거의 없지 않은가.

대형 천체 망원경을 동원해도 작은 돌멩이는 거의 보이지 않는다. 그러나 천문학자들은 우주에서 날아오는 위협을 미리 감지하기 위해 지금도 최선을 다하고 있다. NASA는 여러 관측팀을 결성하여 소형 망원경으로 하늘을 뒤지고 있는데, 이들의 목적은 직경 1km가 넘으면서 지구의 궤도와 교차하는 소행성의 90%를 찾아내는 것이다. 그렇다면 나머지 10%는 어찌할 것인가? 당신은 그들이 찾지 못한 10%와 탐색 대상에서 제외된 직경 수백 미터짜리 소행성이 걱정될 것이다. 그러나

NASA의 웹사이트를 보면 그다지 걱정할 일은 아닌 것 같다. 자동 감시 시스템인 센트리Sentry가 2008년에 공개한 자료를 보면 지구와 충돌할 가능성이 가장 높은 소행성은 직경 130m짜리였고, 확률은 3,000분의 1에 불과했다.

지난 1994년에 슈메이커-레비 9 혜성이 목성과 충돌할 때, 우리는 의자에 앉아 팝콘을 먹으며 풀 컬러 영상으로 우주적 장관을 감상했다. 이 혜성은 목성의 중력에 끌리면서 여러 조각으로 분해되었고, 이들은 목성의 대기 상층부와 순차적으로 충돌했다. 우리는 6일 동안 21차례의 충돌을 목격했는데, 가장 컸던 2km짜리 바위가 충돌하자 지구보다 큰 흔적이 생겼고 그 위력은 지구의 핵무기를 모두 합한 것보다 600배나 강력했다. 이 사건을 계기로 혜성이나 소행성이 언제든지 지구와 충돌할 수 있다는 생각을 일반인들도 갖게 되었다.

이 혜성을 처음 발견한 사람은 유진 슈메이커Eugene Shoemaker였다. 그는 1960년에 작성한 박사 학위 논문에서 배린저 분화구가 운석의 충돌 흔적임을 논리적으로 증명했으며, 이를 계기로 '우주 지질학astrogeology'이라는 새로운 분야의 선구자가 되었다. 원래 슈메이커는 우주인이 되어 달 표면을 걷는 것이 꿈이었으나 애디슨병(Addison's disease, 부신 피질의 기능이 저하되어 생리 기능에 장애를 가져오는 질병 : 옮긴이)에 걸려 아폴로 계획에서 제외되는 불운을 겪었다. 그런데 무슨 운명의 장난인지 평생 동안 충돌을 연구해 왔던 그는 1997년에 호주의 앨리스 스프링스Alice Springs에서 자동차 충돌 사고로 세상을 뜨고 말았다. 그의 유해 중 일부는 1998년에 발사된 무인 달 탐사선 루나 프로스펙터Lunar Prospector호에 실려갔고, 이 우주선은 임무를 마친 후 달에 충돌했다. 달 표면을 밟겠다는 꿈을 이루지 못한 그는 결국 죽어서 달에 유해를 뿌린 최초의 인간이 된 것이다.

소돔과 고모라

할리우드는 우주적 재앙을 주제로 한 영화를 꾸준히 만들어 왔지만, 그들 전부가 수작은 아니었다. 1951년에 개봉된 〈세계가 충돌할 때When Worlds Collide〉는 행성과 별이 지구를 위협한다는 내용이고, 1979년에 개봉된 〈지구의 대참사Meteor〉는 지구로 떨어지는 직경 5km짜리 소행성을 미국과 소련이 협력하여 파괴한다는 내용이다. 그리고 1998년에 개봉된 그저 그런 두 영화 〈딥 임팩트Deep Impact〉와 〈아마겟돈Armageddon〉은 운석 충돌과 관련된 스토리를 담고 있다. 〈딥 임팩트〉는 그런대로 장점이 있는 영화였지만, 배우들의 연기와 과학적 현실성에서 두 영화 모두 낙제 점수를 받았다.

실제 과학에 입각한 '빅 원(Big One, 지구에 대재앙을 일으킬 정도로 큰 운석 : 옮긴이)'은 영화 못지않게 공포스럽다. 애리조나 대학의 제이 멜로쉬Jay Melosh와 그의 동료들 덕분에 우리는 그 가능성을 추적할 수 있게 되었다. 그가 고안한 '온라인 재앙 계산기online Catastrophe Calculator'에 소행성의 크기와 성분, 진입 속도, 충돌 지점과 당신이 사는 곳 사이의 거리를 입력하면 재앙의 규모를 알 수 있다.■5 멜로쉬는 짧게 경고한다. "만일 당신이 충돌 지점에 가까이 있다면 매우 나쁜 일이 생길 것이다."

빅 원이 LA에 떨어진다면 어떻게 될까? 제아무리 '천사의 도시'라 해도, 이런 일이 발생하면 현대판 고모라(Gomorrah, 소돔과 함께 멸망했다는 고대의 도시 : 옮긴이)가 따로 없을 것이다. 당신은 LA에서 563km 떨어져 있는 샌프란시스코 남부의 댈리시티Daly City에서 LA 쪽을 바라보고 있다. 직경이 10km에 달하는 거대한 '볼라이드'가 초속 50km의 무지막지한 속도로 하늘을 가로질러 날아간다. 이 괴물이 LA를 강타하는 순간, TNT 4조 5000억 톤에 달하는 막대한 에너지가 사방으로 퍼져 나간다. 충돌 즉시 LA 중심가는 완전한 평지가 되고, 거대한 운석은 순식간에 기화되어 대기로 날아간다. 이와 함께 LA의 면적보다 10배나 크고 태양보다 1,000배 이상 밝은 불덩어리가 주변을 압도한다. 충돌 후 형성된 분화구는 옥스나드Oxnard에서 리버사이드Riverside까지 이르고, 샌버나디노San Bernadino와 샌 페르난도San Fernando 계곡은 1,600m 두께의 마그마로 뒤덮인다.

이것은 시작에 불과하다. 댈리시티에 있는 당신이 충돌 후 이어지는 일련의 재앙에서 살아남으려면 견고하게 지어진 지하 창고에 숨어 있어야 한다. 충돌 후 5초만 지나면 복사열이 도달하여 잔디와 나무를 모두 태우고 사람의 살까지 까맣게 타들게 한다. 그리고 2분 안에 샌프란시스코에 강도 10.4가 넘는 사상 최대의 지진이 도달하여 모든 건물이 붕괴된다. LA와 샌프란시스코는 자동차로 5~6시간 거리에 있지만, 충돌의 여파가 전달되는 데에는 단 몇 분이면 충분하다.

충돌 후 6분이 지나면 직경이 수 센티미터에 이르는 온갖 파편들이 샌프란시스코에 도달한다. 그것도 바람에 실려 산들산들 날아오는 것이 아니라, 살인적인 속도로 돌진해 온다. 이때가 되면 캘리포니아 주의 북부 지역에는 돌멩이와 재가 5m 두께로 쌓일 것이다. 그리고 1시간 반쯤 지나면 초속 수백 킬로미터의 돌풍이 도시를 덮칠 텐데, 이때 들려오는 소리는 로켓 발사대 바로 앞에서 들리는 엔진 소리보다 크다. 이 돌풍에 의해 대부분의 건물과 90%의 나무들이 쓰러지고 다리가 붕괴되며, 자동차와 트럭은 종잇장처럼 날아갈 것이다. 이 이야기가 아직도 재미있게 들리는가?

물론 이것은 매우 드물게 일어나는 충돌 사건이다. 그러나 과거에 공룡을 멸종시켰던 소행성은 이것보다 덩치가 작았다(직경 8km). 영화나 이야기로 들으면 흥미진진하지만, 막상 당해 보면 지옥도 그런 지옥이 없을 것이다.

언제가 될까?

방금 언급한 규모의 충돌 사건은 지구 역사를 통틀어 7~8회쯤 일어났던 것으로 추정된다. 지구를 초토화시킬 살인 소행성(또는 혜성)은 또 다시 올 것이다. 맘에 들진 않겠지만 이것은 엄연한 사실이다. 문제는 "언제 오는가?"이다. 우리가 살아 있는 동안 떨어질 확률은 극히 낮지만, 미리 계획을 세워 둔다고 해서 나쁠 것은 없다.

첫 번째 단계는 두 눈을 부릅뜨고 찾는 것이다. 지금 전 세계에는 소형 천체 망원경들이 네트워크로 연결되어 있어서, 고정된 별들 사이로 움직이는 천체를 항상 감시하고 있다. 10여 장의 관측 사진만 있으면 그 천체의 대략적인 궤적과 충돌 가능성을 판별할 수 있다. 1990년 이후로 지금까지 지구 근처를 지나가는 소행성의 90%가 관측되었는데, 이들 중 약 800개는 직경이 1km가 넘는다. 그러나 가장 큰 소행성이 발견된 후로 이 숫자는 서서히 증가하고 있다. 소행성의 총 개수는 약 5,000개 정도로 추산되지만 작은 소행성이 워낙 많기 때문에 이 숫자 역시 서서히 증가하고 있다. 하늘을 감시하는 일은 조그만 천체 망원경만 있으면 충분하므로 비교적 돈이 적게 드는 편이다.

태양계 내부에서 짧은 주기로 공전하는 혜성을 찾는 것도 중요하다. 오래된 혜성은 얼음이 모두 증발하고 없기 때문에, 태양 근처로 진입해도 빛을 반사하지 않는다. 또한 이들은 거대한 구면상에서 공전하고 있으므로, 타원면 위에서 공전하는 소행성과 달리 하늘의 어디에서나 나타날 수 있다. 그래서 혜성은 소행성보다 찾기가 어렵다.

지난 2008년에 파노라믹 서베이 텔리스코프Panoramic Survey Telescope와 래피드 리스펀스 시스템Rapid Response System이 하와이에 구축되면서, 위협적인 천체를 분류하는 작업이 크게 진전되었다. 총 4개로 이루어진 이 망원경의 해상도는 일반 디지털 카메라보다 200배나 높아서 일주일이면 밤하늘 전체를 뒤질 수 있다. 이 프로젝트의 목적은 지구 근처를 지나가는 직경 1km 이상의 모든 천체의 목록을 완성하고, 직경 300m 이상인 천체도 가능한 한 많이 찾아내는 것이다.

NASA의 LSST Large Synoptic Survey Telescope는 더욱 야심적이다. 직경이 8.4m나 되는 이 망원경은 맨눈으로 볼 수 있는 가장 희미한 별보다 1억 배 희미한 별까지 볼 수 있으며, 일주일이면 하늘 전체를 훑을 수 있다. LSST의 집광 능력은 상상을 초월하지만, 사실 알고 보면 주머니 속에 들어가는 일반 디지털 카메라보다 성능이 조금 뛰어난 것뿐이다. 다만 덩치가 소형 자동차만 하고, 무게가 수 톤이나 나간다는 점이 다르다(해상도 3,200메가픽셀). 여기 사용된 반사 거울은 한때 내가 일했던 천문대에서 이미 사용되고 있는데, 거울의 크기를 미국 대륙에 비유했을 때 가장 큰 굴곡이 1인치가 안 될 정도로 완벽하게 다듬어져 있다. 이제 2014년에 칠레에서 가동되기 시작하면 직경 140m가 넘으면서 지구의 공전 궤도 근처를 지나가는 천체의 90%를 찾을 것으로 기대되고 있다. LSST가 우리의 예상대로 작동해 준다면 '2020년까지 모든 잠재적 위협을 찾아낸다'는 의회의 결의 사항을 충족시킬 수 있을 것이다. 그때가 되면 좀 더 편한 마음으로 잠들 수 있기를 기대해 본다.

위험 요소를 찾았다면, 그 다음으로 해야 할 일은 '계산'이다. 그동안 과학자들은 값싸고 빠른 컴퓨터를 이용하여 소행성의 궤적과 충돌 확률을 계산해 왔다. NASA의 자동 감시 시스템인 센트리는 향후 100년 동안 일어날 가능성이 있는 충돌 확률을 계산할 수 있다. 그러나 많은 소행성들은 궤도가 불안정하기 때문에 정확한 예측이 불가능하다. 지난 2004년에 일단의 과학자들은 직경 300m짜리 소행성 '99942 아포피스Apophis'가 2029년 4월 13일에 지구와 충돌할 확률이 37분의 1이라는 사실을 알고 크게 놀랐다. 그러나 나중에 다시 관측해 보니 2029년에 26,000km의 간격으로 지구를 비껴간다는 결론이 얻어졌다. 이 정도면 통신 위성이 돌고 있는 궤도의 높이와 비슷하기 때문에, 지구에는 아무런 해도 미치지 않는다. 21세기가 끝날 때까지 이 소행성이 지구와 충돌할 확률은 45,000분의 1로 계산되었다.

처음에는 충돌 확률이 높게 계산되었다가, 나중에 관측 자료가 많아지면서 확률이 낮아지는 경우가 종종 있다. 그렇다면 NASA는 거짓말 잘하는 양치기 소년인가? 아니다. 어떤 천체이건 처음 관측된 궤도는 워낙 불확실해서 다양한 가능성을 갖고 있다. 여기에 관측 자료가 추가되면 궤도가 점점 확실해지면서 이전의 가능성이 사라지는 것이다. 소재가 파악된 소행성도 자전 상태와 반사율, 또는 향후 만나게 될 다른 천체 등 우리가 알 수 없는 다양한 요인에 의해 궤적이 달라질 수 있기 때문에, 충돌확률의 정확성에는 한계가 있다.

관측 데이터가 쌓이던 끝에 드디어 지구를 위협하는 천체가 발견되었다면, 이제 자리에서 일어나 무언가를 해야 할 때다. 바로 이 시점부터 할리우드 영화는 옆길로 새기 시작한다. 소행성을 핵폭탄으로 터뜨려서 산산조각 낸다는 아이디어는 일견 그럴듯하게 들리지만, 사실은 전혀 그렇지 않다. 조각난 파편들은 원래 소행성의 궤적을 거의 그대로 따라가기 때문에, 자칫하면 그냥 놔둔 것보다 더 큰 재앙을 초래할 수 있다.

소행성을 물리치기 위해 반드시 카우보이식 해결책을 도입할 필요는 없다. 그것 말고도 방법은 많이 있고, 개중에는 아주 기발한 것도 있다. 2004년에 열린 행성 방위 컨퍼런스Planetary Defense Conference에서 NASA와 항공우주 산업계의 연구원들은 새로운 해결책을 떠올렸다. 당시 한 분회의 좌장이었던 러스티 슈바이카르트Rusty Schweickart는 전직 우주 비행사로서, "위험한 소행성을 다른 곳으로 유인하는 기술을 2015년까지 개발한다"는 목적으로 설립된 B612재단에서 일하고 있다(B612는 생텍쥐페리의 소설 《어린 왕자》에서 어린 왕자가 살던 소행성의 이름이다 : 옮긴이). 이 재단의 웹사이트에는 소행성 충돌의 위험과 해결책이 지나칠 정도로 상세하게 소개되어 있다. 슈바이카르트는 대형 소행성이 초래할 대재앙을 논하면서 다음과 같이 말했다. "이런 재앙을 막을 능력이 있는데도 무언가를 하지 않는다면, 그것이야말로 인류 역사상 가장 큰 범죄이다."

한 가지 아이디어는 우주선을 소행성에 나란히 붙여서 '중력 견인차'로 이용하는 것이다. 이렇게 하면 소행성의 궤도가 서서히 변하여 지구와의 충돌을 모면할 수 있다. 또는 소행성에 반사성이 강한 물질을 뿌려서 태양의 복사 압력으로 소행성을 밀어낼 수도 있다. 이보다 더 편리한 방법은 소행성에 제트 추진 장치를 부착하여 궤도를 이탈시키는 것이다. 이 모든 아이디어는 실현 가능하다. 우리는 이미 우주선을 혜성 가까이 접근시킨 경험이 있기 때문이다. 그러나 현실적으로 구현하려면 앞으로 10년쯤은 기다려야 한다. 모든 정황을 고려할 때, 아직도 맘 편하게 자기는 어려운 것 같다.■[6]

생명의 종말과 그 이후

바닷물이 끓다

앞서 말한 대로 지구의 생태계는 다양하고 강인하며 활기가 넘치는 곳이다. 지구의 생명체는 매우 일찍 출현하여 생존 가능한 모든 곳으로 빠르게 퍼져 나갔다. 지구의 생물학적 역사는 40억 년 전까지 거슬러 올라간다. 물론 지금의 생태계는 언젠가 끝날 것이다. 무엇이 생물들을 멸종하게 만들까?

그동안 지구의 생명체들은 혹독한 시련을 여러 차례 견뎌 왔지만, 그 모든 것이 충돌로 인한 사고는 아니었다. 생명체의 대량 멸종을 야기한 충돌은 단 한 번뿐이었다. 다른 멸종은 아마도 집중적으로 터진 화산 활동 때문이었을 것이다. 지금부터 2억 5000만 년 전인 페름기에 생명체의 95%가 사라진 '대멸종Great Dying' 사건이 있었는데, 학자들은 그 원인이 원시 대륙인 판게아Pangea의 붕괴일 것으로 추정하고 있다. 지질학적 시간 스케일에서 볼 때, 그야말로 눈 깜짝할 사이에 북미 대륙은 수백 미터 두께의 용암으로 뒤덮였고, 바닷물이 증발하면서 다량의 산소가 사라졌다. 이와 같은 대규모 화산 활동이 적어도 두 차례 이상 발생하여 대기가 햇빛을 차단하는 바람에 대부분의 바다는 얼어붙었으며, 지구는 거대한 눈덩이Snowball Earth가 되었다.

그동안 일어났던 지질학적 사건은 지구 상의 모든 생명체를 멸종시킬 정도로 규모가 크지 않았다. 지구의 생태계를 완전히 초토화시킬 수 있는 사건은 소행성의 충돌뿐이다. 스탠퍼드 대학의 지구 물리학자인 노먼 슬립Norman Sleep의 계산에 의하면, 직경 400km짜리 소행성이 바다에 떨어지면 바닷물이 순식간에 증발하고 온도가 1,100℃에 달하는 '액체 바위'가 비처럼 떨어져서 지구는 300m 두께의 바위층으로 덮이게 된다. 이때 증발한 바닷물이 다시 응축되어 바다로 되돌아갈 때까지는 무려 2,000년의 세월이 소요된다. 이것이 아마 가장 그럴듯한 '멸종 시나리오'일 것이다.■7

그 절반인 직경 200km짜리 소행성이 충돌해도 바닷물이 증발하고 액체 바위가 쏟아져 내리지만, 300년이면 회복이 가능하다. 직경이 100km면 바다 속에 깊은 분화구가 생기겠지만 증발하지는 않는다. 따라서 생명체의 생존 여부를 좌우하는 경계선은 '100km'라고 볼 수 있다. 이 정도 규모의 충돌은 41억 년 전과 38억 년 전에 있었던 것으로 추정되지만, 직경 30km가 넘는 소행성이 지구에 충돌한 흔적은 하나도 남아 있지 않다.

앞으로는 어떻게 될 것인가? 멸종의 경계인 직경 100km짜리 소행성은 200억 년에 한 번 정도 떨어진다. 따라서 앞으로 수십억 년 동안은 안심해도 될 것 같다. 물론 이것은 통계에 입각한 예측이므로, 확률은 낮지만 곧 떨어질 수도 있다. 그러나 직경이 100km인 소행성은 눈에 쉽게 뜨이기 때문에, 미리 경고하고 준비할 시간은 충분하다.

노아의 방주

지구의 생명체는 박테리아에서 고래에 이르기까지 매우 다양하다. 종의 다양성을 고려하지 않고서는 생명을 논할 수 없을 정도로, 지구에는 다양한 생물들이 살고 있다. 그런데 만일 지구의 생태계를 미생물만 존재하던 과거로 되돌린다면 어떻게 될까? 캄브리아기에 종이 폭발적으로 증가하기 전까지만 해도, 지구는 미생물의 세상이었다. 동물의 몸은 무수히 많은 세포로 이루어져 있으나, 그 안에는 세포의 10배에 달하는 미생물이 살고 있다. 따라서 미생물은 지구의 진정한 주인이며, 우리의 몸을 특급 호텔로 이용하고 있는 것이다. 생명체들 사이의 상호 의존 관계를 보면 일견 안심이 되기도 한다. 바이러스는 세포 없이 살 수 없고, 박테리아는 다세포 생물인 식물과 동물의 몸에서 진화해 왔다.

2억 5000만 년 전에 있었던 '페름기 대멸종 사건'을 떠올려 보자. 이때 모든 생명체가 죽은 것은 아니다. 미생물들은 아무런 해도 입지 않은 채 유랑을 계속했다. 생체 지표biomarker를 면밀히 분석해 보면, 미생물이 다른 생물의 멸종에 기여했고 그 혜택을 누렸다는 증거가 발견되기도 한다. 그러나 이것은 아직 논쟁의 여지가 있는 이론에 불과하며, 학계에 정설로 수용되려면 더 많은 증거가 필요하다.■8

지구 화학자들의 생각은 조금 다르다. 그들은 시베리아에 현무암 지대가 넓게 펼쳐 있는 것이 화산 활동 때문이라고 주장한다. 대기 중 이산화탄소의 양이 빠르게 증가하면서 지구 온난화가 시작되었으며, 극지방과 적도 지방의 기온 차가 작아지는 바람에 바다에 산소를 공급하던 공기와 바다의 흐름(대류와 해류)이 둔화되었다는 것이다. 그 결과 황화수소로 광합성을 해서 에너지를 얻는 초록 박테리아와 자주 박테리아가 지구를 접수했고, 다른 생명체들은 독가스로 가득 찬 바다에서 죽어 갔다. 그 뒤 이 독가스는 대기 속으로 스며들어 동물과 식물을 죽였으며, 태양광의 자외선을 막아 주는 오존층까지 파괴했다. 박테리아가 지구 전체를 독으로 오염시킨 것이다.

이로써 박테리아는 지구를 완전히 접수하게 된다. 페름기 말에서 초기 트라이아스기 사이에 형성된 바위를 분석해 보면 다양한 산호초 화석들이 박테리아에게 자리를 내주었음을 알 수 있다. 뿐만 아니라 해저면은 미생물로 완전히 뒤덮였다. 그로부터 다세포 생물이 생태계에 다시 출현하기까지는 수백만 년이 걸렸다.

이런 일이 한 번 이상 일어났다는 것은 앞으로 얼마든지 재현될 수 있음을 의미한다. 인간과 같이 큰 동물이 진화의 종착점일 이유는 어디에도 없는 것이다. 다양성과 적응력에서 타 생명체의 추종을 불허하는 미생물들은 환경이 아무리 열악해져도 끝까지 살아남을 것이다. 만일 환경의 변화가 자연 선택이 진행되는 동안 서서히 나타난다면, 인간은 어떻게든 문제를 해결할 수 있을 것이다(최악의 경우에는 지구를 떠나거나 땅속으로 피하면 된다). 그러나 변하는 환경에 경솔하게 대처한다면 생존 자체가 위험에 빠질 수도 있다.

사람들은 이것을 '그린 구 문제green goo problem'라 부른다. SF 소설에는 자기 복제가 가능한 나노봇들이 통제할 수 없을 정도로 불어나서 결국 세계를 접수한다는 내용이 자주 등장하는데, 이것은 '그레이 구gray goo'문제라 한다. 그린 구는 이 시나리오를 조금 수정한 버전으로서, 내용은 다음과 같다. 미래의 어느 날, 과학자들은 유전 공학과 나노봇 기술을 결합하여 완벽한 미생물을 만들어 낸다. 생물과 무생물의 복합체로 태어난 이 인공 미생물들은 기존의 미생물보다 모든 면에서 월등했지만 행동을 예측할 수도, 제어할 수도 없어서 결국은 지구의 생태계를 점령하게 된다.

학자들은 그린 구 문제에 관하여 여러 건의 보고서를 제출했고, 스위스 레Swiss Re라는 회사도 이 문제에 많은 관심을 갖고 있다. 앞으로 생명공학은 우리에게 많은 혜택을 안겨 주겠지만, 오용될 소지가 많은 것도 사실이다.

우주를 떠돌아다니는 박테리아

지구는 우주 공간을 쏜살같이 달리는 거대한 바윗덩어리다. 태양으로부터 날아오는 자외선과 우주선(cosmic ray, 우주에서 날아오는 소립자들 : 옮긴이)이 지구의 생명체를 위협하고 있지만, 대기가 이들을 차단하고 일정한 온도를 유지해 주는 덕분에 안락한 삶을 유지하고 있다. 그렇다면 지구보다 작은 바위를 타고서도 우주를 여행할 수 있을까? 만일 그 생명체가 바이러스라면, 다른 세계를 오염시킬 수도 있을까?

지구 이외의 다른 행성에 생명의 씨앗이 존재한다는 이론을 '포자 가설panspermia'이라 한다. 먼 옛날 지구에 이 씨앗이 떨어져서 생명의 역사가 시작되었을 수도 있다. 혹자는 이 가설을 '엑소제네시스exogenesis'라 부르기도 한다. 19세기에 켈빈경Lord Kelvin은 파스퇴르와 다윈의 업적을 놓고 심각한 고민에 빠졌다. 파스퇴르는 "생명은 반드시 생명으로부터 탄생하며, 혼자 생겨나는 경우는 결코 없다"는 사실을 입증했고, 다윈은 "모든 생명체는 다른 형태로 진화할 수 있다"는 진화론을 주장하면서도 생명의 근원에 대해서는 입을 다물었다. 그래서 켈빈경은 생명체가 우주를 떠도는 바위에 편승하여 행성과 별들 사이를 돌아다닐 수도 있다고 생각했다.

이 아이디어를 더욱 발전시킨 사람은 물리 화학의 창시자이자 온실 효과를 처음 알아낸 스웨덴의 화학자 스반테 아레니우스Svante Arrhenius였다. 그는 미생물이 포자의 형태로 태양의 복사압에 의해 우주 공간을 돌아다닐 수 있다고 주장했다. 그 뒤 1970년대에 프레드 호일Fred Hoyle은 자신의 제자이자 연구 동료인 찬드라 위크라마싱Chandra Wickramasinghe과 함께 "과거에 성간 먼지(별들 사이를 떠도는 우주 먼지)가 지구를 비롯한 여러 행성에 떨어지면서 생명이 탄생했다"고 주장함으로써 잊혀 가던 포자 가설에 새 생명을 불어넣었다. 그러나 대부분의 학자들은 이들의 주장을 수용하지 않았다. 호일은 혜성의 중심부에 바이러스가 살고 있다고 주장했으나, 천문학자들을 설득할 만한 증거는 전혀 없었다. 일각에서는 유행성 감기 바이러스와 중증 급성 호흡기 증후군(Severe Acute Respiratory Syndrome, SARS)도 외계 바이러스에서 기인한 것이라고 주장하지만, 역학疫學을 연구하는 학자들은 회의적인 반응을 보이고 있다.

포자 가설을 받아들인다고 해도, 생명의 기원은 여전히 미지로 남는다. 그것은 탐구 대상을 지구에서 우주로 확장한 것에 불과하다. 그러나 포자 가설은 두 가지 면에서 우리에게 안도감을 준다. 첫째는 생명의 기원을 지구에 한정하지 않고 다양한 가능성을 열어 놓았다는 점이고, 둘째는 생명이 탄생한 시기를 '3억 년 전~소행성 집중 충돌기'에서 '은하수 안의 행성에 최초로 탄소가 생성된 90억 년 전~지구에 최초로 미생물이 탄생한 시기'까지 확장시켰다는 점이다. 극한 미생물의 내구력이 뛰어나다는 것도 포자 가설을 뒷받침하는 근거 중 하나이다.

포자 가설에는 두 가지 버전이 있는데, 그중 하나는 살아 있는 생명체가 태양계 안에서 이동한다는 가설이다. 행성이나 달의 표면에 소행성이 떨어지면 작은 돌멩이들이 튀어서 우주 공간으로 날아간다(트렘폴

린에 작은 돌멩이를 올려놓고 그 위에서 사람이 뛰면 돌멩이가 어떻게 될지 상상해 보라). 이 돌멩이는 인근에 있는 다른 행성까지 날아갈 수 있다. 실제로 화성의 돌멩이가 지구에서 발견된 사례는 수십 건이나 된다. 과학자들의 계산에 의하면 지금도 화성에서 날아온 돌멩이가 평균 한 달에 한 개씩 지구로 떨어지고 있다. 화성은 지구보다 중력이 약하고 대기가 엷기 때문에 '돌멩이 탈출'이 비교적 쉽다. 게다가 화성을 탈출한 돌멩이는 중력 법칙에 의해 태양이 있는 쪽으로 끌리게 되고, 가장 가까운 행성이 지구이므로 '돌멩이의 행성 간 이동'은 얼마든지 가능한 이야기다.

1995년에 일단의 과학자들이 "앨런 힐스 운석Allan Hills meteorite에서 생명의 흔적을 찾았다"고 주장했다. 만일 이것이 사실이라면 우리 모두는 화성인의 후예인 셈이다. 대부분의 학자들은 이때 제시된 증거가 과대평가되었거나 분명하지 않다는 결론을 내렸으나,[■9] 그 가능성은 신중하게 고려해 볼 필요가 있다. 화성은 크기가 작아서 지구보다 빨리 식었기 때문에, 지구보다 먼저 생명체가 탄생했을 가능성이 크다. 30억 년 전에 화성은 두꺼운 대기를 갖고 있었으며, 지구보다 습기가 많고 따뜻했다.

미국 무기 연구소에서는 탄도 발사 실험을 여러 차례 수행한 결과 "박테리아는 중력의 수천 배가 넘는 압력을 받아도 죽지 않는다"는 놀라운 사실을 알아냈다. 이 정도면 운석이 지구에 떨어지는 충격에서도 살아남을 수 있다. 또한 바위의 직경이 수 센티미터만 되면 우주 공간을 배회할 때 박테리아를 유해한 우주선(宇宙線, cosmic ray)이나 자외선으로부터 보호할 수 있다. 한 가지 문제는 대기를 통과할 때 엄청나게 뜨거운 열을 견뎌야 한다는 것이다.

2007년에 유럽 우주국의 한 연구팀은 사람이 타지 않은 포톤 캡슐

Photom capsule의 외부에 조그만 돌멩이 두 개를 붙여 놓고 대기권 밖에서 지구로 낙하시키는 실험을 수행한 적이 있다. 이 캡슐은 초속 8km(시속 28,800km)의 속도로 대기권에 진입하여 1,700℃까지 달궈졌는데, 그 와중에 바위의 표면에 들러붙어 있던 박테리아는 증발해 버렸지만 몇 센티미터 안에 있던 미소 화석과 생명체의 화학적 흔적은 전혀 손상을 입지 않았다. 과학자들은 이와 비슷한 실험을 여러 번 실행한 뒤에, 감자 크기의 돌멩이가 대기로 진입했을 때 중심부의 온도는 낮은 상태로 유지된다는 사실을 알아냈다. 행성학회는 2011년에 러시아의 포보스-그룬트Phobos-Grunt 우주선을 발사할 때 하키의 퍽만 한 크기의 생물학 패키지를 같이 보내기로 결정했다. 여기에는 박테리아와 진핵생물, 그리고 고세균류가 포함될 것이며, 깊은 우주를 돌아다니다가 2014년에 귀환할 예정이다.

포자 가설의 두 번째 버전은 생명체가 하나의 태양계에 국한되지 않고 별과 별 사이를 이동한다는 것이다. 지구에서 가장 가까운 별이라 해도 지구와 화성 간 거리의 수백만 배에 달하기 때문에, 우주 돌멩이가 한 태양계에서 다른 태양계로 이동하려면 훨씬 길고 외로운 여정을 거쳐야 한다. 앞서 언급했던 애리조나 대학의 제이 멜로쉬는 이 경우의 궤적과 가능성을 계산했는데, 지난 40억 년 동안 다른 태양계에서 수십억 개의 돌멩이가 방출되었다고 해도, 우리 태양계로 진입할 확률은 극히 낮은 것으로 나타났다. 이들 중 단지 몇 개만이 다른 태양계로 진입할 수 있고, 그들 중 행성에 도달하는 것은 하나도 없다고 봐도 무방하다.

지구 생태계의 미래가 어떻게 전개되건 간에, 생명체가 자연스럽게 은하로 퍼져 나가는 일은 없을 것 같다. 지구의 생명체들은 유전적 물질을 공유하고 있으므로, 우주적 관점에서 볼 때 이들 모두는 '거대한 하나'인 셈이다. 은하수(우리 은하)에 존재하는 생명체는 그들이 처한 환경에 따라 매우 다양하고 독특한 형태를 취하고 있을 것이다.

7장

태양과 그 형제들

그것은 별 볼 일 없는 작은 돌멩이에 불과했다. 색은 희미하고, 크기도 끽해야 감자만 했다. 그것은 우주를 떠돌던 바위가 메리디아니 플래넘(Meridiani Planum, 화성의 적도 남쪽에 있는 거대한 평원 : 옮긴이)의 소금기 많은 바다에 떨어졌을 때 화성의 약한 중력을 이기고 튀어나온 수천 개의 돌멩이들 중 하나였다. 다른 돌멩이들과 마찬가지로, 이 돌멩이도 얕은 바다의 밑바닥을 덮고 있던 미생물을 잔뜩 포함하고 있었다. 태양계가 형성된 직후부터 수많은 우주 바위들이 우주 공간을 날아다니며 수시로 행성과 충돌했다.

그 뒤로 오랜 세월이 흘렀고, 화성에서 분출된 돌멩이들 중 대부분은 태양계를 벗어나 깊은 우주를 향해 끝없는 여행길에 들어갔다. 그러나 그 문제의 돌멩이는 아주 특별한 존재였다. 앞으로 궤도를 수백만 번 돌다 보면 언젠가는 지구와 충돌할 것이기 때문이다. 결국 그 문제의 돌멩이는 지구로 떨어졌다. 그 무렵에 지구는 대형 충돌을 여러 차례 겪으면서 바닷물이 증발하고 지표면의 바위가 녹아 내렸다. 그리고 이 와중에 하데스대에 태어난 원시 미생물도 모두 사라졌다.

그 돌멩이는 대기를 통과하면서 뜨거운 불길에 휩싸였으나 중심부는 차가운 상태를 유지했다. 지표면과 충돌한 후 얼고 녹기를 반복하면서 몇 년이 지나자 돌멩이의 표면이 갈라지기 시작했고, 속에 들어 있던 물질들은 빗물에 쓸려 얕은 연못으로 흘러들었다. 조용히 기다리던 미생물이 드디어 물을 만나면서 생명 활동을 시작하게 된 것이다. 주변에 널려 있는 화학 물질이 결코 호의적이지 않았지만, 미생물은 수천 세대를 거치면서 새로운 환경에 점차 적응해 갔고 생태계 곳곳에 퍼져 갔다.

그 사이에 미생물들의 고향인 화성과 그들이 새로 정착한 지구는 완전히 다른 길을 가고 있었다. 화성은 대기를 붙잡아 두거나 지각 운동을 일으킬 정도로 중력이 강하지 않았기 때문에 점차 차가운 사막으로 변해 갔다. 그러나 두터운 대기층을 갖고 있는 지구에서는 광합성이 가능했으므로, 얼마 지나지 않아 다양한 생명체들로 가득 차게 되었다.

다시 긴 세월이 흐른 뒤 네 종류의 커다란 생명체가 지구에서 발사되었다. 이번에는 바위나 돌멩이가 아니라, 대기 속 소우주를 담고 있는 금속 깡통을 타고 우주로 날아갔다. 이들은 초조한 마음으로 조그만 창문을 통해 밖을 내다보았고, 드디어 화성이 모습을 드러냈다. 성공적으로 화성에 착륙한 그들은 약한 중력장에서 부드럽게 몸을 움직이며 주어진 임무를 수행했다. 그들은 집에서 매우 먼 곳으로 왔지만, 사실은 고향으로 돌아 온 것이었다.

지구, 인류, 외계인

우주라는 사막의 오아시스

지금까지 우리는 인간이라는 유기체와 인간이라는 종, 그리고 모든 인간을 포함하는 지구 생태계의 종말에 대해 알아보았다. 지금부터는 생소한 우주로 시야를 돌려서, 좀 더 큰 스케일의 종말에 대해 알아보기로 한다.

인류의 역사가 시작된 이래로 수십억 명의 인간이 죽었다. 따라서 한 개인의 죽음을 이해하는 데 필요한 자료는 충분히 축적되어 있는 셈이다. 인간이라는 종의 종말도 마찬가지다. 지구 상에 존재했던 종들은 자연 선택이라는 냉혹한 과정을 거치면서 수없이 멸종했으므로, 그에 관한 자료도 충분히 확보되어 있다. 그러나 생태계와 지구의 종말을 예측할 때에는 참고할 만한 자료가 단 하나밖에 없다. 정확한 예측을 하려면 생명체가 살고 있는 다른 행성의 사례를 분석해야 하는데, 적어도 우리가 아는 한 그런 행성은 지구밖에 없다. 이런 상황에서 "다양한 생명체를 부양하고 있는 역사 깊은 지구에서 가장 지적인 생명체는 인간이다"라는 명제는 두 가지로 해석될 수 있다.

우주 어디를 둘러봐도, 지구 같은 행성은 매우 드물다. 워싱턴 대학의 피터 워드와 돈 브라운리Don Brownlee는 2000년도에 《희귀한 지구Rare Earth》라는 책을 집필하여 뜨거운 논쟁을 불러일으켰다. 이들은 대부분의 과학자들과 마찬가지로 "지구에 극한 생명체들이 존재한다는 것은 태양계 바깥의 행성에 미생물이 존재한다는 증거"라는 점에는 동의하고 있다. 그러나 이들은 '단순한 생명체'와 '복잡한 생명체'를 엄격하게 구분한다. 복잡한 생명체란 몸집이 크고 지능을 가진 생명체를 의미한다. 이 생명체는 반드시 기술을 갖고 있을 필요가 없고 인간이나 영장류일 필요도 없지만, 커다란 몸집과 복잡한 두뇌를 갖고 있어야 한다.

워드와 브라운리는 "복잡한 생명체가 제대로 진화하려면 한 개체의 수명이 길어야 하고, 특별한 조건을 갖춘 안정된 환경 속에서 살아야 한다"고 주장한다. 이 조건이 충족되려면 생명체가 사는 행성은 태양과 비슷한 별을 중심으로 거의 원형 궤도를 돌아야 하고, 그 태양계는 은하수 안에서 비교적 '조용한' 곳에 자리 잡고 있어야 하며, 근처에 목성과 같이 소행성이나 우주 바위의 충돌을 막아 줄 큰 행성이 있어야 한다. 또한 달과 같이 크고 안정된 위성이 있어야 하고, 충분한 물과 지각판이 있어야 한다. 하나의 조건이 충족되기도 어려운데, 이렇게 많은 조건이 '동시에' 충족되기란 거의 불가능에 가깝다. 그러나 복잡한 생명체가 태어나고 진화하려면 이 불가능이 실현되어야 한다. 그래서 지구를 '희귀한 행성'이라고 부르는 것이다.

이 문제는 한동안 학자들의 관심을 끌었으나 지난 10년 사이에 많이 시들해졌다. 그동안 다양한 시뮬레이션을 거친 결과, 태양과 지구 사이 거리의 몇 배 이내에 있는 행성들은 외계로부터 물이 유입되거나 지각 운동이 일어나는 것이 그리 드문 일이 아닌 것으로 판명되었다. 또한 목성과 같은 거대 행성이 근처에 있으면 운석의 충돌을 막아 주기도 하지만, 그와 동시에 충돌을 유발하는 효과도 있다. 그렇다면 위에 열거한 항목들 중 커다란 생명체가 탄생하기 위해 반드시 필요한 조건은 무엇일까? 이 점에 관해서는 알려진 것도 없고, 앞으로 밝혀질 가능성도 거의 없어 보인다. 생명체와 환경은 서로 공생하는 관계에 있으므로, "어떤 환경에서 어떤 생명체가 탄생하는지"를 놓고 벌어지는 모든 논쟁은 다람쥐 쳇바퀴 도는 것과 비슷하다.

지구는 희귀한 행성이 아닐 수도 있다. 천문학은 코페르니쿠스의 '평범 원리principle of mediocrity'에 기초하여 지난 400년 동안 커다란 성공을 거두어 왔다. 이것은 형식을 갖춘 이론이라기보다 경험에 기초한 추론에 가깝다. 우주에 대해 많이 알면 알수록, 우리는 특별한 존재가 아님을 더욱 깊이 깨닫게 된다. 우리의 태양이나 은하수는 어느 모로 보나 특별한 천체가 아니다. 생명의 기본 요소인 탄소와 물은 우주 어디에서나 생성될 수 있으며, 지금도 도처에 널려 있다. 뿐만 아니라 태양계 바깥의 행성은 거의 일주일에 하나꼴로 발견되고 있다. 지금까지 발견된 외계 행성만도 거의 400개에 달하는데, 이런 식으로 가다 보면 언젠가는 지구와 환경이 거의 동일한 행성도 발견될 것이다.■1

행성을 모래알에 비유해 보자. 바닷가 모래사장에서 넓이 1m²에 깊이 1m(1m³〈입방미터〉)의 모래를 취했을 때, 그 안에 들어 있는 모래알의 수는 약 100억 개이다(1cm³당 1만 개의 모래알이 들어 있는 셈이다 : 옮긴이). 목성이나 토성과 같은 가스형 거대 행성과 그 위성들을 제외한다면, 이 숫자는 은하수 안에 존재하는 외계 행성의 수와 비슷하다. 이제 100억 개의 모래알을 일일이 검사한다고 가정해 보자. 만일 지구가 희귀한 모래알이라면, 아무리 뒤져 봐도 지구처럼 생명체에게 적합한 환경을 가진 모래알은 찾기 어려울 것이다. 그러나 지구가 평범한 모래알이라면 그와 비슷한 모래알은 수천 개, 또는 수백만 개가 될 수도 있다.

지구가 희귀하다는 것은 시간까지 고려한 가설이다. 지구에서는 끈끈한 점액에서 문명이 탄생하기까지 거의 40억 년이 걸렸다. 은하의 많은 지역과 무거운 별 주변의 행성에서는 이렇게 긴 세월 동안 끊임없는 진화가 일어날 수 없다. 그렇다면 외계 행성에서 이와 비슷한 세월 동안 진화가 진행되어 왔는지를 어떻게 알 수 있을까?

프린스턴 대학의 천체 물리학자 리처드 고트는 코페르니쿠스의 논리를 단 하나뿐인 사례(지구)에 적용할 수 있다고 생각했다. 단, 여기에는 "지구의 역사를 통틀어 어떤 '특별한' 시간대를 탐구 대상으로 삼지 않는다"는 단서가 붙어야 한다. 이 논리는 너무도 단순하여 틀린 것처럼 보이기 쉽다. 무언가를 관측할 때는 시작이나 끝보다 중간 지점에서 무언가 중요한 것이 발견될 가능성이 높지 않던가? 중간에서 무언가 발견될 확률은 약 50%이며, 시작 후 2.5%~마지막의 2.5% 전에서 무언가가 발견될 확률은 95%에 달한다. 이 확률 분포는 거의 모든 경우에 적용된다.

고트는 이 논리를 세계의 지도자들과 각종 개들, 그리고 브로드웨이 뮤지컬 등 여러 분야에 적용했는데, 여기에서는 인간에게 적용한 사례만 알아보기로 한다. 다들 알다시피 인류의 역사는 약 20만 년이다. 코페르니쿠스의 시간 논리에 따르면 20만 년은 인류의 총 생존 기간의 처음 2.5%도 아니고, 마지막 2.5%에도 속하지 않는다. 따라서 앞으로 인류가 최소 5100만 년에서 최대 780만 년까지 생존할 확률은 95%이다. 다른 종의 동물들도 이와 같은 방법으로 생존 기간을 예측할 수 있다.[2]

코페르니쿠스의 아이디어는 종의 수명뿐만 아니라 종의 출현 시기에도 적용할 수 있다. 우주 어딘가에 복잡한 생명체가 살고 있다고 가정해 보자. 지구가 특별한 행성이 아니라면, 지구에 복잡한 생명체가 탄생할 때까지 걸린 시간이 다른 곳에서보다 특별히 길거나 짧을 이유가 없다. 다들 알다시피, 지구에서는 약 40억 년이 걸렸다. 그러므로 우리는 95%의 신뢰도를 갖고 "외계 행성에서 복잡한 생명체가 탄생할 때까지는 최소 1억 년에서 최대 8000억 년이 걸린다"고 말할 수 있다. 물론 오차의 범위는 엄청나게 크지만, 여기에도 유용한 정보는 있다. 최댓값 근처에 해당되려면 별의 질량이 작아야 하고, 생명이 탄생할 수 있는 주변 지역도 매우 좁다. 이와는 반대로 최솟값 근처에 해당되려면 별의 질량이 매우 크고 수명은 태양보다 훨씬 짧아야 한다(이것은 논쟁을 일으킨 장본인인 워드도 인정한 사실이다).

구슬을 찾아라

당신이 어릴 적에 누군가로부터 구슬을 선물 받은 적이 적어도 한 번은 있을 것이다. 나 역시 너무 오래된 일이라 누가, 언제 주었는지는 기억나지 않지만, 흰색을 배경으로 붉고 푸른 줄무늬가 소용돌이치듯 감겨 있던 그 아름다운 모습만은 결코 잊을 수가 없다. 나는 어디를 가건 구슬을 항상 지니고 다녔다. 그것은 나의 '보물 제1호'였다.

이 구슬이 '복잡한 생명체가 살고 있는' 행성이라고 가정해 보자. 만일 이것이 우리가 유일하게 알고 있는 (또는 목격한) 구슬이라면, 이로부터 다른 구슬(또는 다른 행성)의 특성을 유추했을 때 그 결과를 얼마나 신뢰할 수 있을까? 아마도 당신은 신뢰도가 떨어지거나 아예 믿을 수 없다고 생각할 것이다. 지구의 희귀성을 놓고 논쟁을 벌이는 과학자들도 지구라는 구슬이 '매우 예외적'이거나 '전형적'이라고 각자 주장하고 있다!

지금 우리는 '귀납'이라는 근본적인 문제에 발목이 잡혀 있다. 단 하나의 샘플만 갖고 일반화된 논리를 이끌어 내야 하는 것이다. 이것은 논리적으로 매우 위험한 시도이며, 일반적인 '구슬 이론' 없이는 잘못된 결론에 도달하기 십상이다. 태양계 너머에 있는 모든 행성들을 한데 모아 놓은 검은 구슬 가방이 있다고 치자. 우리는 여기서 단 하나의 구슬만을 꺼낼 수 있다. 손을 집어넣어 만지작거리다가 하나를 꺼냈더니, 흰색을 배경으로 붉고 푸른 줄무늬가 소용돌이치듯 감겨 있는 아름다운 구슬이 나왔다. 그렇다면 가방에 들어 있는 나머지 구슬에 대해 어떤 예측을 할 수 있겠는가? 나머지 구슬 모두가 지금 눈에 보이는 구슬과 같을 수도 있고, 일부만 같을 수도 있고, 같은 것이 거의 없을 수도 있다. 이 상황에서 우리가 할 수 있는 말이란 "원래 가방 안에는 흰 배경에 붉고 푸른 줄무늬가 소용돌이치듯 감겨 있는 아름다운 구슬이 적어도 하나 있었고, 우리는 운이 좋아서 그것을 고를 수 있었다"는 것뿐이다. 그 외에는 어떤 것도 확신을 갖고 단언할 수 없다.

가방 안에 세 종류의 구슬이 들어 있다고 가정해 보자. 이들은 목성형 행성(거대 기체 행성, 생명체는 없음)을 나타내는 크고 검은 구슬과 지구와 비슷하면서 미생물이 살고 있는 희고 작은 구슬(흰색은 미생물의 존재를 의미함), 그리고 지구와 비슷하면서 복잡한 생명체가 살고 있는 '흰 바탕에 줄무늬가 나있는' 구슬이다. 이는 곧 "지구와 비슷한 행성에는 어떤 형태이건 생명체가 살고 있다"고 가정한 것이다. 그러나 이런 행성들이 얼마나 많은지는 알 수 없다. 각 형태의 행성들은 희귀할 수도 있고, 흔할 수도 있다.

이제 가방에서 구슬 하나를 임의로 꺼냈는데, 흰 바탕에 줄무늬가 있는 구슬이 나왔다고 해서 추가로 알 수 있는 정보는 하나도 없다. 그러나 세 번을 골랐는데 모두 같은 구슬이 나왔다면 그런 행성이 흔하다는 추측이 가능하고, 열 번을 골랐는데 모두 같은 구슬이 나온다면 우리의 추측은 더욱 확고해질 것이다. 이와는 반대로 열 개 중 한 개만이 흰 바탕에 줄무늬가 있고 여덟 개는 흰색, 나머지 하나가 검은 구슬이었다면 "지구형 행성은 흔하지만 복잡한 생명체는 희귀하다"고 조심스럽게 결론을 내릴 것이다.

그러나 안타깝게도 외계 행성과 관련하여 지금까지 얻어진 관측 자료는 전혀 딴판이다. 지금의 상황을 비유적으로 표현하면 다음과 같다. 구슬 가방이 손에 닿지 않을 정도로 멀리 있어서, 한쪽 끝에 동그란 고리가 달린 긴 막대를 사용하는 수밖에 없다고 가정해 보자. 당신은 막대를 가방에 집어넣어 어렵게 구슬 하나를 건지는 데 성공했다. 자세히 보니 그것은 크고 검은 구슬이었다. 작은 구슬은 둥근 고리보다 작아서 걸리지 않았던 것이다. 두 번, 세 번 반복을 해도 걸려 나오는 것은 여전히 크고 검은 구슬뿐이다. 가방 안에 작은 구슬이 분명히 있다고 믿고는 있지만, 아무리 애를 써도 꺼낼 수가 없다. 천문학자들은 지금까지 목성이나 천왕성과 비슷한 행성을 여러 개 찾아냈지만, 지구나 화성과 비슷한 행성은 단 하나도 찾지 못했다. 이와 더불어 흰 구슬이 여러 개 존재한다는 모든 추론들은 점차 설득력을 잃어 가고 있다. 그러나 관측 장비와 방법이 꾸준히 개선되고 있으므로, 상황이 앞으로 어떻게 진전될지는 아무도 알 수 없다. 지구와 쌍둥이 같은 행성이 우주 너머에서 우리에게 발견되기를 기다리고 있을지도 모른다.

외계인도 우리처럼 생각할까?

사람들은 '희귀한 지구' 가설을 논할 때 '희귀함'과 '특별함'의 개념을 하나로 합치곤 하는데, 지금 여기서는 이들을 분리해서 생각하기로 한다. 지구와 비슷한 행성은 희귀할 수도 있고, 흔할 수도 있다. 앞으로 관측이 계속 이루어지면 그 여부는 언젠가 밝혀질 것이다.

복잡한 생명체는 반드시 지구와 비슷한 행성에서만 진화할 수 있는가? 이것은 완전히 다른 질문이다. 복잡한 생명체와 그 진화 방식에 대한 우리들의 생각이 지나치게 지구 중심적이라면, 인간이 지구에서 번성하게 된 과정을 설명하는 모든 이론들은 결과론의 범주를 벗어나지 못할 것이다. 그러나 우리는 아직도 지구와 비슷한 행성을 찾고 있다. 이런 행성에 생명체가 살 수 있는지를 확인하려면 앞으로 몇 년은 더 있어야 하고, 그곳에 생명체가 실제로 살고 있는지 확인하려면 아무리 빨라도 10~20년은 기다려야 한다.

데이비드 그린스푼David Greenspoon은 간간이 록 기타리스트로 활동하고 있는 행성학자이다. 그는 실천 정신이 남다른 사람으로, 우주 탐사선에서 정보를 얻는 일을 마지못해 하고는 있지만 미지 세계로의 여행을 항상 꿈꾸고 있다. 또한 그는 의외의 결과가 얻어질 때마다 그것을 해석하는 방식도 매우 특이한데, 예를 들면 다음과 같은 식이다. "우리 집 고양이 우키는 어릴 때 도둑고양이로 살면서 끔찍한 굶주림에 시달리다가, 일련의 우연한 사건을 겪은 후 결국은 사랑받는 집고양이가 됐어. 발생확률이 아무리 작은 사건이라 해도 언젠가는 일어나기 마련이지만, 이 세상에 우리 우키보다 더 '우키다운' 고양이는 없을 거야. 물론 이 세상에 고양이가 우키밖에 없다고 주장하는 건 아냐(희귀한 고양이 가설). 그 어떤 고양이도 우키와 똑같을 수 없다는 거지."[3]

우리가 갖고 있는 '특별함'의 개념은 쓸모없는 것일지도 모른다. 생명이 지능을 갖게 되는 진화 방식은 과연 몇 가지나 있을까? 우리가 아는 것은 그들 중 단 하나뿐인데, 이것이 유일한 길이라고 해도 다른 사례가 없으므로 증명이 불가능하다. 우리의 생각과 진화는 환경과 무지無知의 제한을 받을 가능성이 크다. 잭 코헨Jack Cohen과 이언 스튜어트Ian Stewart가 공동 집필한 책《화성인은 어떻게 생겼을까?What Does a Martian Look Like?》는 '희귀한 지구'의 개념을 정면으로 반박하고 있다.

인간에게 지옥이나 다름없는 환경에서 극한 미생물들이 편안하게 살아가듯이, 우리보다 진보한 고등 생명체들은 우리에게 낯설고 불편한 환경에서 편안하게 살고 있을지도 모른다. 반면에 따뜻한 해변에서의 하루는 그들에게 지옥이 될 수도 있다. 코헨과 스튜어트는 외계 생명체가 바라본 지구의 환경을 다음과 같이 서술했다. "싸라기눈처럼 쏟아지는 전자기 복사파와 부식성이 강한 산소, 그리고 모든 것을 질퍽하게 만드는 끔찍한 용매인 산화수소(물)가 사방에 널려 있다."

지금이 지구의 역사에서 결코 특별한 시점이 아니라는 코페르니쿠스의 논리로 되돌아가 보자. 호주의 물리학자 브랜든 카터Brandon Carter는 이와 관련하여 자신만의 논리를 펼쳤는데, 그의 주장은 후에 리처드 고트에 의해 더욱 구체적으로 다듬어졌다. 우리가 살고 있는 시대가 인간이라는 종의 초창기도 아니고 종말기도 아니라고 가정해 보자. 지금을 '인류의 역사에서 특별할 것이 별로 없는' 평범한 시기로 간주하자는 것이다. 지금까지 지구에서 살다 간 인간의 총수는 약 1000억 명 정도로 추산된다.[4]

이제 두 가지 가능한 미래를 고려해 보자. 비관적 관점을 가진 학자들은 앞으로 200년쯤 지나면 인류가 멸망할 것으로 보고 있다. 이들의 짐작이 맞는다면 지구에서 살다 간 인간의 수는 약 1200억 명으로 마무리된다. 반면에 낙관주의자들은 인류가 앞으로 수천 년 이상 번창할 것이며, 심지어는 지구를 떠나 다른 행성에서 계속 살아갈 것으로 내다보고 있다. 그렇다면 앞으로 태어날 인간의 수는 수조 명에 달한다. 그런데 카터가 주장하는 '평범 원리'에 따르면 비관론자의 말을 믿어야 할 것 같다. 비관론에 의하면 지금은 인류 역사의 80%를 지난 시점인데, 낙관론은 지금이 인류 역사의 출발점이라고 주장한다. 어느 쪽 주장이 더 그럴듯하게 들리는가? 아마도 대부분의 사람들은 비관론자의 주장에 표를 던지고 싶을 것이다. 인류의 앞날은 그리 순탄하지만은 않을 것 같다.■[5]

또 다른 생명을 찾아서

조금 더 가깝거나, 조금 더 멀거나

한 우주 여행자가 태양계로 접어들어 세 개의 행성을 발견했다. 그중 하나는 크기가 지구와 비슷한데 대기의 주성분은 질소이고 이산화탄소가 조금 섞여 있으며, 산소는 전혀 없다. 대륙은 하나로 뭉쳐 있고, 그 주변은 소금과 광물이 풍부한 바다로 둘러싸여 있다. 두 번째 행성은 이산화탄소로 이루어진 걸쭉한 대기가 지표면을 두텁게 덮고 있으며, 활화산과 간헐천이 곳곳에서 활동하고 있다. 간헐천에서 뿜어져 나온 물은 고지대에서 뜨거운 강을 따라 흐른다. 세 번째 행성은 조금 작은데, 대기가 엷고 육지 표면에서 얕은 호수가 여기저기 눈에 뜨인다. 극지방을 덮고 있는 얼음이 녹으면서 다양한 길을 따라 물이 흐르고 있다. 이 세 개의 행성에는 모두 미생물이 번창하고 있다.

이것은 지금으로부터 30억 년 전의 태양계의 모습이다. 첫 번째 행성은 지구이고 두 번째는 금성, 그리고 세 번째가 화성이다. 한 가지 짚고 넘어갈 것은 30억 년 전만 해도 금성과 화성이 지구보다 더 살기 좋은 행성이었다는 점이다. 그러나 그곳에 미생물이 살았는지는 아직 확인되지 않고 있다.

최근 얻어진 관측 자료에 따르면 금성은 과거 한때 화성보다 생명체에게 더 적합한 환경을 갖고 있었던 것으로 보인다. 현재 화성의 기후는 춥고 건조하다. 지난 2005년 12월에 NASA에서 발사한 화성 궤도 탐사선 MRO Mars Reconnaissance Orbiter가 보내온 사진에는 한때 화성 표면에 물이 흘렀던 흔적이 나타나 있다. 그런가 하면 금성은 처음 생성된 후 거의 10억 년 동안 바다가 존재하여, 운석의 집중 충돌기 뒤에 생명체가 형성될 시간은 충분히 있었다. 데이빗 그린스푼은 금성에 착륙선을 보낼 것을 강력하게 주장하는 사람 중 하나이다. 그는 화산 분출물로 덮이지 않은 표면을 탐색하면 생명체의 흔적을 찾을 수 있다고 주장한다. 만일 이것이 실현된다면 역사상 가장 어려우면서도 의미 있는 프로젝트가 될 것이다. 그린스푼은 여기서 한 걸음 더 나아가 금성의 바다가 증발한 뒤 생명체들이 두꺼운 구름층으로 이주했을 가능성까지 제시하고 있다. 그의 논리에 의하면 금성에 생명체가 존재했을 확률은 화성의 경우와 거의 비슷하다.

사실 따지고 보면 지구는 생명체에게 가장 이상적인 환경은 아니다. 엄밀히 말하면 지구는 생존 가능한 환경의 극단에 속한다. 질량이 지구의 0.5~10배인 행성을 상정하고 시뮬레이션을 해 보면, 지구보다 작은 행성에서는 지각 운동이 일어나기 어렵다는 것을 알 수 있다. 행성의 지각 운동은 복잡한 화학 물질을 낳고 이산화탄소를 순환시켜서 적절한 기온을 유지하는 데 결정적인 역할을 한다. 그동안 천문학자들은 지구보다 두 배 이상 크면서 질량은 10배가 넘는 외계 행성인 '슈퍼 지구super Earth'를 10여 개 찾아냈다. 이들 행성에서는 간헐천이 있으며 지각 활동이 활발하고 탄소의 순환도 격렬하게 이루어지고 있다. 몸집이 큰 생명체가 이런 환경을 견뎌낼 수 있을지는 분명치 않지만, 슈퍼 지구는 생명체가 탄생할 수 있는 조건을 분명히 갖추고 있다.■6

행성이 진화하면 생명체의 생존 가능성도 함께 진화한다. 바위는 세월의 흐름에 따라 변하기 때문에, 행성의 역사를 바위에서 찾을 수는 없다. 지질학적 및 화학적 변화 과정이 표면에 남아 있는 것은 매우 작은 행성들뿐이다. 어떤 별의 주변을 공전하느냐에 상관없이, 큰 행성들은 무거운 원소들이 방사능 붕괴를 일으키는 에너지원을 자신의 중심부에 갖고 있다. 바로 이 에너지원 덕분에 행성은 스스로 살아갈 수 있는 것이다. 여기에 생명체가 탄생하면 행성의 환경은 변하기 시작한다. 우리의 태양계는 처음 탄생할 때 생명체가 살 수 있는 행성을 3개나 갖고 있었다. 이들 중 둘은 기후가 급변하여 불모지가 되었고, 나머지 하나인 지구만이 생명체에게 호의적인 환경으로 진화할 수 있었다.

172개의 위성

외계 생명체를 찾는 과학자들이 지구형 행성에 집중하는 것은 당연한 일이지만, 기체형 거대 행성의 위성을 탐사하는 것도 좋은 방법이다. 게다가 우리는 이미 목성과 토성의 위성에 탐사선을 보낸 적이 있다. 기체형 거대 행성의 위성에는 물이 있을 가능성이 별로 없지만, 뜨거운 내부 핵이 대형 행성의 조력潮力의 영향을 받아 에너지원의 역할을 할 수도 있다.

2008년까지 알려진 태양계의 위성은 총 172개이다. 목성과 토성의 위성은 각각 60여 개이고 천왕성은 27개, 해왕성은 작은 덩치에도 불구하고 무려 13개의 위성을 거느리고 있다. 172개의 위성들을 크기순으로 나열했을 때 처음 7개의 명단은 가니메데Gantmede, 타이탄Titan(이들은 수성보다 크다), 칼리스토Callisto, 이오Io, 지구의 달, 유로파Europa, 트리톤Triton이다. 400년 전에 갈릴레오는 원시적인 망원경으로 목성의 위성을 4개나 발견했다.■7 작은 행성과 질량과 크기가 비슷한 대형 위성들은 지각 활동이 활발하고 안정된 대기를 갖고 있다.

목성의 4대 위성 중 하나인 유로파는 참으로 으스스한 곳이다. 여기에는 산소로 이루어진 얇은 대기가 있고, 위성의 표면은 쭈그러진 얼음판들이 마치 퍼즐 조각처럼 복잡하게 이어져 있다. 유로파는 태양으로부터 멀리 떨어져 있기 때문에, 이 얼음판은 화강암처럼 단단하다. 그러나 모행성인 목성의 조력에 의해 열이 발생하고 있기 때문에, 지표면 아래로 100km쯤 들어가면 소금기를 머금은 바다가 존재할 것으로 추정된다. 유로파의 환경은 지구 남극 대륙의 지하에 있는 보스토크호Lake Vostok와 비슷하기 때문에, 지하 바다에 미생물이 존재할 가능성이 있다. 마음만 먹으면 유로파에 탐사선을 착륙시킨 후 수중 로봇이 얼음을 녹이고 침투하여 지하 바다를 탐색할 수도 있으나, NASA는 재정적인 이유로 실행에 옮기지 않고 있다. 그래서 밥 파팔라도Bob Pappalardo는 전 세계의 행성학자들에게 다음과 같이 촉구했다. "우리는 화성에서 한때 존재했던 것으로 추정되는 생명체의 흔적을 찾기 위해 막대한 돈과 시간을 투자했다. 그러나 유로파는 사정이 다르다. 그곳은 생명체가 살기 위한 조건들이 거의 갖춰져 있다. 수십억 년 전에 살았던 생명체의 흔적이 아니라, 지금 살아서 움직이는 생명체를 발견할 수도 있는 것이다."■8

타이탄은 외계 행성을 탐사하는 또 하나의 잣대이다. 카시니Casini 궤도 탐사선과 호이겐스Huygens 착륙선이 보내온 타이탄의 사진에는 바다와 강, 삼각주, 유빙, 구름 등 우리에게 친숙한 풍경이 펼쳐져 있었는데, 이 모든 지형과 기후를 만들어 낸 주성분은 물이 아니라 에탄, 메탄, 암모니아, 그리고 아세틸렌이었다. 타이탄의 화산은 암모니아와 물이 섞인 분출물을 쏟아 내고 있었으며, 북반구에서는 탄화수소로 이루어진 호수가 발견되었다. 대기는 지구보다 두텁고, 거의 대부분이 질소로 이루어져 있다. 타이탄은 행성에 생명체가 출현하기 이전의 상태를 연구하기에 가장 적절한 실험실이며, 지구와 전혀 다른 생명체를 발견할 수 있는 가장 그럴듯한 후보이기도 하다.

달-행성 연구소Lunar and Planetary Lab의 아담 쇼우맨Adam Showman은 유로파와 타이탄 이외에 바위와 얼음의 압력으로 액체 상태의 물이 존재할 가능성이 있는 8~10개의 외계 행성을 지적했다. 물론 여기에는 미생물이 존재할 가능성도 있다. 2005년에 카시니호는 직경이 500km밖에 안 되는 엔셀라두스(Enceladus, 토성의 위성 중 하나)의 표면에서 물이 분출되는 광경을 포착했다.[■9] 이 사진이 공개되면서 과학자들은 행성뿐만 아니라 위성에도 관심을 갖기 시작했다. 영화 스타워즈 시리즈 중 하나인 〈제다이의 귀환Return of the Jedi〉을 보면 이워크Ewoks족이 살고 있는 엔도Endor위성의 숲 속에서 주인공이 다스 베이더Darth Vader의 부하들과 추격전을 벌이는 장면이 나오는데, 엔도는 목성과 비슷한 거대 가스 행성의 주변을 공전하는 위성이었다. SF 영화가 우리의 생각처럼 항상 황당무계한 것만은 아닌 것 같다.

외계 행성을 찾는 과학자들은 지금까지 목성과 비슷하거나 더 큰 행성을 여러 개 발견했으며, 이보다 수는 적지만 천왕성이나 해왕성과 비슷한 행성도 발견했다. 거대 가스 행성의 위성이 형성되는 과정은 우주 어디서나 비슷할 것이다. 천문학자들은 생명체가 살고 있는 외계 행성의 위성이 몇 개나 되는지 계산하고 있는데, 여기에는 몇 가지 전제 조건이 있다. 우선 위성에 대기가 존재하려면 질량이 최소한 지구의 7%가 넘어야 한다. 질량이 이보다 작으면 중력이 너무 약해서 대기를 붙잡아 둘 수가 없기 때문이다. 그리고 질량이 지구의 25% 미만인 위성에서 지질학적 현상이 일어나려면 모행성의 조력이 강하게 작용해야 한다. 또한 공전 궤도가 지나치게 찌그러져 있거나 하루(자전 주기)가 너무 길면 온도가 극단적으로 달라지기 때문에, 이런 경우도 배제되어야 한다. 지금까지 알려진 바에 의하면 태양계 바깥에는 위의 조건을 모두 만족하는 위성이 여러 개 존재한다.

현재의 관측 기술로는 지구만큼 작은 행성을 찾기 어렵지만, 가스 행성의 주변에서 지구와 비슷한 크기의 위성을 발견할 가능성은 있다. 지금까지 발견된 외계 행성들 중 약 10%는 모항성으로부터 '생명체가 생존 가능한 거리' 만큼 떨어져서 공전하고 있다. 앞으로 관측이 계속 이루어지면 지구에서 볼 때 모항성의 앞을 통과하는 행성은 더욱 많이 발견될 것이다. 큰 위성을 거느린 행성은 위치와 속도가 매끄럽게 유지되지 않는데, 운이 좋아서 일식 현상이 발견되면 위성의 존재 여부를 확실하게 판명할 수 있다. 동일한 위치에서는 행성보다 위성이 생명체에게 더 유리할 수도 있기 때문에, 천문학자들의 위성 사냥은 당분간 계속될 것이다.

우리는 외롭다

우선 한 가지 짚고 넘어갈 것이 있다. 은하수에서 생명체가 살 수 있는 행성이나 위성의 수를 헤아리려면 귀납적 논리를 남용하는 수밖에 없다. 우리는 지금도 태양계 안에 있는 행성과 큰 위성의 거주 가능성을 판단하기 위해 관련 정보를 수집하는 중이며, 확실한 결론은 아직 내리지 못하고 있다. 이런 상황에서 머나먼 외계 행성의 거주 가능성을 판단한다는 것은 다소 무모한 시도일 것이다. 그러나 아무런 시도도 안 하는 것보다는 불확실하나마 예측이라도 해 보는 것이 더 낫지 않겠는가?

은하수에 존재하는 별은 약 4000억 개이며, 이들 중 대부분은 질량이 작은 적색 왜성red dwarf이다(전체의 90%로 추정됨). 따라서 거주 가능한 외계 행성을 찾으려면 적색 왜성의 특성부터 정확하게 파악해야 한다. 2005년에 SETI 연구소에서 적색 왜성의 거주 가능성을 주제로 학술회의가 열렸는데, 대부분의 학자들은 왜성처럼 희미한 별의 주변을 공전하는 행성이 따뜻한 기온을 유지하려면 별과의 거리가 가까워야 한다는 데 동의했다. 이 정도로 가까우면 별의 조력에 자물쇠처럼 걸려서 행성의 자전 주기와 공전 주기가 같아진다(지구를 향해 항상 같은 쪽 면을 보이고 있는 달과 비슷하다). 그러나 지구와 크기가 비슷한 행성들은 대기가 충분히 두꺼워서 균일한 열 흐름이 일어날 수 있다. 학회에서 거론된 또 하나의 이슈는 적색 왜성의 주변에서 생명체가 생존 가능한 지역이 지극히 한정되어 있다는 것이었다. 그러나 은하수에는 가까운 거리에 뭉쳐 있는 왜성들이 많기 때문에, 이들 주변에서 생존 가능한 지역은 고립된 태양의 경우와 거의 비슷할 수도 있다. 행성의 질량이 충분히 크고 외부의 열원으로 데워지고 있다면, 별과의 거리는 별로 중요하지 않다.

학자들 중에는 별 주변의 생존 가능 지역 이외에 은하의 생존 가능 지역을 논하는 사람도 있다. 은하의 중심부 근처에는 초신성도 있고 행성 간 상호 작용이 너무 강해서 생명체가 살 수 없고, 은하의 가장자리에는 무거운 원소들이 거의 없기 때문에 행성 자체가 형성되기 어렵다.

그러나 별들은 수십억 년 사이에 은하 안에서 꽤 먼 거리를 이동할 수도 있으므로, 은하 내에서 생존 가능 지역을 논하는 것은 그다지 큰 의미가 없다고 본다.

천문학자들의 분석 결과를 보면 별의 50%는 연성계를 이루고 있는 것으로 추정된다. 그러나 컴퓨터로 시뮬레이션을 해 보면 두 별 사이의 거리가 너무 멀어서 행성에 영향을 미치지는 않는다. 물론 외계 행성이 발견된 지역이라 해도, 실제로 그곳에 행성이 몇 개나 있는지는 알 수 없다. 컴퓨터 시뮬레이션에 의하면 태양계 하나당 지구 질량의 2배 이하인 행성이 2~4개쯤 존재하며, 이들 중 대부분은 지구 바닷물의 0.1~100배에 해당하는 물이 어떤 형태로든 존재할 것으로 추정된다. 생명체가 살 수 있는 위성까지 고려하려면 우리의 태양계를 표본으로 삼는 수밖에 없는데, 대표적인 위성이 유로파와 타이탄이고, 조건을 조금 완화하면 칼리스토와 가니메데까지 포함된다.

전통적인 관점에서 분석해 보면 은하수 안에서 생존 가능한 세계는 약 1억 개 정도로 추정된다. 그러나 대부분의 적색 왜성이 연성이라 가정하면 은하의 생존 가능 지역을 10분의 1로 줄여 잡아도 약 200억 개의 별들이 20억 년 이상 살아왔다는 계산이 나온다. 이 정도면 생명이 탄생하기에 충분히 긴 시간이다. 태양계 하나당 생존 가능한 지역이 6개라고 하면, 은하수 안에서 생명체가 살 수 있는 곳은 무려 1천억 개나 된다.

이 계산에 적용된 마지막 두 요소는 순전히 추측만으로 도입된 것이다. 생존 가능한 지역 중 생명체가 탄생한 곳이 전체의 10%이고, 생명체가 진화하여 복잡한 생물이 등장한 곳을 1%로 잡으면[10] 은하수에서 고등 생물(또는 우리가 모르는 고등 생물의 다른 형태)이 존재하는 곳은 약 1

억 개 정도이다. 그러나 태양이 수명을 다하여 죽은 별이 되면 그 주변에 있는 생명들도 죽기 때문에, 생존 가능한 천체의 수는 이보다 조금 줄어든다. 우리가 사라진다고 해도, 분주한 은하수에서 우리를 그리워해 줄 존재는 거의 없을 것이다.

지구를 위협하는 20가지 요소

오르트 구름과 네미시스

앞서 말한 바와 같이 소행성과 혜성은 그동안 수시로 지구에 떨어졌다. 지구는 '우주 사격장' 안에서 태양 주변을 공전하고 있는 셈이다. 지구에 떨어지는 운석의 대부분은 소행성이다. 직경 1km짜리 소행성은 평균 50만 년에 한 개씩 떨어지고, 주기가 길면서 덩치가 작은 혜성은 3억 년에 한 개꼴로 떨어진다. 혜성은 소행성보다 속도가 빠르기 때문에, 같은 크기라 해도 충격이 훨씬 크다. 또한 혜성은 어떤 방향에서도 올 수 있기 때문에 예측하기가 훨씬 어렵다(혜성은 크게 일그러진 타원 궤도를 따라 움직인다). 지금까지 알려진 바에 의하면 태양계의 바깥에 혜성들이 밀집되어 있는 지역이 있으며, 이곳에 있는 혜성들은 언제든지 지구로 떨어질 가능성을 갖고 있다.

혜성들의 집합소는 구형으로 이루어진 엷은 구름층을 형성하고 있는데, 이곳을 '오르트 구름Oort Cloud'이라고 한다. 이것은 태양계를 완전히 에워싸고 있으며, 태양과 해왕성 사이의 거리보다 1,000배나 넓게 퍼져 있다. 그러나 오르트 구름은 실제로 확인된 천체가 아니라, 혜성의 궤적으로부터 이론적으로 추정된 가상의 존재이다. 행성 운동에 관한 케플러의 제2법칙에 의하면 크게 일그러진 타원 궤도를 도는 혜성은 태양과 거리가 멀어졌을 때 속도가 느리고, 태양계 안으로 진입하면 속도가 빨라진다. 이들은 태양과 가까울 때 활동적으로 변하고, 그 외의 시기에는 매우 희미하기 때문에 관측되기 어렵다. 오르트 구름 안에는 1조 개의 혜성들이 밀집되어 있을 것으로 추정된다. 혜성은 덩치가 작기 때문에 이들의 질량을 모두 합해도 지구의 5배 정도에 불과하지만, 당분간 우주 사격장을 운영할 실탄은 충분한 셈이다.

버클리 캘리포니아 대학의 물리학자 리치 뮬러Rich Muller의 표현에 의하면, 태양은 작은 천체들을 "지나칠 정도로 못살게 굴고 있다." 1980년대 초에 그는 지난 5억 년 동안 천체의 질량이 주기적으로 소멸되었음을 보여 주는 증거를 발견했다. 질량이 무작위로 소멸될 수는 있지만, 마치 시계에 맞춘 것처럼 주기적으로 소멸된다면 학술적인 설명이 필요하다. 뮬러는 서서히 움직이는 왜성이 2600만 년마다 한 번씩 태양계의 외곽으로 진입하여 혜성의 운동을 흩뜨려 놓고, 그들 중 일부가 지구를 향해 날아온다고 가정했다. 그는 이 현상을 일으키는 별을 네미시스(Nemesis, 복수의 여신, 또는 이길 수 없는 적이라는 뜻 : 옮긴이)라 불렀다.

뮬러는 "나에게 100만 달러만 지원해 준다면 네미시스를 찾을 수 있다"고 장담했다. 그동안 아무도 그를 지원하지 않았고 지금은 은퇴한 상태지만, 뮬러는 아직도 시간이 날 때마다 태양의 '잃어버린 짝'을 찾기 위해 적색 별들을 집중적으로 추적하고 있다. 사실, 네미시스는 논리적인 설명이 어려워서 다소 부자연스럽게 도입된 개념이다. 로버트 얼리치Robert Erlich는 자신의 저서인 《과학계에 나도는 아홉 개의 미친 아이

디어: 이들 중 일부는 사실일 수도 있다Nine Crazy Ideas in Science: A Few Might Even Be True》에 "여러 사람에게 총을 배급하면 범죄를 줄일 수 있다"거나 "복사열에 노출되면 건강에 좋다"는 등의 이론과 함께 뮬러의 네미시스 가설을 소개했다. 이 가설의 가장 큰 문제는 질량 소멸이 주기적으로 일어난다는 확실한 증거가 없다는 점이다. 그러나 네미시스가 발견되지 않는다 해도, 지구를 위협하는 요인은 얼마든지 있다.

오르트 구름은 매우 섬세하면서도 번잡한 세계이다. 외부의 별이 그 근처로 접근하면 당장 중력의 영향을 받아 일대 소동이 일어나고, 그 와중에 일부 혜성은 지구와 교차하는 궤도로 내던져진다. 문제는 이런 사건이 한 번에 일어나지 않고 200만~300만 년에 걸쳐 서서히 진행된다는 점이다. 과학자들은 히파르코스Hipparcos 탐사선으로 가까운 별의 움직임을 관측하여 오르트 구름이 별에 의해 얼마나 자주 교란되는지를 예측하고 있다. 지금까지 얻어진 결과에 의하면 3광년 이내에 있는 별들이 백만 년당 4개씩 오르트 구름을 통과한다. 이때 혜성들이 받는 영향은 별의 속도와 거리에 따라 달라지는데, 거리보다 속도에 더 큰 영향을 받는 것으로 알려져 있다.

글리제 710Gliese 710은 뱀주인자리Ophiuchus에 속한 왜성이다. 이 별은 너무 희미해서 맨눈으로는 잘 보이지 않지만, 히파르코스 탐사선이 보내온 자료에 의하면 초속 25km(시속 9만km)의 속도로 지구를 향해 이동하고 있다. 이 속도로 계속 달려온다면 150만 년 후에는 태양계 근처를 지나치게 된다. 그때가 되면 글리제 710은 밤하늘에서 오리온자리의 삼태성만큼 밝아질 것이다. 이 별은 태양으로부터 1광년(약 1조km) 거리를 두고 지나칠 것이며, 수백만 개의 혜성을 지구와 교차하는 궤도로 밀어낼 것이다. 언뜻 듣기에는 대재앙 같지만, 그래 봐야 지구와 궤도가 교차하는 혜성 수는 50% 증가한 것에 불과하다. 현재 지구에서 가장 가까운 별은(태양을 제외하고) 프록시마 센타우리Proxima Centauri인데, 앞으로 150만 년 이내에 무려 8개의 별들이 이보다 가깝게 접근할 것으로 예상되고 있다. 참고로, 뱀주인자리의 또 다른 별인 버나드 항성Barnard Star은 앞으로 1만 년 후에 태양계의 문을 두드릴 예정이다.

별이 오르트 구름을 통과하는 사건은 1000만 년에 한 번씩 일어날 것으로 추정된다. 이 별들은 마치 볼링공이 핀을 헤쳐 놓듯이 혜성을 산지사방으로 흩트려 놓는다. 이때 흩어진 혜성들은 훗날 지구에 떨어질 수도 있다. 위험한 것은 사실이지만, 최근 연구에 의하면 혜성은 지구와 충돌할 때 집중적인 충격을 유발하지 않는다.■[11] 태양계가 형성된 이후로 지금까지 날아온 수백만 개의 혜성들을 컴퓨터로 시뮬레이션해 보면 은하수의 중력이 별에 의한 영향을 매끄럽게 완화시키기 때문에, 혜성의 유입량은 비교적 일정하게 유지된다.

우주의 진공청소기

태양계는 '은하'라는 거대한 생태계의 극히 일부에 불과하다. 우리는 은하수의 중심으로부터 2억 6000광년 떨어진 곳에서 디스크형 은하면을 2억 2000만 년을 주기로 공전하고 있다. 태양과 그 가족들(행성들)은 은하수 안에서 거의 동일한 원형 궤적을 따라 돌고 있지만 근처에 있는 별들은 수시로 우리와 가까워지거나 멀어지고 있으며, 우리는 은하수의 나선형 팔의 안과 밖에서 수시로 탄생하는 별들의 구름 속을 헤쳐 나가고 있다. 또한 우리는 은하수의 평면을 기준으로 했을 때 3000만 년마다 한 번씩 위아래로 물결치듯 흔들리고 있는데, 이것은 우연히도 앞서 언급했던 '질량 소실의 주기'와 거의 일치한다.

별과의 충돌을 용케 피했다고 해도 가장 큰 위험 요소는 따로 있다. 엄청나게 큰 별이 대대적으로 폭발하는 '초신성supernova'이 바로 그것이다. 초신성은 생명의 원천이자 (가까이 있다면) 죽음의 전령이기도 하다. 초신성이 폭발하면 온갖 무서운 원소들이 우주 공간으로 쏟아져 나오기 때문에 새로 형성된 별에는 실리콘과 알루미늄, 철 등이 풍부하며, 이들 주변의 행성에는 생명 활동에 필요한 탄소와 질소, 산소 등이 존재할 수 있다.

무거운 별이 핵연료를 모두 소진하고 나면 엄청난 기체의 무게를 지탱할 압력이 더 이상 발생하지 않기 때문에 중력에 의해 안으로 붕괴된다. 이 과정에서 수십억 도에 달하는 뜨거운 충격파가 발생하고, 중성자와 감마선, 우주선cosmic ray 등이 강하게 뿜어져 나온다. 대충 계산해 보면 약 10^{58}개에 달하는 중성자가 빛의 속도로 분출되면서 별의 밝기는 이전보다 수십억 배로 밝아진다. 다시 말해서, 죽어 가는 별은 짧은 시간 동안 은하 전체보다 더 밝은 빛을 방출하는 것이다.

초신성 폭발은 은하 안에서 평균 50년마다 한 번씩 일어나고 있지만, 은하의 규모가 너무 크기 때문에 우리 태양계 근처에서 이런 사건이 발생할 확률은 매우 작다. 그렇다면 혹시 과거에 있었던 멸종 사건도 초신성 폭발 때문이었을까? 천문학자들은 초신성 폭발의 흔적을 찾기 위해 죽은 별에서만 방출되는 방사능 동위 원소를 추적하고 있는데, 아직까지는 이렇다 할 성과를 올리지 못했다. 폭발 후 수천 년이 지나면 빛을 발하는 기체가 잔해로 남지만, 새로 생겨난 맥동성pulsar이 이들을 밀어내어 원래 폭발 지점으로부터 한참 멀리 떨어진 곳에서 발견될 수도 있다.

독일의 한 연구팀은 1990년대 말에 깊은 바다 속에서 바위를 수거하여 철-60 원소의 방사능 측정법을 테스트했다. 그 뒤 2004년에 이들은 개선된 데이터를 이용하여 280만 년 전에 형성된 층에 철-60이 유난히 많이 함유되어 있음을 알게 되었다.■[12] 그런데 화석을 분석한 결과에 따르면 이 시기에 바다 생명체들이 소량으로 멸종한 적이 있다. 과거에 초신성이 폭발한 지점은 지구로부터 30광년~300광년 사이에서 어디나 가능하다. 오래 전에 죽은 별의 핵반응 결과물을 우주 공간이 아닌 바다 속에서 찾았다는 것이 매우 흥미롭지 않은가?

물론 이것은 이미 지나간 과거의 일이다. 그렇다면 미래는 어떤가? 2003년에 천문학자들은 오존층에 쏟아진 감마선의 영향을 계산한 끝에, 초신성이 지구에 영향을 주려면 25광년 이내의 거리에서 폭발해야 한다는 결론을 내렸다. 이보다 먼 거리에서 일어나는 폭발을 무시한다면, 초신성이 폭발하는 빈도는 7억 년에 한 번꼴로 줄어든다. 우리는 그동안 천체 관측을 꾸준히 실행하여 25광년 이내에 있는 별들 중 상당수를 알아냈다. 다행히 이 거리 안에서는 질량이 큰 별이 거의 없기 때문에, 큰 걱정은 안 해도 될 것 같다.

그러나 과학자들은 아주 작은 가능성이라도 기어이 찾아내어 우리를 겁주고 있다. 그 대표적인 사례가 바로 블랙홀이다. 닐 타이슨Niel Tyson의 저서 《블랙홀로 인한 죽음(Death by Black Hole, 한국어 번역서는 《우주 교향곡》이라는 제목으로 출판되었다 : 옮긴이)》은 제목부터 독자들의 심기를 불편한 쪽으로 자극하고 있지만, 사실 이 책에서 블랙홀에 관한 내용은 단 몇 페이지에 불과하다. 질량이 충분히 큰 별이 초신성을 거쳐 죽은 별이 되면 아무것도 탈출할 수 없는 중심부가 남는다. 과연 우리는 블랙홀 때문에 종말을 맞이하게 될까?

그건 아닌 것 같다. 일반 대중의 생각과는 달리, 블랙홀은 자신의 근방에 있는 것을 무조건 빨아들이는 '우주의 진공청소기'가 아니다. 시공간은 블랙홀의 사건 지평선에서 아주 가까운 곳에서만 왜곡된다. 사건 지평선에서 수천 킬로미터만 멀어져도 블랙홀의 중력은 동일한 질량의 다른 별들이 행사하는 중력과 비슷하다. 이 드넓은 우주에서 어렵게 블랙홀을 찾아 일부러 돌진하지 않는 한, 블랙홀 때문에 죽는다는 것은 거의 있을 수 없는 일이다. 예를 들어 사람이 쇳물에 빠지면 당연히 죽겠지만, 이것을 실현하려면 일단 제철소의 위치를 파악한 후 그곳으로 차를 몰고 가서 모든 보안 시설을 뚫고 안으로 진입하여 용광로 위로 어렵게 기어 올라가 뛰어내려야 한다. 그나마 이것도 사전에 술을 잔뜩 마셔서 정신이 혼미한 상태여야 실행이 가능하다.

미래에 우주여행이 일상화되면 블랙홀을 피하는 것이 중요한 문제로 떠오를지도 모르겠다. 다행히도 별들 중에서 말년에 초신성이 되는 것은 극히 일부에 불과하기 때문에, 블랙홀은 그리 흔한 존재가 아니다. 은하수 횡단을 수십억 번 하다 보면 블랙홀을 한 번쯤 만날 수 있을 정도이다. 그러나 일단 블랙홀과 마주치면 쾌적한 여행은 포기하는 게 좋다. 블랙홀의 무지막지한 조력潮力이 당신의 몸을 완전히 분해시킬 것이기 때문이다. 사건 지평선에 도달하기 한참 전에 당신의 몸은 튜브에서 짜낸 치약처럼 여러 가닥으로 길게 늘어날 것이다. 그야말로 '생체 스파게티'가 따로 없다. 저승으로 가는 가장 드라마틱한 여행을 원한다면, 블랙홀을 강력히 추천하는 바이다.

일각에서는 호전적인 물리학자들이 입자 가속기로 블랙홀을 만들어서 공포를 조장한다는 소문까지 돌고 있다. 정말 그럴까? 천만의 말씀이다. 그러나 대중 매체들은 "종말의 기계가 세계를 파괴하다"라는 식의 머리기사로 대중을 자극하면서 사실을 호도하고 있다. 현재 세계에서 가장 강력한 가속기인 대형 강입자 충돌기Large Hadron Collider를 가동시키면 작은 블랙홀이 생성될 수도 있지만, 규모가 너무 작아서 몇 초 이내에 사라진다. 만에 하나 이 블랙홀이 가속기를 탈출하여 지구의 중심부로 떨어진다 해도, 여기 달라붙은 다른 물질들은 블랙홀의 증발을 몇 초 정도 연장시킬 뿐이다.■[13]

은하수를 여행하는 히치하이커

우주는 너무도 경이로운 존재이다. 그래서 전문 과학자들도 자신의 눈으로 직접 목격한 현상을 믿지 못할 때가 종종 있다. 예를 들면, 별이 죽으면서 방출하는 에너지는 태양이 살아 있는 동안 방출하는 총 에너지의 1,000배에 가깝다. 이 엄청난 에너지가 감마선의 형태로 쏟아져 나오는데, 무려 130억 광년 떨어진 곳에서도 그 잔광을 관측할 수 있다. 130억 광년이면 빛이 우주의 나이 동안 잠시도 쉬지 않고 이동한 거리이며, 가장 멀리 떨어져 있는 은하까지의 거리와 비슷하다. 천문학자들은 이 현상을 '감마선 폭발gamma ray burster'이라고 부른다.

감마선 폭발의 위력을 상상하다 보면, 지구의 파멸과 연관을 짓지 않을 수가 없다. 1960년대에 각국의 핵실험 금지 조약 실행 여부를 감시하던 위성이 하늘에서 날아오는 강한 감마선을 감지했다. 당시는 미-소 냉전이 극으로 치닫던 시대였기에, 미국은 소련이 비밀리에 핵무기 실험을 하고 있다고 생각했다. 그러나 알고 보니 문제의 감마선은 지구 근방이 아니라 머나먼 우주에서 날아온 것이었다. 그때 관측된 섬광은 너무나 짧고 강력하여 거의 30년 동안 수수께끼로 남아 있었으며, 정확

한 진원지는 아직도 밝혀지지 않았다.[14]

감마선 폭발은 전 우주에 걸쳐 평균 하루에 한 건씩 발생하고 있다. 천체 관측용 인공위성이 감마선을 관측하면 단 몇 초 안에 그 정보를 지상에 전달하고, 지상에 설치된 망원경은 잔광이 사라지기 전에 재빨리 그곳에 초점을 맞춰 집중 관측을 시도한다. 잔광에는 두 가지 종류가 있다. 섬광이 2초 이내에 사라지면 두 개의 중성자별이 서로 충돌한 경우이고, 더 길게 지속되면 특별한 초신성이 폭발한 경우이다. 이것을 '하이퍼노바hypernova'라고 하는데, 별이 마지막 숨을 쉬면서 뱉어 내는 최후의 비명이라고 할 수 있다. 그 후에 별은 블랙홀이 되어 영원한 침묵으로 들어간다.

질량이 태양의 20배이면서 빠르게 회전하던 별이 수명을 다하면 안으로 붕괴되면서 초신성 폭발을 일으키고, 남은 잔해는 블랙홀이 된다. 그러나 이것이 전부가 아니다. 표준 초신성보다 질량이 크고 온도가 높은 별이 붕괴되면 강한 충격파와 함께 다량의 감마선이 쏟아져 나온다. 별의 자전 속도가 빠르면 뜨거운 기체와 복사 에너지가 블랙홀의 자전축 방향으로 방출되며, 이것이 죽어 가는 별의 최외곽층을 뚫고 양쪽 극 방향으로 분출된다(분출 속도는 광속의 99.995%에 달한다). 감마선 폭발이 우리에게 관측되는 것은 이 두 가닥의 분출물 중 하나가 지구를 향했을 때뿐이다. 따라서 감마선 폭발은 우리에게 관측된 것보다 수백 배 이상 자주 일어난다고 봐야 한다.

감마선 폭발은 하나의 은하에서 평균 10만 년당 한 번꼴로 일어난다. 즉, 이것은 초신성 폭발보다 수천 배나 드물게 일어나는 현상이다. 그러나 이때 방출되는 에너지는 가히 살인적이다. 1,000광년 거리에서 일어난 감마선 폭발이 우리를 향해 날아온다면 어떻게 될까? 안전벨트를 단단히 매 두는 것이 좋다.

일단 하늘은 태양처럼 밝게 빛날 것이다. 그리고 조금 있다가 고에너지 복사가 대기를 강타하여 모든 숲은 불바다가 되고 호수는 증발하며, 강물은 끓어 넘칠 것이다. 이 정도로 끝이 아니다. 그쪽을 향하고 있는 지구면은 미생물조차 남지 않을 정도로 완전히 '살균'된다. 또한 이때 발생한 충격파는 지구 전체에 높이 1마일(1.6km)에 달하는 불기둥을 일으켜, 깊은 바다 속에 사는 일부 생명체를 제외하고 거의 대부분이 사라질 것이다. 살인적인 감마선과 자외선은 지구 전체의 오존층을 파괴할 것이며, 이 난리통 속에서 인간이 살아남을 가능성은 거의 제로에 가깝다.

좋은 소식도 있다. 감마선 복사의 위력은 가느다란 빔에 집중되어 있기 때문에, 은하수 어디에선가 발생한 감마선이 지구를 향해 날아오는 대재앙은 1억 년에 한 번꼴로 일어난다. 그런데 재미있는 것은 지구에서도 거의 1억 년을 주기로 생명체의 대량 멸종이 일어났다는 점이다. 2003년에 캔자스 대학의 애드리언 멜롯Adrian Melott이 이끄는 연구팀은 감마선 폭발이 4억 5000만 년 전에 있었던 오르도비스기 대멸종 사건의 원인일 수도 있다는 가능성을 제안했다.[15] 그러나 이들은 두 사건 사이의 물리적 연결 고리를 발견하지 못했기 때문에 '감마선 폭발 멸종설'은 가설이 아닌 하나의 '가능성'에 머물렀다. 이와 비슷한 멸종 사건은 지구 역사를 통틀어 일곱 번 정도 일어났던 것으로 추정된다.

〈디스커버Discover〉에 실린 '지구를 위협하는 20가지 요소들'이라는 기사에는 소행성이 1위, 감마선 폭발이 2위로 올라와 있다. '나쁜 천문학Bad Astronomy'이라는 블로그로 유명세를 타고 있는 필 플레이트Phil Plait는 최근에 출간한 책 《하늘에서 오는 죽음의 징조들: 종말이 오는 방식Death from the

Skies!: These Are the Ways the World Will End》에서 지구를 위협하는 요인들을 소개했다. 이 책에서는 한 사람이 평생을 살면서 감마선 폭발을 겪을 확률이 1400만분의 1로 계산되었는데, 이는 소행성이 충돌할 확률의 20분의 1밖에 되지 않는다.

초신성이 될 정도로 질량이 큰 별은 그리 흔치 않다. 그러나 정확한 통계를 내리려면 적어도 1,000광년 이내의 모든 별들을 파악하고 있어야 한다. 은하수는 너무 크기 때문에, 지금까지 얻어진 관측 자료만으로는 그 안에 초신성이 몇 개나 있는지 알 수 없다. 현재 천문학자들은 에타 카리나(Eta Carina, 용골자리의 별 : 옮긴이)를 예의 주시하고 있다. 이 별은 지구에서 8,000광년이나 떨어져 있지만 은하수에서 가장 밝은 빛을 방출하는 별로 알려져 있다(맑은 날에는 맨눈으로 보일 정도이다). 에타 카리나의 질량은 태양의 100배 정도로서 태양이 1년에 걸쳐 방출할 에너지를 단 5초 만에 방출하고 있는데, 지난 10년 사이에 밝기가 두 배로 증가하는 등 상태가 매우 불안정하다. 그래서 천문학자들은 에타 카리나가 죽을 때 감마선 폭발이 일어날 것으로 추측하고 있다. 한 가지 다행스러운 것은 에타 카리나의 자전축이 지구를 향하고 있지 않다는 점이다.

WR 104라는 별도 경계 대상이다. 이 별은 에타 카리나와 비슷한 거리에 있으면서 자전축이 곧바로 지구를 향하고 있다.[16] 이 사실을 처음 발견한 피터 터트힐Peter Tuthill은 이렇게 말했다. "WR 104가 지구에서 멀리 떨어져 있긴 하지만, 우리를 겨냥하고 있다는 게 마음에 걸린다. 한 가지 다행인 것은 이 별이 수십만 년 후에나 폭발할 것이므로 준비할 시간이 충분하다는 점이다." 일단 감마선 폭발의 복사 에너지가 감지되면 대피할 시간이 없으므로, 대책은 그 전에 세워져야 한다.

인류가 감마선 폭발에 노출된다면, 그것은 우주 어디에서나 관측 가능한 사상 최대의 재앙이 될 것이다. 더글라스 애덤스Douglas Adams의 SF 소설《은하수를 여행하는 히치하이커를 위한 안내서A Hitchhiker's Guide to the Galaxy》를 보면 외계인들이 은하에 고속 도로를 건설하다가 지구가 방해물이 되어 철거를 시도한다는 내용이 나온다. 지구에 사는 인간이 고속 도로 건설 지역에 서식하는 개미 신세가 되었으니, 읽는 사람의 마음이 결코 편하지 않을 것이다. 그러나 감마선 폭발로 지구가 사라진다는 시나리오도 소설 못지않게 우리의 심기를 불편하게 만든다.

8장

한 줌의 재만 남다

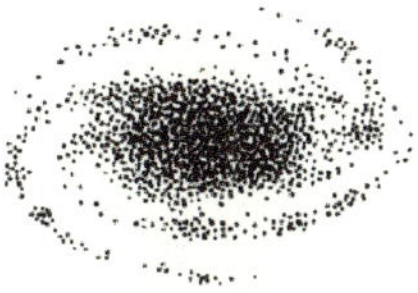

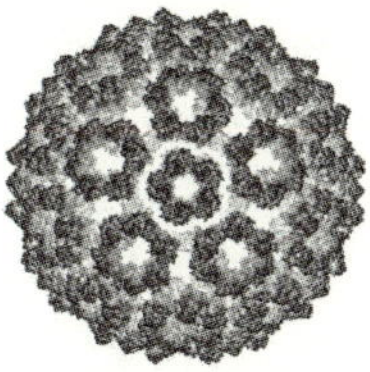

샐리 발리우나스Sallie Baliunas는 '태양 주치의'로 불린다. 그녀는 "태양이 재채기를 하면 곧바로 지구가 병든다"는 사실을 잘 알고 있다. 그녀는 태양의 빛 맥박과 자기磁氣 호흡을 관측하고, 이들이 지구에 미치는 미세한 영향을 분석한다. 지구는 과거 17세기에 심한 감기를 앓은 적이 있다. '소빙하기'라 불리는 이 시기에 유럽의 기온이 크게 떨어져서 네덜란드 사람들은 한여름에도 스케이트를 탈 수 있었고, 스코틀랜드에는 일 년 내내 눈이 내렸다. 또한 이 시기에 태양의 활동이 약해지면서 흑점이 주기성을 상실할 정도로 태양의 자기장이 뒤섞이기도 했다.

발리우나스는 대학원생이었던 1977년에 서던 캘리포니아에 있는 윌슨 산 천문대에서 연구생활을 하다가 천문학의 허점을 발견했다. 그녀는 이곳에서 처음으로 밤하늘을 관측하다가 창밖의 가까운 나무 근처에서 빛이 어지럽게 산란되는 광경을 목격하고, 이것이 어떤 '징조'라고 생각했다. 그녀는 정규 교육을 받은 전문 천문학자로서, 윌슨 산 천문대의 연구원으로 자원한 상태였다. 20세기 초에 에드윈 허블Edwin Hubble이 우주의 팽창을 발견하고 크기를 예측했던 바로 그 직경 2.5m짜리 천체 망원경 앞에 앉아 또 다른 우주의 비밀을 캐내기 위해 노력하는 중이었다.

망원경을 바라보면서 태양이 늙어 가는 모습을 관측하겠다는 것은 벽에 페인트칠을 해 놓고 그것이 마를 때까지 바라보는 것보다 훨씬 무모한 생각이다. 그래서 발리우나스는 태양과 크기가 비슷하면서 나이는 제각각인 여러 개의 별들을 관측하여 태양의 앞날을 예견하기로 했다. 여러 단계에 있는 별들의 관측 자료를 하나로 연결하면 하나의 별을 평생 동안 관측해도 얻을 수 없는 방대한 자료가 얻어진다.

발리우나스는 '과학자란 지나치게 냉정하고 객관적이며 정치적 논쟁과 무관한 사람'이라고 생각하는 대중들 앞에 불편한 마음으로 나서야 했다. 그녀는 지구의 기후가 인간의 활동보다 태양에 의해 더 크게 좌우된다는 결론을 내리고, 교토 의정서(Kyoto protocol, 기후 변화 협약에 따른 온실가스 감축 목표에 관한 의정서 : 옮긴이)와 기후 변화에 관한 정부 간 패널(Intergovernmental Panel on Climate Change, IPCC, 1988년 지구 환경 가운데 특히 온실화에 관한 종합적인 대책을 검토한 목적으로 UN 산하 각국 전문가로 구성된 조직 : 옮긴이)에 반대하는 입장을 표명했다. 이로써 그녀는 보수적 싱크탱크를 대표하는 인물이 되었으며, 엑슨모빌(ExonMobil, 미국의 석유 회사 : 옮긴이)과 미국 플루토늄 연구소로부터 재정 지원을 받게 되었다.

발리나우스는 도처에 널려 있는 기후 변화의 증거를 부정함으로써 대중들에게 '석유회사의 앞잡이'라는 오해를 받게 되었다. 그러나 그녀는 과학이 진행되는 방식에 흥미로운 질문을 제기했다. 과학자들은 데이터를 분석하면서 정치적 이데올로기에 얼마나 자주 영향을 받는가? 대세에 거스르는 주장을 당당하게 할 수 있다면, 과학자로서 바람직한 자세가 아닌가? 여러 가지 요인들이 기후 변화에 복합적으로 관여하고 있다면 어쩔 것인가? 지구의 생태계와 모든 생명체를 유지시켜 주는 태양이 우리에게 어떤 영향을 미치는지 제대로 알지도 못하면서, 갓난아기를 목욕물 속에 담글 것인가?

만약, 태양이 폭발한다면

오늘, 태양은 어떤가요?

조나단 스위프트Jonathan Swift의 유명한 소설 《걸리버 여행기Gulliver's Travel》에는 허공에 떠다니는 섬 라퓨타Laputa에 관한 이야기가 등장한다. 라퓨타에는 하늘에 매료된 철학자와 천문학자들이 살고 있는데, 이들은 무언가가 태양을 가려서 더 이상 빛을 발하지 못하게 될까봐 전전긍긍하고 있었다. 그래서 라퓨타에 사는 사람들의 아침 인사는 "안녕하세요?"가 아니라 "오늘 아침 태양은 어떤 모습인가요?"였다.

2,000년 전에 중국 황실의 천문학자들은 태양의 표면에 나 있는 흑점이 변해 가는 양상을 꼼꼼하게 기록해 놓았다. 거의 모든 문화권에서 사람들은 민간 전승된 전설과 계절의 변화로 날씨를 예견했고, 태양 흑점의 개수와 날씨의 상호 관계를 어떻게든 찾아내서 중요한 정보로 사용해 왔다. 1801년에 윌리엄 허셸경Sir William Herschel은 흑점의 개수와 밀의 가격 사이에서 어떤 규칙을 찾아냈다. 흑점의 수가 줄어들 때마다 밀의 가격이 올랐던 것이다. 그는 "흑점의 수가 줄어들면 일조량이 감소하여

밀의 수확량이 줄어들고, 그 결과 수요-공급의 법칙에 의해 밀의 가격이 올라간다"고 설명했다.■[1]

그로부터 210년이 지난 지금, 태양은 과학자들에게 여전히 미스터리로 남아 있다. 태양 자체의 성질은 어느 정도 알려져 있지만, 태양이 지구에 미치는 영향은 아직도 분명치 않은 부분이 많다. 태양에서 방출된 에너지 중 지구 대기의 상층부에 도달하는 양은 1㎡ 당 1.366kW(1366와트)이다. 지금까지 관측된 데이터에 의하면 태양 에너지의 변화량은 0.1%를 벗어나지 않는다. 이 정도면 꽤 안정된 상태라 할 수 있다. 만일 99.9w(와트)짜리 전구가 갑자기 100.1w에 달하는 빛을 발한다면 여러분은 변화를 금방 눈치 챌 것이다. 이것을 온도로 환산하면 0.05℃ 상승에 해당한다. 기후 이론에 의하면 최근 발생하고 있는 지구 온난화의 10~30%가 태양의 변화에서 기인하는데, 이론 자체가 불완전하고 다른 버전들이 워낙 많기 때문에 이것만으로는 확실한 결론을 내릴 수 없다.

태양 빛의 작은 변화를 주도면밀하게 추적하다 보면 중요한 사실을 알게 된다. 태양은 하나의 거대한 발전기이다. 태양의 흑점은 표면 온도가 상대적으로 낮은 부분으로서, 그 지역에 자기장이 밀집되어 있다. 또한 태양의 전체 자기장은 흑점의 변화가 최대치에 이를 때마다 방향이 반대로 바뀐다. 태양에서 방출되는 단파장 복사(자외선)는 전체 에너지의 극히 일부에 불과하지만, 지구의 대기에 중요한 영향을 미치고 있다. 태양의 활동 주기 동안 자외선 복사량은 최대 15배까지 변하며, 여기 담겨 있는 고에너지 광자는 지구 대기의 오존층에 심각한 손상을 입힌다.

흑점이 지구에 미치는 2차 영향은 훨씬 심각하다. 태양 표면에서 거대한 플라스마 고리가 간간이 방출되는데, 그 규모는 지구보다 크고 에너지는 원자 폭탄 수십억 개와 맞먹는다. 그리고 표면에서 방대한 양의 기체가 방출되기도 하는데, 이것을 '코로나 질량 분출coronal mass ejection'이라 한다. 뿐만 아니라 태양 플레어(불꽃)가 발생하면 우주 정거장에 기거하는 우주인들은 재빨리 안전 구역으로 피해야 한다. 그렇지 않으면 세포에 심각한 손상을 입게 된다. 코로나 질량 분출이 관측되면 NASA는 며칠 내로 인공위성을 보호하는 대책을 세워야 한다. 분출된 질량이 지구 주변의 인공위성까지 도달하는 데 단 며칠밖에 걸리지 않기 때문이다. 분출된 양이 적으면 하늘에 오로라aurora가 나타나면서 아름다운 우주 쇼를 연출한다. 그러나 운이 없으면 인공위성을 수리하는 데 수십억 달러가 들어가기도 한다.

이런 것은 당신이 우주 공간으로 나가지 않는 한 직접적인 피해를 주지 않는다. 그러나 태양은 결코 얌전한 별이 아님을 잊지 말아야 한다. 1,000년에 한 번꼴로 발생하는 플레어가 1859년에 지구를 덮친 적이 있는데, 그때 오로라가 너무 밝아서 영국인들은 밤에도 조명 없이 책을 읽을 수 있었고 바하마와 하와이에서도 섬광이 보였다고 한다. 태양과 비슷한 일부 별들은 태양 플레어보다 10~100배 강한 '슈퍼 플레어'를 방출하기도 한다. 이런 괴물이 지구를 덮친다면 오존층은 완전히 파괴되고 생태계의 먹이 사슬도 붕괴될 것이다. 다행히도 슈퍼 플레어가 행성을 덮치려면 별과 행성의 거리가 가까워야 하고, 행성의 덩치가 매우 커서 별과 행성이 자기장을 공유하고 있어야 한다. 태양계에서 이런 피해를 입을 정도로 태양과 가까운 행성은 수성밖에 없는데, 수성은 자기장이 아예 없기 때문에 슈퍼 플레어가 도달하지 않는다.

NASA는 '별과 함께 살아가기Living with Star'라는 제목으로 태양 관련 프로그램을 진행해 오고 있는데(이 말을 들으면 태양과 관련하여 마치 우리에게 어떤 선택권이 있는 것 같지만, 사실은 전혀 그렇지 않다!), 그 대표적인 것이 바로 SOHO Solar and Heliospheric Observatory 위성이다. 이 위성 덕분에 과학자들은 태양의 내부와 외부, 그리고 태양풍을 바라보는 시각이 완전히 바뀌었다. 뿐만 아니라 SOHO는 '쉬는 시간'을 이용하여 태양 근처를 지나가는 혜성을 1,000여 개나 관측했다. 이밖에 6개의 위성으로 이루어진 GONG Global Oscillation Network Group 은 끊임없이 태양을 감시하면서 이상 징후가 나타나면 곧바로 지구에 경보를 울리게 되어 있다. 현재 GONG은 태양의 내부 지도를 작성하는 데 필요한 데이터를 수집하는 중이다.

태양 전문가들은 방대한 관측 자료를 슈퍼컴퓨터로 분석하여 태양의 3차원 영상을 만들고 있다. 심지어 이들은 코로나 질량 분출을 미리 예견하기도 한다. 태양의 자기장선이 심하게 꼬이면 마치 고무줄처럼 요동을 치면서 수십억 톤의 플라스마가 외부로 방출되는데, 이들 중 일부는 시속 수백만 킬로미터의 속도로 지구를 향해 날아온다. 지난 2006년에 개기 일식이 일어났을 때, 과학자들은 코로나의 움직임으로부터 질량 분출의 시기와 양을 정확하게 예측한 바 있다.

개기 일식이 일어날 때마다 우리는 태양의 위력과 지구에 미치는 영향을 실감하곤 한다. 다행히도 나는 개기 일식을 볼 기회가 몇 번 있었는데, 특히 물위에서 일어나는 개기 일식은 말로 형언할 수 없는 장관이었다. 1991년에 캘리포니아 반도 근처에서 크루즈 선을 타고 가던 중 어느 순간부터 어두운 그림자가 넓은 바다를 서서히 덮쳐 왔고, 자연의 기적에 놀란 수백 명의 승객들은 일제히 입을 다물었다. 잠시 후 위를 올려다보니, 달에 가린 태양은 마치 하늘에 누군가가 검은 구멍을 뚫어 놓은 것처럼 보였다. 2006년에는 배를 타고 터키의 해안을 여행하다가 구름 사이로 또 한 번의 일식을 볼 수 있었다. 그곳은 고대의 역사가인 헤로도투스Herodotus가 일식을 기록했던 장소에서 불과 수백 킬로미터 밖에 떨어지지 않은 곳이었다. 기원전 585년에 메디아 인Medes과 리디아인Lydian이 전쟁을 하던 중 대낮에 하늘이 갑자기 어두워지자 모두들 공포에 질려 무기를 내려놓고 화해했다고 전해진다. 터키에서의 일식도 여전히 아름답고 경이로웠지만, 다른 관광객들이 더 좋은 자리를 차지하기 위해 하도 밀치는 바람에 그 장엄한 광경을 천천히 음미하는 데는 실패했다.

모든 것이 얼어붙다

템스 강에서 스케이트를 타는 런던 시민들, 스위스의 농장까지 흘러 내려와 마을 전체를 덮은 빙하들, 덴마크를 공격하기 위해 얼어붙은 바다 위로 32km를 걸어서 진군하는 스웨덴 병사들. 6개월 동안 항구에 발이 묶인 네덜란드의 해군 함대. 아일랜드는 얼어붙은 바다가 내륙 수 킬로미터까지 침투하는 바람에 인구가 거의 반으로 줄었고 경제는 완전히 붕괴됐다. 하늘을 날던 새들은 나뭇가지에서 땅으로 떨어져 얼어 죽어 가고 있다.

SF 소설 이야기가 아니다. 이것은 지난 17세기 중반에 '소빙하기Little Ice Age'가 북반구를 덮쳤을 때 실제로 있었던 일들이다. 그런데 흥미롭게도 이 시기는 태양의 흑점이 거의 소멸했던 먼더 미니멈(Maunder minimum, 1645~1715년)과 거의 일치한다. "흑점은 어두운 부분이니까, 그 부분이 줄어들면 태양이 더 뜨거워져서 지구의 기온이 올라가야 하지 않을까?"라고 생각하는 독자도 있겠지만, 사실은 그 반대다. 흑점이 줄어든 것이 아니라 태양이 전체적으로 어두워졌기 때문에 흑점이 없어진 것처럼 보였던 것이다. 그러나 그 내막은 더욱 복잡하다. 원래 태양의 온도 변화는 0.5℃ 정도로서, 유럽에 닥친 기온 변화보다 훨씬 작다. 뿐만 아니라 소빙하기는 지구 전체가 아닌 북반구에 한정되었으며, 그 징조는 이미 13세기 초에 나타나고 있었다(최저 기온 기록은 1650년과 1770년, 그리고 1850년에 세워졌다). 당시 화산 활동이 많아지면서 먼지가 대기를 가린 것도 원인 중 하나일 것으로 추정된다.

긴 시간대에서 보면 태양의 에너지는 꽤 많이 변하는 편이지만, 망원경이 없던 시대에는 그 효과를 간접적으로 측정할 수밖에 없었다. 이때 탐색자 역할을 한 것이 탄소의 동위 원소인 ^{14}C이다. 이 원소는 우주선cosmic ray이 대기 상층부의 산소와 충돌할 때 생성되며, 그 후에는 나무의 나이테 속으로 스며든다. 또 다른 탐색자인 ^{10}Be(베릴륨)은 극지방의 얼음층 속에서 찾을 수 있다. 태양의 자기장은 지구로 쏟아지는 우주선을 막아 주는 차폐막 역할을 한다. 그래서 태양의 활동이 줄어들면 나이테와 얼음 속에 더 많은 ^{14}C와 ^{10}Be이 축적되고, 태양의 활동이 왕성해지면 ^{14}C와 ^{10}Be의 양이 줄어든다. 위에서 말한 먼더 미니멈도 바로 이 ^{14}C와 ^{10}Be의 양을 관측하여 알아낸 것이다. 또한 이들은 지난 70년 동안 태양의 활동이 지난 8,000년 사이에 있었던 전성기와 비슷한 수준으로 활발하게 진행되었음을 말해 주고 있다. 그러나 기후의 변화는 내막이 훨씬 복잡하기 때문에 ^{14}C와 ^{10}Be만으로는 알 수 없다.

지질학적 시간 스케일에서 볼 때 1,000년은 양동이에 떨어진 물방울 하나에 불과하다. 지구는 2만 년 전에 마지막 빙하기를 겪은 후 지난 1만 년 동안 비교적 따뜻한 시기를 보냈다. 지질학자들은 이 시기를 현세, 혹은 홀로세Holocene라고 부른다. 원시 얼음과 퇴적층을 분석하면 과거 500만 년 동안의 기후 변화를 알 수 있는데, 지난 100만 년 동안 있었던 온도 변화의 폭이 10℃를 상회한다. 이것은 인간에 의해 초래된 지구 온난화보다 훨씬 심각한 수준이다.

이 변화에는 태양도 부분적으로 원인을 제공했다. 그 사이에 지구의 공전 궤도가 아주 조금 변했기 때문이다. 지금으로부터 100년 전에 세르비아의 수학자 밀루틴 밀란코비치Milutin Milanković는 빙하기가 어떤 주기를 따라 규칙적으로 찾아온다는 가설을 내세웠다. 지구의 공전 궤도가 원에서 벗어나 있기 때문에 10만 년을 주기로 빙하기가 찾아오고, 지구 자전축의 경사각이 조금씩 변하기 때문에 41,000년을 주기로 또 다른 빙하기가 초래된다는 것이다. 실제로 지구의 자전축은 약 23,000년을 주기로 팽이처럼 세차 운동을 하고 있다. 이 모든 변화들은 단위 면적당 도달하는 태양 에너지에 변화를 초래한다. 이와 같이 우주적 리듬도 지구 온난화와 빙하기에 원인을 제공하고 있다.

기후의 변화는 이밖에도 화산 활동과 운석 충돌, 해류 등 다양한 요인에 의해 일어나고 있다. 빙하기가 찾아온 시기도 밀란코비치가 계산한 주기와 정확하게 일치하지 않는다. 또, 그는 10만 년 주기가 가장 미약하게 영향을 미칠 것으로 예상했으나 실제로는 그것이 가장 큰 영향을 미쳤다.[■2] 원인이야 어쨌건 간에, 지난 수백만 년 동안 우리의 선조들은 지구 온난화에 대하여 그다지 큰 불평을 늘어놓지는 않았을 것이다.

태양의 마지막 모습

태양은 결코 영원한 존재가 아니다. 과학은 태양의 죽음을 '가능성'에서 '불가피한 현실'로 바꿔 놓았다. 태양의 죽음은 인간뿐만 아니라 모든 생명체에게 커다란 재앙으로 다가올 것이다.

우리는 지구에서 가장 가까운 별을 특별히 '태양'이라고 부른다. 멀리 있는 다른 별들과 달리 태양은 지구의 모든 만물을 양육하고 있으니 특별한 호칭으로 부를 만도 하다. 우주에는 태양보다 질량이 큰 별도 있고 작은 별도 있다. 또한 태양보다 뜨겁거나 차가운 별도 있고, 태양보다 수명이 길거나 짧은 별도 있다. 질량만 놓고 보면 태양은 모든 별들 중에서 상위 15% 안에 든다. 태양의 부피는 지구의 100만 배에 달하며, 매초 6억 3500만 톤의 수소가 헬륨으로 변하고 있다. 이때 생기는 질량 결손은 아인슈타인의 그 유명한 방정식 $E=mc^2$을 통해 에너지로 변환된다. 이 막대한 에너지가 1억 5000만km나 떨어져 있는 지구의 모든 생명체를 양육하고 있는 것이다. 태양의 복사 에너지 중 지구에 도달하는 것은 10억 분의 1도 채 안 되지만, 이 정도면 생태계를 유지하는 데 부족함이 없다.

태양은 수소 폭탄과 마찬가지로 핵융합이라는 과정을 거치면서 에너지를 발산하고 있다. 그런데도 폭탄처럼 터지지 않고 동일한 크기를 유지하는 이유는 핵융합에 의해 외부로 향하는 압력과 중력에 의해 안으로 향하는 압력이 균형을 이루고 있기 때문이다. 핵융합의 부산물인 헬륨이 중심부에 축적될수록 압력과 열이 증가하면서 전체적인 반응 속도가 더욱 빨라진다. 앞으로 45억 년이 지나면 태양은 서서히 커지면서 더욱 강한 빛을 발하게 될 것이다.

펜실베이니아 주립 대학의 짐 캐스팅Jim Kasting은 태양의 일생 동안 밝기의 변화를 보여 주는 가장 그럴듯한 모형을 제안했는데, 이 모형에 의하면 앞으로 5억 년 동안은 온난화가 가속되면서 대기 중의 이산화탄소가 바다로 이동할 것으로 예상된다. 세계적으로 지구 온난화가 뜨거운 이슈로 부각되고 있는 지금, 많은 사람들이 온난화의 주범으로 이산화탄소를 지목하고 있지만 대기 중 이산화탄소가 바다로 이동하려면 아직 멀었다. 대기 중 이산화탄소의 농도는 앞으로 한참 동안 증가할 것이라는 이야기다. 앞으로 이산화탄소가 바다로 유입되면서 대기 중 농도가 감소하면 나무를 비롯한 식물들은 더 이상 광합성을 할 수 없게 된다. 사탕수수나 열대 지방의 목초와 같은 일부 식물은 체내에 이산화탄소를 저장할 수 있지만, 전체 생태계는 회복하기 어려운 치명타를 입게 될 것이다.

그 후로 지구에는 악재가 계속된다. 얼음층이 녹으면서 적도 지방에 홍수가 덮치고, 대부분의 동물들은 더위에 시달린다. 따뜻해진 바닷물은 성층권까지 증발하고, 지구는 서서히 말라가기 시작한다. 얼마 지나지 않아 지구 전체는 황량한 사막으로 변할 것이다. 그래도 태양은 사정없이 내리쬐고, 심해 바닥의 퇴적층에 저장되어 있던 이산화탄소까지 대기에 유입되어 온난화는 더욱 빠르게 진행되고, 결국에는 이 기체마저 우주 공간으로 날아가 버린다. 앞으로 35억 년 후에 어떤 외계인이 지구를 방문한다면, 바싹 마른 바위 외에는 가져갈 게 없을 것이다.

지구의 일생을 펼쳐 놓고 보니 시작과 끝이 매우 비슷하다. 메마른 불모지에서 시작하여 활기찬 생명으로 우글대다가 다시 메마른 불모지로 끝난다. 피터 워드와 돈 브라운리가 《지구의 삶과 죽음The Life and Death of Planet Earth》에서 말한 바와 같이, 미생물로 인해 번성한 지구의 동물과 식물은 결국 혹독한 환경에 굴복하고 말 것이다. 만일 생명체들이 땅속이나 해저에서 사는 쪽으로 진화한다면 지구의 표면은 사막이 되어도 생태계는 장소를 옮겨 여전히 유지될 것이다.

태양은 질량이 작아서 죽은 후에 초신성이 될 염려는 없지만, 몇 가지 신경 쓰이는 점이 있다. 앞으로 55억 년이 지나면 그때까지 융합되지 않은 수소 원자핵이 중심부를 으깨듯이 짓누르면서 엄청난 열이 발생하고, 이로 인해 태양의 몸집은 지금의 두 배 가까이 커질 것이다. 그 후로 약 7억 년이 더 지나면 태양은 최후를 맞이하게 된다. 물론 완전히 끝은 아니고, 교향곡이 끝으로 치달을 때 온갖 현악기와 관악기, 그리고 타악기가 일제히 난리를 치듯이 장대한 클라이맥스에 이른다. 이때 태양의 중심부는 더 이상 압축될 수 없을 정도로 압축되고, 뜨거운 열에 의해 부피가 커지면서 태양은 적색 거성이 된다. 이 과정이 최고조에 달했을 때 태양은 지금의 250배로 커지고 2,700배까지 밝아질 것이다.

그렇다면 지구는 어떻게 될까? 태양이 풍선처럼 부풀면 전체의 3분의 1에 해당하는 질량이 밖으로 이탈하면서 중력이 작아지고, 그 결과 행성들은 나선 궤도를 그리며 태양으로부터 멀어질 것이다. 그러나 태양에서 이탈한 2,760℃의 기체가 지구를 향해 곧바로 날아온다는 것이 문제이다. 이것은 앞으로 76억 년 뒤에 실제로 일어날 상황이므로, 지금부터 부동산 관리에 신경을 써야 할 것 같다.

최근 실시된 계산 결과를 보면 지구의 앞날은 더욱 암울하다. 지구에서 바라볼 때 종말에 이른 붉은 태양은 부피가 대책 없이 커지다가 결국은 하늘 전체를 덮어 버릴 것이다. 지구가 태양으로부터 멀어지고는 있지만, 이보다는 태양이 부풀려지는 속도가 훨씬 빠르다. 따라서 지구는 결국 적색 거성에게 잡아먹히면서 파란만장했던 삶을 마감하게 될 것이다.

빛나는 다이아몬드

이 교향곡의 코다(coda, 소나타 형식의 곡에서 마무리에 해당하는 부분 : 옮긴이)에는 아직 논쟁의 여지가 남아 있다. 태양이 적색 거성으로 변하면 지구와 금성, 그리고 수성은 마찰력과 중력에 의해 어쩔 수 없이 태양에 빨려 들어가겠지만, 화성은 '죽음의 사정거리'를 아슬아슬하게 벗어난다. 태양이 가까운 식솔들만 데리고 동반 자살하는 형국이다. 그러나 지구는 우리의 행성이므로 그 뒤의 상황까지 생각해 볼 필요가 있다. 뜨거운 열에 증발한 지구는 태양의 일부가 된다.

그 뒤에는 어떻게 될 것인가? 사람과 달리 별은 나이가 들어도 활동이 느려지지 않는다. 여기서 잠시 캐티 필라초프스키Caty Pilachowski라는 인물을 소개할까 한다. 20년 동안 국립 천문대의 연구원으로 일해 온 그녀는 태양의 종말을 연구하는 대표적인 과학자로서, 가녀린 몸매에 키는 150cm밖에 안 되지만 천문학을 연구하는 여성들 사이에서는 최상의 역할 모델로 알려져 있다. 또한 그녀는 천문학회의 회장으로서 조용하면서도 확고한 권위로 회의를 주도하곤 했다.

필라초프스키는 차분한 어조로 지구의 종말을 예견하고 있다. "그날이 오면 지구는 태양열에 달궈지다가 결국은 증발한다. 우리 몸을 이루고 있는 모든 물질들은 태양의 일부가 될 것이다. 그 뒤 태양의 일부는 본체에서 떨어져 나와 우주 공간으로 날아간다. 지구를 화장하고 남은 재가 우주 공간으로 흩어지는 셈이다." 별의 내부에서 핵융합에 의해 외부로 발생하는 압력과 안으로 끌어당기는 중력은 항상 반대 방향으로 작용한다. 그러나 110억 년에 걸친 핵융합 반응이 마무리되면 두 세력의 균형이 깨지면서 극적인 변화가 일어난다. 팔씨름을 할 때 두 사람이 손을 맞잡고 신경전을 벌일 때는 팽팽한 균형이 유지되다가 결국은 한쪽으로 기우는 것과 비슷하다.

말년의 태양은 정신 분열증 환자처럼 행동한다. 외피는 차가워지면서 우주 공간으로 날아가는 반면, 중심부는 안으로 수축하면서 온도가 1억℃까지 상승한다. 이때부터 헬륨 원자핵이 탄소로 바뀌는 2차 핵융합 반응이 일어나면서 중력에 의한 붕괴를 간신히 모면하게 된다. 새로운 핵반응은 잠시 동안 엄청난 불꽃을 낳고, 평소의 1000억 배에 달하는 가공할 에너지를 방출한다. 그 뒤 태양은 작게 수축되고 밝기도 줄어들지만, 온도는 적색 거성일 때보다 높은 상태를 유지한다. 이제 태양은 헬륨과 산소, 그리고 약간의 네온을 밑천 삼아 향후 몇억 년 동안 수명을 유지하게 되는데, 이때 중심부의 온도는 거의 3억℃에 달한다.

태양 내부의 헬륨이 고갈되면 힘의 평형추가 중력에 기울면서 안으로 수축되고, 걷잡을 수 없을 정도로 격렬한 핵융합이 시작된다. 이때부터 태양은 약 10만 년 간격으로 4단계에 걸친 격동기를 겪게 되는데, 핵융합의 여파가 바깥층까지 전달되면서 밝기가 5,200배까지 증가한다. 이때가 태양의 일생을 통틀어 가장 밝은 시기이며, 태양의 죽음을 알리는 신호이기도 하다. 죽어 가는 태양에서 짧은 시간 동안 방출된 고온의 기체는 태양계를 넘어 우주 공간으로 퍼져 나가고, 붉은색과 녹색 빛이 차츰 가라앉으면서 아름다운 행성 상 성운planetary nebula이 나타나게 된다(이 광경은 다른 별에서 허블 우주 망원경에 포착된 바 있다). 이때가 되면 화성도 태양에 흡수되고 목성의 위성인 유로파의 바다는 순식간에 증발하며, 토성의 위성인 타이탄은 까맣게 타서 재만 남을 것이다. 이 와중에도 부동산에 관심 있는 사람이라면 해왕성의 위성인 트리톤Triton의 땅을 사 두는 것이 좋다. 이곳에서는 태양의 종말을 비교적 안전한 상태에서 관람할 수 있기 때문이다.

핵융합 반응을 더 이상 할 수 없게 된 태양의 중심부는 수천 km까지 수축되고 온도는 2만℃까지 내려간다. 이것이 바로 백색 왜성이다. 핑크 플로이드(Pink Floyd, 영국의 록밴드 : 옮긴이)의 곡 "미치광이 다이아몬드여, 빛을 발하라(Shine On, You Crazy Diamond)"는 이중적인 의미를 내포하고 있다. 이 곡은 밴드의 창설자이자 마약과 광기에 시달렸던 시드 배릿Syd Barrett에게 경의를 표함과 동시에, 마지막 단계에 이른 별의 찬란함을 찬양한다는 의미이다.

식어 버린 태양 속에는 탄소가 풍부한 금속이 함유되어 있는데, 이들은 기체 상태 흑연과 다이아몬드의 중간쯤에 해당하는 이상한 상태로 존재하며, 한 줌의 무게가 점보 제트기와 맞먹을 정도로 밀도가 높다. 이제 태양은 찬란했던 과거를 뒤로하고 남은 열을 우주 공간으로 흘려보내면서 점차 노란색에서 붉은색으로 변해 가다가, 결국에는 검은 잔해만 남게 된다.■3

지구에서 도망가기

떠나자, 우주로!

태양과 지구가 더 이상 우리에게 우호적이지 않다면, 그리고 미래의 인간(또는 다른 종)이 이런 상황에서 무언가 조치를 취할 수 있을 정도로 똑똑하게 진화했다면, 그들에게 주어진 최상의 선택은 지구를 탈출하는 것이다. 그러나 현재의 우주여행 방식은 매우 원시적인 수준이다. 아직도 로켓은 안전장치가 잔뜩 부착된 폭탄일 뿐이며, 최초의 우주 비행사는 기저귀를 차고 가야 했다. 지금까지 약 500명의 사람들이 우주에서 무중력을 경험했고, 그들 중 5%는 임무 수행 중 사망했다(다른 경우와 비교하자면, 에베레스트 산에 올랐던 2,700명의 산악인들 중 10%가 사고로 사망했다). 미래학자들이나 몽상가들이 볼 때 현재 진행 중인 우주개발 프로그램은 별로 만족스럽지 않을 것이다.

나는 개인적으로 캡슐에 든 우주식을 먹지 않아서 행복하고 하늘을 날아다니는 후버 카가 없어도 크게 불편하지 않지만, 죽기 전에 우주로 나가서 다른 세계에 발을 디뎌보고 싶은 것도 사실이다. 그러나 우주여행 개발은 진전 속도가 너무 더디다. 러시아 우주국에서 민간인 우주여행 프로그램을 실행하고 있지만, 나에게 2000만 달러는 턱도 없이 큰돈이다. 아무래도 우주여행이 일상화되려면 우리 아이들이나 손자들 시대쯤 가야 할 것 같다.

무엇이 문제인가? 우주개발 프로그램은 2차 세계 대전이 끝난 직후 초강대국으로 부상한 미국과 소련(러시아)의 과도한 경쟁에서 시작되었으며, 향후 수십 년간 두 나라 정부 요원들의 관리하에 진행되었다. 어떤 일이건 비밀이 많으면 효율성과 개선도는 떨어지기 마련이다. 우주의 본질을 파악하는 게 목적이라면 사람이 직접 가는 것보다 원격 감지기를 보내는 편이 훨씬 싸게 먹힌다. 현재 지상에서 운영되는 대형 천체 망원경은 현존하는 별의 95%를 볼 수 있고 은하의 세부 구조를 파악할 수 있으며, 우주 공간에서 수소보다 수조 배 이상 적은 희귀한 원소를 추적할 수도 있고, 멀리 있는 별의 행성까지 찾을 수 있다. 그런데도 NASA는 30년 된 우주 왕복선을 계속 사용하고 있으며, 이들 중 두 대가 끔찍한 참사를 겪으면서 14명의 우주인이 사망했다. 지금까지 NASA는 12명의 우주인을 달에 보냈고 약 450kg의 월석을 가져왔지만, 소득에 비해 너무나도 어렵고 돈이 많이 드는 일이었다.

사실, 두 강대국이 우주 개발을 완전히 독점한 것은 아니다. 처음 30년 동안 우주 관련 프로젝트는 미국과 소련 사이에서 벌어지는 냉전의 상징이었으나, 후에 중국이 막강한 경제력을 과시하며 그 대열에 끼어들었고 지금은 개인 기업들이 우주여행을 상업화하는 단계까지 접어들었다. 이제 우주 개발은 어두웠던 과거를 뒤로하고 밝은 미래를 향해 나아가고 있다.

미국에서는 1984년에 상업 우주 개발 조례Commercial Space Launch Act가 통과됐고, 러시아는 1997년을 전후하여 대부분의 우주선 발사를 민영화했다. NASA도 민간업체에 눈을 돌려 2006년에 5억 달러의 협동 기금을 마련했으며, 2008년에 첫 번째 계약을 채결했다. 사사건건 충돌했던 정부와 민간 업체가 손을 잡기 시작한 것이다.

민간 우주 프로그램의 산실인 모하비 사막(Mojave Desert, 미국 캘리포니아 주에 있는 사막 : 옮긴이)은 항공기 디자이너인 버트 루탄Burt Rutan이 우주를 향한 꿈을 키웠던 곳이기도 하다. 로켓의 창시자 베르너 폰 브라운Wernher von Braun을 영웅으로 섬겼던 그는 어린 시절부터 로켓을 만들어 왔으며, 초경량 비행기로 운항 거리 신기록을 세우기도 했다. 1982년에 스케일드 컴포지트Scaled Composites사를 설립한 루탄은 2004년에 실험용 비행기를 제작하여 우주 비행에 두 차례 성공함으로써 안사리 X상(Ansari X prize, 정부 기관의 도움 없이 자체 개발한 3인승 로켓이나 우주선에 최소 1명이 탑승하여 우주가 시작되는 고도〈약 100km〉에 도달한 뒤 무사 귀환한 다음 2주일 안에 똑같은 유인 우주여행을 다시 성공한 팀(또는 개인)에게 수여하는 상 : 옮긴이)을 차지했다. 그러나 루탄은 상금 때문에 이 일을 하는 사람이 아니다. 그는 1000만 달러의 상금을 받기 위해 1억 달러를 투자했다. 비행 기술을 개선하기 위한 공모전은 이미 20세기 초에 실행된 적이 있는데, 그때도 큰 성공을 거둔 바 있다.

이로써 물꼬는 트인 셈이다. 인터넷 사업가들도 우주 개발에 적극적으로 투자하고 있으며, 가끔은 돈을 들여 우주 관광에 참여하기도 한다. 미국 연방 항공청(FAA, Federal Aviation Administration)이 주관하는 저가형 로켓 발사 프로젝트에 등록된 회사만도 18개나 된다. 궤도 비행은 이미 성공했고, 스페이스 아일랜드 그룹Space Island Group이라는 회사는 민간 우주 정거장을 건설하여 개인에게 임대한다는 계획까지 세워 놓고 있다. 중량 1kg당 1만 달러에 달했던 발사 비용도 지금은 1,000달러까지 떨어졌다. 평균 체격의 어른 한 사람당 7만 달러가 드는 셈이다. 여기서 비용을 더 절감한다면 모든 사람이 큰 부담 없이 우주여행을 하게 되는 날이 곧 찾아올 것이다. 가장 최근에 시작된 우주 경연 대회는 '문 2.0Moon 2.0'으로 불리는 구글 루나 X 프라이즈Google Lunar X Prize로서, 2012년까지 달에 탐사선을 착륙시키고 임무를 성공적으로 수행한 팀에게 2000만 달러의 상금이 수여된다. 이처럼 민간 우주개발은 지난 10년간 눈부신 발전을 이루었다.

과거에는 우주여행이 몽상가들의 전유물이었지만, 지금은 과학자와 공학자들의 정식 연구 대상이 되었다. 나의 연구 동료인 로버트 본드Robert Bond도 우주여행에 관심이 많다. 그는 영국의 컬햄Culham에 있는 원자 에너지 연구소에서 핵융합을 연구하다가 정부의 관료주의적 행태와 변덕스러운 정책에 염증을 느끼고, 궤도 비행용 램제트기와 액체 연료 로켓을 개발하는 리액션 엔진 리미티드Reaction Engines Limited라는 사기업으로 자리를 옮겼다. 유럽 연합의 여러 국가들은 아직도 1회용 구식 로켓 개발에 집중적으로 투자하고 있는데, 이 회사는 그 고정 관념을 뛰어넘은 것이다.

어느 화창한 여름날, 우리 일행은 옥스퍼드 근처에 있는 본드의 집 마당에서 맥주를 마시고 있었는데, 그 자리에서 본드는 자신이 새로 개발한 기술을 설명하면서 머지않아 우주여행이 상용화될 것이라고 호언장담했다. 그는 주말마다 기타로 70년대 록 음악을 연주하며 여가를 즐기는 부드러운 사람이지만, 우주여행을 대하는 자세만큼은 누구보다 진지했다. 나는 본드의 주장을 반신반의하면서 영국의 푸른 하늘을 바라보며 곧 다가올 미래를 머릿속에 그려 보았다.

인류의 미래를 우주에서 찾아야 한다는 주장은 더 이상 허튼 소리가 아닌 것 같다. 로버트 본드가 몸담고 있는 리액션 엔진 리미티드사와 리처드 브랜슨Richard Branson의 버진 갤럭틱사Virgin Galactic는 세계 최초의 민간 우주 여객선인 '스페이스십 투SpaceShipTwo'를 개발하고 있는데, 스티븐 호킹도 이들의 계획에 지대한 관심을 보이고 있다. 여기서 잠시 호킹의 말을 들어 보자. "나는 인류가 앞으로 1,000년 이내에 우주로 진출하지 않으면 생존하지 못하리라 생각한다. 지구에 닥칠 수 있는 재앙은 한두 가지가 아니다. 그러나 나는 낙천주의자다. 인류는 반드시 다른 별로 진출할 것이다."[4] 처음에는 비용도 많이 들고 기술적 문제를 해결하기도 쉽지 않겠지만, 우주는 여전히 우리의 상상력을 자극한다. 프랑스의 작가 생텍쥐페리는 이렇게 말했다. "큰 배를 건조할 때 인부들을 강제로 소집하여 나무를 실어 나르고 못질을 하라고 시켜선 안 된다. 그들로 하여금 광대한 바다를 동경하도록 만드는 것이 최선의 방법이다."

무거운 짐이나 사람을 우주선으로 실어 나르지 않고 공간 이동teleportation 시킬 수는 없을까? 이것은 지난 50여 년 동안 SF 소설에 단골로 등장했던 메뉴이다. 공간 이동이란 물체를 직접 이동시키지 않고 물체와 관련된 모든 정보를 원자 단위까지 알아낸 후 멀리 떨어져 있는 장소로 그 정보를 전송하는 기술이다. 이때 전송 속도는 광속과 같기 때문에 결국은 빛의 속도로 이동한 것과 동일한 효과가 있다. 이 기술이 개발되면 중요한 물건(또는 사람)의 원본 정보를 저장해 두었다가, 훗날 원본에 문제가 생겼을 때 대치할 수도 있다. 이는 컴퓨터 파일을 백업받는 것과 동일한 원리이다. 꽤 오랜 시간 동안 물리학자들은 얽힌 양자 상태entanglement of quantum state가 양자 비트(큐비트, qubit) 정보를 전달하는 데 방해가 된다고 생각해 왔다. 그러나 1993년에 IBM의 연구원 찰스 베넷Charles

Bennet은 공간 이동이 원리적으로 가능하다는 논문을 발표하여 세상을 놀라게 했다.[5]

그러나 실험실에서 공간 이동을 구현하기란 결코 쉽지 않다. 지난 2009년에 조인트 양자 연구소Joint Quantum Institute의 크리스토퍼 먼로Christopher Monroe와 그의 동료들은 두 개의 이테르븀(Yb)원자를 절대온도 0도(−273℃)에 가깝게 냉각시킨 후 마이크로파를 이용하여 두 원자를 '양자적으로 얽힌 상태'로 만드는 데 성공했다.[6] 그리고 광자를 이용하여 1m 거리를 두고 떨어져 있는 두 원자의 양자 상태를 '읽어 냈다.' 즉, 양자 정보가 실제로 전송될 수 있음을 입증한 것이다. 그러나 스타트렉처럼 극적인 장면은 아니었다. 지금의 기술로는 공간 이동에 성공할 확률이 1억 분의 1에 불과하며, 1m 전송하는 데 10분이 걸린다. 그래서 먼로는 "아직도 갈 길이 멀다"고 했다.

식민지 건설

갈 길은 멀지만 초입에 도달한 것은 사실이다. 지구의 일생을 십억 년 단위로 펼쳐 보면 대륙이 나타나고, 이산화탄소의 농도가 생명 활동에 필요한 수준 이하로 떨어지고, 바닷물이 끓어오르고, 지표면이 바싹 구워지면서 완전히 소독되고, 지구가 죽음의 나선 운동을 시작하면서 태양에 빨려 들어가는 모습이 보인다. 천문학자들은 지구의 미래가 그리 아름답지 않다는 데 대체로 동의하고 있다. 2008년에 발견된 백색 왜성 GD 362의 주변에는 바위 조각이 공전하고 있었는데, 이것은 그 주변을 돌다가 산산이 부서진 행성의 잔해일 것으로 추정되고 있다. 지구의 미래도 이와 크게 다르지 않을 것이다.

더 좋은 거주지로 이사 갈 수는 없을까? SF 작가들은 외계 행성을 지구와 비슷한 환경으로 개조한다는 아이디어를 꾸준히 제기해 왔다. 영국의 SF작가인 올라프 스태플던Olaf Stapledon이 1930년에 발표한 소설《최초이자 최후의 사람들First and Last Men》에는 금성을 인간이 살 수 있도록 개조한다는 내용이 나온다. 킴 스탠리 로빈슨Kim Stanley Robinson의 화성 3부작(붉은 화성, 푸른 화성, 녹색 화성)에도 이와 비슷한 아이디어가 등장한다. 이 분야에 관심을 둔 대표적인 과학자는 칼 세이건이다. 그는 1961년에 금성을, 그리고 1973년에는 화성을 식민지화하는 가상의 이야기를 책으로 펴내 학계의 관심을 끌었다. 이 책의 핵심은 행성이나 위성의 환경을 인간에게 맞도록 개조하여 그곳으로 이주한다는 것이었다.

태양은 점차 뜨거워질 것이므로 지구보다 태양에 가까운 금성은 포기하고, 화성에 초점을 맞춰서 생각해 보자. 화성과 태양 사이의 거리는 지구와 태양 사이의 거리의 약 1.5배이므로, 화성으로 가려면 꽤 많은 시간이 걸릴 것이다. 그러나 지구의 자원을 완전히 탕진한 후에 이주할 장소로는 화성만 한 곳이 없다. 결코 만만한 작업은 아니지만, NASA는 오래 전부터 화성 식민지 개척 프로젝트를 신중하게 추진해 왔다.

행성의 개척은 3단계 과정을 거쳐 이루어진다. 첫 번째 단계는 행성의 환경을 생명 활동에 적절하도록 개조하는 것이다. 화성의 표면은 춥고 건조하며 완전한 불모지로 알려져 있다. 그러므로 사람이 이주하려면 무엇보다도 기온을 높이고 대기층을 두텁게 만들어야 한다. 화성학회의 설립자인 로버트 주브린Robert Zubrin과 NASA의 아메스 연구 센터Ames Research Center의 크리스 맥케이는 그 구체적인 방안을 제시했다. 그런데 미생물이 살 수 있는 기초 환경을 만드는 데만도 수천억 달러의 비용이 투입되고, 시간적으로도 50년의 세월이 소요된다. 여기서 입이 딱 벌어지는 독자들도 있겠지만, 사실 돈이 문제가 아니다. 이것은 세계를 구하는 프로젝트이기 때문이다![7]

화성의 북극에 폭 80km짜리 초대형 거울을 설치하여 얼어붙은 이산화탄소를 녹인다는 아이디어가 제안되었으나, 이것도 만만한 작업은 아니다. 암모니아와 물을 잔뜩 머금은 채 태양계로 진입한 소행성이 발견된다면, 얼어붙은 휘발성 기체를 연료 삼아 로켓을 발사하여 소행성의 진로를 화성 쪽으로 유도할 수 있다. 혜성도 이와 같은 방법으로 활용이 가능하다. 소행성이나 혜성이 화성에 충돌하면 다량의 질소가 방출되면서 대기층이 더욱 두꺼워질 것이다. 최후의 방법으로는 화성 표면에 클로로플루오로카본(프레온 가스)을 생산하는 발전소를 건설하여 온실가스를 배출하는 것도 고려해 볼 만하다. 이런 가스들은 지구에서 압축시킨 후 로켓에 실어 화성으로 배달할 수도 있다.

화성 개척 프로젝트에는 폐기물을 재활용하는 피드백 과정이 반드시 포함되어야 한다. 화성의 극지방에서 얼음을 녹여 이산화탄소가 방출되면 기온이 올라가면서 얼음의 녹는 속도가 더욱 빨라질 것이다. 주브린과 맥케이는 "화성에서 물의 순환이 이루어지면 대기가 두꺼워지고 기온도 올라간다"고 주장한다. 만일 그렇다면 펌프나 굴착기보다 대수층(帶水層, 지하수를 내장한 침투성 지층 : 옮긴이)을 활용하는 것이 바람직하다.

환경 개조가 어느 정도 이루어지면 두 번째 단계인 '생태계 형성 프로젝트'가 시작된다. 가장 그럴듯한 방법은 극한 미생물을 우리의 목적에 맞게 개량하여 화성에 유포하는 것이다. 이들이 복사열을 이겨 내고 산소를 생산한다면, 인간이 호흡할 수 있도록 화성의 대기를 조절하는 마지막 단계로 넘어갈 수 있다. 두 번째 단계가 진행되는 동안에 확장 가능한 거주지를 건설해 두는 게 좋다. 이 과정에는 어쩔 수 없이 사람이 필요한데, 인공호흡 장치는 반드시 필요하지만 거추장스러운 압력 조절복은 입지 않아도 된다. 어쨌거나 화성을 지구처럼 개조하려면 수천 년은 족히 걸릴 것이다. 여기서 시간을 단축하려면 그만큼 돈을 들여야 한다.

행성 개척을 주장하는 사람들은 몽상가가 아니라 주류 과학자와 공학자들이다. 그러나 이들은 생각만 너무 앞서 가고 있다. 수십억 인류가 거주할 만한 새로운 행성을 개척하려면 그야말로 천문학적 비용이 투입되어야 한다. 개척이 완료되었다고 해도, 그곳으로 사람들을 이주시키는 것은 또 다른 문제이다. 우주 엘리베이터를 건설하거나 행성 간 로켓 셔틀 버스를 제작하여 끊임없이 실어 날라야 한다. 이것이 과연 효율적인 방법일까? 무언가 좀 더 현실적이고 효율적인 방법이 있지 않을까?[8]

소행성을 이용하라

앞에서 말한 바와 같이, 움직이는 별이 혜성 구름을 건드리면 그들 중 상당수가 구름을 이탈하여 지구를 향해 날아올 수도 있다. 그러나 더욱 긴 시간 스케일에서 보면 가까운 별이 태양계 근처를 지나면서 지구를 날려 버릴 가능성도 있다. 태양이 적색 거성으로 변하기 전에 이런 재앙이 발생할 확률은 약 10만 분의 1이다. 이보다 확률은 작지만 훨씬 드라마틱한 사건도 일어날 수 있다. 태양계로 쳐들어온 별의 중력에 극적으로 지구가 잡혀서 새로운 별을 태양으로 삼아 공전하게 될 확률은 200만 분의 1이다. 그렇다면 여기에 희망을 걸어야 할까? 희망은 물론 좋은 것이지만 문제의 해결책이 될 수는 없다.

지구를 안전한 지역으로 조심스럽게 옮길 수는 없을까? 지구 상에서는 어떤 짓을 해도 불가능하다. 중국 인구 전체를 동시에 뛰어오르게 하거나(그래도 지구에는 아무런 영향도 미치지 못한다) 전 세계의 모든 폭죽을 동시에 터뜨릴 수는 있어도, 지구인이 지구를 옮길 수는 없다. 그렇다면 커다란 소행성 여러 개를 끌어 모아서 지구를 향하도록 만들면 어떨까? 지구와 충돌하지 않도록 조심하면서 소행성들이 중력을 발휘하여 지구의 위치를 조금 바꾸도록 만들 수도 있지 않을까? 이론적으로는 가능해 보이는데, 과연 로켓 과학자들이 이것을 실행에 옮길 수 있을 정도로 똑똑할까?

이것은 결코 먼 이야기가 아니다. NASA는 이 방법을 일찍 간파하여 여러 번 써먹었다. 길릴레오 탐사선과 카시니 탐사선은 목성과 토성의 중력으로부터 에너지를 얻어서 태양계 끝까지 날아갈 수 있었다. 이것을 '슬링샷 효과'라고 하는데, 원리는 다음과 같다. 탐사선이 움직이는 행성의 뒤쪽으로부터 따라붙으면 행성의 중력으로부터 에너지를 획득하여 속도가 빨라지고, 행성은 공전 속도가 느려지면서 태양에 조금 더 가까워진다. 그러나 목성과 같은 대형 행성은 질량이 워낙 커서 탐사선 하나 때문에 공전 속도가 느려지지는 않고, 탐사선만 속도를 얻어 멀리 날아가게 된다. 이 과정은 반대로 일어날 수도 있다. 즉, 탐사선이 행성의 앞쪽에서 접근하면 탐사선의 속도가 느려지고 행성의 공전 속도가 빨라지면서 태양과의 거리가 조금 멀어진다(여기서 '앞'과 '뒤'는 행성의 진행 방향을 기준으로 정한 것이다. 즉, 행성이 나아가는 방향이 '앞쪽'이고, 그 반대가 '뒤쪽'이다 : 옮긴이).

돈 코리칸스키Don Korycansky와 그레그 러플린Greg Laughlin, 그리고 프레드 애덤스는 소행성을 이용하여 지구를 움직이는 방법을 연구하는 과학자로서, 2001년에 연구 결과를 천문학 논문집에 발표했다.[9] 이들은 "롱아일랜드(Long Island, 미국 뉴욕 주 남동부에 있는 섬. 면적은 4,463km^2이며 최대 너비는 37km, 길이는 190km이다 : 옮긴이)만 한 크기의 소행성에 태양력으로 작동하는 로켓을 부착하여 지구에 16,000km까지 접근시키면 지구가 태양으로부터 16km 멀어진다"고 주장했다. 물론 이 정도로는 부족하다. 지구를 더 옮기려면 소행성을 재활용해야 한다. 즉, 지구를 16km 옮긴 후 소행성을 목성으로 보내서 슬링샷 효과로 속도를 얻게 한 후, 지구 쪽으로 되돌아와 지구를 또 다시 밀어내도록 만드는 것이다. 그러나 목성은 아주 멀기 때문에 지구를 한 번 밀어내는 데 10년이 걸린다. 이런 과정을 100만 번쯤 반복하면 지구는 화성보다 더 멀어지게 된다. 간단히 말하자면 소행성이 목성의 에너지를 지구로 운반하여 지구의 공전 궤도를 더 크게 만든다는 것이다.

아이디어 자체는 기발하지만, 여기에는 커다란 위험이 도사리고 있다. 롱아일랜드 섬만 한 소행성이 지구로부터 16,000km 거리까지 접근하면 그 자체만으로도 공포의 대상이다. 지구에서 하늘을 바라보면 소행성이 거의 달만 한 크기로 보일 것이다. 이 소행성이 지구에 행사하는 조력潮力은 달보다 10배나 강해서 곳곳에 초대형 폭풍과 쓰나미가 발생한다. 따라서 소행성이 머리 위로 지나갈 때마다 지하로 숨어야 한다. 또한 한 번 밀어 낼 때마다 생기는 오차는 아주 작은 양이겠지만, 같은 과정을 반복하다 보면 소행성이 지구와 충돌할 수도 있다. 그러면 지구는 박테리아조차 살아남을 수 없는 불모지가 될 것이다. 러플린이 지적한 대로, 여기에는 윤리적 문제도 있고 실패의 대가도 너무 크다. 생존에 위협을 느낀다고 해서 이런 무모한 방법까지 동원해야 할까?

그 결정을 우리가 내려야 하는 상황이 오지 않기를 바랄 뿐이다.

신인류의 탄생

태양계에 극적인 변화가 나타났을 때, 어떤 인류가 끝까지 살아남을 것인가? 자신의 몸을 냉동 상태로 보관중인 사람들에 대해서는 앞에서 이미 언급한 바 있다. 이들은 미래에 신기술이 개발되어 건강한 몸으로 소생하기를 바라면서 자신의 목숨을 담보로 맡긴 사람들이다. 레이 커즈와일은 머지 않은 미래에 인간이 생물학적 한계를 넘어설 것이라고 단언했다. 그러나 이것은 '트랜스휴머니즘Transhumanism'이라는 거대한 철학적 운동의 한 부분에 지나지 않는다.

흔히 'H+'라는 약자로 표현되는 트랜스휴머니즘은 과학 기술을 이용하여 인간의 정신적, 육체적 능력을 개선하고 질병과 노화, 죽음 등을 극복하려는 국제적 운동이다. 여기서 말하는 이상적인 인간은 스포츠카와 사람의 몸을 합쳐 놓은 것과 비슷하다.

이 운동은 황당할 정도로 미래 지향적이지만, 기원전 2000년경에 쓰인 길가메쉬 서사시나 중세 르네상스 시대의 인본주의와 통하는 면도 있다. 현대판 인본주의라 할 수 있는 트랜스휴머니즘은 컴퓨터 과학자 마빈 민스키Marvin Minsky에서 시작되어 1980년대에 UCLA의 학자들 사이로 퍼져 나갔다. 그들 중 한 사람인 FM-2030(본명은 F.M. Esfandiary)은 이란 출신의 미래학자로서 과학 서적과 소설을 여러 권 집필했으며, 냉동 인간 보존 회사인 알코어 생명 연장 재단Alcor Life Extension Foundation에 몸을 의탁한 고객 중 한 사람이다. 그는 냉동 인간이 되기 전에 이런 말을 한 적이 있다. "나는 어쩌다 잘못해서 20세기에 태어난 21세기형 인간이다.

나는 다가올 미래에 대해 아련한 향수를 갖고 있다."

도나 해러웨이Donna Haraway의 페미니즘도 트랜스휴머니즘의 영향을 받은 것이다. 그녀는 《사이보그 선언문Cyborg Manifesto》이라는 책을 통해 오이디푸스 콤플렉스나 기독교적 사고방식에서 탈피하여 성性을 초월한 인본주의로 돌아갈 것을 강조했다.■10 1988년에는 세계 트랜스휴머니즘 협회World Transhumanism Association가 창설되어 100개국 5,500명의 회원들이 활동하고 있으며, 최근 들어 휴머니티+Humanity+로 이름을 바꾸었다. 협회의 이름과 동일한 제목으로 출간되는 홍보지의 편집자 시리우스(R.U. Sirius, 본명 켄 고프만Ken Goffman)는 2000년에 미국 혁명당Revolution party을 이끌던 사람이다.

그러나 트랜스휴머니즘은 논쟁의 여지가 다분하며, 일반인들 사이에서 종종 오해를 사곤 한다. 트랜스휴머니스트의 목표는 인간의 몸을 바꿔서 더 건강하고 오래 사는 것뿐만 아니라, 이러한 기술이 지역이나 신분에 따라 불평등하게 적용되지 않도록 형평성을 유지하는 것이다. 유전학자 할데인J. B. S. Haldane은 1932년에 "일반인들은 생물학과 유전 공학 분야에서 개발된 새로운 기술을 신성 모독으로 치부하거나 오용될 소지가 있는 무모한 기술로 생각하는 경향이 있다"고 지적한 바 있다. 프란시스 후쿠야마Fransis Fukuyama는 "세상에서 가장 위험한 생각"이라고 비난한 반면, 트랜스휴머니즘의 지지자인 로널드 베일리Ronald Baily는 "가장 대담하고 과감하며, 상상력이 넘치고 이상적이면서 가장 야심찬 운동"으로 평가했다.

닉 보스트롬Nick Bostrom은 세계 트랜스휴머니즘 협회의 공동 설립자로서, 옥스퍼드 대학의 철학과 교수이자 미래 인류 연구소Future Humanity Institute의 소장이기도 하다. 그는 우주 전체가 뜨거워지면서 어쩔 수 없이 맞이하는 죽음 이외에는 어떤 죽음도 극복할 수 있다고 주장한다. 또한 그는 생물학적 두뇌와 무관하게 첨단 기술을 사람의 마음에 '업로드'할 수 있다고 굳게 믿고 있다. 그의 웹사이트에는 140쪽이 넘는 논문과 함께 다음과 같은 글이 실려 있다. "냉동시킨 두뇌를 얇게 썰어서 각 조각을 첨단 장비로 스캔한 후 영상 처리 과정을 거치면 두뇌 신경망의 3차원 지도를 그릴 수 있다."[■11] 보스트롬은 대부분의 학자들이 이 아이디어를 대수롭지 않게 여긴다면서 다음과 같이 말했다. "나의 목표는 모든 인류가 자신의 미래를 논리적으로 신중하게 생각하고, 더욱 현명한 자세로 도전하도록 유도하는 것이다."

섣부른 생각 같지만, 트랜스휴머니스트들은 인류가 21세기 중반에 마주치게 될 문제들을 이미 신중하게 고려하고 있다. 그들은 "새로운 기술을 배척하는 것보다는 적극적으로 수용하는 것이 인간을 위해 훨씬 더 유리하다"고 주장한다. 이들이 펼치는 운동은 결코 인간 중심적이지 않다. 이들의 목표는 인간을 비롯하여 인조인간과 미래형 인간, 그리고 모든 동물의 삶에 '웰빙well-being'을 구현하는 것이다. 그렇다면 여기서 흥미로운 질문이 떠오른다. 미래란 '무엇'인가? 아니, 미래는 과연 '누구'인가?

9장

은하수를 보라!

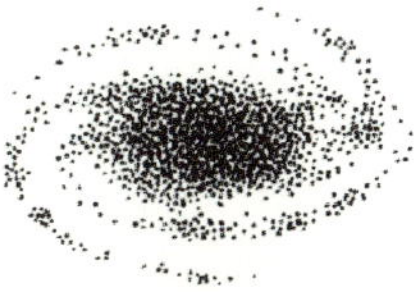

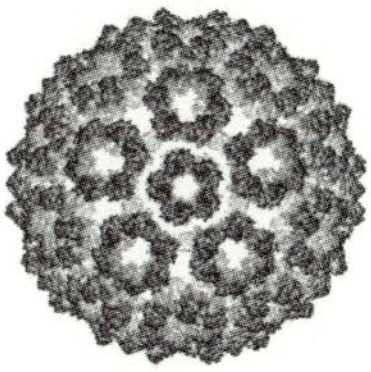

은하수에는 인간의 감정이 다양하게 투영되어 있다. 고대 그리스의 신화에 의하면 태양신 헬리오스Helios의 아들 파에톤Phaeton은 자신이 태양 마차를 타고 하늘을 날아다닐 수 있다고 굳게 믿었다. 헬리오스는 파에톤에게 다른 일을 할 것을 권했으나, 그는 말을 듣지 않고 네 마리 말이 끄는 태양 마차에 올라탔다. 그런데 말들은 마차가 전보다 가벼워졌다고 느끼고 하늘 위로 치솟아 올랐다가 지상으로 접근하는 등 제멋대로 날뛰었다. 그 바람에 지구의 어떤 곳은 얼어붙고 어떤 곳은 말라붙는 등 곳곳에 재앙이 닥쳤다.

인도와 아프리카에 살던 사람들은 태양이 너무 가까이 오는 바람에 피부가 검게 그을렸다. 제우스는 더 이상의 피해를 막기 위해 마차에 번개를 던졌고, 파에톤은 유프라테스 강 기슭에 떨어져 죽었다. 신들은 그의 죽음을 애도하면서 강을 하늘로 옮겨 에리다누스 별자리로 만들었다. 그리고 태양 마차가 하늘을 지나가면서 그을렸던 자국은 은하수가 되었다.

다른 전설에서는 하늘에 퍼지는 빛을 질투의 감정과 연관시키고 있다. 제우스의 부친인 크로노스Cronus의 신화가 바로 그런 경우이다. 그는 하늘의 제왕이라는 타이틀을 지키기 위해 자신의 아이들을 낳는 족족 모두 삼켜버렸다. 더 이상 남편의 질투심 때문에 아이를 잃지 않겠다고 결심한 아내 레아Rhea는 제우스를 낳았을 때 아기 대신 돌멩이를 강보에 싸서 남편에게 주었다. 그런데 이상하게도 크로노스는 아기를 삼키기 전에 마지막으로 젖을 먹이라고 레아에게 권했다. 레아는 어쩔 수 없이 단단한 돌멩이를 젖가슴으로 눌렀고, 그때 새어나온 젖이 하늘에 흩어지면서 은하수가 되었다.

또 다른 전설도 있다. 헤라클레스Hercules는 어렸을 때 헤라Hera 여신의 지혜를 얻기 위해 그녀의 젖을 먹었다. 그런데 그 아이가 제우스와 다른 여인 사이에 태어난 사생아임을 눈치 챈 헤라는 젖을 물고 있는 아이를 손으로 밀쳐냈고, 그때 흩어진 모유는 은하수가 되었다. 이 이야기는 훗날 베네치아의 거장 틴토레토Tintoretto에 의해 그림으로 되살아나 런던 국립 미술관에 보관되어 있다.

동양에서 은하수는 사적인 감정을 초월한 경배의 대상이었다. 아시아 인들은 하늘을 가로지르는 가느다란 별의 띠가 하늘에 흐르는 '은빛 강물'이라고 생각했다. 베트남 전설에 의하면 옛날에 베를 짜는 요정과 소 떼를 돌보는 소년이 살았는데, 이들이 서로 사랑에 빠져 자신의 일을 소홀히 하는 바람에 황제의 노여움을 샀다. 황제는 은빛 강Milky Way을 사이에 두고 두 남녀가 떨어져 살도록 명령했다. 이들이 바로 견우성Altair과 직녀성Vega이다. 그러나 마음 한편으로 그들을 불쌍히 여긴 황제는 1년에 한 번씩 만나는 걸 허락했는데, 그날이 바로 음력 7월 7일, 즉 칠석날이었다.

은하수는 중앙아메리카의 우주 창조 설화에서도 중요한 역할을 하고 있다. 마야 인들은 은하수를 '세계의 나무World Tree'라고 불렀고, 은하의 별들 하나하나가 생명의 나무라고 생각했다. 8월의 새벽에 하늘을 바라보면 은하수가 하늘의 꼭대기에서 천정(天頂, zenith, 땅 위의 수직선이 하늘과 만나는 지점 : 옮긴이)을 통과한다. 마야의 전설에 의하면 북두칠성은 원래 지상에 살던 사슴과 사냥꾼들이었는데, 땅과 하늘이 멀어지면서 생명의 나무 위에 매달린 별이 되었다고 한다.

그 많은 별들이 어떻게 모여 있을까

하루살이가 볼 수 있는 것

하루살이는 물속에서 태어나 유충기를 보내고, 성충이 되면 공중으로 날아올라 하루를 채 살지 못하고 죽는다. 물속에서는 거의 1년을 살지만, 일단 날개를 펼치고 날아오르면 단 몇 시간밖에 살지 못하는 것이다. 여기, 자연을 무척 동경하는 하루살이가 막 성충이 되었다고 가정해 보자. 이 녀석은 숲 속을 여기저기 날아다니면서 눈에 뜨이는 모든 것의 의미를 심사숙고하고 있다. 단 몇 시간 동안 하루살이는 숲에서 무엇을 볼 것이며, 어떤 사실을 알게 될 것인가?

하루살이의 눈에는 다른 곤충이나 동물도 보이겠지만, 이들의 존재는 푸르고 광활한 숲의 위용에 가려 크게 부각되지 않을 것이다. 숲의 바닥에는 이끼와 꽃을 비롯한 온갖 초목들이 무성하게 자라 있고 그 사이로 어린 나무들이 고개를 내밀고 있으며, 다 자란 나무들은 하늘을 찌를 기세로 높게 솟아 있다. 어떤 나무는 껍질이 벗겨져 있고, 또 어떤 나무는 까맣게 타거나 여러 줄기로 갈라져 있다. 땅에 쓰러져 있는 통나무도 간간이 눈에 뜨인다. 하루살이는 잎사귀도 없고 가지도 없이 덩그렇게 쓰러져 있는 통나무를 보고 그것이 한때 하늘로 치솟아 있던 나무였음을 짐작조차 하지 못한다. 통나무 중 일부는 벌레와 비바람의 공격에 크게 훼손되어 있어서, 나무보다는 차라리 흙더미에 가깝게 생겼다.

이런 상황에서 하루살이는 자신이 보았던 생명체인 벌레와 동물들이 숲의 주인이라고 생각할 것이다. 간간이 잎사귀가 떨어지고 꽃들은 항상 태양을 바라보며 돌아가지만, 대부분의 나무와 식물들은 별로 하는 일이 없는 것처럼 보인다. 반면에 동물들은 먹이를 찾아 돌아다니고, 수시로 굴을 파고, 벌은 꿀을 찾아 꽃들 사이를 날아다니고, 개미는 열심히 식량을 실어 나르고 있다. 이 모든 행동에는 무언가 목적이 있는 듯하다. 그리고 모든 활동의 배경이 되는 숲은 거의 변하지 않는 것처럼 보인다. 다람쥐가 볼 때 참나무는 그냥 집일 뿐이며, 도토리나무는 식량을 제공하는 저장소일 뿐이다.

과연 하루살이는 잠시 동안 숲을 날아다니면서 숲 속의 모든 것들이 서로 연결되어 있다는 사실을 깨달을 수 있을까? 도토리는 자라서 묘목이 되고, 묘목이 자라면 둘레 9m에 키가 30m에 달하는 거목이 되고, 그 후에 죽어서 쓰러지면 통나무가 되고, 여기서 또 오랜 세월이 지나면 다른 식물의 영양분이 된다는 사실을 알 수 있을까? 과연 하루살이는 식물이 성장하고 번식한다는 것을 알 수 있을까? 도토리는 다람쥐의 식량이자 벌레들의 집이며, 이 모든 것들이 거대한 순환의 일부임을 알아차릴 수 있을까? 하늘에서 번개가 떨어지듯이 나무에서 온갖 애벌레와 딱정벌레들이 떨어질 수도 있다는 것을 과연 하루살이는 알 수 있을까?

짧은 일생 동안 이 사실을 깨달으려면 엄청난 행운이 따라야 한다. 하루살이가 천둥 치는 날에 태어났다면, 번개를 맞아 쓰러지는 나무도 있다는 사실을 알았을 것이다. 또는 운 좋게 도토리가 떨어지는 모습을 보았다면 그 후에 벌어질 일을 짐작할 수도 있다. 그러나 그와 같은 도토리가 나무 위에 1만 개나 매달려 있다는 사실은 알기 어려울 것이다. 숲 전체의 나무들 중 하루에 평균 한 그루가 쓰러진다고 해도, 아주 가까운 곳에서 쓰러지지 않으면 하루살이는 그것을 눈치 채지 못할 것이다.

은하를 관측하는 지구의 천문학자들이 바로 이런 처지에 놓여 있다. 은하의 수명과 비교할 때, 천문학자의 삶은 숲 속을 날아다니는 하루살이보다 더 짧다. 하루살이의 수명은 참나무의 100만 분의 1이라도 되지만, 인간의 수명은 은하의 10억 분의 1도 되지 않는다. 우리가 볼 때 은하는 그저 변하지 않는 배경일 뿐이다.■[1] 우리는 천체의 자전이나 공전을 눈으로 확인할 수 없다. 은하의 구조와 환경을 이해하려면 끈질기게 관측하고 가상 모형을 끊임없이 만들어서 이들을 비교하는 수밖에 없다.

데모크리토스는 미치지 않았다

하늘을 가로지르는 희미한 띠의 존재는 고대인들도 알고 있었다. 은하수(밀키 웨이Milky Way는 라틴어 Via Lactea를 영어로 번역한 것으로, 우유를 뜻하는 그리스 어 Galaxias에서 유래되었다)는 북쪽의 카시오페이아자리Cassiopeia에서 남쪽의 십자가자리Crux를 잇는 선을 따라 천구를 이등분하는데, 궁수자리Sagittarius 근처가 가장 밝다. 은하수의 광도는 다소 불규칙적이어서, 빛의 띠가 굵은 곳도 있고 가는 곳도 있다. 고대인들도 이 정도는 알고 있었을 것이다. 현대를 사는 우리들은 전기 조명에 파묻혀서 은하수의 존재를 거의 잊은 채 살고 있지만, 흰 커튼을 꼬아 놓은 듯 밤하늘을 가로지르는 은하수를 처음 보았던 날을 대부분 기억하고 있을 것이다.

은하수의 정체는 무엇인가? 데모크리토스Democritus는 은하수의 투명한 빛이 '멀리 있는 별에서 방출된 빛들이 합쳐진 결과'라고 생각했다(그가 이런 주장을 할 때 아낙사고라스Anaxagoras의 영향을 받았다는 증거가 남아 있다). 그는 물체를 구성하는 최소 단위에 '원자'라는 이름을 붙인 것으로 유명하다. 데모크리토스는 사소한 일에도 너무 자주 웃는 바람에 히포크라테스Hippocrates에게 치료를 받았는데, 그때 내려진 처방은 다음과 같다. "데모크리토스는 미치지 않았다. 성격이 워낙 낙천적이어서 웃음이 많은 것뿐이다." 머릿속에 별과 원자를 잔뜩 담고 있는 사람은 잘 웃을 수밖에 없는 것일까? 그럴지도 모르겠다. 데모크리토스는 매우 현명하여 동시대를 한참 앞서 간 사람이었지만, 자신의 주장을 입증할 만한 증거는 찾지 못했다.

고대 그리스 인들은 지구 중심적 우주관에 연연하여 데모크리토스의 주장을 수용하지 않았다. 당시 사람들은 모든 천체들이 몇 개의 투명한 구에 박혀 있다고 생각했다. 지구를 포함하고 있는 구는 움직이지 않으며, 그 바깥에 달과 태양, 그리고 맨눈으로 보이는 몇 개의 행성들이 박혀 있는 투명구가 있고, 그 바깥에 나머지 모든 별들을 포함하는 투명구가 있다는 식이다. 이 우주 모형은 에우독소스Eudoxus가 처음으로 제안했고, 가장 강력하게 지지한 철학자는 아리스토텔레스였다. 그는 지구가 움직인다는 증거가 없고 모든 천체들이 완벽한 원을 그리며 지구 주변을 돌고 있으므로 에우독소스의 우주 모형이 맞다고 주장했다. 마치 별들이 원형 경기장의 관중석에 앉아 있고, 우리가 그 중심 무대에서 공연을 펼치고 있는 형국이다. 이것을 좀 더 순화된 용어로 표현하면 '자기중심적 우주론egocentric cosmology'이 된다.

자기중심적 우주론에 의하면 모든 별들은 지구로부터 동일한 거리에 있어야 한다. 그래야 별의 위치와 밝기가 1년 내내 변하지 않은 이유를 설명할 수 있기 때문이다. 뿐만 아니라 대부분의 별들과 다른 방식으로 움직이는 예외적인 천체, 즉 행성의 움직임까지 설명할 수 있어야 한다. 그래서 자기중심적 우주론 중 가장 복잡한 모형은 무려 56개의 투명한 구로 이루어져 있다. 프톨레미Ptolemy의 유명한 저서 《알마게스트Almagest》에는 가장 먼 투명구(천구)까지의 거리가 약 100만 마일(160만 km)로 서술되어 있다. 이렇게 거대한 구가 하루에 한 바퀴를 돌려면 초속 110km라는 엄청난 속도로 움직여야 한다.

밝은 별들은 그렇다 치고, 은하수는 어떻게 설명해야 할까? 이 점에서 아리스토텔레스는 핵심을 크게 빗나갔다. 대기 상층부가 연소되면서 은하수의 빛이 발생한다고 생각한 것이다.■2

그로부터 거의 2,000년이 지난 후, 이탈리아의 과학자 갈릴레오는 새로 발명된 망원경으로 하늘을 관측하기 시작했다. 그는 태양의 흑점과 목성의 위성을 발견하고 달의 표면이 산악 지형임을 알아내는 등 천문학의 새로운 지평을 열었다. 그러나 아마도 갈릴레오를 가장 놀라게 했던 것은 망원경에 포착된 은하수였을 것이다. TV에 나오는 매끈한 영상을 가까이 다가가서 보면 점 형태의 형광 물질(또는 CCD 픽셀)이 보이듯이, 망원경을 통해 바라본 은하수는 무수히 많은 밝은 점들의 집합이었다. 이 충격적인 영상을 바라보면서 갈릴레오는 별들이 3차원 공간에 분포되어 있음을 깨달았다. 2차원 구면에 '거리'라는 세 번째 차원이 추가된 것이다. 갈릴레오는 개개의 점들이 태양과 비슷한 별이며, 그중 일부는 기존의 생각보다 훨씬 멀 수도 있다고 생각했다. 또한 그는 망원경으로 모두 확인할 수 없을 정도로 별의 수가 많다는 사실을 깨달았다. 인류는 별들로 이루어진 거대한 도시 안에 살고 있었던 것이다.

나는 생전 처음으로 은하수를 봤던 날을 지금도 생생하게 기억하고 있다. 나는 천문학 박사 학위를 받은 뒤 몇 년 동안 북아메리카의 산꼭대기에서 천체 관측을 해 왔다. 그곳은 인가가 없어서 대체로 어두웠지만, 지평선 끝에 있는 도시에서 흘러나온 야간 조명이 관측을 크게 방해하고 있었다. 그래서 나는 박사 후 과정postdoc의 일환으로 생전 처음 칠레로 넘어가 산티아고의 북쪽 인근에 있는 천문대로 자리를 옮겼다. 그곳은 시내에서 자동차로 5시간 거리에 있었는데, 도로 포장도 제대로 되어 있지 않은 완전한 시골이었다. 게다가 천문대는 깎아지른 듯한 바위 절벽 꼭대기에 있었고, 안데스의 고봉들과 황폐한 언덕이 구겨진 담요처럼 주변을 뒤덮고 있었으며, 남쪽으로는 아타카마 사막이 문명을 차단하고 있었다. 그곳에 도착한 첫날 밤에 밖으로 나와 하늘을 올려다봤더니, 머리 위에 은색 밧줄처럼 생긴 은하수가 커다란 아치를 그리며 하늘을 가로질러 널려 있는 것이 아닌가! 밝고 어두운 무늬가 불규칙적으로 새겨진 은하수를 바라보며 나는 완전히 할 말을 잃었다. 그 빛이 얼마나 밝았던지 땅에는 그림자가 드리워졌고, 손에 들고 있던 책까지 읽을 수 있을 정도였다. 나는 대자연의 경이에 감탄하며 한동안 꼼짝도 하지 않고 그곳에 서 있었다.

별들의 도시

갈릴레오는 별로 이루어진 도시가 얼마나 큰지 가늠할 수 없었다. 이 문제는 18세기 말에 망원경의 성능을 크게 개선한 윌리엄 허셸에 의해 어느 정도 윤곽이 잡히게 된다. 허셸은 원래 음악가였고 천문학은 독학이자 취미 활동이었는데, 천왕성을 발견한 후부터 귀족들의 후원을 받아 본격적인 천문학자의 길을 걷게 되었다. 또한 그의 여동생 캐롤라인 허셜Caroline Herschel은 당시로선 매우 드문 여류 천문학자였기에, 그는 다방면에서 그녀의 도움을 많이 받을 수 있었다. 허셜은 은하수에서 멀어질수록 별의 밀도가 감소하고, 은하수 안에서는 밀도가 거의 균일하다는 사실을 알아냈다. 이로부터 그는 "별들로 이루어진 엄청나게 큰 원반의 중심 근처에 지구가 자리 잡고 있다"고 추정했다. 그의 계산에 의하면 은하수의 폭은 약 8,000광년, 두께는 1,500광년이며 그 안에 포함된 별의 수는 약 3억 개였다.

이런 계산은 어디서 나온 것일까? 지구의 2차원 표면에 붙어사는 우리들은 세 번째 차원을 측정하기가 쉽지 않다. 그래서 허셜은 빛의 특성을 이용했다. 구형 광원에서 방출된 빛은 공간으로 뻗어 나가면서 점점 넓게 퍼진다. 좀 더 정확하게 말하면, 먼 거리에서 봤을 때 광원의 밝기는 거리의 제곱에 반비례한다. 즉, 광원과의 거리가 두 배로 멀어지면 밝기는 4분의 1로 줄어든다는 뜻이다. 허셜은 모든 별의 원래 밝기가 동일하다고 가정하고 각 별의 상대적인 밝기로부터 거리를 추정한 것이다.

별의 밝기에 관한 허셜의 논리는 별로 흠잡을 곳이 없지만, 그가 계산한 은하수의 크기와 지구의 위치는 사실과 많이 다르다. 그는 모든 별들이 태양과 같다고 간주했기 때문에, 은하의 크기가 실제보다 훨씬 작게 계산되었다. 눈에 쉽게 뜨이는 별들은 태양보다 밝고 질량도 훨씬 크다. 만일 태양이 그 거리에 있다면 눈에 보이지도 않았을 것이다. 허셜 스스로도 거리 계산법에 자신이 없었으므로, 자신이 얻은 결과를 크게 강조하지는 않았다.

그로부터 100년이 지난 후, 미국의 천문학자 할로우 샤플리Harlow Shapley는 캘리포니아에 있는 윌슨 산 천문대에서 당시 세계 최대였던 직경 1.5m짜리 천체 망원경으로 은하수의 크기를 측정했다. 그는 깜빡이는 별(맥동성)의 특성을 이용하여 거리를 측정했는데, 은하수의 가장자리에서 별들이 구형으로 밀집되어 있는 구상 성단globular cluster까지의 거리는 무려 5만~20만 광년이었다. 그리고 수많은 성단의 중심은 태양이 아니라 궁수자리 방향으로 27,000광년 떨어진 곳이었다.

샤플리는 은하의 중심을 제대로 짚어 냈지만, 그가 알아낸 크기는 잘못된 값이었다. 그는 별들 사이의 공간이 텅 비어 있다고 가정했는데, 여기서 오차가 발생한 것이다. 맨눈으로 보면 우주 공간이 텅 빈 것처럼 보이지만, 사실은 엷은 기체와 먼지들로 가득 차 있다. 따라서 별빛은 작은 먼지들에 의해 산란되고, 이 효과가 누적되다 보면 빛이 많이 희미해져서 별이 실제보다 멀리 있다고 착각하게 되는 것이다. 그래서 천문학자들은 우주 먼지의 영향을 받지 않도록 파장이 긴 빛을 사용하는 망원경의 필요성을 느끼게 되었고, 1930년대에 라디오 망원경이 등장하면서 천문 관측은 커다란 전환점을 맞이하게 된다.

지난 30년 동안 천문학자들은 은하수의 크기와 질량, 그리고 그 안에 들어 있는 별의 수를 여러 차례 수정해 왔다. 그중에서 가장 놀라운 것은 질량인데, 별의 수로부터 짐작했던 질량보다 무려 10배나 큰 것으로 밝혀졌다. 망원경으로 관측된 은하 내부의 모든 천체들은 암흑 물질dark matter이라는 미지의 물질이 발휘하는 중력에 의해 지금과 같은 배열을 유지하고 있다. 암흑 물질은 현대 천문학 최대의 수수께끼이다. 물리적 특성은 아직 밝혀지지 않았지만, 이들은 모든 은하를 지금과 같은 형태로 유지시켜 주는 1등 공신으로 추정되고 있다.■[3]

현재 알려진 은하수의 폭은 대략 10만 광년이고 두께는 약 5,000광년이다. '대략'이라는 모호한 수식어를 붙인 이유는 은하수의 경계 자체가 모호하기 때문이다. 가장자리로 갈수록 별의 밀도가 서서히 작아지긴 하지만, 특정 지점에서 갑자기 끊어지는 형태는 아니다. 은하수에 찍혀 있는 밝은 점들은 별과 백색 왜성, 구상 성단 등이며 대부분의 공간은 암흑 물질로 채워져 있다. 대부분의 은하들은 바람개비처럼 멋지게 뻗어 나온 팔을 갖고 있는데, 은하의 회전 방향을 따라 우아하게 휘어져 있다. 은하의 중심부에는 늙은 별과 붉은 별들이 밀집되어 있고, 중심에 가장 가까운 곳에는 태양 질량의 수백만 배에 달하는 블랙홀이 있을 것으로 추정된다.■[4] 바깥에서 보면 은하수는 두 개의 계란 프라이가 서로 등을 맞대고 있는 것처럼 생겼다. 천문학자들은 이처럼 부드러운 비유를 좋아한다. 우주는 상상할 수 없을 정도로 크지만 그것 때문에 주눅들 필요는 없다.

우리 은하(은하수)에는 약 4000억 개의 별들이 존재한다고 알려져 있지만, 이 숫자는 은하의 크기보다 더 모호하다. 성능 좋은 망원경으로 더 멀리 볼수록 별의 수는 더욱 많아지기 때문이다. 이들 중 대부분의 별들은 태양보다 작고 흐리다.

지금 세계 인구가 약 70억이니, 은하수의 별은 사람 수보다 60배나 많은 셈이다. 이 복잡한 별들의 도시에서 우리는, 완전 변두리는 아니지만 중심에서 한참 떨어진 곳에 있다. 비유하자면 LA 외곽에 있는 파사데나Pasadena나 런던 외곽에 있는 웸블리Wembley와 비슷하다. 또한 우리는 은하 도시의 주요 거리인 오리온 나선 팔Orion spiral arm과 가까운 곳에 살고 있으며, 주변에서는 수많은 별들이 탄생과 죽음을 반복하고 있다. 은하수의 중심부는 너무나 혼란스러운 곳이어서, 만일 우리가 그 근처에서 살았다면 밤하늘은 항상 보름달처럼 밝았을 것이다. 또한 우리가 은하수의 가장자리에 살고 있다면 지금보다는 외롭겠지만, 은하의 나선형 팔을 망원경으로 관람하는 특혜를 누렸을 것이다.

은하는 어떻게 태어나는가

은하수는 엄청나게 크고 정적이어서 지금의 모습이 영원히 유지될 것처럼 보인다. 그러나 은하도 개개의 별과 마찬가지로 탄생과 죽음이라는 우주의 섭리를 피해갈 수 없다. 셰익스피어의 희곡 《뜻대로 하세요As You Like It》에 나오는 독백처럼, "별들은 그들만의 입구와 출구가 있고, 무대조차 영원하지 않다." 과거에 은하수는 지금과 같은 크기가 아니었다. 어린 아기는 성인과 비슷한 형태로 크기만 작게 태어나지만, 초창기의 은하수는 작은 파편의 모임에 불과했다. 아기를 만드는 건 비교적 쉽다. 순간적인 열정과 약간의 출산 보조 도구만 있으면 된다. 은하도 이처럼 쉽게 태어난 것일까?

그 해답은 카를로스 프렌크가 잘 알고 있다. 영국 더럼Durham 대학의 물리학과 교수이자 전산 우주 연구소Institute for Computational Cosmology의 소장인 그는 우주와 은하의 진화 과정을 컴퓨터 시뮬레이션으로 재현하고 있는데, 이 분야에서는 자타가 공인하는 세계 최고의 권위자이다.

프렌크는 연구소에서 자신의 연구 결과를 설명할 때 팔을 크게 흔드는 것으로 유명하다. 그 정도로 활기가 넘치고 열정적인 사람이다. 빛나는 검은 눈동자에 강인한 인상을 주는 코, 약간 회색이 섞인 검은 머리칼, 그리고 부드러우면서 허스키한 아르헨티나 억양 등 외관상으로도 비범한 기운이 넘치는 사람이다. 사람들은 그를 볼 때마다 '늙은 바람둥이'를 떠올리곤 한다. 물론 그의 주된 관심은 여인이 아니라, 여인보다 훨씬 많은 비밀을 간직하고 있는 우주의 은하들이다. 잉글랜드 북동부의 한 슈퍼마켓에 가면 무뚝뚝한 동네 주민을 붙잡아 놓고 암흑 물질의 아름다움에 대해 열변을 토하는 프렌크의 모습을 쉽게 볼 수 있다. 붙잡힌 사람은 고역이겠지만, 우주를 향한 그의 관심은 이토록 순수하고 열정적이다.

은하의 생성과 진화 과정을 컴퓨터 시뮬레이션으로 재현하는 것은 결코 쉬운 일이 아니다. 그 과정을 지켜보고 있으면, 마법까지는 아니더라도 거의 예술의 경지라는 느낌이 들 정도다. 이 과정을 요리에 비유해 보자. 우선 컴퓨터 안에 재료(정상적인 물질, 암흑 물질, 복사, 중력 법칙, 기체 역학 등)를 집어넣는다. 그러면 그 안에서 온갖 복잡한 상호 작용과 반응들이 일어날 것이다.■5 오븐을 작동시키고 수십억 년쯤 기다렸다가 뚜껑을 연다. 과연 어떤 결과가 기다리고 있을까? 시커멓게 타버린 숯 덩어리일까? 아니면 수많은 별들이 모여 있는 아름다운 나선형 은하일까?

요리와의 비교는 여기까지다. 컴퓨터에 기반을 둔 천체 물리학은 매우 기술 집약적이고 난해하기로 유명하다. 방대한 양의 물질이 중력에 의해 한 곳에 합쳐지면서 단단한 물체로 변하는 과정을 조그만 컴퓨터 안에서 어떻게 재현한다는 것일까? 물론 컴퓨터 안에는 그만한 공간이 없다. 컴퓨터는 약간의 알고리즘algorithm과 수백, 수천 줄의 프로그램으로 이 방대한 작업을 수행한다. 빅 뱅 이후로 시간이 흐를수록 우주는 식어 가고, 각 단계마다 적용되는 수학 논리도 달라진다. 그리고 (노파심에서 하는 말이지만) 컴퓨터 안에 물질을 직접 집어넣을 필요는 없다. 시뮬레이션은 수십억 개의 추상적인 '입자'에서 출발하며, 시간은 초고속으로 진행된다. 137억 년에 달하는 우주의 역사를 재현하려면 고성능 컴퓨터를 여러 대 연결하여 꼬박 몇 주 동안 쉬지 않고 돌려야 하는데, 대부분의 시간은 마지막 수십억 년을 재현하는 데 소요된다. 이 기간 동안 우주가 너무 방대해져서 계산량도 그만큼 많기 때문이다. 입자들 사이에 작용하는 중력은 컴퓨터로 정확하게 구현할 수 있지만, 물질과 복사 사이의 상호 작용은 워낙 복잡해서 근사식을 사용하는 수밖에 없다.■6

이 정도 상황이면 천체 물리학자들은 포기할 법도 하다. 그러나 카를로스 프렌크는 학술회의장에서 기쁨에 찬 어조로 외쳤다. "시뮬레이션이 이 정도로 잘 맞는다는 게 믿기지 않을 정도입니다! 회전하는 나선 은하와 별의 밀도, 각속도 등 모든 것이 거의 정확하게 재현되었습니다. 정말 놀랍습니다!" 객석에 앉아 있던 학자들은 별로 동의하지 않는 것 같았다. 그들은 프렌크가 사실을 과장한다고 생각했다. 그러나 지금 우리는 은하수를 포함한 모든 은하들이 어떤 과정을 거쳐 지금과 같은 모습이 되었는지를 잘 알고 있다.

은하수는 빅 뱅이 일어나고 약 10억 년이 지난 후부터 생성되기 시작했다. 이 무렵에 우주는 천체가 형성되기 어려울 정도로 밀도가 높고 뜨거웠다. 그래서 천문학자들은 이 시기를 우주의 '암흑기Dark Age'라고 부른다. 암흑 물질은 거부할 수 없는 중력에 의해 구름처럼 모여들었고, 이들은 일상적인 원자를 중심부로 끌어들였다.

암흑 물질이 중력에 의해 한 곳에 뭉치면 기체도 그 중심으로 빨려 들어간다. 그러나 초기에 유입된 기체의 질량은 은하수 질량의 수천 분의 1밖에 되지 않았다. 이들 중 대부분은 중력으로 강하게 뭉쳐서 우주 최초의 별이 되었다. 이때 생성된 별들은 1억 년 후에 죽었는데, 그중 질량이 큰 별은 격렬하게 생을 마감하면서 남은 기체를 분출하여 새로운 별의 생성을 방해했다. 초기에 생성된 별의 주성분은 수소와 헬륨이고 무거운 원소는 아직 만들어지지 않았으므로 행성이나 생명체는 존재하지 않았다. 따라서 우주 초기에는 별이 있어도 아무도 그 빛을 보지 못했을 것이다.

우주가 탄생기를 지나 유년기에 접어들면서 은하들은 지금과 비슷한 크기로 성장했다. 이 무렵에는 곳곳에서 별들이 생성되고 은하는 가장 밝은 빛을 방출했다. 현재 우주에서 방출되는 빛의 양은 이 시기의 100분의 1밖에 되지 않는다.

암흑 물질은 조용하면서도 꾸준하게 한 곳으로 뭉쳐서 점점 덩치를 키워갔고, 그 안에 갇힌 기체가 압축되면서 새로운 별이 형성되었다. 은하수는 자신의 질량보다 수백 배 이상 작은 암흑 물질로부터 형성되었을 것으로 추정된다. 작은 암흑 물질이 구름으로 뭉쳐지면서 이 과정은 더욱 빨라졌을 것이다. 그리고 마지막 단계에 이르러 몇 개의 소은하가 합쳐지면서 지금과 같은 크기로 성장했다.■[7] 은하가 어느 정도 모양을 갖추면 서서히 회전하게 되고, 그 안에 있는 기체가 회전축을 중심으로 응집되면서 별이 형성된다.

그렇다면 이 과정은 초은하supergalaxy의 내부로 우주의 모든 물질이 유입될 때까지 계속되어야 하는데, 사실은 그렇지 않다. 기체가 소모되면 새로운 별이 만들어지기 어렵고, 우주가 팽창할수록 은하가 형성되기도 어려워지기 때문이다. 은하의 형성은 자체적인 한계가 있기 때문에 은하수보다 훨씬 큰 은하는 그리 많지 않다.

이 모든 문제점에도 불구하고 카를로스 프렌크는 여전히 낙천적이다. 그는 시뮬레이션으로 만든 은하수가 실제와 거의 비슷하다면서 "그래요, 굉장해요! 정말 놀랍습니다!"를 연발하고 있다.

아낌없이 주는 나무

우주의 나이가 현재 나이의 3분의 1에 이르렀을 때 은하수는 청소년기를 지나 성년기로 접어들었다. 그 안에 있는 별들은 본격적으로 탄생과 죽음의 사이클을 반복하기 시작했고, 다량의 열과 빛이 사방으로 방출되었다. 좀 더 시적으로 표현하자면 "사랑에 빠진 은하수가 열정의 탄식을 쏟아 내기 시작한 것이다."

흔히 사람들은 별이 전구와 비슷하다고 생각하는 경향이 있는데, 사실은 그렇지 않다. 전구는 에너지를 밖에서 충당하지만, 별은 자체적으로 에너지를 생산하고 있다. 별의 내부는 엄청난 압력하에 핵융합이 일어나는 일종의 용광로이다. 이 과정에서 발생한 에너지가 복사와 빛의 형태로 방출되고 있는 것이다. 태양의 중심부에서는 수소가 헬륨으로 바뀌고 있으며, 태양보다 무거운 별의 중심부에서는 헬륨이 탄소로, 또는 탄소가 마그네슘이나 실리콘, 철 등 더 무거운 원소로 변환되고 있다. 주기율표를 가득 채우고 있는 모든 원소들은 별의 내부에서 생성된 것이다. 과거에 별이 있었기에 우리의 뼈 속에 칼슘이 있고, 밤에 네온등을 밝힐 수 있으며, 구리로 동전을 만들 수 있는 것이다.

별의 연금술은 아인슈타인의 특수 상대성 이론에 잘 요약되어 있다. 이 이론에 등장하는 방정식 $E=mc^2$에 의하면 아주 작은 질량도 엄청난 양의 에너지를 발휘할 수 있다. 태양의 내부에서 수소가 헬륨으로 변할 때, 수소 질량의 0.7%가 위의 공식에 따라 에너지로 변환된다.■[8] 태양의 에너지원은 이것이 전부다. 따라서 별은 전구와 근본적으로 다르다. 별의 내부는 화학 공장이며, 그들의 임무는 가벼운 원소를 무거운 원소로 변화시키는 것이다.

연인들은 이기적일 수 있지만, 별은 그렇지 않다. 만약 별이 이기적이었다면 나는 이 글을 쓸 수 없고 독자들은 읽을 수도 없을 것이다. 별의 내부에서는 가차 없이 안으로 향하는 중력과 핵융합에 의해 밖으로 향하는 복사압이 치열한 경쟁을 벌이고 있다. 지금 우리의 태양에서는 이 두 종류의 힘이 팽팽한 균형을 이루고 있다. 그래서 태양은 안으로 수축되지도 않고 팽창하지도 않는다. 다행히도 태양은 앞으로 수십억 년 동안 지금과 같은 상태를 유지할 것이다. 그러나 핵융합의 원료인 수소가 고갈되면 태양을 비롯한 모든 별들은 무거운 원소로 이루어진 기체를 외부로 방출하면서 새로운 평형 상태를 찾아간다. 물론 이 기체는 별의 내부에서 핵융합 반응을 통해 생성된 것이다. 질량이 특별히 큰 별이 수명을 다하면 초신성 폭발을 일으키면서 모든 내용물을 우주 공간으로 퍼뜨린다.

숲에는 생명의 주기가 있다. 동물과 식물, 심지어는 물이나 광물까지도 특정 주기의 삶을 반복하고 있다. 이 점에 있어서는 별도 마찬가지다. 모든 별은 일종의 화학 공장으로, 물질의 일부를 우주 공간으로 방출하고 있다. 이때 분출된 기체는 별들 사이의 공간을 꽤 오래 동안 떠다니겠지만, 은하의 중심과 그 근처에는 별을 형성하기에 충분한 양의 기체가 항상 존재한다. 따지고 보면 결국 별의 잔해들이 모여서 새로운 별이 생성되는 셈이다. 이와 같은 주기가 계속 반복되다 보면 은하 속에서 무거운 원소가 점점 많아진다. 만일 별들이 이기적인 존재여서 그동안 생성된 탄소를 우주 공간에 뿌리지 않고 내부에 보관해 왔다면, 생명체는 결코 탄생하지 못했을 것이다.

은하수는 120억 년 전에 처음 생성된 후로 지금까지 수많은 변화를 겪어 왔다. 대부분의 별들은 덩치가 작고 밝기도 태양의 수백 분의 1에 불과했기 때문에 조용하게 태어났다가 백색 왜성이 된 후 사라졌다. 질량이 태양의 3분의 1 이하인 별은 내부의 수소가 모두 헬륨으로 바뀌는데 120억 년 이상이 소요된다. 따라서 이런 별은 아직 하나도 죽지 않은 채 조용히 은둔하고 있다.

은하수의 주인공은 질량이 큰 별들이다. 이들은 오리온성운과 같이 별들이 자주 생성되는 지역에서 태어나 화려한 스포트라이트를 받아왔다. 그러나 덩치가 큰 별은 수명이 짧다. 질량이 태양의 10배이면 수명은 태양의 1,000분의 1이고, 태양 질량의 20배인 별은 겨우 100만 년밖에 살지 못한다(인류의 역사보다 짧다!). 무거운 별은 대체로 관대해서, 자신이 가진 것을 아낌없이 주고 간다. 이들이 수명을 다하여 말년에 이르면 초신성 폭발을 일으키면서 대부분의 내용물을 우주 공간에 되돌려주고, 자신은 중성자별이나 블랙홀이 된다.

우리의 DNA에 들어 있는 (그리고 지구 생명체의 기본이 되는) 탄소와 질소, 그리고 산소 원자는 과거에 어떤 별 속에서 핵융합을 통해 만들어진 것이다. 이 원자들은 별에서 방출된 후 무언가 흥미로운 일이 일어나기를 기다리면서 장구한 세월 동안 우주 공간을 떠다니다가 중력으로 수축되고 있는 기체구름 속에 유입되어 제2의 삶을 시작했다. 새로운 별이 탄생하는 경기장의 링사이드에 앉게 된 것이다.

우리는 원자가 겪었던 파란만장한 과거를 결코 알 수 없을 것이다. 원자는 색깔도, 향기도, 맛도 없다. 이들은 구조가 너무 단순해서 여행길에 어떤 흔적도 남기지 않는다. 우리 몸에 있는 원자들 중 일부는 빅뱅이 일어난 직후에 탄생하여 수많은 별의 내부에서 온갖 수난을 겪었다. 그래서 시인이자 작가인 다이안 액커맨Diane Ackerman은 이렇게 말했다 "우리 모두는 물질의 사생아이다."

태양은 은하수가 생성된 지 90억 년 만에 그 모습을 드러냈다. 조금

서운하긴 하지만, 우리의 태양은 질량으로 보나 크기로 보나 특별한 구석이 전혀 없는 평범한 별이다. 앞으로 65억 년이 지나면 태양은 마지막 절정기를 마치고 조용하게 퇴장할 것이다. 은하수는 태양계가 형성된 이후로 지금까지 45억 년 동안 거의 변하지 않았다. 그때부터 은하수는 이미 성년이었던 것이다. 원반형 은하수에 속해 있는 별들은 2억 5000만 년을 주기로 거대한 원운동을 하고 있지만, 변화라고 부르기에는 너무 느리다. 유일한 변화는 개개의 별에서 나타난다. 지금도 은하수에서는 50년에 한 번씩 초신성이 폭발하고, 1만 년에 한 번꼴로 무거운 별이 안으로 붕괴되면서 강력한 감마선을 방출하고 있다. 또한 맥동성과 블랙홀에서 방출된 복사 에너지는 지금도 우주 공간을 가로지르고 있다. "은하는 이상한 맹세로 가득 차 있다"고 말한 셰익스피어는 이 사실을 이미 알고 있었던 것일까?

안드로메다와 춤을

거대한 결혼식

앞으로 우리 은하는 어떤 일을 겪게 될 것인가? 최근 계산에 의하면 우리 은하는 가장 가까운 은하인 M31과 결혼할 운명이다. 가을밤에 하늘을 올려다볼 기회가 있다면 M31, 즉 안드로메다은하를 찾아보기 바란다. 방법은 다음과 같다. 먼저 하늘에서 페가수스자리에 사각형으로 배열된 4개의 별을 찾는다. 그중 왼쪽 꼭대기에 있는 별이 알페라츠Alpheratz이다. 거기서 왼쪽으로 밝은 별 두 개를 지나면 위쪽으로 희미한 별 두 개가 나타나는데, 두 번째 희미한 별의 왼쪽 위에 있는 것이 바로 M31이다. 일반 쌍안경으로 보면 소시지 모양의 구름처럼 보인다. 맨눈으로는 찾기가 쉽지 않은데, 이럴 때 근처에 있는 밝은 별을 한동안 바라보면 망막이 예민해지면서 희미한 별들이 눈에 뜨일 것이다.

M31은 하늘에 떠 있는 평범한 별처럼 보이지만, 사실 이것은 사람이 맨눈으로 볼 수 있는 가장 먼 물체이다. 생각해 보라. 220만 광년(약 2080경km)이나 떨어져 있는 무언가를 맨눈으로 볼 수 있다니, 이 얼마

나 경이로운가! 현재 M31은 은하수에서 꽤 멀기 때문에 우리에게 위협적인 존재는 아니다. 그러나 둘 사이의 거리가 점점 가까워지고 있다는 것이 문제이다. M31은 초속 130km(시속 468,000km)라는 무시무시한 속도로 우리를 향해 돌진하고 있다. 앞으로 30억 년이 지나면 은하수와 안드로메다은하는 하나로 합쳐지게 된다.

캐나다 출신의 천문학자 존 두빈스키John Dubinski는 이 거대한 충돌의 여파를 연구하고 있다. 염소처럼 수염을 기른 그는 카를로스 프렌크와 마찬가지로 우주적 충돌을 컴퓨터로 재현하는 전문가이다. 은하의 충돌을 시뮬레이션하려면 엄청나게 많은 정보를 처리해야 한다. 그래서 두빈스키는 샌디에이고 슈퍼컴퓨터 센터San Diego Supercomputer Center에 있는 블루호라이즌Blue Horizon의 프로세서 1,152개를 동시에 사용하여 3억 개의 별들이 한꺼번에 충돌하는 장면을 만들어 내는 중이다. 웬만한 개인용 컴퓨터 사양에 만족을 못하는 사람도 이 슈퍼컴퓨터를 보면 입을 다물지 못할 것이다. 두빈스키의 시스템은 일반 PC의 1,000배에 달하는 메모리를 사용하면서 1초당 1조 개의 연산을 수행할 수 있으며, 매일 DVD 3,000장에 달하는 데이터를 쏟아 내고 있다. 전 세계 인구를 총동원해서 이와 비슷한 결과를 얻으려면, 한 사람이 1초당 150회의 연산을 수행해야 한다.

은하수는 앞으로 20억 년 동안, 별일 없이 평온한 세월을 보낼 것이다. 그 사이에 주변에 있는 작은 기체 덩어리 몇 개가 은하수에 유입되어 새로운 별이 탄생하고, 이들도 은하수의 한 식구가 되어 거대한 원운동을 하게 될 것이다. 그러나 안드로메다와 은하수의 충돌은 무슨 수를 써도 피할 길이 없다.

은하들의 충돌은 사람이나 일상적인 물체들 사이의 충돌과 근본적으로 다르다. 두 은하의 기체 성분이 서로 만나면 격렬하게 압축되면서 열이 발생하고, 그 안에 들어 있는 수소 원자들은 핑크색 섬광을 강하게 내뿜을 것이다. 그러나 이것이 문제가 아니다. 별로 이루어진 거대한 두 집단이 충돌했을 때 나타나는 결과는 너무나 복잡하다. 중력은 두 물체 사이의 거리가 멀수록 약해지지만, 거리가 아무리 멀어도 없어지지 않기 때문에 마구 뒤섞인 별들은 자신을 제외한 모든 별들에게 중력의 영향을 받게 된다. 그렇다고 별들 사이의 거리가 심하게 가까워진 것은 아니다. 별을 모래알에 비유했을 때, 충돌하는 은하 내 별들 사이의 거리는 수백 미터나 된다. 그런데도 그 여파는 상상을 초월할 정도로 끔찍하다.

두 개의 은하는 마치 한여름 밤의 유령처럼 상대방을 통과해 지나가고, 이 과정에서 중력의 영향을 받아 복잡한 춤을 추게 된다. 이것은 결혼 전에 치러지는 일종의 구애 의식인데, 이 과정만도 수백만 년이 걸린다. 이 무렵에 누군가가 지구에서 하늘을 바라본다면 M31이 너무 가까워서 밤하늘 전체를 뒤덮고 있을 것이다. 그리고 우리가 M31 안으로 진입하면 수십억 개의 별들이 거대한 원호를 그리며 텅 빈 우주 공간으로 뻗어나갈 것이다.

그로부터 다시 5억 년이 지나면 두 은하는 복잡한 상호 작용을 교환하면서 뒤엉킨다. 그러나 이 와중에도 상당수의 별들은 서서히 중력 중심으로 모여들고, 흩어진 기체는 새로운 별을 형성한다. 그러나 질량이 큰 별은 초신성이 되어 사방에서 폭죽처럼 터질 것이다. 원반 모양이었던 두 은하는 원래의 모습을 잃고 중심부에 별이 집중된 타원형 은하로 서서히 변해 간다. 그리고 격렬한 합체의 부산물들이 그 주변을 부유하게 될 것이다. 이 희한하면서도 장엄한 결혼식을 통해 두 은하는 하나로 결합하여 새로운 천체가 된다. 구애 의식에서 시작하여 하나로 합쳐질 때까지, 이들의 결혼식은 10억 년 이상이 소요될 예정이다. 하객이 있다면 상당히 지루하겠지만, 이 기간을 단축할 방법은 어디에도 없다.

하나의 은하가 다른 은하를 집어 삼킨 경우에도 사라진 은하는 별들의 궤도 운동이나 별의 화학 성분 등에 자신의 흔적을 남긴다. 은하수도 지난 수십억 년 사이에 몇 개의 소은하를 먹어 치웠는데, 먹힌 은하에 있던 별들은 지금도 은하수의 주변에 스파게티처럼 늘어서 있다. 이들 사이에 스파게티 소스처럼 분포되어 있는 성간 먼지를 분석해 보면 과거에 작은 은하가 은하수에 잡아먹혔음을 알 수 있다. 먼 미래의 천문학자들은 그들이 속해 있는 하나의 은하가 두 나선 은하의 충돌로 생성되었음을 알아낼 것이다.

존 두빈스키는 예술적 감각도 뛰어난 사람이다. 그는 전자 음악 작곡가인 존 파라John Farah와 함께 우주적 충돌을 음악으로 표현했다. 이들이 만든 곡은 스탠리 큐브릭Stanley Kubrick 감독의 〈2001 스페이스 오디세이2001 Space Odyssey〉에 삽입되었으며, 수많은 플라네타리움 쇼에 배경 음악으로 사용되기도 했다. 파라와 두빈스키는 은하의 형성을 주제로 2006년에 발매된 DVD 타이틀 〈그라비타스Gravitas〉에도 배경 음악을 직접 만들어 넣었다.

이 시나리오에서 태양과 지구의 운명을 점치기는 쉽지 않다. 두빈스키의 시뮬레이션은 하나의 별을 대상으로 만든 것이 아니기 때문이다. 그러나 하버드-스미소니언 천체 물리 센터Harvard-Smithsonian Center for Astrophysics의 티 제이 콕스T.J. Cox와 아비 로엡Abi Loeb은 치밀한 수학 계산을 통해 태양의 앞날을 예측했다.■[9] 이들의 계산에 의하면 앞으로 20억 년 후 은하수와 안드로메다은하가 충돌했을 때 태양이 은하의 꼬리를 타고 충돌의 여파를 피해 우주 공간으로 탈출할 확률은 약 12%이며, 두 은하가 합쳐지는 동안 우리가 안드로메다은하로 점프하여 그곳의 별들과 편입될 확률은 3%이다. 그러나 태양계가 은하의 외곽으로 튕겨 나갈 확률이 가장 크다. 이곳에서는 두 은하가 합쳐지는 장관을 마음껏 감상할 수 있다. 콕스와 로엡은 합쳐진 은하를 '밀코메다(Milkomeda, 밀키 웨이와 안드로메다의 합성어)'라고 불렀다.

그러나 태양과 지구가 새로 생긴 은하의 중심부로 내던져질 확률도 그에 못지않게 크다. 은하의 중심을 다르게 표현하면 '매끄럽고 둥그런 홈' 정도가 될 것이다. 이야기를 더 진행시키기에 앞서, '칠흑 같은 어둠의 중심'을 잠시 머릿속에 그려 보기 바란다.

블랙홀은 얼마나 무거울까

1930년에 벨 연구소의 라디오 엔지니어였던 칼 잰스키Karl Jansky는 대서양 횡단 전화 통화를 방해하는 정전기의 정체를 추적하고 있었다. 그는 라디오 수신기를 제작하여 뇌우에 의한 잡음을 걸러내고 남은 신호를 분석하다가 하늘에서 날아오는 어떤 신호를 발견했다. 이 신호가 나타나는 시간은 매일 4분씩 당겨지고 있었는데, 이는 그 원인이 어떤 천체 현상 기인한다는 것을 의미했다. 잰스키에게 포착된 신호는 은하수의 중심으로 향하는 궁수자리Sagittarius 쪽에서 날아오고 있었다.

천문학자들은 잰스키의 발견에 별로 관심을 갖지 않았다. 잰스키는 자신이 발견한 내용을 라디오 공학 학술지에 게재했으나, 당시 이 분야는 최첨단 기술이었으므로 대다수의 천문학자들은 잰스키가 얻은 결과를 해석할 수 없었다. 1960년대의 천문학자들도 궁수자리 쪽에서 날아오는 적외선 복사를 발견했는데, 이 장파장 복사는 먼지 층을 쉽게 통과하기 때문에 은하의 중심부를 볼 수 있었다. 그 뒤 X-선까지 발견되자 발원지가 별이 아니라는 것이 분명해졌고, 가장 유력한 용의자는 엄청난 질량을 가진 블랙홀이었다. 블랙홀은 사건 지평선 안에 있는 모든 물질과 복사를 빨아들이지만, 사건 지평선 근처에 있는 물질은 블랙홀의 강한 중력에 의해 빠르게 가속되기 때문에 다양한 파장의 복사를 방출한다. 그래서 천문학자들은 은하수의 중심에 그 어떤 별보다 질량이 큰 블랙홀이 숨어 있다고 추정했다.

안드레아 게즈는 하와이의 사화산 꼭대기에서 역사상 최고의 정확성을 기하여 블랙홀을 관측하고 있다. 그녀는 캘리포니아 공과 대학Caltech에서 박사 과정을 마치고 지금은 UCLA(캘리포니아 대학 로스앤젤레스 캠퍼스)의 교수로 재직 중인 천문학자이다. 또한 그녀는 40살이 되었을 때 미국 과학 아카데미의 회원이 되면서 천문학의 슈퍼스타로 떠올랐다. 게즈는 하와이에 있는 직경 10m짜리 천체 망원경 케크Keck를 1년에 여섯 번 사용하면서 은하수의 중심을 적외선으로 촬영하고 있다. 이 천문대에서는 레이저를 하늘로 쏘아 인공적인 별을 만들어서 대기의 흔들림에 의해 흐려진 영상을 보정하고 있다.

어느 날 밤, 천문대의 장비가 말썽을 일으켰고, 그 와중에 게즈는 두통까지 앓고 있었다. 그녀는 자신의 두통이 해발 4,200m라는 고도 때문인지, 아니면 기계 고장 때문인지 알 수가 없었다. 케크 망원경을 사용하는 천문학자들은 보통 망원경을 직접 손으로 만지지 않고 해변에서 15km 거리에 있는 와이메아Waimea 연구실에서 원격으로 조종한다. 그러나 새 기구를 들여오면 어쩔 수 없이 산꼭대기로 올라가 중노동을 해야 한다. 엔지니어들이 2톤짜리 기계 장비를 설치하는 동안, 게즈는 학생들의 답안지를 채점하면서 시간을 보냈다. 그녀는 날이 밝기 전에 망원경이 작동되기를 간절히 바라고 있었다.

은하수의 중심에 있는 블랙홀의 질량을 측정한 사람은 게즈가 처음이 아니다. 물론 그녀도 혼신의 노력을 기울였지만, 독일의 라인하르트 겐젤Reinhard Genzel과 그의 동료들이 강력한 경쟁자이다. 게즈는 케크 망원경으로 블랙홀의 정확한 크기와 위치를 알아내려고 노력 중이다. 물론 블랙홀을 직접 보는 것이 아니라, 그 근처에 있는 별들의 움직임을 관측하여 블랙홀과 관련된 정보를 간접적으로 추정하는 것이다. 이 별들은 초속 1,300km(시속 468만km)의 어마어마한 속도로 블랙홀 주변을 돌고 있는데, 케크 망원경이라면 이들의 궤적을 추적할 수 있다. 지금까지 얻은 관측 자료에 뉴턴의 운동 법칙을 적용하면 은하수 중심에 있는 천체의 질량은 태양의 430만 배에 이를 것으로 추정된다.[10] 그런데 그 주변을 돌고 있는 가장 가까운 별의 운동 폭이 4광일(빛이 4일 동안 진행하는 거리)에 불과하기 때문에, 그 천체는 블랙홀임이 분명하다.

목소리 큰 남성들이 치열한 경쟁을 벌이는 천문학계에서 게즈는 매우 부드럽고 차분하고 예의바른 어조로 자신의 의견을 피력하고 있다. 그녀는 자녀를 키우면서도 대부분의 시간을 대학원생들과 보낼 정도로 연구에 열성적이다. 게즈는 자신이 블랙홀을 연구하는 것이 얼마나 행운인지 잘 알고 있는 듯하다.

퀘이사 만들기

은하수와 안드로메다은하(M31)가 하나로 합쳐져서 타원 은하가 되고 나면 새 은하의 중심부에서 매우 흥미로운 현상이 일어날 것으로 예상된다. 약 1조 개의 별들로 이루어져 있는 M31은 질량이 은하수의 두 배이고, 중심에 있는 블랙홀의 크기는 은하수에 있는 블랙홀의 30배(태양 질량의 1억 4000만 배)에 달한다. 지난 10년 동안 천문학자들은 중심에 블랙홀을 숨기고 있는 무거운 은하를 거의 다 찾아냈다. 그러나 이들 중 대부분은 은하수와 마찬가지로 블랙홀의 질량이 은하 전체 질량의 극히 일부에 불과하고 중심부에 '블랙홀이 먹을' 기체가 별로 없었기 때문에 블랙홀의 존재가 뚜렷하게 부각되지 않았다. 만일 당신이 먼 거리에서 은하수를 바라본다면 중심부에 무언가 이상한 것이 있다는 사실을 결코 알아채지 못할 것이다. 블랙홀이 주변의 물질을 자꾸 집어삼키다 보면 퀘이사(quasar, 준항성체)가 된다.

필 홉킨스는 이제 서른 살에 불과한 청년이지만, 벌써 5년 전부터 퀘이사를 직접 만들어 왔다. 그가 하버드 대학에서 박사 학위를 취득했을 때, 그는 이미 천문학계에서 유명 인사가 되어 있었다. 많은 기성 천문학자들이 그가 만든 데이터를 보고 싶어했기 때문이다. 홉킨스를 가르쳤던 지도 교수는 천문학과의 과장이었기에, 홉킨스는 '마법사의 제자'가 되는 법을 일찍 터득했던 것 같다. 그는 컴퓨터에 기체, 별, 암흑 물질 등을 분포시키고 그 중심에 적절한 크기의 '종자용' 블랙홀을 삽입한 후 무슨 일이 일어나는지 지켜보았다. 여기에 프로그램 몇 줄을 추가하면 시간이 빠르게 흐르도록 만들 수 있다. 처음에 얻은 결과는 그다지 인상적이지 못했다. 그래서 홉킨스는 은하의 충돌 등 몇 가지 양념을 추가했다.

은하수와 안드로메다은하가 만나면 서로 상대방을 쫓는 듯한 기체 구름이 형성되고, 결국은 중력에 의해 뭉쳐지면서 여러 개의 별이 형성된다. 이들은 새로 탄생한 5,000광년짜리 육중한 은하 속에서 유난히 밝은 빛을 발한다. 멀리서 보면 손을 쬐기에 알맞은 모닥불처럼 보일 것이다.

별이 형성되는 지역에서는 기체와 먼지에 가려 잘 보이지 않겠지만, 은하의 중심부에 있는 기체들은 한바탕 난리를 겪을 것이다. 이들은 가까이 있는 기체 구름의 중력에 끌리기도 하고, 중심에 있는 '암흑 대마왕'의 더욱 강한 중력에 끌리기도 한다. 기체가 블랙홀에 유입되면 태양 질량의 수백만 배였던 블랙홀은 불과 1억 년 사이에 수십억 배로 커진다.

필 홉킨스는 마냥 재미있다는 표정으로 그 다음에 일어난 일을 설명해 나갔다. 잔뜩 포식한 블랙홀은 새로 얻은 힘을 주체하지 못하고 빛과 X-선, 그리고 고에너지 입자를 방출하기 시작한다.[■11] 먼 거리에서 보면 은하의 중심부는 주변보다 더 밝은 빛을 발할 것이다. 은하가 보이지 않을 정도로 먼 거리에서 누군가가 관측을 한다면, 평범한 별이라고 생각할 것이다. 초대형 블랙홀이 자신을 향해 빨려 들어오는 물질을 모두 먹어 치우면 은하 전체보다 더 밝은 빛을 발하게 된다. 이것이 바로 퀘이사다!

그러나 다량의 에너지를 방출하고 나면 중심부에 기체와 먼지가 고갈되면서 블랙홀은 서서히 위력을 상실한다. 그래서 퀘이사는 약 1000만 년 동안 강렬한 빛을 발한 뒤 평범한 밝기의 별로 되돌아간다. 그 안에 있는 블랙홀은 여전히 덩치가 크고 게걸스럽지만, 더 이상 먹을 것이 없으니 기다리는 수밖에 없다. 그로부터 다시 1억 년이 지나면 기체가 모여들면서 블랙홀이 활동을 시작하고. 이와 같은 주기는 계속 반복된다.

은하수가 훗날 퀘이사로 변할지는 아직 분명하지 않다. 다른 은하와의 상호 작용과 합병은 핵융합과 관련되어 있지만, 그것이 전부가 아니다. 은하가 합병된다고 해서 반드시 퀘이사가 되는 것은 아니다.[12] 만약 태양계 근처에서 이런 일이 일어난다면, 퀘이사는 태양의 수명이 끝날 때쯤 나타날 것이다. 그 무렵에 지구에서 바라본 밀코메다 은하의 중심부는 다른 어떤 별이나 행성보다 밝게 빛날 것이다.

은하수나 우주의 다른 곳에 퀘이사가 존재한다는 것은 그 일대의 천체들이 그만큼 오래 살았다는 뜻이다. 요란하게 죽는 별이나 밤하늘에서 위치가 변하는 별들은 잠시 동안 관심을 끌겠지만, 은하의 수명에 비하면 거의 찰나에 불과하다. 오직 장구한 세월을 살아 온 종들만이 퀘이사의 흥망을 지켜볼 수 있다. 우리의 후손들이 이런 장관을 보게 된다면 최고의 미사여구를 곁들여 그 장엄함을 칭송할 것이다.

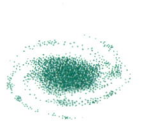

10장

우리는 정말 외톨이인가

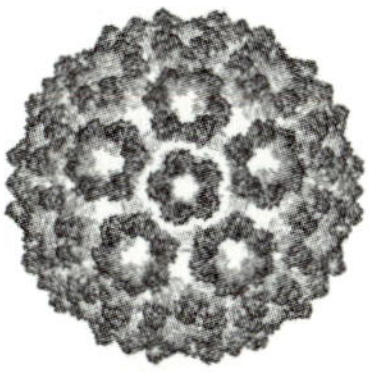

은하수는 수십억 개의 이야기를 갖고 있으며, 이들 중 그 어떤 것도 가볍게 취급할 수 없다. 개개의 탄소 원자조차도 파란만장한 삶을 살고 있다. 은하 속에 존재하는 수십억 개의 별과 행성들, 이들을 이루고 있는 원자들 중 1,000분의 1은 탄소 원자이다.

빅 뱅이 일어나고 우주가 팽창하면서, 온도가 내려가고 회전하는 기체에서 은하가 형성될 때 원자는 아직 나타나지 않았었다. 원시적인 물질이 처음 생성되던 무렵에도 탄소 원자는 존재하지 않았다. 그 뒤 은하수가 생성되고 별의 내부에서 핵융합 반응이 단계적으로 일어나면서 수소 원자는 헬륨 원자가 되고, 헬륨 원자는 탄소 원자가 되었다.

별들은 주변의 물질을 잡아당기면서 덩치를 키웠고, 내부에서 생성된 원소들을 가장자리로 밀어냈다. 그리고 말년에 이르러서는 표피를 덮고 있던 기체를 텅 빈 우주 공간으로 토해 냈다. 이때 방출된 탄소 원자는 수십억 년 동안 텅 빈 우주 공간을 떠돌다가 문득 거부할 수 없는 인력을 느꼈다. 그 근처에서 어린 별이 막 탄생하고 있었던 것이다. 탄소 원자는 안전한 거리에서 그 광경을 지켜보았다. 그것은 별 볼일 없는 검댕처럼 보였지만 미세한 중력의 리듬이 느껴졌고, 1억km 바깥에 있는 바위들까지 그 리듬에 맞춰 춤을 추었다. 별의 탄생을 축하라도 하듯이 이들은 그 주변을 도는 행성이 되었고, 탄소 원자는 그 안에 갇히고 말았다.

그로부터 수십억 년이 지난 뒤, 행성의 중심부에 있던 탄소 원자에게 이상한 일이 일어났다. 눈 깜짝할 순간에 원자가 복잡한 생명계로 유입된 것이다. 이때부터 원자는 '우리'가 되었다.

다시 시간이 흘러 탄소 원자는 또 다시 바위 속에 갇혔고, 바위는 지층을 뚫고 흐르는 마그마를 따라 서서히 움직였다. 그러던 어느 날, 갑자기 자유가 찾아 왔다. 화산이 마그마를 대기 속으로 토해 낸 것이다. 또 다시 오랜 세월이 지난 후 탄소 원자는 두 개의 산소 원자와 결합하여 대기층 꼭대기로 상승했다가 우주 공간으로 날아갔다.

탄소 원자가 별들 사이를 떠도는 동안 시간은 별 의미가 없다. 그러나 탄소 원자는 결국 친숙한 인력을 느끼면서 별의 영역 속으로 빨려 들어갔다. 처음 태어난 이후 두 번째로 별의 일부가 된 것이다. 그러나 이 별은 자신이 태어난 별보다 덩치가 작았다. 탄소 원자는 그곳에서 일어나는 온갖 복잡한 상호 작용을 무관심하게 바라보았다. 다시 오랜 세월이 흐른 뒤에 그 별은 작게 수축되었고, 두려움을 모르는 우리의 탄소 원자는 그 안에 갇히고 말았다.

탄소 원자는 백색 왜성의 결정격자 안에서 작게 흔들리며 휴식 아닌 휴식을 취했다. 그러나 이번에도 중력은 가차 없이 작용했다. 죽어 가는 별의 내부에 갇힌 이상, 그곳은 마지막 정착지일 수밖에 없었다. 탄소 원자는 공간이 어둠으로 가득 찰 때까지 그 안에서 마지막 흔적을 남겼다. 검댕에서 생명을 거쳐 검은 다이아몬드까지, 탄소 원자의 일생은 그렇게 마무리되었다.

장엄한 레퀴엠

분노하라, 저 죽어 가는 빛을 향해!

늙는 것을 좋아할 사람은 없다. 우리는 "늙으면 좋은 점도 있다"며 스스로를 위로하지만, 삐걱거리는 몸뚱이와 둔해지는 머리가 달가울 리 없다. 우리의 은하는 어떤가? 은하수는 어둠 속으로 조용히 나아갈 것인가? 아니면 딜런 토머스(Dylan Thomas: 1930년대를 대표하는 영국의 시인 : 옮긴이)가 자신의 부친을 다그치듯이 "분노하라, 분노하라, 저 죽어 가는 빛을 향해!"라고 외칠 것인가? 후자가 더 적극적으로 보이긴 하지만, 자연은 전자를 선호한다.

은하의 운명을 논하려면 시간에 대해 새로운 감각을 키울 필요가 있다. 은하수의 나이는 거의 120억 살이고, 앞으로 40억 년이 지나면 안드로메다은하와 합병되면서 퀘이사의 시대로 접어든다. 지금 당장 큰 사건이 일어난다 해도, 10조 년 후에는 흔적조차 찾기 어려울 것이다. 10조 년을 1년으로 축약하면 현재 우주의 나이는 10시간에 불과하다. 지금 우리는 시간이라는 깊은 세계의 초입에 와 있는 것이다.

별은 탄소, 질소, 산소 등 생명에 필요한 원소들을 만들었고, 인심 좋게도 애써 만든 원소들을 공간에 뿌려서 다음 세대에 태어날 별과 행성의 밑거름이 되었다. 언뜻 보기에는 꽤 괜찮은 아이디어 같다. 별의 죽음은 새로운 별의 탄생을 촉진한다. 시간이 흐를수록 모든 은하들은 더욱 활기가 넘치고, (희망 사항이긴 하지만) 더 똑똑해질 수 있을 것 같다.

그러나 안타깝게도 자연은 이런 식으로 진행되지 않는다. 당분간은 은하수가 나이를 먹으면서 별들이 계속 태어나고 죽겠지만, 이 사이클은 영원히 반복되지 않는다. 별은 우주가 어렸을 때 사방에 퍼져 있던 기체로부터 탄생했다. 빅 뱅이 있고 약 140억 년이 지난 지금, 대부분의 기체는 사라졌고 늙은 별들이 자신이 지니고 있던 기체의 일부를 외부로 방출하고 있다. 이 기체는 우주 초기의 가벼운 기체가 아니라 핵융합을 거쳐 개조된 무거운 기체들이다. 따라서 외형상으로는 재활용이 이루어지고 있는 것 같지만, 사실은 재활용의 효율이 점차 떨어지고 있다. 시간이 충분히 흐르면 이 재활용 사이클은 완전히 멈출 것이다.

별의 진화 과정은 우리의 직관과 사뭇 다르다. 언뜻 생각하면 질량이 큰 별이 작은 별보다 오래 살 것 같지만, 사실은 정반대다. 큰 별은 낭비가 심해서 (우주적 시간에서 볼 때) 눈 깜짝할 사이에 연료를 모두 탕진하는 반면, 작은 별은 매우 알뜰하여 얼마 되지도 않는 수소 연료로 꽤 오랜 세월을 버틴다.■[1] 태양 질량의 10배인 별의 수명은 약 2000만 년인데, 이는 지구 상에 고래가 존재해 왔던 세월보다 짧다. 그러나 태양의 수명은 무려 100억 년이고, 질량이 태양의 10분의 1 이하인 별(별이라고 부를 수 있는 가장 작은 기체 구까지 포함)은 수소를 헬륨으로 바꾸면서 거의 10조 년을 버틸 수 있다. 이들은 밝기가 태양의 만 분의 1도 채 되지 않는 무기력한 별로 살아가고 있지만, 수명 하나만큼은 타의 추종을 불허한다. 이들은 핵융합 원료를 모두 소진한 후에도 열기가 남아 있기 때문에, 완전히 식어서 적색 왜성이 된 뒤 눈에 보이지 않는 검은 왜성이 되기까지는 무려 100조 년이 걸린다.

타원 은하 속의 별들은 초기에 매우 효율적으로 형성되었기 때문에 기체는 오래 전에 소진되었고, 별들은 붉은 색으로 '늙어 가고 있다.' 은하수와 같은 나선 은하의 경우, 새로 탄생하는 별의 수가 줄어든다는 것은 말년에 초신성이 될 정도로 질량이 큰 별이 더 이상 없다는 것을 의미한다. 이 시기가 되면 별이 죽어도 남기는 것이 없기 때문에 새로운 별이 형성되기 어렵고, 결국 끝까지 남는 것은 적색 왜성이다. 이들은 거의 1조 년 동안 핵융합을 근근히 유지하면서 간신히 빛을 발할 것이다(별이 희미하다는 것은 '상대적 밝기'가 약하다는 뜻이다. 적색 왜성의 표면 온도는 수백 도이고 내부는 수백만 도에 달한다). 10조 년이 지나면 드디어 적색 왜성까지 모든 연료를 소진하게 된다.

은하의 중심에 있는 초대형 블랙홀은 강제 구금 상태에서 부분적으로 풀려난다. 기체는 모두 먹어 치웠고 더 이상 뱉어 낼 것도 없으므로 블랙홀의 주변은 서서히 빛을 잃어 간다. 바야흐로 '퀘이사의 시대'가 막을 내리는 것이다. 그러나 막강한 중력만은 여전히 작용하여 별의 궤도를 중심 쪽으로 잡아당긴다(그래도 은하수의 중심은 태양계와 충분히 멀기 때문에, 이때가 되어도 우리의 후손들은 안전하다). 이제 블랙홀은 주변의 별들을 잡아먹기 시작한다. 이 광경을 멀리서 본다면 하나의 별이 사건 지평선을 통과할 때마다 강한 섬광이 관측될 것이다.

별의 시대는 이것으로 끝이다. 자연은 은하수의 에너지 효율을 서서히 저하시켜서 종말로 몰고 간다. 은하수는 그다지 특별한 은하가 아니기 때문에, 우주에 퍼져 있는 500억 개의 다른 은하들도 이와 비슷한 과정을 겪게 될 것이다. 단, 대형 성단에 속해 있는 은하는 예외이다. 이곳의 은하들은 중력에 의한 혼합과 합병을 계속 하면서 조금 더 버틸 수 있다. 그러나 결국에는 대형 성단도 늙거나 죽은 별들로 이루어진 거대 은하로 마감될 것이다.

우주는 더 이상 빛나지 않는다

지금 우리는 대부분의 별들이 수명을 다한 시기로 접어들었다. 어디를 둘러봐도 우주는 더 이상 빛나지 않는다. 이제 남은 것이라곤 갈색 왜성과 백색 왜성, 그리고 중성자별과 블랙홀뿐이다. 갈색 왜성과 백색 왜성은 수가 거의 비슷하고, 중성자별과 블랙홀은 왜성의 수천 분의 1도 안 된다.[2]

무거운 별의 잔해는 암흑 그 자체다. 그 어떤 것도 블랙홀의 사건 지평선을 빠져 나올 수 없고, 중성자별은 10^{57}개의 원자핵이 똘똘 뭉쳐 있는 괴물 같은 천체이다. 중성자별 중 일부는 표면상의 특정 지점에서 라디오파 복사를 방출하면서 팽이처럼 돌고 있다. 그래서 지구의 라디오 망원경으로 그쪽을 바라보면 규칙적으로 라디오파 신호를 내보내는 것처럼 보이는데, 이것이 바로 맥동성이다. 그러나 맥동성의 라디오파 복사가 얼마나 불규칙적으로 방출되는지 알 수 없기 때문에 맥동성의 수명도 예측하기 어렵다.

죽은 별의 절반은 수소를 헬륨으로 바꿀 수 있을 만큼 질량이 큰 별이었다(한때 우리의 태양도 이 부류에 속했다). 이들은 경련과 수축을 여러 번 반복하다가 결국 백색 왜성으로 삶을 마감했다. 백색 왜성은 별이 타고 남은 재에 해당한다. 그러나 그 안에 들어 있는 탄소의 양은 일상적인 재보다 훨씬 많다. 간단히 말해서 '비정상적인 다이아몬드 결정체'인 셈이다. 이들은 초기에 매우 뜨거운 상태에서 시작하여 빠르게 식는다. 백색 왜성이 10만℃에서 2만℃까지 식는 데에는 1억 년밖에 걸리지 않지만, 1만℃까지 식으려면 거의 8억 년이 걸리고, 태양의 표면 온도인 5,500℃까지 식으려면 무려 50억 년을 기다려야 한다. 그 후 백색 왜성은 점점 희미해지면서 빛스펙트럼이 노란색에서 오렌지 색을 거쳐 핑크 색으로 옮겨가고, 결국에는 흐릿한 적갈색으로 마무리된다. 그리고 수조 년이 지나면 적외선 빛만을 방출하기 때문에, 인간이 있다 해도 눈에 보이지 않을 것이다.

그밖에 다른 유해들은 전혀 뜨겁지 않다. 기체 구름이 모여서 새로운 천체를 이룬다고 해도, 질량이 태양의 10분의 1 이하이면 빛을 발하지 못한다. 중력이 작아서 가벼운 원소를 무거운 원소로 개조하는 영광스러운 작업을 수행할 능력이 없는 것이다. 이 '실패한 별'들은 붉은 기운이 도는 어둡고 희미한 빛을 방출하기 때문에 '갈색 왜성brown dwarf'이라 불린다. 갈색 왜성은 거대 행성의 사촌 격인데, 우리 태양계의 거대 행성인 목성과 토성은 적외선을 희미하게 방출하고 있다. 여기서 시간이 더 흐르면 갈색 왜성은 갖고 있던 미지근한 열을 차가운 공간에 모두 방출하고 서서히 검은 색으로 변해 간다.

별이 아무리 늙고 희미해져도 중력의 영향을 받기는 마찬가지다. 그들이 젊었을 때 중력은 원소를 가공하여 주기율표를 가득 채우고 하늘을 비잔틴 양식으로 장식하는 등 열성적인 연금술사였으나, 말년에 이르자 중력은 별을 조이는 죔쇠로 돌변하여 기체와 에너지를 밖으로 짜냈다. 은하수는 아직도 위용을 자랑하고 있지만, 입구와 출구는 오래전에 사라졌고 남은 배우들은 서서히 기력을 잃어 가고 있다.

은하의 증발

암흑기를 지나서 더 나아가려면 여행 가이드가 필요한데, 마침 적임자가 있다. 미시간 대학의 물리학과 교수이자 옆집 아저씨같이 친근한 프레드 애덤스가 바로 그 사람이다. 그의 설명에 의하면 은하수는 결코 암흑천지로 변하지 않는다. 세월이 아무리 흘러도 중력은 멀쩡하게 작용하기 때문이다. 애덤스는 별의 형성과 우주론에 관하여 수많은 논문을 발표했고, 동료인 그레그 러플린과 함께 《우주의 5가지 시대The Five Ages of the Universe》라는 교양 과학서를 출간하기도 했다.

애덤스의 여행안내는 다음과 같은 경고에서 시작된다. '엄청나게 긴 시간' 스케일에서 '상상할 수 없을 정도로 긴' 시간 스케일로 넘어가면 무엇 하나 확실한 것이 없다. 여기서 우리가 내리는 결론의 대부분은 아직 검증되지 않은 물리학에 기초한 것이다. 뿐만 아니라 "시간이 아무리 흘러도 물리학의 법칙은 변하지 않는다"는 다소 미심쩍은 가정까지 내세워야 한다. 그러나 중력 상수와 전자의 전기-전하, 그리고 빛의 속도가 시간에 따라 변한다고 해도 이들 사이의 상대적 비율이 변하지 않는다면, 이들 모두가 변하지 않은 것과 동일한 결과를 준다. 그래서 실험 물리학자들은 자연의 가장 기본적인 (그리고 단위가 없는) 상수인 '미세 구조 상수fine-structure constant'가 변하지 않는지 주의를 기울이고 있다. 현재 이 값은 약 137분의 1이다. 일각에서는 미세 구조 상수가 시간에 따라 변한다는 주장도 있지만, 측정하기가 워낙 어려운 데다가 대부분의 학자들은 변하지 않는다고 믿기 때문에, 이 문제를 거론하려면 학자로서의 생명을 걸어야 한다. 우리는 다수의 의견을 따라 이 상수가 변하지 않는다고 가정할 것이다.[3]

다행히도 은하수는 모든 별들이 죽은 다음에도 완전히 검지 않다. 물론 아무리 발버둥을 쳐도 죽은 별은 다시 살아날 수 없지만, 우리는 우주에 존재하는 별의 절반이 연성계(binary system, 두 개의 별이 서로 상대방의 주위를 공전하는 천체 시스템 : 옮긴이)라는 사실을 아직 고려하지 않았다. 이들이 서로 가까운 거리에서 돌고 있다면 한쪽의 질량이 다른 쪽으로 이전될 수 있고, 이렇게 되면 갈색 왜성이 질량을 획득하여 핵융합 반응을 시작할 수 있다. 간단히 말해서 '죽은 별+죽은 별=살아 있는 별'이 되는 것이다. 두 개의 갈색 왜성 사이에서 질량이 옮겨가거나 서로 충돌하는 사건이 간간이 일어난다면 앞으로 100조 년 후, 또는 그보다 먼 미래에도 은하수에서 별이 생성될 수 있다. 그래도 은하수는 빛의 상당 부분을 잃게 될 것이다. 지금은 4000억 개에 달하는 별들이 빛을 발하고 있지만, 100조 년 후에는 100개 남짓한 왜성들이 핵융합 한계 온도를 간신히 넘긴 상태에서 희미하게 목숨을 보존하고 있을 것이다.

별들끼리 만나면 가끔씩 폭발이 일어나기도 한다. 백색 왜성 한 쌍이 충돌해서 하나로 합체되었는데, 그 질량이 어떤 임계값을 초과하면 초신성 폭발이 일어난다. 이 경우에는 '타고 남은 장작+장작=불꽃'이 되는 셈이다. 이보다 드문 경우이긴 하지만 한 쌍의 중성자별이나 한 쌍의 블랙홀(또는 중성자별과 블랙홀)이 충돌하면 고에너지 복사가 폭발하듯 터져 나와 우주 전체를 환하게 비춘다. 이렇게 밀도가 높은 천체들이 하나로 합쳐지면 시공간이 심하게 뒤틀리면서 강한 중력파가 발생한다.

두 개의 별이 하나로 융합되면서 펼쳐지는 마지막 쇼에는 중력이 주인공으로 등장한다. 별들의 전성시대에는 핵융합에 의해 밖으로 가해지는 압력과 안으로 향하는 중력이 치열한 전쟁을 벌이고 있었다. 빅 뱅이 일어나고 100조 년이 지난 후 그 결과를 보면 일부 전쟁에서는 중력이

패한 경우도 있지만, 전체적으로는 중력의 승리로 판가름 날 것이다. 중력은 같이 놀아 줄 상대가 없어도 매우 흥미로운 상황을 연출한다.■4

자연은 매우 알뜰하면서 에너지를 보존하려는 경향이 뚜렷한데, 그 여파는 대부분의 중력계에 두 가지 형태로 나타난다. 그중 하나는 모든 물질이 중심을 향해 집중된다는 것이다. 다시 말해서 중력은 항상 '붕괴'를 수반한다. 그러나 물질의 일부는 각운동량을 보존시키기 위해 중심에서 멀리 뛰쳐나오거나 아예 물질계를 이탈하여 멀리 날아가 버리기도 한다. 그 대표적인 사례가 바로 우리의 태양계이다. 넓게 퍼져 있던 가스구름이 중력으로 뭉치면서 대부분의 질량은 지금의 태양이 되었고 남은 부분은 주변을 도는 행성이 되었다.

은하계에서도 이와 동일한 과정이 진행된다. 앞서 말한 바와 같이 은하수와 안드로메다은하가 하나로 합쳐지면 타원 은하가 된다. 새로 탄생한 밀코메다 은하에서 별의 분포를 짐작해 보면 중심부로 갈수록 밀도가 높고(충돌 전 은하수 중심부의 밀도보다 높다), 주변으로 갈수록 밀도가 낮아질 것이다(밀코메다는 은하수나 안드로메다보다 크기 때문에 가장자리의 밀도는 더 낮아진다). 이제 은하의 외곽에 있는 두 개의 별을 상상해 보자. 이들은 다른 별들의 중력에 '간신히' 잡혀 있는 꼴이어서, 약간의 충격만 가해지면 커다란 변화가 일어난다. 예를 들어 두 개의 별이 가까운 거리로 스쳐 지나간다면 중력 에너지가 교환되는데, 평균적으로 볼 때 둘 중 하나는 에너지를 잃고 다른 하나는 에너지를 얻을 가능성이 크다. 그러면 에너지를 잃은 별은 은하의 중심으로 이동하고, 에너지를 얻은 별은 은하를 이탈하여 우주 공간으로 날아가게 된다. 다시 말해서 은하가 '증발'하는 것이다.

이제, 막을 내리시오

읽을 만한 책을 골라서 편한 의자에 자리를 잡고 앉는 것이 좋겠다. 은하가 완전히 증발하려면 10^{19}년, 또는 100억×10억 년쯤 걸리기 때문이다. 이것이 얼마나 긴 시간인지 이해하기 위해, 시간 스케일을 다시 조정해 보자. 앞에서 나는 100조 년을 1년으로 간주했을 때 우주의 나이 137억 년이 약 10시간에 해당된다고 했다. 이제 시간을 더 압축해서 은하가 모두 증발할 때까지 걸리는 시간을 1년으로 잡아 보자. 그러면 이 달력에서 우리는 지금 몇 월 며칠쯤에 와 있을까? 굳이 날짜를 헤아릴 것도 없다. 빅 뱅은 1월 1일 새벽 0시에 발생했고, 지금 우리는 그로부터 13초 분의 1이 지난 시점에 와 있다. 제야의 종이 이제 막 울리기 시작하는 새해 벽두인 것이다.

중력은 또 하나의 트릭을 몰래 숨기고 있다. 중력 복사와 중력의 관계는 빛과 전자기력의 관계와 같다. 전기-전하를 띤 입자가 가속 운동을 하면 빛을 방출하듯이 질량을 가진 물체가 가속 운동을 하면 중력 복사를 방출하는데, 이것을 흔히 '중력파gravitational wave'라고 한다. 지금도 별이나 은하에서는 수시로 중력파가 방출되고 있지만, 중력 자체가 워낙 약한 힘이기 때문에 우리는 그것을 거의 느끼지 못한다. 그러나 강한 중력에 의해 천체가 붕괴되면 (또는 오랜 시간을 끈질기게 기다리면) 그곳에서 발생한 중력파를 감지할 수 있다.

물체가 중력파를 방출하면 에너지를 잃는다. 따라서 서로 상대방을 중심으로 공전하는 연성계에서 중력파가 방출되면 이들은 인정된 궤도를 벗어나 서서히 접근하다가 하나로 합쳐지게 된다. 바로 이 중력파 덕분에 단일 항성의 핵융합이 끝나고 한참 지난 후에도 연성계를 이루고 있는 한 쌍의 갈색 왜성이 새로운 별의 형성에 공헌하고 있는 것이다. 중력파는 아직 감지된 사례가 없지만, 프린스턴 대학의 러셀 헐스 Russell Hulse와 조 테일러Joe Taylor는 궤도 반경이 작아지면서 점차 가까워지고 있는 연성을 발견하여 천문학자들을 흥분시켰다. 이들의 관측 결과는 아인슈타인의 일반 상대성 이론에서 예견된 중력파와 정확하게 일치했고, 이 공로를 인정받아 헐스와 테일러는 1933년에 노벨 물리학상을 받았다. 은하수에서 이와 비슷한 현상이 일어난다면, 별들이 서서히 나선을 그리면서 블랙홀이 있는 중심부로 모여들 것이다.

대부분의 물리학자들은 이 복잡한 요인들을 고려하는 데 어려움을 겪고 있지만, 프레드 애덤스는 예외이다. 그는 파도를 타는 서퍼들이나 지각 있는 마약 복용자처럼 반문화적 성향이 강한 인물로서, 천문학자인데도 우주의 신비를 그다지 심각하게 생각하지 않는 듯하다. 그러나 중력의 트릭을 다루는 데 있어서는 가히 세계 챔피언이라 할 수 있다. 여기서 잠시 애덤스가 예견하는 은하수의 미래에 대해 알아보기로 하자.

은하수를 이루는 별들 중 10%는 중력파를 방출하면서 에너지를 잃고 은하의 중심부로 빨려 들어간다(연성도 중력파를 방출하면 하나로 합쳐지고, 행성은 모항성으로 빨려 들어간다). 중심부에 있는 블랙홀의 원래 질량은 태양의 400만 배에 '불과'했지만, 주변에서 유입된 별들을 잡아먹으면서 태양의 100억 배까지 커진다. 그러나 죽은 별의 90%는 블랙홀의 먹이가 되지 않고 은하 밖으로 증발한다. 암흑 물질이 이들을 붙잡아 두려고 애쓰겠지만 속도만 느려질 뿐, 증발 자체를 막기에는 역부족이다.

먼 미래의 우주에 은하 같은 것은 존재하지 않는다. 개개의 죽은 별들이 광활한 우주 공간을 외롭게 떠다닐 뿐이다. 그러다 운수 사납게 거대한 블랙홀을 만나면 곧장 빨려 들어간다. 밤하늘은 완전한 어둠에 잠기고, 오로지 중력만이 자신의 목소리를 내고 있다.

'블랙홀의 성장'과 '별의 증발'이라는 두 개의 사건은 가장 큰 우주적 스케일에서 장엄하게 펼쳐질 것이다. 은하수와 안드로메다은하가 합쳐지면 국부 은하군(Local Group, 우리 은하를 포함하여 반지름 300~400만 광년짜리 외부 은하들로 이루어진 은하 집단. 은하수, 안드로메다은하, 마젤란은하 등을 비롯하여 약 20여 개의 은하들로 이루어져 있다 : 옮긴이)에 있던 수십 개의 은하들도 강제로 합병되는데, 이때 각 은하의 중심부에 있던 블랙홀들도 하나로 합쳐진다. 누가 누구를 먹었는지 정확하게 따질 수는 없지만, 블랙홀이 커지는 것만은 분명하다. 게다가 블랙홀이 주변의 성단과 죽은 별까지 먹어 치우면 질량은 태양의 1조 배, 직경은 수백만 광년에 달하는 초대형 블랙홀이 된다. 조나단 스위프트의 "큰 벼룩에는 작은 벼룩이 기생한다"는 벼룩 위계질서를 우주로 확장하면 "작은 블랙홀의 주변에는 자신을 먹어 치우는 더 큰 블랙홀이 있다"로 수정될 것이다.

은하수는 이와 같은 과정을 거쳐 우주의 무대에서 사라진다. 빛을 완전히 상실한 채 "이도 없고, 눈도 없고, 맛도 없고, 아무것도 없는" 존재가 되겠지만, "멀쩡히 존재하면서도 기억에서 잊혀지는" 것보다는 낫지 않을까?

그들은 대체 어디 있는 거지?

어떻게 될 것인가

"무언가를 예견하려 들지 마라. 특히 미래를 예견하는 것은 무모한 짓이다." 이것은 덴마크의 만화가 스톰 피의 작품에 자주 등장하는 격언이다. 그는 이 말을 요가 스승 베라Berra, 또는 덴마크의 물리학 슈퍼스타인 닐스 보어Niels Bohr의 어록에서 인용한 것으로 소개하곤 했다. 앞서 말한 대로 공간 이동은 아직 걸음마 수준이며, 성공한다고 해도 현재 우리의 상상력은 기껏해야 화성에 기지를 설치하는 정도이다. 화성 기지는 앞으로 벌어질 행성 간 우주 경쟁의 시발점이 될 것이다. 그렇다면 은하수의 미래 문명은 어떤 모습일까?

우리는 범고래와 돌고래가 감정이 있고, 그들만의 문화와 도덕을 후손에게 물려줄 정도로 똑똑하다는 사실을 언젠가 깨닫게 될지도 모른다. 그러나 바다 속에서 그들이 뛰어난 적응력을 발휘했다는 것은 그들의 진화가 어느 정도 안정된 궤도에 접어들었음을 의미한다. 그런가 하면 원숭이는 불안정한 생존 환경을 탁월한 손재주로 개량하여 눈부신 문화와 기술을 만들어 냈다. 불, 석기, 철기, 청동기, 농사, 기계, 그리고 컴퓨터 등은 모두 원숭이의 후예들이 만들어 낸 작품이다. 게다가 요즘은 변하는 속도가 너무나 빨라서 앞날을 예측하기가 거의 불가능할 정도이다.

1943년에 IBM의 회장이었던 토머스 왓슨Thomas Watson은 이렇게 말했다. "컴퓨터 수요는 전 세계를 통틀어 5대쯤 될 것이다." 그로부터 6년 후, 〈포퓰러 머신Popular Mechanics〉이라는 잡지에서는 다음과 같이 과감한 예측을 내놓았다. "미래의 컴퓨터는 무게가 1.5톤 미만일 것이다." 1968년에는 IBM 컴퓨터 연구소에서 마이크로 칩에 대해 이런 의문을 제기했다. "그런데 이 물건이 어떤 면에서 유용하다는 말인가?" 그런가 하면 정보 시대의 아이콘인 빌 게이츠Bill Gates는 1981년에 한 강연에서 이런 충격적인 발언을 한 적이 있다. "640KB 이상의 메모리RAM를 필요로 하는 사람이 대체 어디 있겠습니까?"[■5]

여기서 잠시 시간의 스케일을 로그 단위로 바꿔서 인류의 역사를 되돌아보고, 이로부터 다가올 미래를 예측해 보자. 대충 어림잡아 계산해 보면 10년 전에는 인터넷이 없었다(물론 인터넷의 역사는 10년이 넘었지만, 지금은 시간을 로그 단위(10^n 단위)로 잘라나가고 있기 때문에 '10^2년 전' 보다는 '10년 전'이 더 정확하다 : 옮긴이). 지금 25세 미만인 젊은이들은 이런 세상을 상상하기 어려울 것이다. 그리고 100년 전에는 자동차와 버스, 비행기 등 연료를 이용한 운송 수단이 없었다. 당시의 운송 수단은 도보나 마차로 한정되었기 때문에 대부분 사람들은 태어난 곳에서 멀리 가지 못하고 고향 근처에서 일생을 보냈다. 1,000년 전에는 현대 의술이 없었으므로 사람들의 평균 수명이 현저하게 짧았으며, 지금은 병으로 쳐주지도 않는 결핵이나 콜레라에 걸려 일찍 죽는 사람도 많았다. 1만 년 전에는 도시라는 것이 없어서 사람들이 무리를 지어 유목 생활을 했고, 10만 년 전에는 인류가 도구라는 것을 처음 사용하기 시작했다. 그리고 100만 년 전에는 지구 상에 인간이라는 종이 처음으로 등장했다.

이제 시계를 미래로 돌려 보자. 지금부터 10년 후에는 유전 공학이 충분히 발달하여 유전자 치료법으로 모든 질병을 치료하게 될 것이다. 100년 후에는 양자 컴퓨터가 완성되어 모든 사람들이 인터넷을 통해 모든 정보를 즉석에서 얻을 수 있을 것이며, 인간을 닮은 기계나 사이보그가 상용화될 것이다. 그리고 1,000년 후에는 외계의 다른 별로 여행할 수 있는 세상이 올 것이다.

그 뒤에는 어떻게 될 것인가? 이때부터는 예측하기가 쉽지 않다. 1만 년, 또는 10만 년 후의 인류가 어떤 능력을 갖게 될지 짐작하는 것은 거의 불가능에 가깝다. 포유류의 평균 생존 기간은 100만 년이다. 과연 인간은 이 기간을 넘어서 더 오래 생존할 수 있을까? 우주 어느 곳에 지구와 비슷한 행성이 있어서, 인간과 비슷한 종이 이미 10억 년 전에 출현했을지도 모른다. 그렇다면 그들은 우리가 상상도 하지 못할 능력을 갖고 있을까? 아니면 오래 전에 이미 멸종했을까?

머나먼 여행

인간이 충분히 먼 미래까지 살아남는다면 행성 간 여행을 어떻게든 구현할 것이다. 이때가 되면 태양계는 인간의 능력을 테스트하는 시험장에 불과하다. 지구 저궤도 관광이 상용화되면 곧 화성에 식민지를 건설하고, 인간은 드넓은 우주로 진출하게 될 것이다.

우주에는 지구보다 자원이 훨씬 풍부한 행성이 있을 수도 있고, 그곳에서 지금 막 에덴동산의 역사가 시작되고 있을지도 모른다. 로켓 과학의 선구자인 로버트 고다드Robert Goddard는 100년 전에 '행성 간 여행을 위한 방주'의 완벽한 설계도를 작성했지만, 전문가들의 조롱거리가 될까 봐 공개하지 않았다. 그로부터 얼마 지나지 않아 우주 식민지와 우주를 여행하는 방주는 SF 소설의 단골 메뉴가 되었다. 독자들도 실린더나 바퀴처럼 생긴 거대한 우주선이 자체적으로 회전하면서 인공 중력을 만들어 내는 광경을 책이나 영화를 통해 본 적이 있을 것이다. 요즘은 로켓 추진 기술이 크게 진보되었고 가벼운 재질도 많이 개발되었으므로 그리 무리한 시나리오는 아닐 것이다.

NASA의 국장이었던 마이클 그리핀Michael Griffin은 2005년에 '지구 밖에서 이루어지는 인간 생활'에 대해 이런 말을 한 적이 있다. "우리의 목적은 단순한 과학 탐사가 아니라 지구에 한정된 인류의 거주지를 태양계 전체로 확장하는 것이다. 미래에는 지구에 사는 사람보다 지구 밖에서 사는 사람이 더 많아질 것이다. 미래에는 달에 거주하는 사람도 있고, 목성을 비롯한 다른 행성의 위성에 거주하는 사람도 생길 것이다. 심지어는 소행성을 거주지로 삼는 것도 가능하다. 그런 날이 언제쯤 올지는 정확하게 알 수 없지만, 인류가 태양계를 식민지로 개척하고 그보다 더 먼 우주로 진출하게 된다는 것만은 자신 있게 말할 수 있다."

물론 모든 사람들이 그리핀처럼 낙관적인 것은 아니다. SF 작가인 찰스 스트로스Charles Stross는 동일한 주제를 놓고 이렇게 말했다. "과학 기술이 없다면 행성 간 여행은 꿈도 꿀 수 없었을 것이다. 미래에도 마술 같은 과학 기술은 꾸준히 개발될 것이다. 그러나 내가 보기에 우주 식민지 개발은 과거처럼 진행되지 않을 것 같다. 역사적으로 식민지 개발은 본토의 국민들을 그곳에 이주시키고 본국과 교역을 하는 식으로 진행되었으나, 우주 식민지는 전혀 다른 이야기다."■6 그는 "독자들은 SF 작가들이 우주여행이나 우주 식민지에 대해 낙관적인 자세를 취해야 할 의무가 있는 것처럼 생각한다"면서, 최종 결론을 독자들의 몫으로 남겨두었다. 낙관적인 관료와 비관적인 미래학자, 어느 쪽의 말을 믿어야 할까?

행성 간 여행에서 가장 위험한 요소는 우주 먼지나 소행성이 아니라 우주선cosmic ray이라는 소립자와의 충돌이다. 그중 에너지가 가장 큰 입자는 거의 광속으로 날아오는 양성자인데, 이들이 갖고 있는 에너지는 일류 선수가 쳐낸 테니스공의 운동 에너지와 비슷하다(그러나 양성자는 테니스공보다 10^{15}배쯤 작다). 유럽 입자 물리학 센터의 LHC(강입자 충돌기)도 입자를 거의 광속에 가깝게 가속시킬 수 있지만, 우주에 존재하는 천연 입자 가속기의 출력은 LHC의 100만 배에 달한다. 천문학자들은 이 양성자들이 퀘이사 같은 활동적인 은하 속에서 초대형 블랙홀에 의해 가속되었을 것으로 추정하고 있다. 우주선에 저장된 에너지는 모든 별의 에너지를 합친 양과 비슷하다.

고에너지 우주선이 사람의 피부에 닿으면 치명적인 손상을 입게 된다. 메이저리그의 일류 투수가 던진 공에 맞았다고 생각해 보라. 그것도 팔꿈치나 무릎이 아니라 중요한 장기의 아주 작은 영역에 충격이 집중된다면 살아남기 어려울 것이다. 다행히도 우리 주변에는 우주선의 공격을 막아 주는 천연 차폐 장치가 겹겹이 에워싸고 있다. 우주선의 대부분은 태양권(heliosphere, 태양풍에 의해 성간 매질 내부에 형성된 거품 모양의 영역. 흔히 태양계의 외부 경계면으로 인식되고 있다 : 옮긴이)에서 차단되며, 그곳을 뚫고 들어온 우주선은 지구의 자기장에 의해 또 다시 차단되거나 방향이 바뀐다. 그리고 지구 자기장마저 통과한다 해도 지구의 대기에 대부분 흡수되어 지표면에 도달하는 일은 거의 없다. 우주선 입자는 우주 공간의 1m² 당 1년에 한 개꼴로 지나가는데, 별 사이를 여행 중인 우주선spaceship은 항해 시간이 매우 길기 때문에 결코 무시할 수 없는 수치이다. 게다가 우주선은 빠른 속도로 달리고 있으므로 한 번의 충돌로 심각한 손상을 입을 수 있다.

행성 간 여행을 위해 해결해야 할 또 하나의 기술적인 문제는 사람을 가사 상태에 빠뜨렸다가 회복시키는 것이다. 지구에서 가장 가까운 별도 수 광년이나 떨어져 있고 비행 속도는 기껏해야 광속의 몇 %에 불과하기 때문에 편도 여행을 한다 해도 수십 년, 또는 수백 년이 걸린다. 따라서 한 세대에 여행을 완수하려면 승무원을 가사 상태에 빠뜨렸다가 수십 년 이상 지난 후에 소생시켜야 한다. 현재 운영 중인 냉동 인간 회사들은 부동액과 액체 질소를 이용하여 사람을 냉동 보관하고 있지만 소생 가능성은 불확실하다. 일부 과감한 의사들은 개와 돼지를 저체온 상태로 만든 후 신진대사는 진행되면서 가사 상태와 비슷한 상태로 빠뜨렸다가 몇 시간 후에 소생시키는 실험을 실시했는데, 성공률은 약 90%였다. 다른 연구팀도 쥐를 대상으로 이와 비슷한 실험을 하여 소생시키는 데 성공했다. 그러나 동물을 가사 상태에 빠뜨렸다가 몇 시간 만에 되살리는 수준의 기술로는 행성 간 여행을 구현할 수 없다. 우리에게 필요한 것은 '사람의 신체 기능을 정지시켰다가 수십 년, 혹은 수백 년 후에 정상 상태로 되돌리는' 기술이다.

행성 간 여행은 엄청난 장거리 여행이며, 대부분의 어려움은 여기서 기인한다. 가장 가까운 별도 화성보다 수십만 배나 멀고, 가장 가까운 외계 행성은 이보다 수십 배 더 멀다. 우주선cosmic ray을 견뎌 낼 정도로 튼튼하면서 에너지 효율이 10%인 우주선에 승무원 1명과 생존 장비 등

1톤의 화물을 싣고 광속의 10% 속도로 알파 센타우리(Alpha Centauri, 켄타우루스〈반인반마〉 자리의 알파성. 지구로부터의 거리는 약 4.3광년 : 옮긴이)까지 날아가려면 2×10^{19}줄의 에너지가 필요하다. 단 한 사람을 가장 가까운 별에 보내기 위해 지구의 전체 에너지를 단 2개월 만에 소모해야 하는 것이다.

어려울 뿐만 아니라 비싸기까지 하다. 국제 우주 정거장ISS은 지난 10년 동안 꾸준히 건설되어 현재 4분의 3이 완성된 상태이며, 총 비용은 100억 달러이다. 여기에 상주할 수 있는 인원은 단 6명이지만, 이들이 임무를 수행하려면 보급품을 계속 실어 날라야 한다. 이곳은 차단된 호텔 방처럼 꾸며져 있는데, 물론 룸서비스는 없다. 그렇다고 국제우주정거장이 우주 먼 곳에 있는 것도 아니다. 겨우 400km 높이의 저궤도에서 지구 주변을 돌고 있을 뿐이다. 자동차를 타고 이 거리를 수평으로 달린다면 반나절에 도착할 수 있다. 문제는 이 거리가 수평이 아니라 수직이라는 점이다.

그러므로 우주 식민지 거주민들이 거대한 바퀴형 우주선을 타고 환하게 웃으며 집으로 돌아오는 모습은 SF 영화에서나 볼 수 있을 뿐, 현실 세계에서는 도저히 불가능하다. 1970년대에 NASA가 디자인한 장치들을 보면 독자들도 한숨이 절로 나올 것이다. 최초의 행성 간 여행자는 우주선이 은하를 건너 새로운 세계에 도착할 때까지 '관같이 생긴' 캡슐 안에 들어가 신진대사를 최소한으로 유지하면서 반쯤 죽은 상태로 갇혀 있어야 한다. 물론 용기와 광기는 필수 사항이다.

'터미네이터'는 현실이 될까

인간의 나약한 몸과 마음을 보호하기가 어렵다면, 사람 대신 기계를 사용하는 방법도 있다. 기계를 사용한다면 전자 제품이 매년 작아지는 '소형화'의 물결에 힘입어 모든 것을 작고 가볍게 만들 수 있다. 그러면 로켓 추진 장치와 고성능 컴퓨터, 원격 카메라, 통신 장비 등 우주여행에 필요한 모든 장치들은 야구공만 한 공간에 모두 들어간다. 이런 초소형 우주선이 임무를 수행하는 데 필요한 에너지는 관을 싣고 날아가는 유인 우주선의 만 분의 1에 불과하다.

소형화가 이루어지면 탐사 기계를 담은 수백 개의 병을 광속의 10%로 은하 곳곳에 날려 보낸다. 이들이 외계 행성에 무사히 도착하면 지구로 신호를 보내 올 것이다. 시간이 오래 걸린다면 우리의 후손이 신호를 포착할 수도 있다. 처음 발사한 뒤에는 다소 시간이 걸리겠지만, 일정 시간이 지나면 거의 한 달에 한 번꼴로 신호가 날아올 것이다. '궁극의 리얼리티 쇼'란 바로 이런 것을 두고 하는 말이다.

초소형 탐사 기계들이 우주 공간을 떠돌다가 소행성이나 소형 위성에서 광물질을 발견하면 그것을 재료로 삼아 자신과 똑같은 복제품을 만들게 할 수도 있다. 그렇다면 처음부터 대량으로 살포할 필요 없이 10개 정도만 쏘아 보내고, 이들이 각자 복제품을 10개씩 만들어 내고, 그 복제품이 또 10개씩 복제하고…… 이런 식으로 간다면 얼마 지나지 않아 거대한 탐사 함대가 만들어질 것이다. 이들 모두가 광속의 10%로 움직인다면, 은하 전체를 탐사하는 데 수백만 년이면 충분하다. 이제 문제는 자가 복제가 가능한 탐사 기계를 만드는 일로 압축되었다.

물론 쉬운 일은 아니다. 지금 우리는 플라스틱이나 금속으로 3차원 입체 도형을 무한정 인쇄하는 (사실은 조각하는) 프린터 개발의 시작 단계에 와 있다. 렙랩RepRap 3D 프린터 개발 프로젝트의 창시자인 애드리안 보이어Adrian Bowyer는 2008년에 자신을 구성하는 부품을 그대로 복제 생산하는 기계를 설계했으나, 이 기계는 아직 후손을 생산하지 못한 채 홀로 외롭게 남아 있다. 미래학자 에릭 드렉슬러Eric Drexler는 이런 기계를 '요란한 복제기clanking replicator'라 불렀다. 그는 나노 기술을 이용한 원자 하나짜리 극소형 기계가 머지않아 나올 것이라고 예견했다. 그러나 현재의 렙랩에서 자기 복제가 가능한 기계까지 발전하려면 아직도 갈 길이 한참 멀다는 게 중론이다. 여러분도 생각해 보라. 어떤 기계가 여행을 하다가 미지의 행성에 착륙해서 원료를 채굴하고, 그것을 정제하여 필요한 부속품을 만들고, 그것을 조립하여 감지기와 컴퓨터, 추진 장치, 카메라 등을 스스로 만든다는 것이 얼마나 복잡하고 어려운 일이겠는가?

만능 복제기와 관련된 이론은 1950년대에 컴퓨터 과학의 선구자였던 존 폰 노이만John von Neumann에 의해 처음으로 개발되었다. 그래서 자기 복제형 우주 탐사 장치를 흔히 '노이만 머신Neumann machine'이라 부른다. 그러나 노이만의 주된 관심은 우주 탐사가 아니라 '어떤 계산도 수행할 수 있는 일반적인 컴퓨터'였다.■7

자기 복제가 가능한 우주 탐사선은 언제쯤 만들어질까? 앞으로 수백 년, 또는 수천 년이 걸릴 수도 있지만, 일단 첫발은 내디딘 셈이다. 과학이 지금과 같은 추세로 발전한다면 언젠가는 반드시 실현될 것이다. 그렇다면 외계의 생명체들 중에는 이 목적을 이미 이룬 종족도 있지 않을까? 물리학자 폴 데이비스Paul Davis는 이런 일이 이미 일어났다고 생각하는 사람이다. 여기서 잠시 그의 말을 들어 보자. "내가 말하는 초소형 탐사 장치는 크기가 아주 작기 때문에, 한 번도 본 적이 없다고 해서 그리 놀랄 일은 아니다. 이것은 뒷마당을 거닐다가 발에 채일 정도로 큰 물건이 결코 아니다. 과학 장비가 지금처럼 점점 더 작아지고 빨라지고 저렴해진다면, 그리고 다른 문명이 이 과정을 이미 거쳐 갔다면, 지금 우리는 그들이 보낸 탐사 장비에 둘러싸여 있을지도 모른다."[8]

외계에서 온 초소형 탐사 기계가 비밀리에 우리를 감시하고, 그 정보를 고향 행성에 보내고 있다고 생각하면 온몸에 소름이 돋지만, 직접 쳐들어와서 부수는 것보다는 자비로워 보인다. 그러나 이런 기계들이 어느 날 자기 복제를 시작한다면 숫자가 금방 불어나서 순식간에 지구를 점령하거나 파괴할 수도 있다. 프로그램의 일부가 잘못 쓰이거나 제작자가 처음부터 악의를 품고 있었다면 얼마든지 일어날 수 있는 일이다. 물론 이런 잘못을 우리가 저지를 수도 있다. 화성 개척을 목표로 파견된 소형 로봇들이 오작동을 일으켜 화성을 쑥대밭으로 만들 수도 있는 것이다. 게다가 기계들이 자기 복제의 단계를 넘어 스스로 진화하기 시작하면 '터미네이터Terminator'는 더 이상 영화가 아닌 현실이 된다. 프레드 세이버하겐Fred Saberhagen이 쓴 소설을 보면, 외계에서 온 전사 로봇이 지구의 생명체를 죽이고 모든 것을 파괴한다. 어쩌면 우주에 우리만 존재하는 것이 더 속 편할지도 모르겠다.

거대한 침묵

1950년의 어느 날, 엔리코 페르미Enrico Fermi는 시카고 대학에서 동료 두 명과 점심 식사를 하고 있었다. 그는 핵분열 분야에서 업적을 인정받아 1938년에 노벨 물리학상을 수상했다. 그는 자신의 연구 분야에서 절대로 틀리는 일이 없었기 때문에, 물리학의 '교황'으로 불리곤 했다. 그날 식당에 모인 세 사람은 UFO 목격담이 실린 신문을 읽으면서 가벼운 농담을 주고받았는데, 갑자기 페르미가 간단하면서도 의미심장한 질문을 던졌다. "그들은 대체 어디 있는 거지?"

우주의 규모와 역사, 그리고 물리학의 일반적인 법칙으로 미루어 볼 때 외계 생명체가 존재할 가능성은 대단히 높다. 페르미도 이 사실을 잘 알고 있었다. 또한 그는 인류의 기술수준이 매우 초보적인 단계여서, 우리가 외계인을 방문할 가능성보다는 그들이 은하를 가로질러 우리를 방문하거나 신호를 먼저 보내 올 가능성이 훨씬 높다는 것도 잘 알고 있었다. 그런데 이상하게도 외계인이 지구를 방문하거나 메시지를 보냈다는 증거가 하나도 없다. 직접 오기가 번거로웠다면 로봇 사절단이라도 보냈을 법한데, 그런 사례도 보고된 적이 없다.[9] 그때 페르미가 던졌던 질문은 1950년 이후 한 시대의 화두가 되었다. 외계 문명 탐사 연구소, 즉 SETI The Search for Extraterrestrial Intelligence는 지난 50년 동안 수신 장치의 성능을 꾸준히 개선하면서 외계에서 날아오는 신호를 기다렸지만 아무런 성과도 올리지 못했다. SETI의 연구원들은 이 상황을 두고 '거대한 침묵 Great Silence'이라 부른다.

이 거대한 침묵을 어떻게 해석해야 하는가? 페르미의 질문이 그랬듯이, 여러 가지 설명이 가능하다. 은하수에는 생존 가능한 행성이 1억 개 정도 있으며, 이들의 평균 생성 연대는 지구보다 15억 년이나 빠르다. 이 정도면 원시 생명체가 복잡한 생명체로 진화할 시간은 충분하다. 은하수 최초의 생물학 실험은 이미 10~11억 년 전에 다른 행성에서 실행되었을 가능성이 크다. 외계에서 지적인 생명체의 흔적을 찾지 못해 안달이 난 것은 지구인들의 사정일 뿐이다.

과학 기술의 발전 속도는 날이 갈수록 빨라지고 있다. 바로 이런 이유 때문에 우리는 페르미의 질문을 심각하게 받아들여야 한다. 우리는 아직 자기 복제가 가능한 탐사 기계를 만들 수 없지만, 앞으로 수천~수만 년 후에는 현실로 다가올 것이다. 과학 기술의 발전은 생물의 진화와 비교가 안 될 정도로 빠르게 진행된다. 탐사 기계들이 적당한 행성을 찾아 '기계적 포자'의 형태로 씨앗을 뿌리면, 거기서 태어난 기계들이 파수꾼처럼 행성을 지키면서 생명의 탄생을 포착할 수도 있다. 기계는 어떤 일이건 사람보다 효율적이고 안전하게 수행할 것이다.

초소형 로봇으로 구성된 탐사 함대는 행성 간 통신 수단으로 활용될 수도 있다. 이들이 '은하 백과사전'을 싣고 간다고 생각해 보라. 컴퓨터의 성능이 시간에 따라 지수 함수적으로 향상된다는 무어의 법칙Moore's law이 앞으로도 계속 유효하다면, 수십 년 이내에는 플래시 카드 한 장에 10테라바이트(1만 기가바이트)를 저장할 수 있게 된다. 이것은 한 사람의 일생을 동영상으로 담을 수 있는 용량으로, 우리가 보고, 말하고, 듣고, 경험한 모든 것을 한 장의 카드 안에 디지털 데이터로 저장할 수 있다는 뜻이다. 이런 추세로 50년이 더 흐르면 1,000년에 걸친 인류의 문명(약 10^{23} 비트)을 원자 스케일의 저장 장치에 담을 수 있게 된다(아마도 이것은 탄소 원자로 이루어진 격자 형태가 될 것이다).

거대한 침묵은 종종 다른 뜻으로 왜곡되곤 한다. 일부 과학자들은 "외계인은 존재하지만 다른 곳을 탐사하거나 메시지를 전달할 의사가 없을 수도 있고, 우리가 모르는 사이에 은밀하게 지구를 주시하고 있을 수도 있다"고 주장한다. 이것이 이른바 '동물원 가설zoo hypothesis'이다. 동물원에 사는 동물들은 자신도 모르는 사이에 사육사들에게 삶을 제어당하고 있다는 뜻에서 붙여진 용어이다. 또는 외계인들이 "지구의 문명이 그들과 비슷하거나 그들에게 유용한 수준이 될 때까지" 기다리고 있다는 설도 있는데 이것을 '전사 가설berserker hypothesis'이라 하며, "외계의 문명이 지구의 과학 수준으로는 감지할 수 없을 정도로 발달했다"는 설을 '초심 가설neophyte hypothesis'이라 한다.

물론 거대한 침묵의 원인을 "외계인이 존재하지 않기 때문"이라고 간결하게 설명할 수도 있다. 우주 전체를 통틀어 문명을 이룩한 생명체는 우리뿐이거나, 극히 드물지도 모른다. 그 외에 몇 가지 조건을 드레이크 방정식Drake equation에 입력하면 외계인이 존재할 가능성은 낙천적인 천문학자들의 생각보다 훨씬 작게 나온다. 단순한 화학 성분에서 생명체가 탄생한 것은 순전히 운이었을 수도 있다. 미생물이 복잡한 대형 생물로 진화한 것도 결코 필연이 아니었다. 인간이 자연을 다스리는 힘을 얻게 되면 그에 따른 부작용이 생기는 등 불안정한 상태에 놓이게 된다. '과학 기술의 성숙'은 이 불안정한 상태에서 기인한 일종의 병목 현상일 수도 있다.

우리가 알고 있는 모든 지식과 증거들을 총동원해서 생각해 볼 때, 우주로 진출한 종족은 은하수 안에서 우리가 처음일 가능성이 높다. 우리가 처음이자 마지막일 수도 있다. 우주에서 우리가 혼자라고 생각하면 뿌듯하면서도 한편으로는 두려움이 몰려온다. 우주적 스케일에서 볼 때 이제 갓 태어난 인류의 문명이 부디 성공적으로 진화하여, 그에 합당한 보상을 받게 되기를 조심스럽게 기원해 본다.

11장

거대한 종말

태초에는 아무것도 없었다. 눈에 보이는 것도, 만져지는 것도 없었다. 그러나 거기에는 만물이 창조될 '가능성'이 있었다. 그 어떤 것도 이 무한한 가능성을 침해할 수는 없었다.

그곳은 위도 아래도 없고 바깥도 안도 없었으므로 어떤 '장소'라고 말하기가 곤란하다. 진공이라는 단어는 '무無'를 반영하고 있지만 태초의 진공은 양자적 불확정성으로 인해 법칙이 수시로 붕괴되었으며, 그 정도는 순식간에 극으로 치달았다.

양자적 거품의 세계에서 시공간의 거품은 수시로 나타났다가 사라지곤 했다. 대부분은 일회성이었지만, 그중 일부는 진공으로부터 충분한 에너지를 취하여 빠르게 팽창하기 시작했다. 이 시공간의 거품은 형태도 다양하여 일부는 몇 분의 일 초 사이에 사라지는가 하면, 또 어떤 것은 장구한 세월 동안 지속되었다. 개중에는 매끈하면서 단조로운 것도 있었고, 블랙홀의 혼돈을 간직한 것도 있었다. 어떤 것은 빛의 지배를 받았고 또 어떤 것은 물질의 지배를 받았다. 그런가 하면 시간을 내포한 거품도 있었고, 시간이 아예 없는 거품도 있었다. 어떤 것은 원자만큼 작았으나 경계면 없이 무한히 큰 것도 있었다. 이것이 바로 다중 우주multiverse이다.

이 수많은 거품 우주들 중 하나에서 잘 정돈된 환경이 만들어졌고, 그 이야기 속에 우리가 들어갔다. 침대가 너무 딱딱하지도 너무 부드럽지도 않은 우주, 수프가 너무 뜨겁지도 차갑지도 않은 우주에서 창조의 법칙에 약간의 변형이 생기면서 물질이 생겨났고, 이들로부터 10조×10억 개의 별들이 탄생했다. 그리고 이 별들은 충분하게 주어진 시간 속에서 무거운 원소를 만들어 냈다. 그런데 원소의 조합이 거의 완성되던 무렵에 그로부터 매우 복잡하면서도 연약한 창조물이 태어났다. 우주는 과연 자아가 있는 것일까?

연약한 존재는 우주의 일부이면서 그로부터 멀리 떨어져 있다. 그들은 목적과 의도를 갖고 모든 만물의 가치와 의미를 파고들었다. 그들은 모든 것의 근원이었던 거품처럼 자신의 존재가 일시적이면서 불확실하다고 느꼈다.

이 이야기의 주인공은 그들이 아니었다. 그들이 주인공이었던 적은 단 한 번도 없었다. 우주는 상상할 수 없을 정도로 뜨거운 상태에서 시작되어, 역시 상상하기 어려울 정도로 차가운 종말을 맞이할 것이다. 이것은 그들의 시간이자 우리의 시간이다.

인간이 알 수 없는 것들

대단원의 막

마침내 우리는 마지막 대단원에 이르렀다. 우주는 그 안에 존재하는 모든 것에 의해 정의된다. 시간과 공간, 물질과 에너지, 그리고 이들의 거동을 좌우하는 물리학 법칙들, 이 모든 것이 바로 우주이다. 그리고 우주의 앞날을 예견하는 이론은 인류의 지성이 이루어 낸 최고의 업적이 될 것이다.

100년 전만 해도 사람들은 은하수가 우주의 전부라고 생각했다. 당시 천문학자들은 우주의 크기를 1만~10만 광년으로 추정했는데, 별들 사이에 우주 먼지가 너무 많아서 망원경으로 측정된 거리는 신뢰도가 많이 떨어졌다. 윌리엄 허셸은 희미하게 빛나는 수백 개의 성운을 관측하여 목록을 만들었으나, 학계에 선뜻 수용되지는 않았다. 당시 대다수의 천문학자들은 지구가 은하수에서 별들이 가장 밀집되어 있는 지역에 놓여 있다고 믿었다. 그러나 독일의 철학자 임마누엘 칸트Immanuel Kant는 "성운은 은하수처럼 별들로 이루어진 우주의 섬island universe이며, 개개의 별들은 너무 희미하거나 서로 지나치게 가까워서 망원경으로 봐도 한 덩어리처럼 보인다"고 주장했다.

이 모든 논쟁을 일거에 해결한 사람이 바로 에드윈 허블이었다. 옥스퍼드 대학의 장학생이었던 그는 권투 선수이자 육상 선수였고, 천문학으로 눈을 돌리기 전에는 전도양양한 변호사였다. 그는 1920년대에 로스앤젤레스에 있는 윌슨 산 천문대에서 직경 2.5m짜리 천체 망원경으로 하늘을 관측하다가 안드로메다은하에 있는 희미한 변광성이 은하수에 있는 변광성과 거의 동일하다는 사실을 발견했다. 그리고 안드로메다와 은하수에 있는 변광성의 상대적 밝기를 분석한 결과, 안드로메다 은하가 은하수의 변두리로부터 100만 광년이나 떨어져 있다는 결론을 내렸다. 그 뒤 허블은 수십 개의 은하를 추가로 관측했는데, 그중 가장 먼 은하까지의 거리는 4000만~5000만 광년이나 되었다.

이것이 전부가 아니었다.[■1] 은하에서 방출된 빛을 스펙트럼으로 펼쳐 보니 모든 스펙트럼선들이 붉은색 쪽으로 치우쳐 있었고, 치우친 정도는 정확하게 거리에 비례했다. 즉, 은하가 멀어지는 속도와 은하까지의 거리는 서로 비례하는 관계에 있었다(이것을 '허블의 법칙'이라 한다). 왜 그럴까? "우주가 팽창하고 있기 때문"이라는 것이 가장 간단한 설명이다. 개개의 은하는 수십억 개의 별들이 모여 있는 거대한 천체이며, 이들은 시속 수백만 킬로미터라는 어마어마한 속도로 우리로부터 멀어지고 있다. 그리고 가장 멀리 있는 은하는 멀어지는 속도도 가장 빠르다. 허블은 이 놀라운 사실을 발견함으로써 천문학의 새로운 장을 열었다.

새로 얻어진 정보는 수많은 질문을 야기했으나, 허블은 애써 해답을 찾지 않고 관측에만 몰두했다. 무엇이 팽창하고 있는가? 팽창하는 이유는 무엇이며, 언제까지 계속될 것인가? 그리고 모든 것이 우리로부터 멀어지고 있다면, 지구가 우주의 중심이라는 말인가? 그렇다면 이미 검증된 코페르니쿠스의 지동설을 또 다시 폐기해야 하는가?

앨버트 아인슈타인은 이미 10년 전에 허블의 데이터를 해석하는 이론적 방법을 제시해 놓았다. 중력 이론의 최고봉인 일반 상대성 이론은 뉴턴의 선형적 시공간 이론과 근본적으로 다르다. 아인슈타인의 이론에 의하면 시간과 공간은 서로 얽혀 있으며, 질량과 에너지는 특정한 수학 법칙에 따라 시공간의 휘어진 정도(곡률)를 좌우한다. 이것은 블랙홀과 같이 작은 영역뿐만 아니라 우주 전체에 한결같이 적용된다. 일반 상대성 이론에 등장하는 수학은 어렵기로 악명이 높지만, 이 분야를 연구하는 학자들에게는 더없이 우아하고 아름다운 언어일 뿐이다. 그런데 일반 상대성 이론의 결과는 종종 우리의 직관과 상상력을 뛰어넘곤 한다.

가장 먼저 떠오르는 질문은 다분히 쇼비니즘(chauvinism, 열광적인 우월주의 : 옮긴이)적이다. 모든 은하들이 우리로부터 일제히 멀어지고 있으므로, 우리가 팽창의 중심에 있다고 생각하기 쉽다. 정말 그럴까? 아니다. 절대로 그렇지 않다. 이것은 팽창을 바라보는 관점의 문제이다. 예를 들어 우리로부터 수백만 광년 떨어진 어떤 은하에서 외계인 천문학자들이 은하수를 비롯한 다른 은하들을 관측하고 있다고 상상해 보자. 그들이 보기에도 은하수는 자신으로부터 멀어지고 있을 것이며, 멀어지는 속도는 우리가 그 은하를 관측했을 때 얻은 속도와 동일할 것이다. 또한 그들은 다른 은하들도 자신으로부터 일제히 멀어지고 있으며, 멀어지는 속도가 거리에 비례한다는 사실도 알게 될 것이다(그 은하에서는 이 현상을 발견한 천문학자의 이름을 따서 '~의 법칙'으로 부르고 있을지도 모른다). 즉, 어떤 은하에서 관측하건 간에 모든 은하들은 자신으로부터 멀

어지고 있다. 여기에는 중심이라는 개념이 존재하지 않는다.[2]

그 외의 질문들은 일반 상대성 이론의 기이한 성질과 관련된 것으로, 아직 만족할 만한 답이 제시되지 않았다. 은하는 폭발하는 유산탄 파편 조각과 근본적으로 다르다. 은하가 멀어지는 것은 그들이 공간 속에서 움직이기 때문이 아니라, 공간 자체가 팽창하고 있기 때문이다. 시공간의 특성은 오직 수학이라는 특수 언어를 통해서만 제대로 표현될 수 있다. 시공간이 팽창한다고 해서, 그것이 어떤 용기 속에 들어 있다는 뜻은 아니다. 우주는 스스로 존재하며, 그것을 담는 그릇 같은 것은 필요 없다. 다만 팽창의 원인을 이해하려면 팽창이 시작되던 시점으로 시간을 거슬러 올라가야 한다. 그곳에서 우리는 지금과 전혀 다른 우주를 만나게 될 것이다.

빅 뱅!

모든 은하들이 서로에 대해 계속 멀어져 왔다는 가정하에 시간을 과거로 되돌리면 우주 만물이 한 점으로 모이는 시점에 도달한다. 이 시간이 바로 우주가 탄생한 시간이다. 허블의 법칙을 거꾸로 흐르는 시간에 적용하면 우주의 나이가 실제보다 훨씬 많아진다. 과거에는 지금보다 팽창 속도가 훨씬 빨랐기 때문이다.

허블의 법칙에 의하면 과거의 우주는 지금처럼 크지 않았으며, 지금처럼 대부분의 공간이 텅 비어 있지도 않았다. 태초의 우주는 지금보다 훨씬 작고 밀도가 높았으며, (기체를 압축시키면 온도가 올라가듯이) 온도가 엄청나게 높았다. 1940년대의 물리학자들은 초창기 우주의 온도와 밀도가 무한대였고, 질량과 에너지가 좁은 공간에 압축되어 있어서 시공간의 곡률도 매우 컸을 것으로 생각했다. 벨기에의 물리학자이자 예수회의 수사였던 조르쥬 르메트르Georges Lemaitre는 이 시점을 가리켜 '어제가 없었던 날'이라 했고, 러시아의 물리학자 조지 가모프George Gamow는 치밀한 계산 끝에 "창조의 순간에 발생한 빛의 잔광殘光은 지금도 우주 전역에 남아 있을 것"이라고 주장하면서, 우주에 시작이 있었음을 강하게 시사했다. 이제 남은 것은 가모프의 창조 이론에 적절한 이름을 붙이는 것이었는데, 흥미롭게도 그 일을 수행한 사람은 가모프의 이론을 강하게 반대했던 프레드 호일이었다. 그는 우주 창조설을 비아냥거리는 의미에서 가모프의 이론을 '빅 뱅'이라고 불렀는데, 어감이 강렬하고 의미도 분명하여 결국 정식 명칭으로 자리 잡게 되었다.

빅 뱅 이론은 세 가지 증거에 기초하고 있다. 첫 번째 증거는 허블이 발견한 '팽창하는 우주'로서, 멀리 있는 천체일수록 빠르게 멀어지는 현상으로부터 사실로 확인되었다. 두 번째 증거는 가모프가 예견했던 '빅 뱅의 잔광,' 즉 마이크로파 우주 배경 복사cosmic microwave background radiation이다. 이것은 1965년에 벨연구소에서 우연히 발견되었으며, 우주 전역에 걸쳐 절대 온도 2.73K(-270.42℃)로 거의 균일하게 퍼져 있다. 빅 뱅 이론을 뒷받침하는 세 번째 증거는 우주에 가벼운 원소가 많다는 점이다. 현재 우주 전체 질량의 4분의 1은 헬륨이 차지하고 있는데, 별의 내부에서 만들어진 것치고는 양이 너무 많다. 그러나 빅 뱅 후 몇 분 동안 우주가 태양의 내부처럼 엄청나게 뜨거웠다면, 이때 다량의 헬륨이 생성되었을 것이다.[3]

최근 관측 결과는 빅 뱅 이론을 더욱 확고하게 지지하고 있으며, 그 덕분에 천문학자들은 우주 탄생의 순간을 엿볼 수 있게 되었다. 표준 빅 뱅 이론은 우주가 매끄럽고smoothness 평평한flatness 이유를 설명하지 못했으나, 빅 뱅 후 10~35초 만에 우주가 엄청난 규모로 팽창했다고 가정하면 이 문제를 해결할 수 있다. 이렇게 탄생한 것이 바로 인플레이션 이론inflation theory이다.

빅 뱅의 흔적을 추적하다 보면 물질의 기원에 도달하게 된다. 빅 뱅과 관련된 물리학은 빅 뱅 뒤 수백만 분의 일 초가 지난 시점까지 검증된 상태이다. 이 무렵에 힘이 비대칭적인 성질을 갖게 되면서 물질이 반물질보다 많아졌다. 그 직전에 에너지는 현재 지구 상에 있는 어떤 입자 가속기보다 강력했으며, 자연에 존재하는 네 종류의 힘들은 하나의 초힘superforce으로 통합된 상태였다. 그러나 현재의 이론으로는 힘의 근원을 정확하게 파악할 수 없다. 거시적 스케일에 적용되는 중력과 미시적 스케일에 적용되는 양자 역학을 하나로 통일하지 못했기 때문이다.

빅 뱅은 참으로 대담한 이론이다. 얼마나 놀라운지, 천문학자들도 그 내용을 설명하면서 속으로는 경탄을 금치 못할 정도이다. 빅 뱅 이론에 의하면 무한대의 온도와 밀도를 가지면서 거의 점에 가까울 정도로 무한히 작은 시공간으로부터 지금의 광대한 우주가 탄생했다.[4] 빅 뱅 직후에 인플레이션(급격한 팽창)이 진행되면서 거대한 양자적 파문이 일어났고, 그로부터 은하를 잉태한 씨앗이 탄생했다. 그리고 팽창에 필요한 에너지는 진공으로부터 양자적 거래를 통해 충당되었다. 간단히 말해서, 10^{80}개의 온갖 입자들과 10^{89}개의 광자가 아무것도 없는 무無에서 탄생했다는 이야기다.

붉은 여왕을 쫓아서

허블이 우주의 나이를 137억 년으로 추정한 지도 어언 한 세기가 흘렀다. 그 사이에 천문학은 장족의 발전을 이루어, 우주에 은하가 5,000억 개 가량 존재한다는 사실까지 알게 되었다. 그리고 작은 점에 불과했던 초창기의 우주는(고대 그리스 인들은 우주의 크기가 수백만 킬로미터 정도라고 생각했다) 지난 137억 년 사이에 상상할 수 없을 정도로 크게 팽창했다.

태양을 중심으로 한 우주 모형에서는 별까지의 거리가 수십억 킬로미터에 불과했다. 그 뒤 19세기의 천문학자들은 역사상 최초로 별까지의 거리를 측정했고, 그 결과 우주의 규모는 과거보다 10만 배나 커져서 수백 광년(약 10^{14}km)에 이르렀다. 그리고 윌리엄 허셸은 은하수를 관측하여 우주의 크기를 다시 1,000배 가까이 늘려 놓았으며(약 10만 광년, 또는 10^{17}km), 20세기 초에 에드윈 허블이 추정한 우주의 크기는 약 1억 광년(10^{20}km)이었다. 그 뒤로 초대형 천체 망원경이 속속 제작되면서 우주의 크기는 또 다시 수백 배 이상 커졌다. 숫자로 쓰면 10^{22}km인데, 독자들은 이것이 얼마나 큰 숫자인지 상상하기 어려울 것이다. 물론 어렵기는 천문학자들도 마찬가지다.

조금 무모해 보이긴 하지만, 약간의 트릭을 이용하여 위에 언급된 숫자의 크기를 가늠해 보자. 우선 우주의 크기를 지금의 3억 분의 1로 줄인다. 그러면 지구는 골프공 크기가 되어 한 손에 가볍게 들어온다. 태양은 400m 거리에서 밝게 빛나는 직경 3m짜리 대형 전구이고, 태양계의 규모는 조그만 도시와 비슷해진다. 그러나 가장 가까운 별까지의 거리는 무려 35,000km나 된다. 따라서 스케일을 이렇게 줄여도 우주의 대부분은 가시거리 바깥에 있다. 이제 한 걸음 더 나아가 위의 스케일을 또 다시 3억 분의 1로 줄여보자. 그러면 별은 미시적 스케일로 작아지고 별들 사이의 거리는 평균 3mm가 된다. 은하수는 직경 300m짜리 나선형 원반이며, 약 1km 떨어진 곳에 가장 가까운 은하가 있다. 두 차례에 걸쳐 스케일을 무려 10^{17} 분의 1로 줄였는데도, 가장 먼 은하까지의 거리는 45,000km나 된다.

우주의 크기를 이해하려면 고대 그리스 인들이 던졌던 질문부터 생각해 봐야 한다. 우주는 무한한가, 유한한가? 만일 유한하다면 경계는 어디이며, 그 경계 바깥에는 무엇이 있는가? 만일 경계가 없다면, 유한하다는 것을 어떻게 해석해야 하는가? 눈에 보이지 않는 공간을 측정한다는 것은 실질적인 의미가 없어 보인다. 우리는 공간을 보는 것이 아니라, 공간에 있는 물체를 봄으로써 공간의 존재를 간접적으로 인식하고 있다. 그런데 물체가 너무 먼 거리에 있으면 그 존재가 분명치 않고, 망원경의 관측 가능 거리를 넘어선 곳에 있으면 아예 없는 거나 마찬가지다.

우주는 팽창하고 있고, 빛의 속도는 유한하다. 이 두 가지 사실 때문에 관측이라는 행위가 매우 복잡해진다. "우주는 얼마나 큰가?"라는 질문은 아마도 "우주는 '지금' 얼마나 큰가?"라는 의미일 것이다. 그러나 빛은 우주 공간을 '순식간에' 가로지르지 못한다. 멀리 보이는 별은 지금이 아닌 과거의 모습이다. 그러므로 우리가 멀리 있는 천체를 관측한다는 것은 우주가 지금보다 훨씬 작았던 과거의 모습을 본다는 뜻이다. 우주의 크기와 나이는 빅 뱅 이후의 우주 팽창 이론에 의거하여 계산되어야 하는데, 다행히도 우리는 이론에 등장하는 변수의 값들을 비교적 정확하게 알고 있다.

허블은 멀리 있는 천체일수록 더욱 빠르게 멀어져 간다는 사실을 알아냈다. 따라서 멀리 있는 은하들 중에는 우리 눈에 들어온 빛이 방출되던 무렵에 빛의 속도로 멀어져 갔던 은하도 있을 것이다. 이 은하까지의 거리가 바로 '관측 가능한 우주의 크기'이다. 광자(빛)와 은하의 관계는 《거울 나라의 앨리스》에 나오는 앨리스와 붉은 여왕의 경주, 즉 한 장소에 머물러 있으려면 있는 힘을 다해 뛰어야 하는 상황과 비슷하다. 우주의 나이가 137억 년이라고 하면, 독자들은 관측 가능한 우주의 끝에 있는 모든 별까지의 거리가 일제히 137억 광년이라고 생각할지도 모른다. 그러나 빅 뱅 초기에 급속한 팽창이 있은 후로 물질들이 서로 잡아당기면서 팽창 속도가 현저하게 줄어들었기 때문에, 실제로는 137억 광년보다 훨씬 멀다.

우주 먼 곳을 관측하는 것은 과거를 보는 것과 같다. 50억 광년 거리에 있는 은하는 오래 전에 우리로부터 광속으로 멀어지고 있었으나, 그 후로 후퇴 속도가 느려지면서 그때 방출된 광자가 방대한 거리를 가로질러 우리의 눈(또는 망원경)에 도달한 것이다. 현재 세계에서 가장 성능이 좋은 천체 망원경은 이보다 먼 은하도 볼 수 있다. 예를 들어 120억 광년 거리에 있는 은하가 망원경에 포착되었다면 이 빛의 나이는 120억 살이며, 이 빛이 방출되었을 때 은하의 후퇴 속도는 광속의 2배였다.[5] 공간이 이토록 극단적으로 뻗어 나간 덕분에, 우리 시야의 한계와 관측 가능한 우주의 영역은 모든 방향으로 460억 광년이나 된다.

그렇다면 공간은 그곳에서 끝나는가? 아니다. 인플레이션이라는 요소가 추가된 빅 뱅 이론을 상기해 보자. 공간이 매끄러운 이유와 평평한 이유를 설명하려면 인플레이션을 반드시 도입해야 한다. 인플레이션은 우주 공간을 엄청난 속도로 팽창시켰기 때문에, 관측 가능한 우주는 그보다 훨씬 큰 시공간의 작은 부분에 불과하다.[6] 그러나 인플레이션 이론에는 저변에 깔린 시공간이 정확하게 정의되어 있지 않기 때문에, 실제의 공간이 얼마나 큰지는 알 수 없다. 우리의 우주는 양자적 요동에서 탄생했고, 양자적 요동은 불확실하다는 특징을 갖고 있다. 그러나 인플레이션이 정말로 일어났다면, 물리적 우주(실제로 존재하는 우주)는 관측 가능한 우주(우리 눈에 보이는 우주)보다 훨씬 방대하다.

피카드의 뿔

우주의 형태를 측정하고 이해하는 것은 크기를 가늠하는 것보다 훨씬 쉽다. 일반 상대성 이론에 의하면 우주는 물질의 평균 밀도에 의해 정해지는 광역 곡률global curvature을 갖고 있다. 질량이 얼마나 있느냐에 따라 우주는 평평할 수도 있고(곡률=0) 풍선의 표면처럼 양의 곡률을 가질 수도 있으며(2차원 구면이 아니라, 풍선의 표면을 3차원으로 확장한 '3차원 구면'을 의미한다), 말안장의 표면처럼 음의 곡률을 가질 수도 있다.

기본 개념은 이것이 전부이다. 그런데 눈에 보이지 않는 공간의 형태를 어떻게 측정한다는 말인가? 천문학자들은 수십 년 동안 은하와 퀘이사를 관측하여 공간의 형태를 알아내려고 했지만 번번이 실패하고 말았다. 알고 보니 문제의 열쇠는 천체가 아니라 전 공간에 저에너지 광자의 형태로 퍼져 있는 빅 뱅의 잔해, 즉 마이크로파 배경 복사가 쥐고 있었다. 이 복사 에너지는 시간과 공간에 따라 약간의 온도 차이를 보이는데(이를 배경 복사의 '반점'이라고 한다), 그 이유는 우주가 겨우 38만 년 되었을 때 복사가 방출되었기 때문이다.

우주 전체를 거대한 광학 실험 장비라고 생각해 보자. 만일 공간의 곡률이 양수 또는 음수라면(즉, 0이 아니라면) 배경 복사의 반점은 평평한 경우보다 크거나 작게 나타날 것이다. 그런데 지금까지 확인된 배경 복사를 보면 반점의 크기가 평평한 경우와 거의 일치하고 있다. 즉, 우주는 곡률이 없이 거의 평평하다는 이야기다. 최근에 얻어진 WMAP의 관측 결과에 따르면 평평함에서 벗어난 정도는 2% 이하였다.

그러나 눈에 보이는 우주가 훨씬 방대한 시공간의 일부라는 점은 매우 흥미로운 가능성을 시사하고 있다. 일반 상대성 이론의 용어를 써서 말하자면, 우리가 사는 지역의 국소 기하학적 구조local geometry는 평평하고(920억 광년을 광역으로 간주했을 때), 광역 기하학적 구조global geometry는 관측하기 어렵다. 광역 기하학적 구조는 국소 기하학적 구조(평평한 공간)를 모든 방향으로 무한대까지 연장시킨 구조로 생각할 수 있는데, 여기에는 매우 흥미로운 사실이 숨어 있다. 다양한 양의 곡률과 음의 곡률이 모두 가능하다는 것이다. 사실, 공간의 곡률과 공간의 위상topology은 구별되어야 한다. 위상에는 '연결성connectedness'과 같은 수학적 개념이 포함되어 있다. 즉, 점 A에서 점 B로 갈 수 있으면 반대로 B에서 A로 올 수도 있다!

우주의 광역 기하학적 구조를 다루는 최상의 방법은 마이크로파 배경 복사를 이용하는 것이다. 그러나 복사에 남은 흔적이 매우 미묘하기 때문에, 우주가 평평함에서 벗어나 있다는 주장은 항상 논란의 대상이 되어 왔다. 지난 5~6년 사이에는 여러 연구팀들이 실린더, 토러스(도넛), 축구공, 뿔 등 다양한 형태의 광역 기하학적 구조를 발견했다고 주장했다. 물론 이 도형들은 2차원 곡면이다. 그러나 우주 공간의 곡률을 다루려면 2차원이 아닌 3차원 곡면을 떠올려야 한다. 물론 쉬운 일은 아니다. 이 분야를 공부하는 학생들은 휘어진 공간을 서술하는 끔찍한 수학에 자신을 완전히 내던져야 한다.

실린더와 토러스, 그리고 축구공은 양의 곡률을 갖는 광역 기하학의 사례이다. 이 공간들은 유한하기 때문에 복사는 우주 공간을 여러 번 여행할 수 있으며, 그 흔적은 하늘의 대척점에 있는 조각들, 즉 마이크로파 반점에 남겨진다. 이것은 마치 축구공을 덮고 있는 헝겊 조각과 비슷하다(축구공은 대칭성이 매우 높은 공간의 하나로서, 이음매 없이 5각형을 서로 연결하여 만들 수 있다). 마지막 사례인 뿔은 음의 곡률을 갖는 광역 기하학적 구조이며, 흔히 '피카드의 뿔Picard horn'이라 불린다(〈스타 트렉〉에 등장하는 엔터프라이즈호의 함장이 아니라, 프랑스 수학자의 이름을 딴 것이다). 이런 형태의 공간에는 큰 조각이 없고 작은 조각들은 원이 아닌 타원의 형태를 띠고 있다. 음의 곡률을 갖는 공간은 상을 왜곡시키는 렌즈와 비슷한 방식으로 작용하기 때문이다.■7 지금도 천문학자들은 유럽 우주국European Space Agency에서 2009년에 발사한 플랑크Planck 위성의 정교한 관측 장비가 제값을 해 주기를 기대하고 있다.

보이지 않는 우주

영원히 변치 않을 것 같은 우주가 어느 시점에 '끝난다'는 것은 상상하기 어렵다. 또한 인간의 시간 스케일에서는 팽창하는 우주를 감지하기가 쉽지 않다. 천문학자들은 우주적 구조의 형성 과정과 관련된 여러 이론들을 이어 맞춰서 우주의 미래를 예견하고 있다. 우주의 가장 흥미로운 특성 중 하나는 '울퉁불퉁하다'는 것이다. 그렇지 않다면 우주에는 별도 은하도 없고, 별이 없으면 행성도 인간도 없었을 것이다!

우주 팽창의 과거와 미래는 광자, 물질, 암흑 물질, 그리고 암흑 에너지라는 네 가지 요소에 의해 결정된다. 우주에는 입자 하나당 광자가 20억 개 존재하며, 초기 우주에는 고에너지 광자와 입자들이 잘 섞인 수프처럼 골고루 섞인 채 거의 광속에 가깝게 움직이고 있었다. 그리고 빅 뱅 이후 55,000년이 지난 시점에는 물질과 복사의 밀도가 같아졌다.

그 뒤 우주가 계속 팽창함에 따라 물질의 밀도는 자연히 낮아졌으나, 팽창에 의해 광자가 낮은 에너지 쪽으로 적색 편이 되었기 때문에 에너지 밀도는 물질의 밀도보다 빠르게 감소했다. 그리고 우주가 유년기에 접어든 후로 복사는 큰 역할을 하지 못했다.

복사의 위력이 감퇴하자 중력이 두각을 나타내면서 우주의 구조가 형성되기 시작했다. 빅 뱅 이후 38만 년이 지나자 우주의 온도는 2,730℃까지 식었고, 그 덕분에 안정된 원자가 형성되기 시작했다. 그러나 최초의 별이 형성되기까지는 1억 년을 더 기다려야 했다. 이 시기에는 탄소가 없었으므로 우주가 형성되는 장관을 구경해 줄 생명체도 없었다.

은하의 형성이라는 초대형 프로젝트의 1등 공신은 정상 물질보다 6배나 무거운 암흑 물질이었다. 지난 30여 년 동안 천문학자들은 어떤 형태의 복사도 방출하지 않는 암흑 물질의 존재를 증명하기 위해 간접적인 증거들을 부지런히 모아 왔다. 암흑 물질은 블랙홀도 아니고 죽은 별도 아니며, 자유롭게 떠다니는 바위 행성이나 먼지 같은 것도 아니다. 다만 소립자를 통해 일상적인 물질과 미약한 상호 작용을 주고받을 뿐이다. 다행히도 물리학 이론은 암흑 물질의 정체를 밝히는 약간의 실마리를 제공하고 있으며, 암흑 물질을 직접 관측하려는 몇 가지 실험이 진행되고 있다.

암흑 물질이 중력에 의해 뭉치면 제일 먼저 작은 덩어리가 형성되고, 이들이 모여서 더 큰 구조가 만들어진다. 그 뒤 정상 물질(저자는 '암흑' 물질과 구별하기 위해 '정상'이라는 단어를 사용하고 있으나, 앞으로는 그냥 '물질'로 표기하기로 한다 : 옮긴이)이 암흑 물질의 중심부에 있는 '중력 우물'로 빨려 들어온다. 최초의 은하는 빅 뱅 후 3억 년 만에 생성되었다. 작은 은하들이 먼저 만들어진 후에 이들이 모여서 대형 은하가 되었으며, 여러 개의 은하로 이루어진 초은하 집단supercluster이 제일 나중에 생성되었다. 적당한 크기의 은하가 주변의 소형 은하들을 통합하여 덩치를 키운 흔적은 지금도 국수 가락 같이 길게 뻗은 헤일로(halo, 은하 전체를 감싸면서 희박하게 분포되어 있는 구름층. 주로 성간 물질과 구상 성단으로 구성되어 있다 : 옮긴이)의 형태로 남아 있다.

가장 큰 은하에서 별의 형성은 빅 뱅 이후 30억~40억 년 시점에 절정을 이루었고, 가장 작은 은하에서는 그로부터 70~80억 년 뒤에 별들이 집중적으로 형성되었다. 새로운 별의 탄생은 이제 거의 마무리된 상태이다. 이 별들은 우주 역사의 처음 4분의 3 동안 지금보다 10배가량 밝은 빛을 방출했다. 우주 팽창은 새로운 별의 생성을 저지하는 데 한몫 했다. 가만히 있으면 중력으로 뭉쳐서 별이 되었을 기체 구름들이 팽창의 여파를 타고 은하 사이의 공간으로 흩어졌기 때문이다.

우주 역사의 대부분에 걸쳐 암흑 물질은 팽창을 저지하는 역할을 해왔다. 그러나 50억 년 전에 우주의 운명을 좌우할 새로운 요소가 등장했으니, 그것이 바로 암흑 에너지이다. 우주의 74%는 암흑 에너지이고 21%는 암흑 물질로 이루어져 있다. 우리에게 친숙한 물질은 5%밖에 안 된다.[8] 게다가 물질의 대부분은 매우 뜨거운 상태로 은하 사이의 빈 공간에 퍼져 있다. 10^{22}개의 별과 500억 개의 은하를 구성하는 물질은 우주 전체의 0.5%에 불과하다!

암흑 물질과 암흑 에너지

사울 펄무터Saul Perlmutter는 흥분에 들떴다. 로렌스 버클리 연구소Lawrence Berkeley Lab의 물리학자들은 초신성 관측 데이터를 분석하다가 이상한 신호를 발견했다. 그것은 펄무터를 비롯한 모든 연구원들이 기대했던 것과는 완전히 정반대였다. 사실 망원경 관측의 한계점 근처에서는 모든 데이터가 불분명하기 때문에, 그다지 믿을 만한 결과는 아니었다. 과거에 과학자들을 종종 궁지에 몰아넣었던 시스템 오류일 수도 있었다. 현대 천문학의 새 지평을 열었던 에드윈 허블도 시스템 오류 때문에 우주의 팽창 속도를 과대평가하여 우주의 나이를 실제보다 7배나 짧게 산출했었다.■[9] 펄무터의 머릿속에는 불길한 생각이 스쳐 지나갔다. 그는 천문학의 아웃사이더였고, 주변에는 그가 실패하기를 바라는 사람도 있었다.

그러나 하버드 대학의 브라이언 슈미트Brian Schmidt와 아담 라이스Adam Reiss가 이끄는 다른 연구팀도 펄무터와 동일한 결과를 얻었다. 두 팀은 1988년에 각자 얻은 데이터를 학술지에 발표했고, 그날부터 천문학은 새로운 세상으로 접어들게 되었다. 그들은 밝기가 이미 알려진 천체를 이용하여 우주 팽창의 역사를 추적한다는 허블의 연구 방식을 따르고 있었다. 그러나 허블이 사용했던 변광성은 관측 한계가 30억 광년이었기 때문에 그보다 먼 거리에서 기준이 되어 줄 만한 다른 천체가 필요했고, 두 연구팀은 연성계를 이루고 있는 초신성을 기준으로 선택했다. 초신성은 폭발할 때 방출되는 빛의 강도가 항상 똑같기 때문이다. 초신성은 자신을 포함하고 있는 은하 전체와 거의 동일한 강도의 빛을 발하므로, 아주 먼 거리에 있어도 관측할 수 있다.

과연 그들은 무엇을 보았을까? 우주 팽창의 감속 현상을 설명하는 표준 이론을 적용하면 50~60억 광년 거리에 있는 초신성이 얼마나 희미하게 보이는지를 계산할 수 있다. 두 팀이 관측한 초신성의 밝기는 평균적으로 '원래 보여야 할' 밝기의 30%였다. 그 이유는 두 가지로 압축할 수 있는데, 별이 비정상적으로 폭발하여 원래부터 희미했거나, 별까지의 거리가 그들의 짐작보다 15%쯤 더 멀었을 수도 있다. 두 번째 경우라면 우주의 팽창이 물질에 의해서만 제어되지 않고 다른 무언가가 더 있었을 것이다. 이 '무언가'가 팽창을 가속시켰기 때문에 초신성이 더 먼 거리에 있게 된 것은 아닐까?

그로부터 10년이 지난 지금, 우리는 무언가의 정체를 아직 밝히지 못하고 있다. '암흑 물질'과 마찬가지로, '암흑 에너지'는 물리학 용어라기보다 "그것에 대해 아는 바가 없다"는 뜻에 더 가깝다. 우리가 아는 것이라곤 50억 년 전에 반중력 비슷한 힘이 작용했거나, 음압negative pressure을 야기하는 기체가 존재하여 우주의 변화에 지대한 영향을 미쳤다는 것이다. 즉, 우주 팽창에는 브레이크가 있었고, 가속 페달도 있었다. 브레이크의 역할을 한 것은 암흑 물질인데, 우주가 계속 팽창하고 밀도가 감소하면서 암흑 물질의 영향력은 점차 줄어들었다. 가속 페달의 역할을 한 것은 암흑 에너지로서, 우주의 역사와 함께 항상 존재해 왔고 지금도 막강한 영향력을 행사하고 있다. 우리는 지금 '도망가는 우주' 속에 갇혀 있는 셈이다.

암흑 에너지가 전 세계 물리학계에 커다란 고민거리를 던져 주게 된다는 사실을 미리 알았더라면, 사울 펄무터는 훨씬 더 흥분했을 것이다. 허블의 대발견이 이루어지기 전인 1920년대 초까지만 해도, 천문학자들은 우주가 정적靜的이라고 믿었다. 그래서 아인슈타인은 자신의 일반 상대성 이론이 동적인 우주를 예견했을 때 약간의 당혹감을 느꼈다. 그래서 그는 자신이 유도한 방정식에 '우주 상수cosmological constant'라는 새로운 항을 끼워 넣어서 우주가 붕괴하지 않도록 만들었다.

암흑 에너지는 아인슈타인이 도입한 우주 상수일 수도 있고, 시간과 공간에 따라 변하는 생소한 에너지일 수도 있다(이것을 '퀸테센스quintessence'라고 한다). 표준 물리학은 에너지가 진공에서 비롯되었다고 설명하고 있지만, 이론적으로 계산된 에너지는 팽창 가속에 필요한 에너지의 10^{120}배나 된다. 그렇다면 우리는 중력에 관한 최상의 이론인 일반 상대성 이론을 폐기하거나, 완전히 새로운 물리학을 찾아야 한다. 우주의 5%밖에 볼 수 없는 천문학자들이나, 암흑 에너지를 계산하는 데 10^{120}이라는 오차를 유발한 물리학자들이나 난처하기는 마찬가지다.

이론이 제아무리 혼란스러워도 관측 결과는 변하지 않는다. 지금 우주는 분명히 팽창하고 있으며, 팽창 속도도 갈수록 빨라지고 있다. 이런 추세가 계속된다면 우주는 매우 외로운 종말을 맞이하게 된다. 그러나 여기에는 한 가지 조심할 것이 있다. 암흑 에너지의 특성은 기존의 이론이나 관측 결과에 거의 제한을 받지 않기 때문에, 먼 미래에 대한 예견을 할 때는 정상적인 물질도 조금은 고려를 해야 한다는 것이다.

스티븐 호킹이 증명한 것

우주가 팽창한다고 해서 모든 것이 팽창한다는 뜻은 아니다. 우리의 몸과 자동차, 집 등은 팽창하지 않는다. 이런 것들은 원자들 사이에 작용하는 힘을 통해 단단히 묶여 있기 때문이다. 태양계 역시 태양을 중심으로 묶여 있기 때문에 팽창하지 않는다. 은하수를 비롯한 모든 은하들도 팽창하지 않는다. 별의 운동 궤도가 암흑 물질에 의해 한정되어 있기 때문이다.

암흑 에너지는 많은 은하들을 서로 떼어 놓는 쪽으로 작용하고 있지만, 단기간에 은하단이나 은하군(둘 다 은하의 집합이며, 은하단이 은하군보다 규모가 크다 : 옮긴이)의 구조를 흩어 놓을 정도는 아니다. 우주의 팽창 속도가 점차 줄어들고 있다면 더 많은 천체를 볼 수 있으므로 좀 더 안심이 될 것이다. 우리가 관측할 수 있는 우주의 한계를 '지평선horizon'이라고 한다. 지구 상에서 눈으로 볼 수 있는 풍경의 한계선이 지평선인 것과 같은 이치다. 팽창이 감속되는 우주에서는 시간이 흐를수록 지평선이 점점 더 멀어진다. 시간이 흐른 만큼 더 먼 거리에서 방출된 빛이 우리에게 도달하기 때문이다. 이런 우주에서는 시간이 지날수록 관측 가능한 영역이 점점 더 넓어진다.

그러나 팽창 속도가 점점 빨라지는 우주에서는 우리로부터 먼 지역일수록 멀어지는 속도가 점점 더 빨라지기 때문에, 중력에 의해 가두어져 있지 않은 물체는 결국 시야에서 사라진다. 속도가 줄어드는 현상, 즉 감속은 강가에서 여러 가닥의 낚싯줄을 드리우고 있는 어부와 비슷하다. 각 줄의 끝에는 물고기가 걸려 있다. 물고기들은 강 한복판으로 도망가려고 애를 쓰지만 조금 가다가 금방 지쳐서 속도가 느려지고, 낚시꾼은 여유 있게 줄을 감아서 고기를 잡아 올린다. 반면에 가속은 물고기들이 점점 더 빠르게 헤엄치는 모습을 보고 당황하는 어부와 비슷하다. 그는 결국 물고기를 다 놓치고 허탈감에 빠진다.

미시간 대학의 마이클 부샤Michael Busha와 그의 동료들은 암흑 에너지가 시간과 공간에 대하여 변하지 않는다는 가정하에 가속 팽창하는 우주의 미래를 예견했다.[10] 팽창 속도는 왜 빨라지고 있는가? 암흑 에너지는 진공의 고유한 특성이므로, 공간이 팽창하면 진공이 많아지면서 암흑 에너지도 증가하고, 이로부터 더 많은 공간이 탄생한다. 즉, 팽창이 가속되는 것은 일종의 '도주 효과runaway effect'라는 것이다.

가속되는 상황에서 중력은 새로운 천체를 만들어 낼 수 없으므로 현존하는 천체들은 점점 더 고립될 것이다. 은하단과 은하군은 빠르게 커져 가는 시공간 속에서 하나의 점으로 남게 되고, 이들은 다른 은하단이나 은하군과 서로 접촉하고 꼬이면서 조그만 '섬 우주'가 될 것이다. 이 고립된 천체 속에 존재하는 질량은 지평선 안에 존재하는 암흑 에너지의 수조 분의 1에 불과하다. 이때가 되면 물질은 거의 있으나 마나 한 존재가 된다.

이 시나리오에는 중요한 순간들이 몇 개 있다.[11] 앞으로 수십억 년 동안 미래의 천문학자들은 멀리 있는 별을 점점 더 보지 못하게 될 것이다. 지구를 향해 날아오는 광자들이 빛보다 빠르게 팽창하는 공간에 뒷덜미를 잡혀 오히려 우리로부터 멀어질 것이기 때문이다. 그리고 1200억 년이 지나면 우주는 지금보다 1,000배가량 커져서 처녀자리 성단Virgo Cluster은 지평선 밖으로 사라지고, 밀코메다는 지구에서 볼 수 있는 유일한 천체로 남을 것이다. 미래의 천문학자들에게는 참으로 불행한 일이 아닐 수 없다.

이뿐만이 아니다. 은하에서 가장 작은 별이 희미하게 빛을 발하고 있을 무렵, 그러니까 앞으로 약 1조 년이 지나면 또 한 번의 중요한 순간이 찾아온다. 팽창에 의해 뻗어 나가는 복사와 창조의 순간에 생성되었던 마이크로파(이들의 규모는 빅 뱅 후 38만 년부터 지금까지 약 1,000배가량 확장되었다)는 이때가 되면 약 10^{28}배까지 확장될 것이다. 이 광자들은 지평선만큼 커서, 우주는 더 이상 이들을 담을 수 없게 된다. 그 후로 1400억 년이 지나면 우주는 또 1만 배 확장되고, 우리 은하를 비롯한 모든 은하에서 방출된 빛들마저 지평선 너머로 사라진다. 이로써 섬 우주 안에는 광자가 하나도 남지 않고, 서서히 변하는 전기장만이 유령처럼 주변을 에워싸고 있을 것이다.

이 사건들이 일어난 후에도 우주에 생명체가 살고 있다면, 그들은 물질과 복사를 모두 빼앗긴 그들만의 시공간 주머니에 갇혀서 극히 제한된 곳만 바라볼 수 있을 것이다. 개개의 지평선은 마치 사건 지평선처럼 블랙홀의 덫에 걸린 것과 비슷해진다. 스티븐 호킹은 희미한 복사가 각 지평선에서 10^{-29}K(거의 -273℃)의 온도로 새어 나온다는 것을 이론적으로 증명했다. 이 시대에 사는 생명체는 노년의 대부분을 가택 연금 상태로 보냈던 갈릴레오와 비슷한 처지가 될 것이다. "내가 수천 배도 넘게 확장시켰던 이 우주는…… 지금 내 몸뚱이 하나를 간신히 담을 정도로 좁아졌다."

붕괴! 붕괴! 붕괴!

앞으로 우주가 마주치게 될 운명은 말하기도 쉽고 이해하기도 쉽다. 가능한 결말은 딱 두 가지, '얼음' 아니면 '불'이다. 물질의 양이 부족해서 팽창을 막지 못한다면 우주는 점점 더 커지고, 차가워지고, 희박해진다. 게다가 이 과정은 특정 시점에서 끝나지 않고 영원히 계속된다. 이것이 얼음으로 끝나는 첫 번째 시나리오다. 또는 물질이 서로를 잡아당기는 효과가 누적되어 어느 임계치에 이르면 팽창하던 우주가 최댓값에 도달하여 한숨을 내쉬고(물론 비유적인 표현이다) 빅 뱅의 과정을 역으로 되밟으면서 수축하기 시작한다. 1970년대 말에는 암흑 물질의 양이 부족해서 팽창을 저지할 수 없다는 것이 천문학계의 중론이었다. 우주가 영원히 팽창한다고 생각한 것이다.

차가운 종말이냐, 뜨거운 종말이냐. 학자들 사이에서는 아직도 논쟁이 분분하다. 그러나 암흑 에너지라는 낯선 괴물이 등장하면서 모든 것이 바뀌었다. 아직은 암흑 에너지에 대해 알려진 것이 거의 없으므로, 이론가들은 상상의 나래를 유감없이 펼치고 있다.

가장 손쉬운 선택은 아인슈타인의 우주 상수를 암흑 에너지로 해석하는 것이다. 암흑 에너지가 우주 모든 곳에서 동일하고 시간이 흘러도 변하지 않는다면 우주 상수와 잘 맞아떨어진다. 그런데 우리는 이 문제를 앞에서 다룬 적이 있다. 입자 물리학에서 이론적으로 계산된 암흑 에너지의 양은 실제 팽창에 필요한 양의 10^{120}배나 된다. 이 말도 안 되는 오차를 해소하기 위해 도입된 것이 바로 퀸테센스이다. 이 이론에 의하면 우주는 가상의 무거운 기본 입자가 발휘하는 어떤 영향력 때문에 팽창하고 있다. 초기 우주에는 암흑 에너지의 양이 많았으나 우주가 진화하면서 지금은 매우 작은 양만이 남아 있는 것으로 추정된다.

'유령 에너지phantom energy'는 퀸테센스의 가장 극단적인 형태이다. 다트머스 대학Dartmouth College의 로버트 칼드웰Robert Caldwell과 그의 동료들은 2003년에 유령 에너지를 주제로 한 논문을 발표하면서 자신의 입장을 부드럽고 솔직하게 털어 놓았다. "유령 에너지는 지금까지 어떤 학자도 떠올린 적이 없는 새로운 개념이다. 아마도 어떤 학자들은 우리 논문을 접하면서 우주 상수를 떠올렸을 것이다!"■12 유령 에너지는 한마디로 '정신 착란을 일으킨 우주'라 할 수 있다. 칼드웰은 단순 팽창을 넘고 가속 팽창도 넘어서 '가속도가 증가하는' 팽창을 가정했다. 우주가 유한한 시간 동안 무한대로 팽창한다는 것이다.

그 과정은 다음과 같다. 암흑 에너지의 위력이 극적으로 강해져서 중력으로 묶여 있는 모든 물체를 갈라놓고, 결국에는 중력 이외의 힘들(전자기력, 약력, 강력)을 압도하면서 모든 만물을 해체시킨다. 앞으로 10억 년이 지나면 성단은 유령 에너지에 의해 산산이 분해된다. 뿐만 아니라 유령 에너지가 안드로메다은하를 붙잡아서 은하수로의 접근을 원천봉쇄하기 때문에, 미래의 생명체들은 밀코메다 은하가 형성되는 장관을 구경할 수 없다. 그 후에는 모든 사건들이 점점 강도 높게 일어나다가 200억 년 후에 정점을 찍으면서 '빅 립(big rip, 대파열)'을 맞이하게 된다.

빅 립이 일어나기 6,000만 년 전에 은하수는 갈가리 흩어진다. 그리고 종말 3개월 전에 지구를 비롯한 행성들은 태양의 속박에서 벗어난다. 지구에 서 있는 사람이나 생명체들은 암흑 에너지가 원자들 사이에 작용하는 힘만큼 강해졌고, 그 규모도 지구를 뒤덮을 정도로 방대해졌음을 느낄 것이다. 이것은 종말이 30분 앞으로 다가왔다는 신호이다. 종말 10~19초 전에는 원자가 분해되면서 결국 우주 전체가 완전히 해체된다.

빅 립은 빅 뱅과 비슷한 면이 있지만 결과가 너무 끔찍하기 때문에 누군가가 나서서 "그런 일은 절대 일어나지 않는다"고 증명해 주길 바랄 뿐이다. 지금으로선 어떤 결론도 내릴 수 없지만, 최근 관측 결과를 보면 암흑 에너지가 우주 상수와 같은 균일성을 갖고 있는 듯하다. 이 정도면 약간 안도하는 마음으로 빅 립을 재난 명단에서 제외시켜도 좋을 것 같다.

천문학자들은 대체로 스릴감 넘치는 추격전을 좋아한다. 1990년대에 우주 팽창이 가속되고 있다는 사실을 알아낸 영웅들 중 한 사람인 아담 라이스는 이렇게 말했다. "우리가 여우 사냥꾼이고 암흑 에너지가 여우라면, 지금 우리는 또 다른 탈출구를 막고 있는 상황이다. 그러나 여우가 도망갈 곳은 아직도 많이 남아 있고, 우리는 여우의 잔털을 간신히 볼 수 있을 뿐이다."■13

마지막 탄식

윌리엄 버틀러 예이츠William Butler Yeats의 시 〈재림The Second Coming〉에는 다음과 같은 구절이 나온다. "중심은 더 이상 지탱하지 못하고, 모든 것은 산산히 부서지며, 순전한 무질서가 세상으로 풀려 나온다(Things fall apart ; the center cannot hold ; mere anarchy is loosed upon the world)." 별이 죽고, 은하들이 합쳐지고, 팽창을 계속하여 빛마저 희미해진 공간에 암흑 에너지와 약간의 다른 무엇이 남았을 때, 우주를 지탱할 최후의 보루는 다름 아닌 물질이다. 우리는 물질이 영원히 존재한다고 믿고 있지만, 입자 물리학의 이론에 의하면 정상적인 물질도 언젠가는 붕괴된다.

그렇다고 해서 당장 걱정할 필요는 없다. 적어도 앞으로 1조 년 동안은 붕괴되지 않을 것이다. 방사성 원소가 붕괴되려면 매우 긴 세월이 소요된다. 자유로운 중성자는 15분 만에 붕괴되기도 하지만, 일반적으로 원자의 수명은 영원하다고 볼 수 있다. 지금까지 양성자나 전자의 붕괴는 단 한 번도 관측되지 않았다. 양성자의 수명을 관측하려면 양성자 하나를 앞에 놓고 시계를 보며 하염없이 기다리거나, 수많은 양성자를 한 곳에 모아 놓고 극히 드문 사건이 그 안에서 일어나 주기를 바라는 수밖에 없다. 일본의 물리학자들은 '슈퍼-카미오칸데Super-Kamiokande'라는 초대형 실험을 실행하고 있는데, 지하에 거대한 수조를 파묻고 그 안에 순수한 물을 가득 채운 후 양성자가 붕괴하기를 기다리는 실험이다. 그러나 붕괴 사례는 아직 단 한 건도 발견되지 않았으며, 이로써 양성자의 반감기는 최소 10^{35}년까지 늘어났다.

물질이 붕괴되는 사례를 단 한 번도 본 적이 없으면서, 물리학자들은 왜 그토록 붕괴에 연연하는 것일까? 초기 우주에는 물질이 반물질보다 아주 조금 많았는데, 빅 뱅 직후에 이들이 서로 만나 소멸되고 10^{80}개의 입자들이 살아남았다. 이것은 오늘날 존재하는 광자의 수보다 훨씬 많다. 물질과 반물질 사이에 존재하는 약간의 비대칭은 자연의 힘을 통일하는 대통일 이론grand unified theories으로 설명할 수 있는데, 이 이론이 맞으려면 양성자가 붕괴되어야 한다.

여기서 다시 한 번 프레드 애덤스의 안내를 받아 보자. 그는 물질이 붕괴하기를 기다리다가 지친 기색을 보이고 있다. 앞으로 시간이 충분히 흐르면 우주에 있는 대부분의 물체들은 서서히 식어 가는 재, 즉 백색 왜성이 될 것이다. 양성자가 붕괴되면 양전자positron와 파이온pion이 되는데, 양전자는 전자와 만나 소멸되면서 감마선을 방출하고, 파이온은 스스로 붕괴하면서 역시 감마선을 방출한다. 이 희미한 광자 덕분에 백색 왜성의 출력은 약 400w쯤 증가한다. 지구만 한 크기에 전구 세 개 정도의 출력을 발휘하면서 온도가 0.1K(-273.05℃)인 물체는 조그만 봉화보다도 못하다. 밀코메다 은하에 있는 백색 왜성들을 모두 합쳐도 전성기의 태양에는 미치지 못할 것이다.

우주 진화의 마지막 단계인 이 시점에 이르면 별들은 젊음의 원천을 찾는다. 양성자가 붕괴되면 백색 왜성을 이루고 있는 원자들의 주기율표 번호가 낮아지고, 이와 함께 전체적인 질량도 감소한다. 결국 별은 질량의 90%를 잃고 탄소는 헬륨으로, 헬륨은 산소로 변환되면서 우주 초기의 상태로 되돌아간다.

중성자별의 운명도 이와 비슷하다. 행성들이 별 주변에 자리를 잡을 수 있었던 가장 큰 이유는 질량이 작기 때문이다. 앞으로 10^{38}년이 지나면 지구의 암석성 맨틀과 금속성 중심부는 모두 수소로 변할 것이다. 백색 왜성이 이렇게 되려면 10^{39}년 이상 지나야 한다. 이 시점이 되면 우주에는 별이라는 것이 존재하지 않는다. 누군가가 어떤 형태이건 불을 찾아서 손을 쬐고 싶다면, 중력의 암호인 블랙홀로 눈을 돌리는 수밖에 없다.

1974년에 스티븐 호킹은 블랙홀이 완전히 검지 않다고 주장하여 학계의 관심을 끌었다. 양자 역학적 영향에 의해 블랙홀은 특정 온도를 갖고 있으며, 미세한 양의 복사를 방출하고 있다. 별과 크기가 비슷한 블랙홀의 복사 에너지는 10^{-28}w인데, 이는 양성자 붕괴가 진행되고 있는 백색 왜성의 가녀린 에너지보다 형편없이 작다. 이런 식으로 블랙홀이 완전히 증발하려면 10^{65}년이 소요된다. 아무리 상상력을 발휘해도 이것이 얼마나 긴 세월인지 이해할 수 없을 것이다. 질량이 감소하면 증발 속도와 에너지 방출 속도가 빨라지기 때문에, 먼 미래의 천문학자들은 무거운 별들의 잔해가 썰물처럼 서서히 사라지는 광경을 보게 될 것이다. 화물 자동차 한 대에 해당하는 질량이 단 1초 만에 사라지고, 그때마다 TNT 5000조 톤, 또는 전 세계 핵무기의 1,000배에 달하는 감마선이 방출된다.

질량이 큰 블랙홀은 서서히 증발하므로, 이들이 최후의 생존자가 될 것이다. 소형 은하의 중심에 있는 블랙홀은 질량이 태양의 약 100만 배로, 완전히 증발할 때까지는 무려 10^{83}년이 걸린다. 그리고 밀코메다 은하의 중심부에 생성될 것으로 추정되는 블랙홀(태양 질량의 10억 배)은 완전히 증발하는 데 10^{98}년이 소요된다. 이들도 소형 블랙홀처럼 강력한 감마선을 방출하면서 종말을 맞이하게 될 것이다.[14]

10^{98}년은 무한대의 시간이 아니므로, 누군가가 그때까지 살아남는다면 무언가를 보긴 볼 것이다. 과연 무엇이 남을까? 10^{100}년이 지나면 양성자는 모두 붕괴되고 별들도 사라지고, 블랙홀은 하나도 남지 않고 모두 증발한다.

남는 것은 뉴트리노와 전자, 양전자, 그리고 관측 가능한 우주보다 파장이 긴 광자들뿐이다. 이 시기에 일어나는 모든 물리적 과정은 암흑물질과 암흑 에너지의 지배를 받게 될 것이다.

이쯤 되면 독자들도 동의할 것이다. 기다리다 지쳐 눈 밑이 처진 사람은 프레드 애덤스뿐만이 아니다. 나도 밤샘 파티를 끝내고 파김치가 된 기분이다. 지금까지 이 책을 읽은 독자들도 나와 크게 다르지 않으리라 생각한다.

팽창하던 우주는 완전히 분해되어 암흑으로 뒤덮이고, 그 안에는 입자와 광자의 수프만이 남는다. 별과 은하가 탄생하고 분해되는 과정은 분명 흥미롭지만, 이것은 침몰하는 타이타닉호 갑판에서 의자의 배열을 바꾸는 것과 다를 것이 없다. 결국 최후의 승리는 열역학 제2법칙의 주인공인 냉혹한 엔트로피가 차지할 것이다. 유감스럽게도 균일한 혼돈은 창조와 생명의 적이다. 그것이 지속될 때는 흥미로웠겠지만 말이다.

12장

다시, 새로운 우주로

닉 보스트롬의 메시지는 신중하면서도 명확했다. 분석 철학자로서 그의 명성은 확고부동했기에 청중들은 그의 연설을 매우 신중하게 받아들였다. 노장 학자들은 보스트롬의 주장에 조용히 귀를 기울였고, 젊은 학자들은 쉴 새 없이 질문을 퍼부었다. 그러나 보스트롬은 간간이 눈을 깜빡이면서 혼자 조용하게 미소만 지을 뿐이었다. 그는 강연 주제 자체가 어리석다는 것을 잘 알고 있었다.

보스트롬은 우주 어딘가에 우리의 지능과 과학 기술을 훨씬 능가하는 다양한 생명체가 존재할 수도 있다는 것을 논리적으로 설명하고 있었다. 그들이 막강한 계산 능력을 총동원한다면 인류가 쌓아 온 사고思考의 역사를 완전하게 복원할 수도 있을 것이다. 그리고…… (여기서 보스트롬은 청중들의 관심을 집중시키기 위해 잠시 말을 멈췄다) 이것은 우리가 이미 컴퓨터 시뮬레이션 안에 살고 있을 수도 있다는 것을 의미한다.

보스트롬은 천문학에 매료된 신세대 철학자들 중 한 사람이다. 그들은 생물학이 범우주적으로 적용되고 우주에서 생명체가 살 수 있는 곳이 수조 군데에 달한다는 가정하에 다음과 같은 질문을 던지고 있다. "지각이 있는 진보된 생명체는 어떤 일을 하는가?" 신세대 철학자들은 시공간 거품의 기원과 가상의 평행 우주를 진지하게 탐구하고 있으며, 우리가 '진실reality'이라고 부르는 것이 얼마나 진실한지에 대해 심오한 질문을 제기하고 있다.

25세기 전에 플라톤은 '동굴에 사는 사람'을 예로 들면서 이와 비슷한 문제를 제기했었다. 그 사람은 자연을 이해하기 위해 애를 쓰고 있지만, 그가 볼 수 있는 것은 동굴의 벽에 비친 그림자뿐이다. 일반적으로 과학자들은 자신이 진실을 다루고 있다고 쉽게 믿는 경향이 있으나, 사실은 그림자를 좇고 있을지도 모른다.

보스트롬은 '시뮬레이션 우주론'으로 악평과 함께 미디어의 관심을 한 몸에 받게 되었지만, 그가 가장 심혈을 기울인 최고의 업적은 '인류 원리anthropic principle'이다. 과학자들은 기본 힘의 세기에서부터 우주 팽창에 이르는 우주의 몇 가지 물리적 특성이 탄소와 물, 별, 그리고 생명의 존재에 적합하도록 세팅되어 있음을 알아차렸다. 이러한 특성들이 조금만 달랐다면 우주에는 생명체가 존재하지 않았을 것이다.

그렇다면 우주는 생명체를 위해 설계되었는가? 보스트롬은 이 놀라운 결론으로 성급히 넘어가지 않고 인류 원리를 자신만의 엄밀한 논리로 검증한 후 '자기 선택 원리self-selection principle'라는 결론에 이르렀다. 우리는 우주의 특성이 우리가 생존하기에 걸맞도록 맞춰져 있다는 것에 지나친 의미를 부여하지 않도록 조심해야 한다. 만일 우주가 말을 할 줄 안다면 우리에게 이렇게 말할 것 같다. "네 앞가림이나 잘 하세요."

과학자, 신에게 도전하다

물리학자가 놀란 이유

여기 한 물리학자가 잔뜩 흥분한 얼굴로 당신을 향해 달려온다. 그는 잠시 서서 숨을 고르더니 속사포처럼 떠들어 대기 시작한다. “정말 놀랍습니다! 원자핵을 강하게 결합시키고 있는 강력(강한 핵력)이 지금보다 조금만 더 강했다면 별 속에서는 모든 수소가 짧은 시간에 헬륨으로 바뀌고, 그것은 또 곧바로 철로 바뀌었을 겁니다. 반면에 강력이 지금보다 조금만 약했다면 복잡한 원소가 생성되지 못하여 탄소도 없었을 것이고, 따라서 생명체도 탄생하지 못했을 것입니다. 이뿐만이 아닙니다. 약한 핵력이 지금보다 조금만 더 강했다면 중성자가 너무 빠르게 붕괴되어 별들은 무거운 원소를 만들지 못했을 것이며, 지금보다 조금만 약했다면 모든 수소는 옛날에 다 소모되었을 것입니다!”

그는 숨이 찼는지 잠시 입을 다문다. 슬슬 짜증이 나기 시작한 당신은 자리를 피하고 싶지만 그의 수다는 아직 끝나지 않았다. “또 있습니다! 전자기력의 세기가 지금과 조금만 달랐다면 분자가 형성되지 못했을 것이고, 화학이라는 분야는 아예 존재하지도 않았을 겁니다. 중력은 또 어떻습니까? 중력이 지금보다 훨씬 강했다면 별은 수십억 년이 아니라 수백만 년밖에 못 살았을 것입니다. 그 반대로 중력이 지금보다 훨씬 약했다면 별들은 무거운 원소를 만들지 못했을 겁니다!" 그는 당신의 팔을 움켜잡으며 소리친다. "이래도 모르시겠습니까? 이 모든 가정들 중에서 하나라도 실현되었다면, 물리 법칙이 만족되는 우주는 어떻게든 존재했겠지만 생명은 탄생하지 못했을 겁니다!" 그는 잔뜩 상기된 표정으로 당신의 반응을 기다리고 있다.

당신은 그의 말을 듣고 놀랐는가? 아니, 놀라야만 하는가? 이것은 물리학의 '미세 조정fine-tuning'과 관련된 문제로서, 지금도 학자들 사이에서 뜨거운 논쟁을 불러일으키고 있다. 표준 물리학에는 수십 개의 상수가 존재하는데, 이들 중 대부분은 인간을 비롯한 생명체가 살아가기에 적절한 값으로 설정되어 있다.[1]

미세 조정 논리는 우주론의 영역까지 적용된다. 물리학적 관점에서 볼 때, 우주에 존재하는 물질은 지금보다 훨씬 많을 수도 있고 적을 수도 있다. 둘 다 물리적으로는 아무런 모순도 없다. 그러나 물질의 양이 지금보다 훨씬 작았다면 초기에 공간이 너무 빠르게 팽창하여 별이나 은하가 생성될 겨를이 없었을 것이다. 물론 별과 은하가 없으면 생명체도 탄생할 수 없다. 반면에 물질이 지금보다 훨씬 많았다면 우주는 오래 전에 팽창을 멈추고 다시 수축되었을 것이며, 별들이 무거운 원소를 만들지 못하여 생명체가 탄생하지 못했을 것이다. 아무리 생각해 봐도 생명체가 살 수 있는 우주는 '수명이 길고 거대한' 지금과 같은 우주밖에 없는 듯하다.

사실 이 정도면 놀랄 만하다. 조건법적 서술(counterfactual, 어떤 문장의 첫

절을 사실과 정반대로 서술하는 표현법. 예를 들어 "만약 내가 알고 있었다면……"과 같은 표현이 여기 속한다 : 옮긴이)에 입각한 우주는 그리 황당하지 않다. 물리학적으로 얼마든지 타당하다. 하늘을 나는 돼지를 상상할 수는 있지만, 이로부터 새로 배울 것은 별로 없다. 날개 달린 돼지가 탄생하게 된 배경과 그것이 날짐승으로 진화한 과정을 설명하려면 복잡하면서도 구차한 논리를 펼쳐야 하기 때문이다. 물론 불가능할 것은 없지만 별로 재미가 없다. 우주론의 경우, 우리는 물리학의 핵심 개념인 인과율과 물질-에너지 호환성을 외면할 수 없다. 단지 우리는 힘의 특성을 조금 비틀어서 생명체가 살 수 없는 우주를 상상할 수 있을 뿐이다.

그러나 미세 조정 논리가 설득력을 가지려면 물리학의 상수들이 현재와 같은 값을 갖는 것이 매우 희귀한 사건임을 증명해야 한다. 얼마 전까지만 해도 학자들 사이에는 "물리량들은 꽤 넓은 범위 안에서 어떤 값도 가질 수 있으며, 각 값을 가질 확률은 거의 동일하다"는 공감대가 있었는데, 이것이 언제부턴가 갑자기 사라져 버렸다.

우주에서 우리가 위치한 곳은 미세 조정 논리에 딱 들어맞지는 않는다. 그렇다고 해서 코페르니쿠스의 원리, 혹은 평범성의 원리(mediocrity principle, 인간과 사회, 지구 그리고 더 나아가 태양계의 진화 과정에 어떤 특별한 요인도 전혀 개입되지 않았다고 주장하는 과학 철학적 사조 : 옮긴이)에 부합되는 것도 아니다. 지구가 태양 주변을 돌고 있는 것은 사실이지만, 태양계는 확실히 유별난 곳이다. 우주는 공간을 제외한 대부분이 광자와 암흑 물질로 이루어져 있는데, 우리는 양성자와 중성자로 이루어져 있다. 또한 우주 공간의 대부분은 거의 완벽한 진공 상태인데, 우리는 은하 속에서 살고 있다. 그뿐만이 아니다. 대부분의 태양계는 하나의 별 속에 모두 포함되어 있는데, 우리는 견고한 행성에서 살고 있다. 마지막으로, 우주의 역사는 엄청나게 길지만 인간이 존재해 온 시간은 거의 찰나에 불과하다. 이것도 경이롭다고 생각하는가?

신은 존재하는가

앞서 말한 바와 같이, 물리학의 기본 상수들은 생명체에게 유리한 값으로 정해져 있다. 만일 이 값들이 조금만 달랐다면 우주에는 생명체가 전혀 존재하지 않았을 것이다. 마치 누군가가 상수들을 미세하게 조정해 놓은 것 같다. 과연 그럴까? 이 결과를 어떻게 설명해야 할까? 우리 눈에 보이는 것은 '여러 가지 가능한 현실' 중 한 부분에 불과하며, '다른 가능한 현실'은 생명체의 존재를 허용하지 않는다.

1973년, 코페르니쿠스의 탄생 500주년을 기념하는 학술회의장에서 천체 물리학자 브랜든 카터는 '인류 원리anthropic principle'라는 용어를 처음으로 사용했다. 그것은 우리가 '특별히 선택된' 시간과 공간에서 살고 있다는 반反코페르니쿠스적 우주관의 부활을 의미했다. 그는 인류 원리를 약원리weak principle와 강원리strong principle로 나누었는데, 기본 개념은 미세 조정 논리와 연관되어 있었지만 그보다 더욱 치열한 논쟁을 불러 일으켰다. 한 가지 이유는 이 원리가 지능을 가진 관찰자를 우주에서 가장 중요한 존재로 부각시켰기 때문이고, 또 다른 이유는 브랜든의 연구 논문에 새로 정의된 생소한 용어가 너무 많았기 때문이다.

약한 인류 원리, 즉 약원리의 핵심은 다음과 같다. "우리는 지적인 생명체가 존재할 수 있는 우주만을 관측할 수 있다." 브랜든의 말이 끝나자 회의장에 모여 있던 청중들은 아무 말 없이 눈만 깜빡였다. 너무나 당연한 소리로 들렸기 때문이다. 강원리는 이보다 조금 더 구체적이다.

"우주(그리고 우주의 특성을 좌우하는 물리학의 상수들)는 지적인 관찰자의 탄생과 존재를 허용하는 값을 가져야만 한다."

극작가이자 소설가인 마이클 프레인Michael Frayn은 자신의 책《휴먼 터치Human Touch》에서 인류 원리를 다음과 같이 평가했다. "그것은 아주 간단한 역설이다. 우주는 매우 크고 매우 오래되었지만 인간은 그에 비해 너무나 작고 아주 최근에 등장했다. 그런데 우주가 크고 오래되었다는 것은 그 사실을 인지할 수 있는 '우리'가 존재하기 때문이다…… 물론 우리는 이 모든 것이 '우리가 여기에 있느냐 없느냐'에 따라 달라지는 문제임을 잘 알고 있다."[2]

이보다 더욱 과감하고 극단적인 버전도 있다. 존 휠러는 양자적 효과가 관측자와 공간 사이에 깊은 관계를 형성한다는 '참여participatory 인류 원리'를 제안했다. 간단히 말해서 관측자가 우주를 창조한다는 뜻이다. 존 배로우John Barrow와 프랭크 티플러Frank Tipler는 공동 저술서《우주적 인류 원리Cosmological Anthropic Principle》를 통해 복잡성과 지능의 진화가 최고조에 달하는 '오메가 포인트Omega Point'를 언급하면서 상상의 나래를 한껏 펼치고 있다. "앞으로 생명은 하나의 우주뿐만 아니라 논리적으로 가능한 모든 우주의 물질과 힘을 제어할 수 있게 될 것이다. 생명은 논리적으로 존재 가능한 모든 우주에 골고루 퍼질 것이며, 논리적으로 습득 가능한 지식을 포함하여 무한대의 정보를 축적하게 될 것이다. 그리고 이것으로 끝이다. 모든 것은 여기서 끝난다."[3]

아이디어의 풍선이 한껏 부풀어 오르면 그것을 찔러서 터트리고 싶어 하는 사람이 있기 마련이다. 특히 강원리는 "우주는 어떤 목적을 갖고 존재한다"는 목적론teleology과 상치되기 때문에 공격의 대상이 되기 쉽다. 창조론과 지적 설계설을 지지하는 사람들은 인류학적 강원리를 대체로 선호하는 편이다. 이들의 논리는 300년 전에 독일의 수학자 겸 철학자 고트프리드 라이프니츠Gottfried Leibniz가 펼쳤던 논리와 크게 다르지 않다. "신의 마음속에는 존재 가능한 우주가 무수히 많았으나, 실제로 존재하는 우주는 단 하나뿐이다. 그렇다면 신이 지금과 같은 우주를 선택한 데에는 그럴 만한 이유가 있을 것이다."

강원리의 논리 자체도 비판의 대상이 되고 있다. 우주의 조건이 생명체에게 유리한 쪽으로 맞춰져 있다고 해서 굳이 놀랄 이유가 없는 것처럼, 우주의 조건이 생명체에게 유리하지 않은 쪽으로 맞춰져 있다고 해도 그다지 놀라운 일은 아니다. 물론 이런 우주도 물리적으로는 아무런 하자가 없다. 사실 인류 원리는 원인과 결과가 뒤바뀐 듯한 느낌을 준다. 하버드 대학의 고생물학자인 스티븐 제이 굴드Stephen Jay Gould는 "우주가 생명체에게 알맞게 미세 조정되어 있다는 주장은 소시지가 핫도그용 빵에 들어가기 알맞도록 길고 가늘게 생겼다며 무릎을 치는 것과 같다"고 했다.

지능을 가진 관측자는 특별한 역할을 수행하고 있다. 이들이 특별한 이유는 무엇이며, 우리가 바로 그들이라는 보장은 어디에 있는가? 생물학에는 일반화된 이론이 없고 지능의 획득 과정을 설명하는 이론도 없으므로, 핵심적인 역할은 결국 탄소 원자나 수명이 긴 별에게 넘어간다. 생명체가 살 수 있는 물리학 상수들의 범위가 우리 생각보다 훨씬 넓다면, 미세 조정의 중요성은 그만큼 떨어진다.

노벨상 수상자인 스티븐 와인버그Steven Weinberg도 인류 원리를 연구한 적이 있지만, 그는 이 원리의 약점을 간파하고 다음과 같이 말했다. "인류 원리를 논하는 물리학자는 포르노를 논하는 성직자처럼 위험을 감수해야 한다. '나는 인류 원리에 반대한다'고 말하는 것조차 그 분야에 관심이 있다는 뜻으로 받아들여지기 쉽다." 사방에서 쏟아지는 비평에도 불구하고 인류 원리는 많은 학자들의 관심을 받고 있으며, 와인버그처럼 명망 있는 물리학자도 이 원리를 지지하고 있다. 그 이유는 아마도 인류 원리가 지평선 너머의 시공간을 규명하려는 우주론의 과감한 아이디어와 어느 정도 맞아떨어지기 때문일 것이다.

끈 이론, 그리고 다중 우주

지금부터 독자들에게 새로운 세계를 소개하려고 한다. 단, 나의 안내를 제대로 받으려면 자연에 대한 기존의 직관을 모두 버려야 한다. 20여 년 전부터 이론 물리학계는 자연의 모든 힘과 모든 입자들을 하나의 수학 체계로 통일하려는 '끈 이론string theory'이 이끌고 있다. 이 이론이 완성되면 물과 기름처럼 섞이지 않았던 양자 역학과 일반 상대성 이론도 자연스럽게 통합된다. 그런데 문제는 끈 이론이 주장하는 시공간의 차원이 너무 높다는 점이다. 누구나 알다시피 우리는 3차원의 공간과 1차원의 시간으로 이루어진 4차원 시공간에서 살고 있다. 그러나 끈 이론은 우주의 시공간이 11차원이라고 주장한다. 끈 이론의 기본 단위는 브레인(brane, '막'이라는 뜻의 'membrane'을 줄인 말)이며, 이들은 임의의 차원에서 시공간을 역동적으로 점유하고 있다. 0-브레인은 점이고 1-브레인은 끈, 2-브레인은 면…… 이런 식으로 차원을 얼마든지 확장할 수 있다. 우리가 느낄 수 있는 4차원을 제외한 나머지 여분의 차원이 발견된다면, 끈 이론은 '검증받은 이론'으로 물리학의 정점에 서게 될 것이다. 그러나 지금 당장은 여분 차원을 찾기가 불가능해 보인다.

끈 이론은 진공에서 우주론과 만난다. 아무것도 없는 무無가 가장 흥미롭다는, 역설적인 상황이 아닐 수 없다. 끈 이론에 의하면 각기 다른 특성을 가진 진공이 무려 10,500개나 존재한다. 이 절의 서두에서 말한 '새로운 세계'가 바로 이것이다. 현대 물리학은 진공이 완전히 비어 있지 않다는 놀라운 사실을 발견했다. 진공 속에는 전자기파가 가득 차 있고 입자와 반입자가 수시로 생겨났다가 사라지는 등, 단 한시도 조용할 날이 없다. 이 양자적 사건들 중 하나가 자발적으로 팽창하면서 우리의 우주가 탄생했다. 인플레이션이 일어나면서 '양자 씨앗'이 엄청나게 커져서 관측 가능한 한계를 벗어났으며, 그 결과 우주는 균일하면서 매끈해졌고 물리학의 법칙은 어느 곳에서나 동일한 형태를 취하게 되었다.

마틴 리스에 의하면 끈 이론은 엄청난 수의(또는 무한대의) 우주를 예견하고 있는데, 이것을 '다중 우주'라고 한다. 다른 우주는 아주 클 수도, 작을 수도 있고 아주 단명하거나 영원할 수도 있으며, 지금 살아 있을 수도, 죽었을 수도 있고 아주 흥미로울 수도, 썰렁할 수도 있다. 리스는 세계적으로 유명한 우주론 학자로서, 영국 왕립 천문학회의 회원이기도 하다. 그는 종종 농담 삼아 "나는 여왕을 위해 별점을 치는 점쟁이"라고 자신을 소개하곤 하는데, 사실 크게 틀린 말은 아닌 것 같다. 리스는 작달막한 키에 부드러운 눈을 가졌으며, 영국 남부의 전도사를 연상케 하는 독특한 억양을 구사한다. 그의 말투는 항상 확신에 차 있기 때문에, 제아무리 황당하고 유별난 아이디어라 해도 그를 통해 들으면 왠지 마음이 편안해지면서 신뢰가 간다. 그가 쓴 책에는 다음과 같이 적혀 있다. "과거에 코페르니쿠스는 지구가 은하수의 변방에서 태양 주변을 돌고 있다고 주장함으로써 기존의 지구 중심적 우주관을 송두리째 바꿔 놓았다. 지금 소개하려는 아이디어도 그에 못지않게 파격적인 것으로, 우리의 우주관을 또 한 번 크게 바꿔 놓을 것이다."[4]

다중 우주에는 물리적 상태가 각기 다른 우주들이 엄청나게 많이 존재한다. 즉, 우리의 우주는 수많은 우주들 중 하나이므로 물리 상수의 값이 생명체에게 유리하다고 해서 이상할 것은 하나도 없다. 우리의 우주에서 물리학 법칙은 생명체에게 유리한 쪽으로 설정되어 있고 암흑에너지는 이론에서 예견된 양보다 훨씬 작다. 그러나 진공이 10,500개나 존재한다면 그중에는 별의별 우주가 다 있을 것이고, 우리는 우연히 생명체에게 우호적인 우주에서 살게 된 것뿐이다. 끈 이론에 의하면 다중 우주 속에는 생명체가 살 수 없는 우주가 무수히 많이 존재하며, 우리는 이들을 관측할 수 없다.

스탠퍼드 대학의 물리학자 안드레이 린데Andrei Linde가 제안한 혼돈 인플레이션 이론chaotic inflation theory에 의하면 다중 우주는 각기 다른 공간들로 이루어져 있으며, 이곳에서는 시공간의 거품이 끊임없이 나타났다가 사라지고 있다. 또는 여러 개의 우주들이 하나의 빅 뱅 이후에 각기 다른 시대에 존재할 수도 있고, 시공간의 거품 속에서 또 다른 거품이 생성될 수도 있다. 일부 사람들은 다중 우주 이론이 중요한 사실을 예측하지 못한다며 비난하고 있지만, 스티븐 와인버그는 그들의 의견에 동의하지 않는다. 그의 말을 잠시 들어 보자. "물리학 이론은 눈에 보이는 모든 것을 말해 주지 않으며, 이론이 예측한 모든 것을 검증할 수 있는 것도 아니다. 그저 충분한 관측과 충분한 예측 및 검증을 통해서 그 이론이 옳다는 심증을 가질 수 있을 뿐이다."[5] 다중 우주 이론의 진위 여부는 아직도 밝혀지지 않았지만, 몇몇 학자들은 이 이론이 맞을 것으로 굳게 믿고 있다.

2003년에 스탠퍼드 대학에서 다중 우주를 주제로 학술회의가 열렸을 때, 마틴 리스는 애리조나 주립 대학의 폴 데이비스와 스탠퍼드의 안드레이 린데와 함께 연구 결과를 발표했는데, 강연 말미에 한 청중이 "당신들은 다중 우주 이론을 얼마나 믿느냐"는 질문을 던졌다.[6] 그때 리스는 자신의 이론이 맞는다는 데 금붕어와 개, 그리고 아이들을 걸겠다던 한 물리학자의 말을 떠올리며 이렇게 대답했다. "네, 다중 우주가 존재한다는 데 우리 집 개를 걸겠습니다." 그러자 데이비스가 맞장구를 쳤다. "개 정도라면 저도 걸 수 있겠습니다." 그러나 린데는 단호한 표정으로 청중들을 향해 자신 있게 소리쳤다. "저는 제 인생을 걸겠습니다!" 그로부터 2년 후, 케임브리지 학회에서 스티븐 와인버그가 판돈을 올렸다. "저는 다중 우주 이론이 맞다는 데 안드레이 린데와 마틴 리스의 개를 몽땅 걸겠습니다!"

종말을 넘어서

끝없는 시간

끈 이론과 다중 우주 이론에는 무수히 많은 시공간과 그 변형들이 존재하며, 우리는 그중에서 생명에게 우호적인 매우 흥미롭고 희귀한 우주에 살고 있다. 우리의 우주가 특별한 이유는 자신의 존재를 반추할 수 있는 생명체가 적어도 한 종 이상 존재하기 때문이다. 다른 우주에도 이야깃거리는 있겠지만 화자narrator는 없을 것이다. 그런 우주는 박물관에 전시된 바위처럼 순전히 학문적인 가치만 있을 뿐, 우리의 관심을 끌지는 못한다.

우주의 생명체는 어떤 수준까지 진화할 수 있을까? 우리가 살고 있는 시공간에서 시작하여 다중 우주의 전체 시공간에 이르기까지, 그 궁극적인 한계를 생각해 보자. 프리만 다이슨Freeman Dyson은 1979년에 '끝없는 시간: 열린 우주의 물리학과 생물학Time Without End: Physics and Biology in an Open Universe'이라는 제목의 논문을 발표하여 세간의 관심을 끌었다.[7] 그는 행성 간 여행과 우주 식민지 등 SF적 요소를 갖춘 글을 여러 차례 발표한 몽상가 기질의 물리학자로서, 《스타 메이커Star Maker》의 저자인 올라프 스테이플던Olaf Stapledon을 비롯한 여러 SF 작가들에게 영향을 받았다. 또한 그는 핵무기 해체를 강력하게 촉구하는 사회 운동가이기도 하다. 한때 그는 과학의 예견 능력을 논하면서 이런 말을 한 적이 있다. "모호한 것보다는 아예 틀리는 게 낫다."

다이슨은 끝없이 팽창하는 우주의 어둡고 차가운 종말을 분석하다가 놀랍게도 낙관적인 결론에 이르렀다. 그는 복잡한 생명체에 담겨 있는 열역학적 정보의 양을 정의했는데, 이 정의에 의하면 지구에 살고 있는 인류의 모든 정보는 10^{23}비트, 또는 10^{33}비트이다. 지금 우리는 지구의 에너지 자원이 무한대인 양 에너지를 너무 헤프게 쓰고 있다. 그러나 먼 미래에 모든 별이 죽고 온도가 내려가면 생명체들은 필사적으로 에너지를 찾게 될 것이다. 이와 같은 상황은 두 가지 방식으로 나타날 수 있다. 하나는 온도가 내려가면서 신진대사율이 크게 떨어져서 희미한 에너지원이 복사 에너지로 모두 날아가는 것이고, 또 하나는 동면 주기가 점차 길어지는 것이다. 우리는 지금도 인생의 3분의 1을 수면 상태로 보내고 있으므로 잠을 많이 잔다는 것이 그다지 부럽지는 않다. 그러나 먼 미래의 생명체들은 삶의 대부분을 잠으로 보내게 될 것이다.

다이슨은 자신이 개발한 계산법을 통해 태양에서 8시간 동안 방출되는 에너지를 모두 모으면 인류의 문명을 영원히 유지할 수 있다는 결론에 이르렀다. 그는 미래의 생명체가 '축축한 생물'이 아니라 성간 가스(별들 사이에 흩어져 있는 기체)의 형태일 것으로 예측했다. 이것은 프레드 호일이 1957년에 발표한 SF 소설 《검은 구름Black Cloud》 못지않게 억지스러운 추측이지만, 정작 본인은 그렇게 생각하지 않는 것 같다. 그는 "전하를 띤 먼지 입자들이 전자기력을 통해 정보를 교환하면서 네트워크를 점점 키워간다면 언젠가는 인간을 능가할 정도의 사고력과 창조력을 갖게 될 것"이라고 주장했다.

이 희한한 생명체들이 삶의 대부분을 잠으로 보낸다면, 과연 무슨 일을 할 수 있을까? 그토록 춥고 어두운 우주에서 문명을 재건하는 것은 너무 어려울 뿐만 아니라 별 의미도 없다. 먼지 구름으로 산다면 섹스나 번식도 무의미하다. 이들은 그저 순수한 '사고思考'의 형태로 존재할 것이다. 이들이 체스 게임을 하면서 1조 년마다 말을 한 번씩 움직인다고 해도, 게임을 끝낼 시간은 충분하다. 매사에 조급한 우리들은 느긋한 품성을 미리 길러 둬야 할 것 같다. 먼 미래에는 느긋함이 최상의 덕목이 될지도 모르니까 말이다.

다이슨이 예측한 낙관적 시나리오는 아직 의문의 여지가 많이 남아 있다. 그는 자신의 의견에 반대하는 두 명의 물리학자들과 논쟁을 벌이다가 이렇게 외쳤다고 한다. "그래도 내 의견이 아예 무시되는 것보다는 논쟁의 소재가 되는 편이 훨씬 낫잖아!" 이들은 정보를 담고 있는 임의의 물질계가 '최소 에너지 상태'를 갖는지를 놓고 열띤 토론을 벌였다. 물질계의 온도가 너무 낮아지면 에너지를 흡수하거나 방출할 수 없고, 결국은 정보도 저장할 수 없게 된다. 다이슨은 이 사실을 인정하면서도 "그것은 디지털 생명체에 적용되는 이야기"라며 자신의 주장을 굽히지 않았다. 먼 미래의 생명체가 기존의 생물학에서 말하는 아날로그 형태라면, 몸집을 키워서 생명을 유지할 수도 있다는 것이다.

암흑 에너지가 계속 팽창한다면 우리가 살고 있는 시공간의 운명은 불을 보듯 뻔하다. 그러나 더 큰 스케일에서 보면 다른 결과가 나올 수도 있다. 인플레이션 이론은 다중 우주라는 새로운 가설을 낳았지만, 실험으로 검증할 수 있는 예측을 내놓지는 못했다. 이론 학자들은 이 모든 것을 우아하게 설명하기 위해 지금도 비지땀을 흘리고 있다.

2001년에 프린스턴 대학의 물리학자 폴 스타인하르트Paul Steinhardt와 케임브리지 대학의 닐 튜록Niel Turok은 '주기적 우주 이론cyclic universe theory'을 제안하여 세상을 떠들썩하게 만들었다. 이 이론을 얼핏 들으면 시간과 공간이 영원하다는 고대의 철학이나 신화가 연상된다. 주기적 우주 이론에 따르면 우주는 수조 년을 주기로 팽창과 수축을 반복하고 있으며, 이 주기는 중단 없이 영원히 반복된다. 그렇다면 우주가 평평하고 매끈한 이유는 가장 최근의 빅 뱅이 일어나기 전에 주어진 조건에서 찾아야 할 것이므로 인플레이션을 도입할 필요가 없고, '무한대의 온도와 밀도'라는 초기의 특이점 문제도 피해 갈 수 있다.[8]

스타인하르트와 튜록의 주기적 우주 이론은 끈 이론의 최신 버전인 M-이론에 뿌리를 두고 있다. M-이론에 의하면 우리의 우주는 더 높은 차원의 공간 속에서 다른 브레인들과 함께 3차원 브레인의 형태로 존재한다. 그러다가 브레인끼리 서로 충돌하면 빅 뱅이나 팽창에서 볼 수 있는 엄청난 에너지가 방출된다. 그 뒤 에너지가 소모되고 우주가 수축되면 두 브레인이 다시 접촉하여 새로운 빅 뱅이 일어나고, 이로부터 우주의 새로운 주기가 시작된다. 우주론은 역사가 오래된 학문이므로, 이런 과감한 주장이 학계의 인정을 받으려면 엄밀한 검증을 거쳐야 한다. 스타인하르트와 튜록은 관측으로 검증될 수 있는 몇 가지 예측을 내놓았는데, 그중 중력파와 관련된 항목이 가장 큰 관심을 끈다. 표준 빅 뱅 이론에 따르면 인플레이션에 의한 중력파가 공간에 넓게 퍼져 있다. 그러나 우주 브레인은 서로 충돌해도 중력파가 발생하지 않는다. 앞으로 지어질 중력파 감지 시설과 우주에서 중력파를 찾고 있는 플랑크 위성이 좀 더 세밀한 데이터를 보내 온다면 우주가 일회용인지, 아니면 주기적으로 반복되고 있는지 판정이 내려질 것이다.

베켄슈타인 영역

시간적으로나 공간적으로 우리와 멀리 떨어져 있는 지적 생명체가 어느 정도의 능력을 갖고 있는지 상상하기란 결코 쉬운 일이 아니다. 우주의 나이에 비하면 우리는 너무 어리고 미숙한 존재이다. 미래학자들의 용어를 빌자면, 우리는 아직 1단계 문명에도 도달하지 못했다. 우리는 지구로 전달되는 총에너지의 100만 분의 1밖에 활용하지 못하고 있다. 이것을 '0단계 문명'이라고 하자. 1단계 문명은 지구에 도달하는 에너지를 100% 활용하는 문명이고, 2단계 문명은 별의 에너지를 모두 활용하는 문명으로, 에너지 소모량은 1단계 문명의 수십억 배에 달한다. 하나의 별에 만족하지 않고 은하의 모든 에너지를 활용하는 문명은 3단계로 분류된다. 이 정도 수준의 문명을 이룬 종족이라면 시공간쯤은 장난감처럼 다룰 것이다. 우리가 자동차를 몰거나 집을 짓듯이, 그들은 웜 홀을 항해하고 새로운 우주를 창조할 수 있을 것이다.

이 이야기가 비현실적으로 들린다면 다른 비유를 생각해 보자. 우리의 몸이 단세포를 탈피한 지는 수십억 년밖에 되지 않았다. 그러나 외계에 복잡한 생명체가 존재한다면, 이들의 역사는 우리보다 100억 년 이상 빠를 수도 있다. 이들과 우리의 수준 차이는 인간과 혐기성 박테리아의 차이와 비슷하거나, 그보다 훨씬 클 수도 있다.

우주의 생명체들은 실로 다양한 방식으로 진화할 수 있다. 우리처럼 '크고 느린' 생명체는 지구에서만 유리할 뿐이다. 여기에 다이슨이 제안했던 계산 방식을 적용해 보자. 생명체와 컴퓨터를 직접 비교할 수는 없겠지만, 우주적 시간 스케일에서 작고 빠른 생명체가 얼마나 유리한지, 그리고 이들이 거주하는 '밑바닥 방'이 정말로 존재하는지, 그 가능성을 판단하는 데에는 어느 정도 도움이 될 것이다.

우리의 몸을 이루고 있는 개개의 세포는 크기가 100mm분의 1에 불과하지만 꽤 많은 정보를 저장하고 있다. 네 종류의 염기쌍으로 이루어져 있는 유전자에는 1GB(기가바이트)에 달하는 정보가 저장되어 있고, 세포의 기능을 수행하는 수백만 개의 생체 분자들이 갖고 있는 정보는 위치와 형태 등을 포함하여 수 기가바이트에 달한다. DVD 한 장에 들어갈 정보가 먼지 한 톨 크기의 공간에 밀집되어 있는 셈이다. 수치로 환산하면 10^{16}bit(비트)/$1mm^3$에 해당한다. 그런가 하면 인간의 두뇌는 1,200cm^3짜리 용기 안에 10^{11}개의 뉴런과 10^{14}개의 신경 연접부(시냅스)가 들어 있다. 카네기-멜론 대학의 로봇 공학자인 한스 모라벡은 인간의 연산 능력을 1초당 100조 회, 그리고 인간의 메모리를 10^{15}bit(1,000TB)로 평가했다. 이것은 100만 bit/mm^3에 해당한다. 그러나 인간의 두뇌가 보유하고 있는 병렬 처리 기능은 슈퍼컴퓨터를 훨씬 능가한다.

지구의 생명체는 수십억 년의 진화를 거쳐 지구라는 환경에 최적화되어 있다. 외계의 어떤 행성에서는 더욱 치열한 경쟁과 독특한 환경 속에서 인간보다 연산 능력이 훨씬 빠른 생명체가 존재할 수도 있지만, 이것은 어디까지나 추측일 뿐이다. 지구 또는 외계의 생명체가 레이 커즈와일이 말한 특이점을 통과하여 새로운 단계로 접어든다면, 그때의 소득은 가히 상상을 초월한다. 고체 상태에 기초한 현대의 기술은 100만 배로 빨라질 것이며, 그 후로 실리콘의 한계에 이를 때까지 1만 배 정도 발전의 여지가 남아 있다. 자신을 '양자 기계'로 칭하는 MIT의 교수인 세스 로이드Seth Lioyd는 계산의 궁극적인 한계에 대하여 책을 쓴 적이 있는데,[9] 이 책에 의하면 정상 물질 1kg으로 만든 '궁극적인' 노트북 컴퓨터는 1초당 10^{41}회의 연산을 수행할 수 있고, 메모리 용량은 10^{31}비트에 달한다.

생명체의 정보 저장 능력, 즉 정보 밀도는 10억 배 이상 증가할 것이다. 분자에 저장하던 정보를 원자 하나의 에너지 상태에 일일이 저장한다면 얼마든지 가능한 이야기다. 그러나 인간, 또는 다른 종이 두뇌의 기능을 실리콘으로 대체하게 된다면 연산 속도는 무려 10^{27}배까지 빨라질 수 있다! 일주일이나 걸리던 세금 계산을 10^{-21}초 만에 해치울 수 있다면, 남은 시간에 얼마나 많은 생각을 할 수 있을지 상상해 보라. 팽창이 가속되고 있는 우주에 대응하는 한 가지 방법은 두뇌의 발달 속도를 가속시키는 것이다.

지금 우리는 은연중에 인간의 삶을 컴퓨터에 요약하는 단계로 접어들었다. 컴퓨터 성능의 근본적인 한계는 양자 역학에서 에너지가 변환되는 속도에 따라 좌우된다. 일상적인 물질에 한정되지 않는다면 가장 효율적인 저장 매체는 '베켄슈타인 영역Beckenstein bound'라 불리는 블랙홀의 내부이다. 1kg의 질량을 가진 블랙홀은 위에서 언급한 궁극의 노트북 컴퓨터보다 100억 배 이상 빠르게 연산을 수행할 수 있다. 우리는 무어의 법칙에 따라 앞으로 200년이 지나야 이와 비슷한 수준에 도달할 수 있다.

대부분의 독자들은 블랙홀을 "아무것도 빠져 나올 수 없는 절망의 늪"으로 생각하겠지만, 여기에도 희망은 있다. 블랙홀은 정보 역설이라는 이상한 현상을 야기한다. 일단 블랙홀 안으로 빨려 들어가면 무엇이건 (양말이건, 사람이건, 백과사전이건) 똑같이 보인다. 그런데 호킹이 예견했던 복사가 문제를 일으키는 것이다. 블랙홀의 내부에는 아무런 구조도 없으므로 모든 정보가 소실된 것처럼 보인다. 1997년에 칼텍(캘리포니아 공과 대학)의 물리학자 존 프레스킬John Preskill은 호킹이 틀렸다고 선언했고, 2005년에 호킹은 블랙홀의 사건 지평선 근처에서 일어나는 양자적 효과에 의해 정보가 흘러나온다는 것을 증명했다. 이는 곧 블랙홀이 정보를 저장할 뿐만 아니라 정보를 처리하는 능력도 있음을 의미한다.

어떤 물체가 블랙홀의 사건 지평선 근처로 다가갈수록, 이 광경을 멀리서 보고 있는 관찰자에게는 시간이 느리게 흘러가는 것처럼 보인다. 그래서 예전부터 블랙홀은 '불멸의 세계로 가는 길'로 간주되어 왔다. 블랙홀로 떨어지는 과정을 자세히 관측하려면 태양 질량의 100만 배쯤 되는 물체가 필요하다. 질량이 이보다 작으면 블랙홀의 무지막지한 조력潮力이 물체를 갈기갈기 찢어 놓을 것이기 때문이다. 만일 당신이 블랙홀에 빨려 들어가고 있고 먼 거리에서 누군가가 이 광경을 지켜보고 있다면, 그가 볼 때 당신은 사건 지평선으로 다가갈수록 천천히 움직이다가 어떤 순간이 오면 완전히 멈춰버릴 것이다. 이로써 당신은 영원한 젊음을 얻은 셈이다. 그러나 이것은 피루스의 승리(Pyrrhic victory, 이겨도 진 것이나 다름없는 승리. 고대 그리스지방 에피로스의 왕이었던 피루스가 로마와의 전쟁에서 이겼으나 장수를 많이 잃는 바람에 최후의 전쟁에서 진 것을 두고 하는 말 : 옮긴이)나 다름없다. 왜냐하면 당신이 겪은 경험은 블랙홀이라는 불분명한 미래로 빨려 들어갈 것이기 때문이다. 단, 당신의 몸이 완전히 분해된 후 화이트홀White Hole을 통해 우주의 다른 부분이나 아예 다른 우주로 갈 것인지, 아니면 블랙홀 내부의 특이점에서 완전히 사라지게 될지는 아직 분명치 않다. 지금으로서는 블랙홀을 '최후의 안식처'로 생각하는 편이 무난할 것 같다.

매트릭스의 세계에 온 것을 환영한다

우주의 종말을 아무리 장황하게 논한다 해도, 우리는 그 끝을 보기 전에 질병이나 사고로 죽을 확률이 훨씬 높다. 학자들 중에는 우리가 컴퓨터 시뮬레이션 속에 살고 있을 가능성이 그에 못지않게 높다고 생각하는 사람도 있다.

시뮬레이션 가설의 원조는 앞에서 언급했던 닉 보스트롬이다. 물론 황당하면서도 심란한 가설이지만, 그의 진지한 태도를 보면 가볍게 웃어넘길 일은 아닌 것 같다. 보스트롬은 확실히 유별난 사람이다. 그는 옥스퍼드 대학의 싱크탱크를 진두지휘하는 세계적 석학이면서, 밤에는 부업 삼아 런던의 한 클럽에서 스탠드업 코미디언(stand-up comedian, 무대에 서서 재담으로 관객을 웃기는 사람 : 옮긴이)으로 일하고 있다. 그의 논리는 "두뇌의 모든 물리적 특성을 컴퓨터로 옮길 수만 있다면, 그 컴퓨터는 의식을 갖게 될 것"이라는 가정에서 출발한다. 그는 지금까지 지구에서 살다 간(또는 아직 살아 있는) 사람들이 머릿속에 떠올렸던 모든 생각들을 컴퓨터로 재현하려면 대략 몇 회의 연산이 필요한지를 추정해 보았다. 여기에는 환경적인 요소까지 포함되지만, 인간의 인식 범위를 벗어난 것들은 제외된다. 다시 말해서 우리를 에워싸고 있는 일상적인 물체들은 세세한 것까지 포함시키되, 밤하늘의 별은 최고 성능의 망원경으로 볼 수 있는 범위로 제한하고, 눈에 보이지 않는 지구의 내부와 미생물 등은 제외하는 식이다. 보스트롬은 "10^{36}회의 연산을 거치면 인류의 모든 역사를 재현할 수 있다"는 결론을 내렸다. 세부 조건에 따라 자릿수 몇 개가 달라질 수 있지만, 이 정도 오차는 향후 논리에 큰 영향을 미치지 않는다.

소위 '선조 시뮬레이션ancestor simulation'이라 불리는 이 작업은 엄청난 계산이 필요할 것 같지만 사실 마음만 굳게 먹으면 어려울 것도 없다. 무어의 법칙에 따라 앞으로 50년이 흐르면 실행 가능해지고, 세스의 노트북 컴퓨터를 사용하면 10만 개의 문명을 단 1초 만에 시뮬레이션할 수 있다. 우리가 이런 수준의 기술에 도달한 최초의 생명체가 아니라면, 우리와 비슷한(또는 우리와 다른) 문명을 이미 시뮬레이션해 본 생명체가 우주 어딘가에 존재할 것이다. 이들은 계산량이 아무리 방대해도 지극히 적은 자원으로 그것을 수행할 수 있다. 기술이 이 정도 수준까지 도달했다면, 이미 시뮬레이션으로 재현된 조상이 그렇지 않은 조상보다 훨씬 많을 것이다. 다시 말해서, 지금 우리의 삶이 시뮬레이션일 가능성이 그만큼 높다는 뜻이다.

자, 매트릭스의 세계에 온 것을 환영한다. 그러나 영화에서 본 세계와는 조금 다르다. 시뮬레이션으로 진행되는 매트릭스는 진짜 사람을 탱크에 가둬 놓고 배터리로 활용하는 이상한 짓은 하지 않는다. 이곳에서 당신의 몸과 두뇌는 다른 누군가의 컴퓨터 프로그램을 통해 만들어진 것이다. "나는 실재한다!" 사람들은 이렇게 생각하고 싶겠지만, 그것은 완전한 착각이다. 시뮬레이션을 실행하는 주체가 의도적으로 약간의 결함이나 진실을 향한 힌트 같은 것을 심어 놓을 수는 있지만, 그 안에서 움직이는 객체들은 어디까지나 허구의 존재일 뿐이다.

지금 이 세계가 시뮬레이션이 아닐 수도 있지 않은가? 물론이다. 그럴 가능성은 두 가지로 분류할 수 있다. 첫째는 자신의 선조들을 시뮬레이션할 수 있는 단계에 이르기 전에 문명이 스스로 멸망하는 경우이다. 일견 다행인 것 같지만, 사실 별로 좋은 경우는 아니다. 이는 곧 우리의 미래가 그렇다는 것을 의미하기 때문이다. 이 어려운 고비를 넘긴 문명이 있다면 그들의 세계는 시뮬레이션으로 가득 차 있을 것이다. 두 번째는 충분히 발달한 문명을 가진 생명체가 도덕적인 가책을 느끼거나 너무 유치하다고 판단되어 시뮬레이션을 실행하지 않기로 마음먹은 경우인데, 가능성은 그리 크지 않다. 우리는 컴퓨터로 창조된 세상 안에서 무언가를 자꾸 재생산하려는 경향이 있기 때문이다.

가상 세계에서의 삶은 해묵은 질문에 나름대로의 해답을 제시한다. "이 세상에 해악만 끼치는 악마는 도대체 왜 존재하는 것일까?" 악마는 창조주의 역설적인 오류로 탄생한 애물단지가 아니다. 그것은 시뮬레이션을 실행하는 주체가 게임을 좀 더 흥미진진하게 만들기 위해 의도적으로 추가한 캐릭터 중 하나일 뿐이다. 또한 회의적인 과학자들은 사후 세계나 초자연적 경험 등을 애써 부인할 필요가 없다. 그것도 흥미를 위해 게임에 추가된 예외적 상황에 불과하다. 인간의 자유 의지는 편리하면서도 효과적인 환상이며, 공포와 죽음은 사람들이 시뮬레이션에 몰입하도록 만드는 일종의 촉매이다. 만일 당신이 정교한 시뮬레이션 속에 있다는 사실을 깨닫는다 해도, 굳이 당신의 행동이나 세계관을 바꿀 이유가 없다. 우리가 시뮬레이션 속에 살고 있다면, 그 시뮬레이션을 실행하는 주체 역시 한 단계 위의 또 다른 시뮬레이션 속에 살고 있을 가능성이 크다. 그리고 그 시뮬레이션을 실행하는 주체도…… 이런 식으로 얼마든지 계속될 수 있다. 우리의 시뮬레이션이 몇 번째 단계이며, 껍질을 얼마나 벗겨야 실체가 드러나는지는 누구도 알 수 없다.

우주가 부리는 마술

시뮬레이션 가설은 우리를 유아론(唯我論, solipsism, 이 세계가 각 개인의 사고에 투영된 관념에 불과하다는 주관적 관념론 : 옮긴이)의 극단으로 몰고 간다.

모든 것이 허구라면, 또는 우리의 생각만이 진실이라면 우리는 우주로부터 단절된 것이나 다름없다. 그동안 우리는 우주를 분석하고 이해한 것을 커다란 업적이라고 생각해 왔는데, 이 모든 것이 허구였다면 너무 허무하지 않은가.

과학은 우주의 종말을 예견할 때 최고의 능력을 발휘한다. 이 분야에서 과학자들은 최고로 난해한 질문을 제기하고, 그 해답을 찾기 위해 최상의 이론을 만들어 낸다. 그러나 우주의 종말은 모든 과학을 통틀어서 가장 불확실한 분야이기도 하다. 만일 물리학이 미래의 우주와 그 안에 들어 있는 모든 것의 운명을 예측할 수 있다면, 우리의 자유 의지는 가장 큰 환상일 것이다. 우리는 실험실에서 하듯이 우주를 이리저리 찔러보거나 변형시킬 수 없다. 심지어 우주의 대부분은 눈에 보이지도 않는다. 그래서 러시아의 물리학자 레프 란다우Lev Landau는 다소 비꼬는 투로 말했다. "우주론 학자들은 실수를 자주 범하지만 결코 의심받지는 않는다."

나는 천문학자로서 나보다 훨씬 큰 천체들을 매일같이 바라보고 있지만, 내가 너무 작다거나 나의 삶이 너무 짧다는 등 비관적인 생각을 떠올리지는 않는다. 외줄을 타는 곡예사는 단 한 번의 실수로 삶이 끝날 수도 있지만, 그렇다고 자신의 삶이 덧없다고 생각하진 않을 것이다. 몇 년 전 어느 날, 나는 우연한 계기로 우주가 얼마나 방대하며 시공간 속에서 내가 얼마나 유한한 존재인지를 깨달았다. 그때 나는 카리브 해에서 2주짜리 휴가를 보내고 있었는데, 출발 후 3일째 되던 날 드디어 카리브 연안의 얕은 바닷물에 편한 마음으로 드러누울 수 있었다. 머리 위에서는 태양이 비추고 바닷물은 목욕물처럼 따뜻했으며, 작은 파도가 내 몸을 가볍게 때리고 있었다.

어느덧 태양은 금화가 뒷주머니로 미끄러져 들어가듯 지평선 아래로 사라졌고, 그 순간 나는 지구가 자전하면서 나를 어두운 공간으로 옮겨 놓고 있다는 것을 깨달았다. 나뿐만 아니라 지구 상의 모든 물체들은 거대한 원호를 그리며 우주 공간을 이동하고 있었다. 나는 거의 벗은 몸으로 어머니의 자궁 속 같은 바닷물에 몸을 담근 채 우주의 법칙에 내 몸을 완전히 내맡겼고, 나의 상상은 지구에서 태양계로, 그리고 별과 가스 구름으로 가득 찬 은하를 거쳐 눈으로 볼 수 없는 드넓은 우주까지 확장되었다. 나는 경이감에 사로잡혀 온몸이 마비될 지경이었으나, 그 순간은 금방 지나가고 든든하게 나를 받쳐 주고 있는 지상 세계로 다시 돌아 왔다. 그리고 나의 두 다리 사이로 완연한 보름달이 떠오르고 있었다.

이런 식으로 갑자기 우주와 마주치는 개인적인 조우遭遇는 오래 가지 않는다. 그러나 우주를 생각하며 경이감을 느끼는 생명체가 지구 바깥에 또 있다고 생각해 보라. 우리가 우주에 관심을 갖는 것은 학문적인 이유만은 아닐 것이다. 우주 어디에선가 나와 비슷한 생각을 하고 있을 생명체를 생각하면, 모든 생명들 사이에 어떤 공통점이 느껴지지 않는가?

드레이크 방정식은 원래 은하수에 적용하기 위해 만들어졌다. 그러나 관측 가능한 우주에만 500억 개의 은하가 존재한다. 물론 관측 가능한 우주는 전체 우주의 극히 일부에 불과하다. 그러므로 우주에는 생명체가 도처에 널려 있을 것이다. 그들 중 대부분이 과학 기술을 빠른 속도로 발전시키고 있다면, 우리가 볼 때 거의 불멸의 삶을 누리는 이상적인 생명체도 분명히 존재할 것이다. 그리고 이들에게는 은하들 사이의 거리도 그리 멀지 않을 것이다.

우리 인간이 그린 구와 그레이 구를 모두 극복하고 지구를 향해 날아오는 소행성과 혜성도 모두 처치했다고 가정해 보자. 그리고 노화 문제를 해결하지는 못했지만 꽤 오래 동안 살아남아서 생명의 씨앗을 가까운 별에 보낼 수 있게 되었다고 가정해 보자. 그러면 우리의 생물학적(또는 미래 생물학적) '사촌'들은 은하수를 비롯한 수십억 개의 은하에 서서히 퍼져 나갈 것이고, 먼 훗날 이들이 우연히 만난다 해도 서로를 알아보지는 못할 것이다. 어떤 생명체는 호기심 많고 활동적인 반면, 또 어떤 생명체는 내성적이고 어떤 생명체는 우아하고 아름다울 것이다. 물론 개중에는 치명적인 생명체도 있을 것이다.

우주에서 빛이 사라지면 끈기 있고 독창적인 생명체만이 살아남을 수 있다. 우주가 시야에서 계속 멀어져 가면 블랙홀 공학자는 '웜 홀을 이용한 탈출'을 포기할 것이고, 생존자들은 밀코메다 중심부의 증발하는 블랙홀 근처에 모여서 시간에 관한 이야기를 끝없이 늘어놓을 것이다. 이것은 빅 뱅이 일어나고 1조×1조×1조×1조×1조×1조×1조×1조 년이 지난 후의 이야기다. 생명은 그리 쉽게 사라지지 않는다. 대부분의 독자들도 이 말에 공감할 것이다.

결함은 있지만 활기가 넘치는 이 생명체들은 우리에게 물려받은 잠재적 능력을 어느 정도까지 실현할 수 있을까? 생명체의 지각력은 천혜의 축복이지만, 다른 한편으로는 저주이기도 하다. 우리는 운 좋은 금요일 밤을 보내고 잠들었다가 토요일 아침에 우주적 의식으로 깨어나 갑자기 불안감에 빠진 오합지졸일지도 모른다. 이보다는 차라리 개미처럼 세상 물정과 상관없이 부지런하거나, 하루살이처럼 단명하는 편이 더 낫지 않을까? 아니면 낙지나 문어처럼 가까운 주변 환경에 적응하는 데에만 두뇌를 사용하는 게 낫지 않을까? 어쨌거나 우리는 생각이 없는 물질보다는 우월한 존재임이 분명하다. 마술 같은 사건으로 가득 찬 이 우주에서 마지막에 어떤 일이 일어나건, 그게 무슨 상관인가?

| 용어 설명 |

가사 상태 suspended animation

죽음에 가까울 정도로 신진대사율을 낮춘 상태. 오랜 시간이 소요되는 우주여행에서 승무원들은 가사 상태로 시간을 보내야 노화를 늦출 수 있다.

가이아 Gaia

지구의 생물권이 자체 통제 능력을 갖춘 시스템이라는 가설. 이 가설에 의하면 환경의 변화도 생명을 유지하기 위한 자구책의 하나이다. 여기서 한 걸음 더 나아가 지구 자체가 살아 있는 유기체라고 주장하는 이론도 있다.

거대한 침묵 Great Silence

은하수에 외계인이 존재할 가능성이 충분한데도 이들이 지구를 방문하거나 신호를 보내온 사례가 단 한 번도 없는 현실을 이르는 용어.

거주 가능 지역 habitable zone

별과의 거리가 적당하여 물이 액체 상태로 존재할 수 있는 지역. 행성이나 위성이 이 지역에 있으면 생명체가 존재할 가능성이 있다. 그러나 행성이나 위성의 내부에 열원이 있으면 거주 가능 지역은 훨씬 넓어진다.

거주 가능 행성 habitable planet

지구 이외의 행성들 중 최소한 지구의 미생물이 생존할 수 있는 환경을 갖춘 행성.

게놈 genome

생명체의 DNA(또는 일부 바이러스의 RNA)에 들어 있는 유전 관련 정보.

계통 발생학 phylogeny
생명체가 변해 온 역사를 추적하는 학문. 전체적인 역사는 유전적 특징을 기준으로 작성한 '생명의 나무(tree of life)'로 표현된다.

고세균 古細菌, Archaea
원핵생물 중에서 세균류와 구분되는 또 하나의 큰 분류군. '생명의 나무'의 뿌리에 가장 가까운 생명체.

그린 구 green goo
현재 또는 미래의 미생물이 경쟁의 최종 승자가 되어 지구를 독차지한다는 시나리오.

극한 미생물 extremophile
정상 수준의 온도, 압력, pH, 염도, 수분, 복사 등을 훨씬 초과하거나 훨씬 못 미치는 극단적인 환경에서 살아가는 생물. 이들 중 거의 대부분은 미생물이다.

기대 수명 life expectancy
갓 태어난 신생아가 앞으로 살 수 있는 확률적 수명. 유아 사망률이 높을수록 기대 수명은 짧아진다.

기후 변화 climate change
광역적 기후가 긴 시간에 걸쳐 달라지는 양상을 칭하는 용어. 기후 변화는 지질학적, 또는 천문학적 원인에서 초래될 수 있으며, 최근에는 인간의 사회 활동도 또 하나의 원인으로 작용하고 있다.

노화 senescence
생명체가 나이를 먹으면서 겪게 되는 모든 생물학적 과정의 총칭. 그 과정이 너무 복잡하여 알려진 바가 거의 없으며, 현재 이것을 규명하기 위한 여러 개의 이론이 난립하고 있다.

눈덩이 지구 Snowball Earth
7억 년 전과 22억 년 전에 기후가 급변하여 대부분 지역이 눈으로 덮여 있었던 지구를 칭하는 용어.

다중 우주 multiverse
초기 우주 시공간의 양자적 특성에서 유추한 가상의 평행 우주. 개개의 우주는 서로 다른 물리적 상태와 특성을 갖고 있다.

대량 멸종 mass extinction
짧은 시간 동안 지구 상의 많은 종들이 갑자기 사라진 사건. 과학자들은 화석의 형태와 형성 시기를 분석한 결과, 그동안 5차례에 걸쳐 대량 멸종이 일어났다는 결론을 내렸다.

대립 형질 allele
다른 형태의 유전 인자들끼리 쌍을 이룬 집합. 하나의 유전자는 꽃의 색상을 결정하지만, 대립 형질이 다르면 다른 색으로 나타난다.

대멸종 Great Dying
생명체의 여러 종이 짧은 시간에 사라진 사건. 그동안 5차례에 걸쳐 대멸종이 일어났으며, 여섯 번째 대멸종은 인간에 의해 초래될 가능성이 높다.

대사율 metabolic rate
음식 흡수량과 열에너지 방출량, 그리고 산소 소모량을 단위 시간별로 측정한 값.

드레이크 방정식 Drake equation
은하수에 존재하는 외계 생명체, 특히 지적 능력을 소유하고 우리와 통신이 가능한 문명의 수를 계산하기 위해 도입된 방정식. 일련의 확률을 곱하는 식으로 계산된다.

말단 소체 telomere
DNA의 단순한 반복 배열로 구성되는 염색체의 말단 영역. 나이를 먹으면 세포가 분열할 때 말단 소체가 짧아지면서 노화가 일어난다.

미래학 futurology
미래를 연구하고 예견하는 학문. 먼 미래일수록 예견의 신뢰도가 떨어진다.

미세 조정 논리 fine-tuning argument
지연에 존재하는 4가지 힘의 세기가 생명체에게 알맞은 크기로 맞춰져 있다는 논리. 우주론에서는 팽창하는 우주의 물리적 특성이 생명체에게 우호적이라는 식으로 펼쳐진다.

밀란코비치 사이클 Milanković cycle
지구의 궤도와 기후의 변화에 의한 영향들이 나타났다가 사라지는 주기.

밀코메다 Milkomeda
수십억 년 후에 은하수와 안드로메다 은하가 하나로 합쳐지면서 생성될 것으로 예상되는 가상의 은하.

배경 멸종률 background extinction rate
멸종한 종의 수를 지금까지 지구에서 살았던 전체 종의 수로 나눈 값. 단명했던 종이 많고 화석 자료가 충분치 않아서 정확한 값은 알기 어렵다.

백색 왜성 white dwarf
태양처럼 질량이 작은 별이 핵융합 반응을 모두 끝낸 후 이르게 되는 최종 단계. 서서히 식어 가는 장작과 비슷하다.

베켄슈타인 영역 Beckenstein bound
정보 저장 밀도의 궁극적인 한계. 블랙홀의 이론적 특성에서 기인한다.

별의 주검 stellar corpse
융합 반응을 모두 끝낸 별. 백색 왜성, 중성자별, 블랙홀 등이 여기에 속한다.

병원균 pathogen
숙주에게 질병을 일으키는 박테리아나 바이러스의 총칭.

보험 계리사 actuary
삶의 위험 및 불확실한 요인과 사망 등의 재정적 보상 방법을 다루는 사람. 2002년에 미국 〈월스트리트 저널(The Wall Street Journal)〉에서 가장 유망한 직종으로 선정되었다.

불멸 immortality
유형 또는 무형의 형태로 영원히 사는 생명체. 단순한 종 중에는 생물학적으로 죽지 않는 것도 있다.

블랙홀 black hole
무거운 별이 핵융합 반응을 모두 끝내고 죽은 상태. 블랙홀은 중력이 너무 강해서 어떤 물질이나 복사도 탈출할 수 없다.

빅 립 big rip
암흑 에너지로부터 예견되는 우주 종말의 한 형태. 공간은 지수-함수적으로 팽창하고 암흑 에너지에 의한 효과가 작은 스케일에서 작용하는 힘을 이기면 결국 모든 만물은 갈가리 찢겨진다.

빅 뱅 big bang
137억 년 전에 초고온, 초고밀도의 초소형 우주가 폭발한 사건. 은하의 적색 편이와 마이크로파 배경 복사, 그리고 헬륨을 비롯한 가벼운 원소들이 이를 증명하고 있다.

사망 심리학 thanatology
죽음을 연구하는 심리학의 한 분야. 과학적 요소와 문화적 요소를 모두 고려해야 한다.

사망률 mortality rate
단위 시간당 사망자 수를 전체 인구수로 나눈 값. 통상적으로는 인구 1,000명 중 1년 동안 발생하는 사망자 수를 의미한다.

사이보그 cyborg
인간과 로봇을 혼합한 인조 인간. 아직은 만들어지지 않았으나 우주 공간 등 특수한 환경에서 로봇이 할 수 없는 복잡한 임무를 수행할 수 있다.

살균 효과 sterilizing effect
소행성이나 혜성이 지구와 충돌했을 때 나타나는 효과. 지구 형성 초기에 이런 일이 발생하여 육지와 바다의 모든 생명체들이 전멸했다. 마지막 살균 효과가 언제 일어났는지는 분명치 않다.

생물권 biosphere
지구 생명체들로 이루어진 가장 큰 계(system). 대부분이 육지와 바다, 그리고 대기에 집중되어 있으나 지하에도 상당 부분이 형성되어 있으며, 아직 알려지지 않은 지역도 많을 것으로 추정된다.

생체 지표 biomarker
달과 같이 지구로부터 멀리 떨어진 곳에서 바라보았을 때 발견되는 지구 생명체의 흔적. 주로 사진이나 스펙트럼 정보로부터 얻어진다.

센테네리언 centenarian
100년 이상 장수한 사람. 미국인의 5,000분의 1이 센테네리언이다.

슈퍼 센테네리언 supercentenarian
110년 이상 산 사람. 통계적으로 볼 때 100살 이상을 산 센테네리언 1,000명 중 단 한 명만이 110살을 넘길 수 있다.

슈퍼 플레어 superflare
태양과 비슷한 별에서 가끔씩 나타나는 초대형 플레어. 정상적인 태양 플레어보다 수백만 배 강하다.

스트로마톨라이트 stromatolite
화석으로 남아 있는 미생물 집단. 35억 년 전에 번성했던 미생물 중에는 지금까지 살아 있는 것도 있다.

시뮬레이션 가설 simulation hypothesis
우리보다 훨씬 앞선 문명이 존재한다는 가정하에, 그들이 실행 중인 컴퓨터 시뮬레이션 속에서 우리가 살고 있다는 가설.

안드로메다은하 Andromeda 銀河
우리 은하(은하수)에서 제일 가까운 외계 은하. 나선 은하의 일종으로 은하수와의 거리는 220만 광년이고 크기는 은하수와 비슷하다.

RNA 세계 RNA world
최초의 세포가 탄생하기 전에 짧은 RNA 가닥이나 더 원시적인 유사체가 자기 복제를 촉진했다는 가설.

암흑 물질 dark matter
우주의 구성 성분 중 일상적인 물질(양성자, 중성자, 전자)의 7배를 차지하고 있는 미지의 물질. 은하의 형태를 지금과 같이 유지시켜 주는 1등 공신으로 추정되고 있다.

암흑 에너지 dark energy
우주 팽창의 원인이 되는 진공의 속성. 물리적 특성은 알려지지 않았지만 우주의 70%를 차지하고 있는 것으로 추정된다.

엔트로피 entropy
물질계의 무질서도를 나타내는 양으로, 시간이 흐를수록 계속 증가한다. 생명체의 몸에서는 세포가 복잡한 기능을 수행하면서 국소적으로 엔트로피가 감소하지만, 외부 환경까지 고려했을 때 전체적인 엔트로피는 항상 증가한다.

오르트 구름 Oort cloud
혜성들이 구름처럼 모여 있는 지역. 가끔씩 이들 중 일부가 태양계로 진입하기도 한다. 직접 관측할 수는 없지만 오르트 구름까지의 거리는 태양과 지구 사이의 거리의 5만 배 정도이며, 수조 개의 혜성들이 운집되어 있을 것으로 추정된다.

우주 식민지화 space colonization
다른 행성이나 위성에 진출하여 필요한 광물을 채굴하고 이주민을 파견하는 등 지구 밖에서 자원을 조달하는 행위.

원핵생물 prokaryote
핵이 없는 세포로 이루어진 생물. 지구에서 가장 오래된 미생물의 형태.

유리기 遊離基, free radical
바깥 궤도에 짝짓지 않은 전자를 갖고 있는 원자나 분자. 생물학적으로 중요한 유리기는 반응성이 매우 강하며, 산화적 손상(oxidative damage)에 의한 세포 노화 이론과 관련되어 있다.

유전자형 genotype
생물이 갖고 있는 특정 유전자의 조합, 또는 각 개체가 갖고 있는 유전자의 전체 집합.

유행병 pandemic disease
넓은 지역에 걸쳐 통제할 수 없을 정도로 빠르게 전염되는 질병.

은하수 Milky Way
태양계가 속해 있는 은하. 약 4000억 개의 별들로 이루어져 있으며, 중심부에 거대한 블랙홀이 있는 것으로 추정된다.

인구 병목 현상 population bottleneck
부적절한 적응이나 질병, 환경 변화 등으로 개체 수가 크게 감소하는 현상. 개체 수가 적으면 유전적 부동(genetic drift)이 증가한다.

인류 원리 Anthropic principle
우주의 모든 환경이 지적인 관측자(또는 일반적인 생명체)의 생존에 알맞게 맞춰져 있다는 가설. 과학자와 철학자들 사이에 뜨거운 논쟁을 불러일으켰다.

인체 냉동술 cryonics
인간이나 동물의 몸을 저온에서 보관하는 기술. 미래에 소생시키는 것을 목적으로 하고 있으나, 가능성은 아직 확인되지 않았다.

인플레이션 inflation
빅 뱅 직후 몇 초 사이에 공간이 급격하게 팽창한 사건을 일컫는 용어. 그 여파로 현재 관측 가능한 우주는 매끄럽고(smooth) 평평하다(flat).

입자 붕괴 particle decay
입자가 분해되어 다른 입자나 에너지로 변하는 현상. 대부분의 이론에 의하면 정상적인 물질은 최소 10^{35}년 후에 전자와 양전자, 그리고 광자로 붕괴된다.

자기 복제형 우주 탐사선 self-replicating space probes
가까운 별에 가서 광물을 채집하여 자신과 동일한 기계를 만들어 내는 우주 탐사 장치. 이들을 이용하면 은하 전체를 탐사할 수 있다. '보트(bot)' 또는 '노이만 머신(Neumann machine)'이라 불리기도 한다.

전산 천체 물리학 computational astrophysics
우주의 중요한 특성을 컴퓨터 시뮬레이션으로 재현하는 학문 분야.

조건법적 서술 counterfactual
어떤 문장의 첫 절을 사실과 정반대로 서술하는 표현법. 이 책에서는 아직 관측되지 않았지만 원리적으로 가능한 우주 진화의 결과를 이 방법으로 서술하고 있다.

종 species
생물 분류상의 기본 단위. 생물학의 기본 용어임에도 불구하고 정의하기가 매우 어렵다. 상호 교배와 번식이 가능한 생물은 같은 종에 속한다. 겉으로 드러난 외관이나 DNA를 통해 정의되기도 한다.

주기적 우주 cyclic universe
팽창하는 우리 우주가 무수히 많은 우주의 한 상태라고 주장하는 가설. 이 이론에 의하면 우주는 브레인(brane)이라는 고차원적 존재가 충돌하면서 탄생했다.

중력 견인 gravity tractor
지구를 향해 날아오는 소행성이나 혜성으로 우주선을 접근시켜서 지체 중력에 의해 궤도를 변경시키는 방법.

중력파 gravity waves
질량이나 밀도가 큰 물체의 배열이 변할 때 나타나는 시공간의 파문. gravitational wave라고도 한다.

중성자별 neutron star
무거운 별이 핵융합을 끝내고 도달하는 최종 상태. 중성자로 이루어져 있다.

증발 evaporation
은하의 외곽에 있는 별들이 서서히 은하를 이탈하는 현상. 이와 반대로 중심에 가까운 별들은 중심을 향해 모여든다.

지구 교차 소행성 earth-crossing asteroid
확률은 극히 작지만 지구와 충돌할 가능성이 있는 소행성. '지구 근접 천체(near-Earth object, NEO)'라고도 한다.

지구 온난화 global warming
지난 세기에 기온이 지구 전체적으로 올라간 현상. 인간의 활동과 이산화탄소와 같은 온실가스 때문인 것으로 추정된다.

지르콘 zircon
밀도가 크고 강한 결정체. 형성 시기는 44억 년 전까지 거슬러 올라간다. 지르콘은 그것이 형성되던 무렵에 액체 상태의 물과 생명체가 존재했음을 알려 주는 증거이다.

지평선 horizon
우주의 나이가 유한하다는 데서 기인한 관측 가능 지역의 한계(우주의 나이는 137억 년이므로, 137억 광년보다 멀리 있는 별에서 방출된 빛은 지구의 망원경에 아직 도달하지 않았음). 실제 우주는 이보다 훨씬 클 것으로 추정된다.

진핵생물 eukaryote
유전 물질이 세포핵 안에 들어 있는 생물. 세균류와 남조류를 제외한 모든 동물과 식물이 여기에 속한다.

진화 발생 생물학 evolutionary developmental biology, evo-devo
유기체들이 발육 과정과 환경의 영향에 의해 새로운 특성을 획득하게 되는 과정을 연구하는 학문.

초끈 이론 superstring theory
만물을 구성하는 모든 입자들이 1차원 끈으로 이루어져 있다는 가정하에 성립된 물리학 이론. 끈의 활동 무대인 배경 시공간은 10차원이다.

초대형 블랙홀 supermassive black hole
은하의 중심부에 있는 것으로 추정되는 거대 블랙홀. 활동이 없을 때에는 주변에 있는 별에 중력을 행사함으로써 자신의 존재를 알린다. 퀘이사(quasar)의 에너지원.

초신성 supernova
질량이 큰 별의 격렬한 최후. 25광년 이내의 거리에서 초신성 폭발이 일어나면 지구도 피해를 입는다.

코페르니쿠스적 논리 Copernican argument
지구가 우주의 중심이 아니라는 관점에서 펼쳐지는 모든 논리의 총칭. 시공간에서 지구의 위치가 특별하지 않다거나, 인류가 처한 현재 상황이 특별하지 않다는 것도 이 논리에 속한다.

퀘이사 quasar
은하의 중심에 있는 거대 블랙홀 주변에서 은하 전체를 합한 것보다 더 밝은 빛을 발하는 천체.

클론 집락 clonal colony
한 곳에 집단으로 서식하면서 무성 생식하는 생명체. 식물, 균류, 박테리아 등이 여기 속한다.

탄소 순환 carbon cycle
바위와 바다, 대기, 그리고 생명체에 함유되어 있는 생체 물질이 위치를 옮겨가면서 순환되는 과정.

태양계 외행성 exoplanet, extrasolar planet
태양계 바깥에 존재하는 행성의 총칭. 1995년에 최초로 발견된 후 지금까지 약 400개가 발견되었다. 이들의 질량은 대부분 목성과 비슷하지만, 가장 작은 것은 지구와 비슷하다.

트랜스 휴머니즘 trans humanism
과학 기술을 이용하여 인간의 능력을 향상시킨다는 취지에서 국제적으로 일어나고 있는 인간 변화주의 운동. 본연의 인간성에 나쁜 영향을 준다며 이 운동에 반대하는 사람들도 많이 있다.

특이점 singularity
나노 기술과 유전 공학, 컴퓨터의 성능 등이 빠르게 발전하여 새로운 인간 종족이 출현할 것으로 예상되는 시기. 앞으로 수십 년 후에 찾아올 것으로 예상된다.

페르미의 질문 Fermi question
외계인 목격담이 사방에 넘쳐 나지만 단 하나의 증거도 발견되지 않은 현실을 두고 물리학자 엔리코 페르미(Enrico Fermi)가 던졌던 질문 – "그들은 어디에 있는가?"

포자 가설 panspermia
지구 생명의 기원이 된 원시 생명체가 이웃 행성이나 다른 태양계에서 날아왔다는 가설.

표현형 phenotype
생명체의 행동 양식이나 형태, 발육 등 겉으로 드러나는 특징.

하데스대 Hadean era
지구 생성 초기부터 38억 년 전까지에 걸친 시대. 이 기간 동안 지각과 바다가 형성되었으며, 별로 좋지 않은 환경에서 최초의 생명체가 탄생한 것으로 추정된다.

하이퍼노바 hypernova
우주에서 일어나는 가장 극적인 폭발. 하이퍼노바가 폭발하면 엄청난 양의 감마선과 치명적인 복사가 두 줄기로 뿜어져 나온다. 이 줄기가 지구를 향하고 있고 거리가 1,000광년 이내라면 지구에도 심각한 피해가 예상된다.

핵겨울 nuclear winter
세계적, 또는 국지적인 핵전쟁이 일어났을 때, 다양한 입자들이 대기에 유입되어 오존층을 파괴하고 태양 빛을 차단하면서 나타나는 냉각 현상.

행성 간 여행 interstellar travel
별들 사이를 오가는 여행. 지금의 기술로 가장 가까운 별까지 가려면 수십만 년이 걸린다. 우주선 조종사의 수명이 다하기 전에 다른 별에 도착하려면 추진 기술이 혁신적으로 변해야 한다.

행성 개조 계획 terraforming
행성이나 위성의 기후를 변화시켜서 인간이 살 수 있게 만든다는 계획. 현재 화성을 대상으로 추진되고 있다.

헤이플릭 한계 Hayflick limit
세포 수명의 자연적 한계. 하나의 세포는 정상적인 배양액 속에서 50회까지 분열할 수 있다.

호킹 복사 Hawking radiation
블랙홀에서 복사 에너지가 방출된다는 스티븐 호킹(Stephen Hawking)의 이론. 블랙홀의 질량이 작을수록 단위 시간당 방출되는 복사의 양은 많아진다.

희귀한 지구 Rare Earth
지구가 복잡한 생명체나 지적 생명체가 진화하기 위해 필요한 조건을 모두 갖춘 희귀한 행성이라는 주장. 태양계 바깥에서는 지구와 같은 행성을 찾기 어렵다. 워싱턴 대학의 피터 워드(Peter Ward)와 돈 브라운리(Don Brownlee)가 최초로 제안함.

| 미주 |

1장 | 당신이 늙는다는 것

■1. 고대 이집트에는 죽은 사람의 얼굴을 가면으로 만들어서 보관하는 전통이 있었다. 독자들은 이집트 왕의 시신이 보관되어 있는 석관에서 왕의 얼굴이 새겨진 가면을 본 적이 있을 것이다. 또한 로마 시대의 부자들은 가족이 죽으면 밀랍으로 데스마스크(death mask)를 떠서 보관했다가 나중에 석상을 만들 때 참고하곤 했다. 로마 인들의 마스크는 석상으로 만들어질 때 좀 더 평온하고 영웅다운 모습으로 수정되곤 했으나, 중세에 와서는 밀랍이나 회반죽으로 본을 떠서 죽은 이의 얼굴을 실제와 똑같이 복제하는 전통이 생겼다. 그리고 이 무렵부터 왕이나 귀족뿐만 아니라 '유명한 서민'들도 데스마스크를 제작했는데, 단테(Dante, 14세기 이탈리아의 작가)와 볼테르(Voltaire, 18세기 프랑스의 작가), 쇼팽(Chopin, 폴란드의 작곡가, 피아니스트), 키츠(Keats, 영국의 시인) 등이 대표적 사례이다.

■2. 〈대도 오토(Grand Theft Auto)〉라는 비디오 게임은 이유 없는 폭력을 남발하면서 대중들의 인기를 끌었다. 그러나 죽음과 파괴가 난무하는 것은 TV도 마찬가지다. 미국 케이블 TV 연합회 산하의 '텔레비전 폭력 연구원'에서 조사한 바에 따르면 전체 TV 프로그램의 60%가 폭력적인 내용을 담고 있다. 그중 3분의 2는 악당에 대한 처벌을 전혀 다루지 않고 있으며, 폭력의 유해성을 보여 주는 프로그램은 4분의 1에 불과했다. 폭력적인 TV 프로그램이 청소년의 폭력적 성향을 부추긴다는 것은 연구를 통해 이미 여러 차례 입증된 사실이다(2003년에 미시간 대학에서 발표된 연구 보고서가 가장 유명하다). 이런 프로그램을 자주 접하면 폭력과 죽음에 대해 둔감해지는데, 이것은 죽음이라는 현실을 인지하는 데 부정적인 영향을 미친다.

■3. 이 통계는 PFRPL(Pew Forum on Religion and Public Life)에서 2008년에 작성한 것이다. 미국

은퇴자 협회(American Association of Retired People)에서 2008년에 조사한 바에 따르면 사후 세계를 믿는 사람은 남자보다 여자가 더 많고, 50세가 넘어가면 그 수가 크게 증가하는 것으로 나타났다.

■ 4. 2008년 10월 9일 〈Atlanta Journal-Constitution〉과의 인터뷰에서 발췌.

■ 5. 1858년 7월에 보즈웰(Boswell)이 윌리엄 존슨 템플(William Johnson Temple)에게 보낸 편지에서 발췌. 편지의 전문은 C. B. Tinker의 《Letters of James Boswell, Vol. I(Clarendon Press, 1924)》를 통해 출판되었다.

■ 6. 칼 세이건(Carl Sagan)의 《Billions and Billions(Ballantine, 1997)》에 수록된 앤 드루얀(Ann Druyan)의 맺음말에서 발췌.

■ 7. 클론 집락(clonal colony)의 수명은 정의하기가 쉽지 않다. 수명이 오래된 식물과 균류(菌類)는 신진대사의 관점에서 볼 때 집단의 일부가 '살아 있다'고 보기 어렵다. 클론 집락 중에는 유타 주 워새치 산맥(Wasatch Mts.)에 40만m^2에 걸쳐 있는 사시나무들처럼 뿌리가 서로 연결된 것도 있고, 오레곤 주 동부에 971만m^2에 걸쳐 퍼져 있는 2,200년 된 균사체(菌絲體)처럼 무성생식하는 균류도 있다.

■ 8. 미국 통계청에서 10년에 한 번씩 발행되는 보고서에는 미국에 거주하는 센테네리언(100살이 넘은 사람)의 명단과 관련 정보가 수록되어 있다. 이 보고서에서 말하는 장수의 비결은 매우 단순하다. 담배를 피우지 말고, 잠은 충분히 자고, 균형 잡힌 식사를 하면서 무엇이건 항상 일손을 놓지 않으면 된다. 장수에 방해가 되는 요인은 과다 체중과 이혼, 과도한 스트레스 등이다. 센테네리언들은 스트레스를 최소화하는 기술을 갖고 있는 듯하다. 그러나 이것은 유전적 요인이 강해서 후천적으로 습득하기는 어렵다. 센테네리언 중 한 명인 허크 핀(Huck Finn)은 이렇게 충고하고 있다. "오늘은 항상 중요한 날이고, 고급 옷은 거추장스러우며, 돈은 짐일 뿐이다."

■ 9. 미국의 종교 연구 단체인 퓨 포럼(Pew Forum on Religion and Public Life)에서는 정기적으로 미국의 종교 현황을 연구하여 발표해 오고 있다. 이 결과에 의하면 미국인들은 매우 종교적이지만 독선적이지 않으며, 대부분 사람들은 종교에서 말하는 '영원한 삶'을 믿고 있다(무신론자와 불가지론자들은 그들 나름대로의 사후 세계관을 갖고 있다). 가장 최근의 연구는 지난 2008년에 수행되었는데, 그 결과를 보면 불교 신자의 5분의 3이 열반의 경지를 믿고 있으며, 힌두교 신자의 5분의 3은 윤회를 믿고 있다. 그리고 거의 모든 종교에서 천국에 대한 믿음이 지옥에 대한 믿음보다 강한 것으로 나타났다.

■ 10. 회의론자였던 데카르트는 자신이 겪었던 모든 경험이 '악령(malicious demon)'의 영향이 아닐까 두려워했다. 사실 이것은 누구나 떠올릴 수 있는 생각이다. 데카르트가 처했던 악몽 같

은 상황을 어느 누가 피해 갈 수 있겠는가? 현대의 철학자들은 이 아이디어를 더욱 확장시켜서 "당신이 용기 속에 들어 있는 두뇌 이상의 존재임을 어떻게 증명할 것인가?"라고 묻는다. 그 답을 생각하다 보면 영화 〈매트릭스(Matrix)〉가 데카르트의 메아리처럼 떠오른다. 물론 이 의문에서 쉽게 벗어날 방법은 없다. 그러나 데카르트는 "누구든지 자신의 존재를 의심할 수는 없다"고 주장했다. 모든 생각은 '생각하는 자'가 있어야 탄생할 수 있다. 또한 무언가를 의심하려면 '의심하는 자'가 먼저 존재해야 한다. 그래서 데카르트는 다음과 같은 명언을 남겼다. "나는 생각한다. 그러므로 나는 존재한다(I think, therefore I am)."

■ 11. 학자들이 인간의 생명을 생물학적으로 설명하고 두뇌의 작동 원리를 역학적으로 설명할 수 있게 된 것은 12세기 무렵의 일이었다. 길버트 라일(Gilbert Ryle)은 '데카르트의 신화' 또는 '기계 속의 유령 수수께끼'라는 말로 데카르트의 이원론을 비웃었다. 라일은 철학자들이 흔히 말하는 '분류상의 오류(category mistake)' 때문에 이원론이 탄생했다고 주장한다. 당신이 대학을 방문하여 기숙사와 강의실, 도서관 등 학교 전체를 둘러본다고 가정해 보자. 구경이 다 끝난 후, 당신은 이렇게 묻는다. "잘 봤습니다. 그런데 대학은 어디 있습니까?" 그러나 대학은 분리된 객체가 아니라 당신이 보았던 모든 것의 종합체이다. 이와 비슷하게, 라일은 마음이라는 것이 몸이나 두뇌로부터 완전히 분리된 객체가 아니라고 주장했다. 이원론보다 먼저 등장했던 유물론(materialism)도 성공을 거두지 못했다. 예를 들어 과학자들은 아직도 인간의 의식을 물리적 두뇌 기능과 연계하여 설명하지 못하고 있다.

■ 12. 이 연구 결과는 2001년 12월 15일에 영국 저널 〈랜싯(Lancet)〉을 통해 발표되었다. Gary Habermas, 'Near Death Experience and the Evidence: A Review Essay', 〈Christian Scholar's Review 26(1996)〉, p.78 참조.

■ 13. Karl Jansen, 'The Ketamine Model for the Near Death Experience: A Central Role for the NMDA Receptor', http://leda.lycaeum.org 참조(2008년 12월에 수정됨).

2장 | 우리는 언젠가 죽는다

■ 1. 히포크라테스 선서는 인류 역사상 가장 오래된 문서 중 하나지만, 현대의 예비 의사들이 선서문을 원문 그대로 읽는 경우는 거의 없다. 현재 전 세계의 많은 의대에서 채용하고 있는 선서문은 투프츠 의과 대학(Tufts Medical School)의 학장이었던 루이스 라자냐(Lasagna)가 1964년에 현대식 버전으로 수정한 것이다. 새로운 선서문에는 안락사와 낙태를 하지 않겠다는 내용이 삭제되어 있다.

■ 2. 미국 상무부 산하 국제 조사국(Bureau of the Census)에서 발표한 '미국 역사 통계(Historical Statistics of the U.S).' 참조.

■ 3. 미국 공중 위생국에서 발표한 '미국인 수명 통계(Vital Statistics of the United States)' vol. Ⅰ~Ⅱ와 미국 수명 통계 시스템(National Vital Statistics System)의 일부 자료 참조.

■ 4. 스위스 제네바에 있는 세계 보건 기구(WHO, World Health Organization)의 '세계 건강 통계 연감(World Health Statistics Annual)' 참조.

■ 5. 세계 보건 기구(WHO)의 '국제 사고 현황(International Accident Facts)' 제3판과 '폭력과 건강에 관한 보고서(World Report on Violence and Health)' 참조.

■ 6. 〈Condé Nast Traveller〉라는 잡지 2003년 2월호는 독자들에게 설문 조사를 실시하여 사람들이 두려워하는 여행 수단을 순위별로 소개해 놓았으며, 이 결과를 실제 통계에 입각한 위험성과 비교해 놓았다.

■ 7. 전미 안전 위원회(National Safety Council)에서는 온갖 종류의 사망 및 부상 사례를 수집하여 책으로 출판하였다. 이 자료는 미국 보건 통계 센터(National Center for Health Statistics)와 미국 통계국(U.S. Census Bureau)에서 제공된 것이다.

■ 8. 사람의 사망률을 직업에 따라 분류할 수는 있지만, 그것을 해석하기란 보통 어려운 일이 아니다. 게다가 자살률은 전국적인 통계 자료가 없기 때문에 분석이 더욱 어렵다. 미국 국립 산업 안전 보건 연구원(National Institute of Occupational Safety and Health) 측이 1995년에 공개한 보고서를 보면 의학계에 종사하는 사람들의 자살률이 가장 높고 흑인과 남자 경호원, 경찰, 백인 여성 예술가 등이 그 뒤를 이었다. 그러나 직업만으로 한 사람의 자살 가능성을 예측하기란 거의 불가능하다. 심리학자들이 오랜 세월 동안 분석한 바에 의하면 정신 분열증 환자, 약물을 남용한 사람, 사회적 보호막을 상실한 사람, 총기를 쉽게 구입할 수 있는 사람 등은 자살할 확률이 높다.

■ 9. 생리학자인 엘리자베스 블랙번(Elizabeth Blackburn)과 캐럴 그라이더(Carol Greider), 그리고 잭 조스탁(Jack Szostak)은 말단 소체가 암을 방지한다는 사실을 발견하여 2009년에 노벨상을 받았다.

■ 10. 엔트로피는 원래 통계로부터 정의된 양이다. 이 개념을 정립한 독일의 물리학자 루드비히 볼츠만(Ludwig Boltzman, 1844~1906)의 묘비에는 엔트로피를 나타내는 수학 공식이 새겨져 있다. 얼음이 녹아서 물이 되는 과정을 잘 살펴보면 미시계의 무질서도와 열 사이의 관계가 분명하게 드러난다. 얼음 결정 속의 분자들은 규칙적으로 배열되어 있지만, 여기에 열을 가하면 분자들이 자유롭게 움직이는 액체 상태, 즉 물이 된다. 모든 생명체는 에너지를 사용하고, 음의 엔트로피는 에너지의 '유용성'을 나타낸다. 생물학적 과정에서 음의 엔트로피는 에너지를 저장한 분자의 형태로 나타나는데, 여기서 다량의 엔트로피가 열의 형태로 방출된다. 생명 활동과 열역학의 관계는 미구엘 루비(J. Miguel Rubi)의 '자연은 열역학 제2 법칙을 위배하고 있는

가?(Does Nature Break the Second Law of Thermodynamics?)', 〈Scientific American (2008년 10월)〉에 잘 소개되어 있다.

■ 11. 냉동 과학은 빠르게 발전하고 있지만, 얼어붙은 몸을 되살린다는 것은 아직 요원한 이야기다. 인체 냉동 보존 기술은 "나중에 냉동된 사람을 먼저 해동한다"는 지침을 내걸고 있는데, 이는 최근에 냉동된 사람일수록 회생 가능성이 높기 때문이다. 헬싱키 대학의 아나톨리 보드간(Anatoli Bodgan)은 물을 서서히 과냉각시키는 실험을 통해 세포에 손상을 입히지 않고 인체를 냉각시키는 기술을 개발했다. 그동안 인체 냉동사들 때문에 새로운 법 조항이 여러 개 만들어졌는데, 이것은 요즘과 같이 법정 소송이 만연한 시대에서는 별로 놀라운 일도 아니다. 2006년 1월 21일에 발행된 〈월 스트리트 저널〉에는 '얼어붙은 신뢰'라는 제목으로 "냉동 상태에 있는 환자의 재산권과 투자 결정권을 인정해야 한다"는 기사가 실렸다. 즉, 그들의 재산은 수천 년 후에 다시 소생했을 때 원금과 시세 차익 모두 본인의 소유가 되어야 하기 때문에 자손에게 상속되면 안 된다는 것이다.

■ 12. 전 세계의 종교계 인사들은 법적으로 사망을 정의하는 문제에 지대한 관심을 보여 왔다. 죽음에 대한 의학적 정의가 자신의 교리에 부합되어야 했기 때문이다. 예를 들어 교황청 과학원(Pontifical Academy of Science) 측은 2006년에 전 세계 의사와 신경 의학자들을 대상으로 대규모 학술회의를 개최하여 죽음에 대한 정의를 새롭게 내리려는 시도를 한 적이 있다. 이때 논의된 내용과 채택된 결론들은 '죽음의 징후들(Signs of Death)', 〈Scripa Varia, Vol. 110 (교황청 과학원 출판부, 2007년)〉에 실려 있다.

■ 13. 1장에서 말한 바와 같이 신체 소생술이 발달하면서 환자의 사후 세계 경험담을 연구, 분석하는 과학자도 많아졌다. 2008년에 사우스햄튼 대학(Southhanpton Univ.)의 연구원들은 유럽과 미국 병원의 환자들을 대상으로 '의학적 사망 후 소생한 환자들의 의식 연구'라는 대형 프로젝트에 착수했다. 이 연구에 의하면 심장 마비를 일으킨 환자의 약 20%가 임사 체험을 했는데, 이들은 수술 과정을 아주 세세한 부분까지 기억하고 있었다. 만일 삶과 죽음 외에 제3의 상태가 존재한다면, 냉동된 환자들에게는 희소식일 것이다.

3장 | 인류는 어떻게 멸종될 것인가

■ 1. 카로루스 린네우스(Carolus Linnaeus)는 동물학과 식물학 분야에서 탁월한 업적을 남겼음에도 불구하고, 그의 이름은 별로 알려지지 않았다. 프랑스의 철학자 장 자크 루소(Jean Jacques Rousseau)는 이런 말을 한 적이 있다. "그(린네우스)에게 전해 주게. 나는 지구 상에서 그보다 위대한 사람을 본 적이 없다고." 린네우스는 속명과 종명으로 이루어진 이명법을 창시했으며, 이는 지금까지 그대로 사용되고 있다. 또한 그는 자신의 분류법을 광물질에까지 확대 적용하려고 시도했다. 그는 생전에 학생들에게 영감을 불어넣어 주는 탁월한 스승으로 유명했다. 학생들 중에는 린네우스를 위해 야생에서 표본을 채집하다가 사망한 사람도 있었다.

■2. 미생물을 분류하기란 보통 어려운 일이 아니다. 미생물들은 무성 생식을 하는 데다가, 외형상 공통점이 거의 없기 때문이다. 학자들은 리보솜 RNA(rRNA)의 유사도를 기준으로 미생물을 분류하고 있다. 그러나 포드 두리틀(W. Ford Doolittle)은 전핵 생물(핵이 없는 하나의 세포로 이루어진 생명체)에서 유전자의 수평 이동이 자주 나타나기 때문에, 유전자를 기준으로 분류하면 지나치게 복잡해진다고 주장했다. 이 내용은 〈마이크로바이올로지 투데이(Microbiology Today)〉라는 학술지에 게재되었다.

■3. 지형적인 이유 때문에 다른 종과 상호 교배를 못 해서 완전히 분리된 종으로 진화되는 현상을 '이소적 종분화(allopatric speciation)'라고 한다. 고립된 개체 수가 나머지 개체 수보다 훨씬 적을 때에도 이와 비슷한 현상이 발생하는데, 에른스트 마이어는 이것을 소수에 의한 '개조 효과(founder effect)'라고 불렀다. 이렇게 되면 종의 유전자가 주류와 다른 방향으로 표류하다가 '근소적 종분화(peripatric speciation)'를 일으키게 된다. 또한 두 종이 매우 가까이 살고 있으면서 매우 한정된 영역에서만 접촉이 가능한 경우에는 '근지역 종분화(parapatric speciation)'라는 현상이 나타난다. 학자들 사이에서 가장 의견이 분분한 종분화는 동일한 지역 안에서 종이 분화되는 '동지역 종분화(sympatric speciation)'로서, 태평양 남서쪽에 서식하는 살인 고래 '올카(orca)'가 그 대표적 사례이다.

■4. 이 말을 듣고 심기가 불편해지는 사람도 있겠지만, 인간과 다른 종 사이의 성적 경계는 이미 허물어졌다. 영국의 한 일간지는 2008년 4월에 "라일 암스트롱(Lyle Armstrong)이 이끄는 연구팀이 인간과 동물의 잡종 배아(胚芽)를 만들어 내는 데 성공했다"는 기사를 발표했다. 이들은 인간의 피부에서 채취한 DNA를 소의 난자에 주입한 후 전기 충격을 가하여 지속적인 성장을 유도했는데, 99.9%의 인간 유전자와 0.1%의 소 유전자를 함께 보유한 이 배아는 32개까지 분열한 후 3일 만에 죽었다고 한다. 이 연구의 목적은 잡종을 만들어서 줄기세포를 채취하는 것이었다.

■5. 철학자들은 생물학자들이 종을 '느슨하게' 분류했다며 매우 비판적인 시각으로 바라보고 있다. 철학자들의 주된 관심은 존재론적 관점에서 바라본 생물의 상태이다. 그들은 생물학자들이 일원론과 다원론을 전혀 고려하지 않고 종을 제멋대로 분류했다고 생각한다. 모든 생물을 하나로 통합하는 생물학적 원리가 과연 존재하는가? 철학자들이 문제 삼는 것은 바로 이 점이다. 그래서 철학자들은 '종(species)'이라는 용어 자체에 의구심을 품고 있다.

■6. 2008년 6월, 스페인 의회는 "영장류에게 자신의 삶과 자유를 누릴 권한을 부여한다"는 결의안을 통과시켰다. 이보다 앞서 1992년에는 스위스, 2002년에는 독일에서 이와 비슷한 법안이 통과된 바 있는데, 여기에는 "동물은 물건이 아니다"라는 철학적 가치관이 반영되어 있다. 거대 유인원의 '개성'을 존중하자는 운동은 선진국을 중심으로 점차 확산되고 있으며, 이는 영국의 동물학자 제인 구달(Jane Goodall)과 리처드 도킨스(Richard Dawkins), 프린스턴 대학의 철학자 피터 싱어(Peter Singer), 하버드 대학 법학과 교수 스티븐 와이즈(Steven Wise) 같은 유명 인사들의 지지를 받고 있다. 그러나 이 운동은 법적, 윤리적으로 복잡한 문제를 야기한다. 유인

원에게 권리가 있다면, 그들에게 의무도 지워야 하는가? 야생에서 침팬지가 유아를 살해하거나 경쟁자 침팬지의 생식 능력을 상실하게 만들거나, 먹지도 않을 영양을 잡아서 고문을 가한다면, 그들에게 벌을 줘야 할까? 그들에게 맞는 규칙을 정할 수는 있겠지만, '인간됨'의 기준은 흑백 논리로 정의되지 않는다는 사실을 명심해야 한다. 인간은 다른 동물의 습성을 관찰하여 나름대로 이해할 수는 있지만, 그들의 정신세계를 직접 겪을 수는 없다.

■7. 형태학적으로 크게 다른 종들도 유전자의 상당 부분을 공유하고 있다. 따라서 동양인과 서양인의 유전자 차이는 지극히 미미하다. 피부나 머리카락의 색상과 얼굴의 특징 등을 좌우하는 인종 간의 유전자 차이는 한 종의 인간들 사이에 나타나는 개인차보다 작다.

■8. 과거에 인간과 침팬지 사이의 잡종이 있었다고 주장한 사람은 메사추세츠 주 케임브리지의 브로드 인스티튜트(Broad Institute)에 근무하는 데이빗 리치(David Reich)와 그의 동료들이다. 이들의 주장은 DNA 서열의 시간적 변화에 근거를 두고 있는데, 화석의 방사능 연대 측정법보다 신뢰도가 떨어지기 때문에 논란의 여지가 많다.

■9. 아지트 바르키(Ajit Varki)가 이끄는 캘리포니아 대학(산 디에고)의 연구팀은 원숭이가 아닌 인간의 두뇌를 크게 만드는 유전 인자를 발견했다. 이 인자는 270만 년 전에 변이를 통해 나타난 것으로 추정된다.

■10. 2006년에 하워드 휴즈 의학 연구소(Howard Hughes Medical Institute)의 패트릭 에반스(Patrick Evans)와 그의 동료들은 이 내용을 골자로 하는 논문을 〈사이언스〉에 발표했다(통권 309호, p.1717 참조). 또한 이들은 초기 유인원에서 인간에 이르는 3000만 년의 기간 동안 마이크로세팔린(microcephalin)의 아미노산에 일어났던 45가지의 '유리한 변화'를 찾아내기도 했다.

■11. 생존 기간이 짧았던 종은 화석 자료가 부족하기 때문에, 멸종률을 알아내기가 쉽지 않다.

■12. 이 자료는 미국 환경 보호국의 '도시 고형 폐기물에 관한 보고서(2007년)'에서 발췌한 것이다. http://www.epa.gov/waste/nonhaz/municipal/msw07-fs.pdf 참조.

■13. 워싱턴 D.C.의 국방 정보 센터와 세계 안보 연구소에서 제공된 자료.

■14. 2000년 9월 7일 뉴욕에서 개최된 세계 포럼의 인터뷰에서 발췌. www.salon.com 참조.

■15. 이것은 2006년에 MIT에서 발행한 잡지 〈테크놀로지 리뷰(Technology Review)〉에 실린 인터뷰 내용인데, 당시 포포프가 했던 증언의 진위 여부를 놓고 많은 논란이 있었다. 일각에서는 "망명자 신분이었던 그가 미국인들에게 무언가 이슈가 될 만한 발언을 하기 위해 사실을 과장했다"고 주장하기도 했다. 그러나 서구의 과학자들이 포포프의 증언을 분석한 끝에 매우 사실적이라는 결론을 내렸다. 그의 인터뷰 내용은 미국 국토 방위국 웹사이트인 www.

homelandsecurity.org에서 조회할 수 있다.

■ 16. 이 내용은 대량 살상 무기 및 테러 확산 방지 위원회(Commission on the Prevention of WMD Proliferation and Terrorism)가 2008년 12월 3일에 발표한 보고서 'World at Risk'에 수록되어 있다. www.preventwind.gov 참조.

4장 | 진화의 고속 도로

■ 1. Richard Fortey, 《Earth : An Intimate History(New York : Vintage, 2005)》 참조.

■ 2. 이스트 캐롤라이나 대학의 생물학과 교수인 제이슨 본드(Jason Bond)는 가수 닐 다이아몬드(Niel Diamond)의 이름을 따서 어떤 거미의 학명을 붙였다. 그러자 콜버트는 2008년 6월에 방영된 한 TV 쇼에서 '압토스티쿠스 스티븐콜베르티(Aptostichus Stephencolberti)'라는 학명을 제안했다.

■ 3. 이 내용은 미국 지리학 협회에서 2008년 4월에 발표한 보고서에 수록되어 있다. 스펜서 웰즈(Spencer Wells)가 수행중인 연구는 〈American Journal of Human Genetics 78(2006)〉, p.487을 참고할 것.

■ 4. Joshua Ledenberg, 'The Microbial World Wide Web,' 〈Science 288(2000)〉, p.291.

■ 5. 구글 어스(Google Earth)를 이용한 병원균 추적 시스템의 첫 번째 버전은 2008년에 만들어졌다. '구글 플루(Google Flu)'로 명명된 이 프로그램은 유행병의 증상과 처방에 관한 자료를 수집하여 미국의 유행병 발발 및 감염 현황을 추적하고 있으며, 모든 자료는 매일 업데이트되고 있다. 미국의 질병 관리 센터(Centers for Disease Control)에서도 병원을 직접 방문하여 이와 비슷한 자료를 수집하고 있지만, 업데이트되는 속도가 구글 플루보다 2주 정도 늦다.

■ 6. 이것은 2008년 10월 7일에 런던 유니버시티 컬리지의 한 강좌에서 강의한 내용으로, 2008년 10월 8일자 〈런던타임즈(London Times)〉에서 발췌하였다.

■ 7. 특이점(singularity)을 예견한 사람은 레이 커즈와일(Ray Kurzweil)이 처음이 아니다. 샌디에이고 대학의 수학자인 버너 빈지(Vernor Vinge)는 1993년 3월에 열린 VISION-21 토론회에서 특이점의 개념을 제안했으며, 이 내용을 요약하여 그해 겨울에 〈Whole Earth Review〉에 실었다.

■ 8. 빌 조이(Bill Joy), '미래는 왜 우리를 필요로 하지 않는가(Why the Future Doesn't Need Us),' 〈와이어드(Wired)〉, 2000년 4월호 참조. 그 뒤 커즈와일은 2005년에 출간한 책 《특이점이 다가오고 있다(The Singularity Is Near)》에서 빌 조이의 글을 반박했고, 존 실리 브라운(John Seely

Brown)과 폴 두기드(Paul Duguid)도 〈AAAS Science and Technology Policy Yearbook(washington, DC: American Association for the Advancement of Science, 2001)〉에 실린 '빌 조이와 미래 과학 비관론자들에게 보내는 답변(A Response to Bill Joy and Doom-and Gloom Technofuturist)'을 통해 반론을 제기했다.

■ 9. 드레이크 방정식으로 구한 답의 최종 오차는 그 안에 곱해진 인자들 중에서 가장 오차가 큰 인자보다 더 크기 때문에 초기에는 별다른 주목을 받지 못했다. 그러나 후에 '사회적 인자(sociological factor)'가 곱해지면서 방정식의 신뢰도가 크게 높아졌다.

■ 10. 몇 개의 문명들이 유별나게 오래 지속된다면 문명의 평균 수명은 긴 쪽으로 편향된다. 예를 들어 한 문명이 100만 년 동안 유지된다면, 이것은 드레이크 방정식에서 1,000개의 문명이 1,000년 동안 유지된 것과 동일한 결과를 준다. 이 논리를 역으로 적용하면 다음과 같다. "영원히 지속되는 몇 개의 문명을 제외하면 우주에는 아무런 신호도 교환되지 않는다."

5장 | 지구는 살아 있다

■ 1. 개중에 운 없는 한 탐사 로봇이 칠레의 아타카마(Atacama) 사막에 착륙한다면 커다란 오해를 불러일으킬 것이다. 아타카마 사막에는 소금기를 머금은 토양과 화산이 사방에 즐비하고 세계에서 가장 큰 구리 광산도 있어서, 우주 생물학자들 사이에서는 '지구에서 화성과 가장 비슷한 장소'로 알려져 있다. 지난 2003년에는 라파엘 나바로 곤잘레스(Rafael Navarro Gonzalez)가 이끄는 연구팀이 이곳에서 가장 건조한 토양을 채취하여 생명체를 분석했는데(이들은 화성 탐사선 바이킹호에 탑재되었던 것과 비슷한 도구를 사용했다), DNA를 하나도 발견하지 못했다. 화성에서는 생명체를 발견하기가 어렵지만, 지구에서는 생명체를 발견하지 못하는 것이 더 어렵다.

■ 2. 독자들은 조그만 결정 덩어리로 당시 지구의 상황을 어떻게 추적할 수 있는지 상상이 가지 않을 것이다. 호주 서부에서 발견된 지르콘(zircon) 덩어리는 산소의 동위 원소를 포함하고 있어서 44억 년 전 지구에 물이 있었음을 알 수 있다. 당시 지구에 대륙이 존재했고 풍화 작용이 일어났다면, 그리고 기온이 상대적으로 낮았다면 생명체가 탄생할 가능성은 얼마든지 있다.

■ 3. 파스퇴르는 실험의 대가였다. 그는 철저한 논리로 모호한 부분을 없애고 우아하고 효율적인 실험을 설계하여 자신의 가정을 증명해 나갔다. 이러한 능력은 1859년에 프랑스 학회에서 확실한 증거를 요구했을 때 최고조에 달한다. 그는 소고기 수프가 담긴 여러 개의 플라스크를 준비한 후 일부는 뚜껑을 열어 놓고 다른 것은 밀봉한 채 일제히 가열했다. 그랬더니 열린 플라스크에서는 미생물이 검출되었고, 닫힌 플라스크에서는 아무런 일도 일어나지 않았다. 또 그는 가열된 수프가 담긴 플라스크를 S자형 관에 연결했다. 이렇게 하면 공기는 플라스크로 들어갈 수 있지만 미생물은 S자형 관의 휘어진 부분에 걸려서 플라스크의 내부로 도달할 수 없게 된다. 그로부터 한 달이 지난 후 확인해 보니, 플라스크 안의 내용물에서는 미생물이 전

혀 검출되지 않았다. 이로써 고기를 상하게 하는 원인이 미생물임을 확실하게 증명한 것이다.

■ 4. DNA 증거에 의하면 모든 미시 생명체의 공동 조상은 물의 비등점보다 낮은 온도에서 살았던 중온성 세균(中溫性細菌, mesophile)이다. 그러나 당시에 지각은 빠르게 식었고 일부 지역은 매우 추웠다. 그래서 과학자들은 빙점보다 낮은 온도에서 생명의 기원을 찾아 왔다. 〈디스커버(Discover)〉 2008년 2월호에는 "10년 전에 스탠리 밀러(Stanley Miller)가 수행했던 실험에서 7종의 아미노산과 11종의 뉴클레오티드가 발견되었다"는 기사가 실렸다. 이들이 형성된 온도는 -78℃로서, 목성의 위성인 유로파(Europa)와 비슷한 온도이다.

■ 5. Antonio Lazcano and Stanley Miller, 'How Long Did It Take Life to Begin and Evolve to Cyanobacteria?' 〈Journal of Molecular Evolution, 39(1994)〉, p.546.

■ 6. 핵을 갖고 있지 않은 원핵생물은 가장 간단한 세포로서 최초로 형성된 생명체로 알려져 있으며, 크게 박테리아와 고세균(古細菌, Archaea)으로 분류된다. 진핵생물(eukaryotes)은 더 복잡한 세포로서 동물과 식물, 세균, 원생생물 등이 여기 포함된다. 진핵생물의 최초 등장 시기는 확실치 않지만, 대략 20억 년~27억 년 전에 출현한 것으로 추정되고 있다.

■ 7. 맥케이가 즐겨 찾는 또 다른 장소인 남극 대륙의 건조한 계곡에서도 생명체가 발견되면서, 화성에도 생명체가 있다는 주장이 설득력을 얻게 되었다. 또한 2003년에 윌리엄 마하니(William Mahaney)가 이끄는 연구팀은 남극 대륙 계곡 표면의 몇 센티미터 아래에서 세균과 박테리아를 발견했다. 〈애스트로바이올로지 매거진(Astrobiology Magazine)〉 온라인판 참조(2002년 7월 11일 발행).

■ 8. 다이아나 노섭(Diana Northup)의 인터뷰 내용. NOVA의 '동굴 속 생명의 신비(The Mysterious Life of Caves)'라는 PBS 웹사이트에서 2008년 12월에 발췌. www.pbs.org/wgbh/nova/caves.html 참조.

■ 9. 스티븐 퀘이크(Stephen Quake)의 업적은 전통적인 물리학과 생물학, 그리고 공학을 적절하게 응용한 모범 사례로 꼽힌다. 원한다면 그를 '나노 배관공'이라고 불러도 별 무리가 없을 것이다. 퀘이크는 반도체 평판 인쇄술을 이용하여 하나의 칩에 수천 개의 밸브와 회로 등을 새겨 넣었다. 이 정도면 웬만한 화학 실험실을 우표만 한 크기로 축소시킨 것과 같다.

■ 10. Carol Cleland and Shelley Copley, 'The Possibility of Alternative Mocrobial Life on Earth,' 〈International Journal of Astrobiology 4(2005)〉, p.165.

■ 11. 로버트 헤이즌(Robert Hazen)과 그의 동료들의 공동 연구 논문 'Mineral Evolution,' 〈American Mineralogist 93(2008)〉, p.1693 참조.

▪ 12. 제임스 러브록(James Lovelock), 〈런던 가디언(London Guardian)〉과의 인터뷰에서 발췌(2008년 3월 1일).

▪ 13. 1980년대 말에 캘리포니아 공과 대학(Caltech)의 물리학자 조 커스크빈크(Joe Kirschvink)는 적도 근처에서 발견한 증거물과 지자기 관련 데이터에 기초하여 "저위도 지방이 한때 얼음으로 덮여 있었다"는 주장을 펼쳤다. 바위를 대상으로 복각(inclination, 나침반의 자침이 수평 방향에 대해 기울어진 각도 : 옮긴이)과 방위각(자침이 동쪽, 또는 서쪽으로 편향된 각도 : 옮긴이)을 측정하면 바위가 형성된 지점의 위도를 알아낼 수 있다.

▪ 14. 생명체가 대기와 상호 작용을 교환하면 생체 지표(biomarker)가 뚜렷하게 나타나는데, 이것은 먼 거리에서 분광학을 통해 확인할 수 있다. 대기가 없는 행성은 별에서 방출된 자외선이 직접 도달하기 때문에 표면에서는 생명체가 살 수 없지만, 땅속이나 바닷속에는 얼마든지 존재할 수 있다. 그러나 이런 경우에는 원거리 관측으로 생명체를 확인하기가 쉽지 않다. 분광학으로는 생명체가 살고 있는(또는 한때 살았던) 행성의 극히 일부만을 확인할 수 있다.

6장 | 한꺼번에, 모든 것이 끝난다면

▪ 1. 운석이 떨어지는 장소를 예견하는 것은 떨어지는 시기를 예견하는 것보다 훨씬 쉽다. 지구는 규칙적인 속도로 자전과 공전을 반복하면서 수많은 소행성의 궤적을 지나가고 있기 때문에, '소행성이 떨어질 확률이 특별히 높은 장소'라는 것이 없다. 즉, 지구 상의 모든 지점들이 동일한 확률을 갖고 있다. 또한 소행성이 떨어지는 시간은 '과거의 통계'와 '드물게 일어나는 사건'에 의해 좌우된다는 점에서 무작위라고 할 수 있다. 예를 들어 평균 1억 년에 한 번씩 충돌 사건이 발생하는데 지금이 그 평균 간격의 중간이라면 재앙이 닥칠 시기가 무르익었다는 뜻이다. 그러나 평균과 달리 2억 년, 또는 3억 년 간격으로 충돌이 일어날 수도 있다. 이것은 혼잡한 도시에서 운행되는 버스와 비슷하다. 사람들은 통계 자료에 입각하여 "이제 곧 버스가 온다"고 자신 있게 주장하지만, 우리의 경험에 의하면 버스는 결코 오지 않는다.

▪ 2. 북미 대륙 운석 충돌설은 학계의 이슈로 부각되고 있지만, 많은 학자들은 이에 회의적인 반응을 보이고 있다. Nicolas Pinter and Scott Ishman, 'Impacts, Mega-Tsunami, and Other Extraordinary Claims,' 〈Goelogical Society of America Today 18(2008)〉, p.37 참조.

▪ 3. 운석의 크기와 떨어지는 빈도수(충돌율) 사이에는 로그-역비례 관계가 성립한다. 예를 들어 운석의 덩치가 10배로 커지면 떨어질 확률은 10분의 1로 작아진다. 이 관계는 0.1kg에서 1000만kg(1만 톤)에 이르기까지 거의 7자리에 걸쳐 성립한다. 물리학, 지질학, 화학, 생물학 등 자연에는 이처럼 지수에 비례하는 현상이 자주 나타난다. Per Bak, 《How Nature works: The Science of Self-Organized Criticality (Copernicus, 1996)》 참조.

■4. David Pankenier, Zhentao, and Yaotiao Jiang, eds., 《Archaeoastronomy in Wast Asia: Historical Observational Records of Comets and Meteor Showers from China, Japan, and Korea(Amherst, NY: Cambria Press, 2008)》

■5. '지구 충돌 효과 프로그램(Earth Impact Effects Program)'은 로버트 마르쿠스(Robert Marcus)와 제이 멜로쉬(Jay Melosh), 그리고 가레스 콜린스(Gareth Collins)가 공동으로 만들었다. 애리조나 대학의 웹사이트에서 '달과 행성 연구소(Lunar and Planetary Lab)'로 들어가면 이 프로그램을 활용할 수 있다. http://www.lpl.edu/impacteffects 참조. 이 사이트에는 해당 프로그램의 가정과 관측 자료, 계산 과정 등도 설명되어 있다.

■6. 비용 부담과 위험 요소를 줄이려면 고성능 천체 망원경을 여러 개 제작하여 하늘을 감시하는 것부터 우주선을 파견하여 소행성을 파괴하는 것까지 모든 가능성을 고려할 필요가 있다. 여기에는 수백억 달러가 들어가겠지만, 지구 온난화를 막기 위해 들어가는 비용이나 세계 경제를 부양하기 위해 투입된 비용과 비교하면 이 정도는 새 발의 피에 불과하다.

■7. N. Seleep, K. Zahnle, J. Kasting, and H. Morowitz, 'Annihilation of Ecosystem by Large Asteroid Impacts on Early Earth,' 〈Nature 342(1989)〉, p.139.

■8. Peter Ward, 'Mass Extinction: The Microbes Strike Back,' 〈New Scientist, no. 2632 (February 9, 2008)〉

■9. J. Cisar and colleagues, 'An Alternative Interpretation of Nanobacteria-Induced Biomineralization,' 〈Proceedings of the National Academy of Science 97(2000)〉

7장 | 태양과 그 형제들

■1. 태양계 바깥에 존재하는 외계 행성은 1995년에 처음으로 발견되었다. 그 후로 10년 동안 발견된 외계 행성들은 대부분 목성과 질량이 비슷하거나 더 큰 것으로 알려졌다(목성의 질량은 지구의 318배이다). 이것은 작은 행성이 드물어서가 아니라, 지금의 당시의 관측법으로는 작은 행성을 찾기가 어렵기 때문에 나타난 결과였다. 지금은 관측법이 개선되어 천왕성보다 작은 행성도 찾아낼 수 있다(천왕성의 질량은 지구의 15배이다). 작은 행성은 그들이 공전하는 별의 뒤에 숨었을 때 별빛이 미세하게 밝아지는 현상으로부터 그 존재를 확인할 수 있는데, 이 현상은 아인슈타인의 일반 상대성 이론에서 이미 예측된 바 있다. 지난 5~6년 사이에 발견된 가장 작은 행성은 글리스 581e(Gliese 581e)로서, 지구 질량의 1.9배이다(2009년에 발견됨). 천문학자들은 머지않아 지구와 거의 동일한 행성도 발견될 것으로 기대하고 있다.

■2. 리처드 고트(Richard Gott)는 천문학자 브랜든 카터(Brandon Catrer)가 수십 년 전에 제안했

던 종말 논리를 부활시켰다. 이것은 "인류가 현재 처한 역사적 시점은 전체 역사를 통틀어 볼 때 전혀 특별한 시점이 아니다"라는 코페르니쿠스식 논리에 기초를 두고 있다.

■3. David Grinspoon, 'The Rare Earth Debate, Part 3: Complex Life,' www.space.com, July 22, 2002.

■4. 카크 하우브(Cark Haub)의 'How Many People Have Ever Lived on Earth?' 〈Population Today 30(2002)〉, p.3 참조. 여기서 하우브는 "지금까지 지구에서 살았던 인간의 대부분은 지금 살아 있는 사람"이라는 오래된 주장을 반박하고 있다. 그의 주장에 따르면 현재 살아 있는 인구는 지금까지 살았던 총 인구의 5~6%에 불과하다.

■5. 회의론자들은 지금이 인류 역사에서 전혀 특별한 시점이 아니라는 가정과, 지구가 우주의 특별한 장소에 있지 않다는 가정을 부인하고 있다. 이런 것은 구체적이 정보 없이 너무 앞서 나간 가정이라는 것이다. 이들의 주장에 의하면 하나의 종이 지금까지 번성해 온 세월의 두 배를 살게 될 것이라는 예측은 지나치게 단순하고 성급한 속단이다. 왜냐하면 호랑이와 북극곰, 금개구리 등 멸종을 코앞에 두고 있는 동물에게는 그와 같은 예측이 맞지 않기 때문이다.

■6. D. Valencia, D. Sasseloov, and R. O'Connell, 'Detailed Models of Super-Earths: How Can We Infer Bulk Properties?' 〈Astrophysical Journal 666(2007)〉, p.1413.

■7. 태양계에서 가장 큰 위성은 가장 작은 행성과 크기가 비슷하지만, 큰 위성의 주인 행성은 위성보다 크다. 일반적으로 위성은 그들이 공전하는 행성보다 훨씬 작다.

■8. Robert Pappalardo, 'Europa Mission: Lost in NASA Budget,' www.space.com, February 7, 2006.

■9. Adam Showman and Renu Malhotra, 'The Galilean Satellites,' 〈Science 296(1999)〉, p.77.

■10. 두 비율이 모두 100%인 경우도 고려해 볼 만하다. 지구는 생명체가 이른 시기에 탄생하여 거의 모든 생태계에 퍼져 갔지만, 지구 자체만 놓고 보면 생존에 결코 유리한 환경이 아니었다. 지구보다 생명체에게 유리한 행성(또는 위성)은 은하수 안에 얼마든지 존재할 수 있다. 복잡한 구조의 다세포 생물이 존재하려면 오랜 세월 동안 진화를 반드시 거쳐야 한다. 그런데 진화라는 것이 기본 조건을 갖춘 행성에서 자연스럽게 이루어지는 것이라면, 대형 생명체가 사는 행성은 은하수 안에 수십억 개나 된다. 그리고 우주에는 우리의 은하수와 같은 은하가 수십억 개 존재한다.

■11. Hans Rickman and Collaborators, 'Injection of Oort Cloud Comets: The Fundamental Role of Stellar Perturbation,' 〈Celestial Mechanics and Dynamical Astronomy 102(2008)〉, p.111.

■ 12. Gunther Korschinek, 〈Physical Review Letters 93(2004)〉, p.1170.

■ 13. R. Casadio, S. Fabi, and B. Harms, 'On the Possibility of Catastrophic Black Hole Growth in the Warped Brane-World Scenario at the LHC,' arXiv : 0901.2948, 2009. 이 논문의 미주에는 "과학자들이 여분 차원에서 인공적으로 만들어 낸 '아기 우주(baby universe)'가 지구를 삼킬 수도 있다"는 주장이 실려 있는데, 사실 이 이론은 아직 미완성 단계이다. 이것은 마치 반물질로 이루어진 반-지구가 지구와 충돌하여 엄청난 양의 감마선을 방출하면서 사라질 것을 걱정하는 것과 비슷하다.

■ 14. 과학자들은 별에서 시작된 대격변이 주변에 어느 정도의 영향을 미치는지 아직도 정확하게 파악하지 못하고 있다. 고대의 역사를 바꿨던 대형 사건과 당시의 천문적 사건 사이의 연결 고리를 찾는 것도 또 하나의 이슈이다. 특정한 종이 멸종한 이유는 다양한 방법으로 설명할 수 있는데, 바위층의 성분 분석을 이용한 연대 측정은 오자가 1만 년이 넘기 때문에 정확한 시기를 알아낼 수 없다. 과거에 살았던 종이 지질학적 환경 변화로 인해 멸종했는지, 아니면 소행성 충돌과 같은 '우주적 사건' 때문에 멸종했는지를 구별하기가 쉽지 않다는 것이다. 질량이 큰 별이 죽을 때 뜨거운 기체가 대량을 방출되는데, 이것은 시간이 지남에 따라 서서히 식으면서 사방으로 흩어지고, 최종적으로 블랙홀이나 중성자 별이 남게 된다. 그런데 이들은 스스로 빛을 방출하지 않기 때문에 망원경으로 찾아내기가 쉽지 않다. 뿐만 아니라 은하 내부의 별들은 끊임없이 움직이고 있으므로, 별이 폭발한 위치도 수시로 변한다. 이 분야는 학자들의 격렬한 논쟁 속에서 매우 느리게 진보하고 있다.

■ 15. Adrian Melott and Collaborators, 〈International Journal of Astrobiology 3(2004)〉, p.55.

■ 16. Peter Tuthill and collaborators, 〈Astrophysical Journal 675(2008)〉, p.698.

8장 | 한 줌의 재만 남다

■ 1. 허셸이 발견했던 '흑점과 밀 가격의 상호 관계'는 후대의 학자들에 의해 부인되거나 오류가 낱낱이 해부되는 등 온갖 수모를 겪었음에도 불구하고 지금까지 그 생명력을 유지하고 있다. 2003년에 레프 푸스틸니크(Lev Pustilnik)와 그레고리 딘(Gregory Din)이 공동 발표한 논문('Influence of Solar Activity on Wheat Market in Medieval England,' 〈Proceedings of International Cosmic Ray Conference〉, p.4131)에 의하면 허셸의 이론의 신뢰도는 99.8%에 달한다. 밀은 유럽 시장에서의 가격 변천사가 지난 800년 동안 기록되어 있는 특이한 작물이다. 흥미로운 것은 지난 2008년에 흑점의 규모가 관측 역사상 가장 작았는데, 바로 이 해에 밀의 가격이 사상 최고치를 기록했다는 점이다.

■ 2. 당시에는 지질학 관련 데이터가 태부족했기 때문에 과학자들은 밀란코비치 이론의 진위

여부를 확인하지 못했다. 심해 퇴적층의 샘플이 처음 채취된 것은 1970년대이며, 그 뒤 임브리(Imbrie)와 섀클턴(Shackleton)은 '지구 궤도의 변화: 빙하기 조절자(Variations in the Earth's Orbit: Pacemaker of the Ice Ages)'라는 논문을 통해 천문 현상이 지구의 기후에 미치는 영향을 체계적으로 분석했다(〈Science〉, 1976, Vol. 194, p.1121). 그러나 불규칙했던 기후 변화가 3백만 년 전부터 두 개의 주기성을 띠게 된 이유는 아직 분명치 않다. 원리적으로 밀란코비치의 이론은 미래의 기후 변화를 예측할 수 있지만, 인간 문명이 기후에 미치는 영향은 별도로 고려해야 한다. Berger and Loutre, 'An Exceptionally Long Interglacial Ahead?' 〈Science 297(2002)〉, p.1287 참조.

■3. 백색 왜성의 미래는 아직 분명히 밝혀지지 않았다. 우주의 나이는 이제 137억 년인데, 백색 왜성이 최후의 단계에 도달하려면 그보다 더 긴 시간이 소요되기 때문이다. 이와는 반대로 별의 진화 과정을 거꾸로 되돌리면서 백색 왜성의 냉각율을 적용하면 우주의 나이를 역으로 추정할 수 있는데, 이 값은 마이크로파 우주 배경 복사로부터 추정한 나이와 거의 일치한다. 사실, 백색 왜성이 완전히 검은 별이 될 때까지는 무려 수조 년이 걸린다. 흔히 검은 왜성(black dwarf)을 블랙홀과 혼동하는 경우가 있는데, 이들은 완전히 다른 천체이다. 블랙홀은 질량이 매우 큰 별이 죽으면서 남긴 잔해이며, 질량이 핵융합을 일으킬 정도로 충분하지 않으면(태양의 8% 이하) 갈색 왜성이 된다.

■4. 스티븐 호킹(Stephen Hawking)의 BBC 라디오 인터뷰에서 발췌. 2006년 12월 1일자 〈London Daily Mail〉에 게재.

■5. 찰스 베넷(Charles Bennett)과 그의 동료들이 발표한 논문 '고전적 듀얼 채널과 아인슈타인-포돌스키-로젠 채널을 이용한 미지의 양자 상태 전송법(Teleporting an Unknown Quantum State via Dual Classical and Einstein-Podalsky-Rosen Channels),' 〈Physical Review Letters 70(1993)〉, p.1985 참조. 여기서 베넷이 제안한 방법은 다음과 같다. 앨리(A)와 브래드(B)가 양자적으로 얽힌 상태에 있는 하나의 큐비트(AB)를 공유하고 있는데, 이 정보는 네 가지 상태에 존재할 수 있다. 그리고 지금 앨리는 C라는 큐비트를 브래드에게 전송하려고 한다. 앨리는 큐비트 AC에 수학적 조작을 가한 후 그 결과를 관측하여 두 개의 고전적 결과를 얻었고, 이 과정에서 두 큐비트의 양자적 상태가 붕괴되었다. 양자적 얽힘에 의해 이제 브래드의 큐비트는 C에 관한 정보를 담고 있지만 이 정보에는 무작위성이 부여되었으며, 브래드는 큐비트 B가 네 가지 가능한 상태들 중 어떤 상태에 있는지 알 수가 없다. 즉, 브래드는 C에 관하여 어떤 정보도 알 수 없다. 이제 앨리가 관측한 두 개의 큐비트를 브래드에게 전송하면 브래드는 여기에 수학적 조작을 가하여 자신의 큐비트를 C와 동일한 상태가 되도록 만들 수 있다. 이로써 큐비트 C의 공간 이동이 이루어지는 것이다!

■6. S. Olmschenk and Colleagues, 'Quantum Teleportation Between Distant Matter Qubits,' 〈Science 323(2009)〉, p.486.

■7. 극한 미생물이 살 수 있도록 화성을 개척하는 것은 엄청난 비용이 드는 초대형 사업이다.

여기서 한 걸음 더 나아가 100년 안에 사람이 살 수 있을 정도로 환경을 바꾸려면 지구 자원의 상당 부분을 가져다 써야 한다. 그래서 많은 사람들은 화성 개척 사업을 애초부터 잘못된 계획으로 간주하고 있다. 사실, 지구 생태계에 당장 심각한 문제가 생긴다면 화성으로 갈 필요 없이 미리 만들어 놓은 지하 도시로 숨는 것이 훨씬 경제적이다. 수백 명의 사람들을 화성으로 실어 나르는 데에도 엄청난 비용이 든다. 앞으로 획기적인 기술이 개발되지 않는 한, 지구 안에서 피난처를 찾는 것이 최선의 선택일 것이다.

■ 8. 전문가들은 "그것을 어떻게 구현하는가?"라는 질문만 던질 뿐, "왜 그래야만 하는가?"라는 질문은 거의 하지 않는다. 태초부터 존재해 왔던 행성을 오직 인간만을 위해 복구 불가능할 지경으로 바꿔 놓은 것이 과연 윤리적, 도덕적으로 타당한 행동인가? 이것도 언젠가 한번쯤은 반드시 짚고 넘어가야 할 문제이다. 과학자들 사이에서도 의견이 분분하다. 크리스 맥케이(Chris McKay)는 "생명체가 없는 곳에 생명을 퍼뜨리는 것은 우리의 권리이자 의무"라고 주장하는 반면, 워싱턴 대학의 우주 생물학자 우드러프 설리반(Woodruff Sullivan)은 "외계 세계는 국립 공원처럼 보존되어야 한다"며 행성 개척을 반대하고 있다.

■ 9. D. Korycansky, G. Laughlin, and F. Adams, 'Astronomical Engineering: A Strategy for Modifying Planetary Orbits,' 〈Astrophysics and Space Science 275(2001)〉, p.349. New York Times, June 17, 2001.

■ 10. Donna Haraway, 'A Cyborg Manifesto: Science, Technology, and Socialist Feminism in the Last Twentieth Century,' 《Simians, Cyborgs, and Women: The Reinvention of Nature(New York: Routledge, 1991)》, p.149.

■ 11. A. Sandberg and N. Bostrom, 'Whole Brain Emulation: A Roadmap,' 〈Technical Report #2008-3, Future of Humanity Institute〉, Oxford University.

9장 | 은하수를 보라!

■ 1. 대부분의 천체는 거의 변하지 않는다. 그러나 가끔 일어나는 일시적인 변화들이 인류의 문명에 지대한 영향을 미쳤다. 고대인들은 항성 사이를 누비고 다니는 행성에 신성을 부여하거나, 그와 관련된 온갖 신화를 만들어 냈다. 그리고 별이 갑자기 밝아지거나 초신성이 폭발하면 그 원인을 알 리 없는 고대인들은 자신의 주변에서 그 원인을 찾곤 했다. 대부분의 별은 너무 멀리 있기 때문에, 한 인간이 살아 있는 동안 움직임을 포착하기란 거의 불가능하다. 따라서 별자리는 자손 대대로 전수된 '문명의 유산'이라 할 수 있다.

■ 2. 훗날 아리스토텔레스는 이 주장을 철회했지만, 그가 남긴 기록을 보면 아낙사고라스와 데모크리토스는 은하수가 멀리 있는 별로 이루어져 있다고 믿었음을 알 수 있다. 은하수와 관련

된 초기 가설들은 훗날 아랍의 철학자들에게 큰 영향을 미쳤다. 10세기 초반에 페르시아의 천문학자 아부 라얀 알-부루니(Abu Rahyan Al-Buruni)는 은하수가 여러 개의 밝은 점들로 이루어져 있으며, 이 빛이 지구의 대기를 통과하면서 굴절되어 희미하게 퍼진다고 생각했다. 그로부터 300년 후에 이븐 퀘임 알-조지야(Ibn Qayyim Al-Jawjiyya)는 행성보다 큰 광원들이 모여서 은하수를 이룬다고 주장했다.

■ 3. 우주 공간의 대부분이 암흑 물질(dark matter)로 가득 차 있음을 처음으로 암시해 준 것도 다름 아닌 은하수였다. 천문학자들은 은하수 너머로 보이는 바깥 우주를 관측하여 은하수의 회전 속도를 알아낼 수 있었다. 중력 이론에 의하면 은하의 가장자리로 갈수록 회전속도가 느려져야 한다. 태양계만 놓고 보더라도 태양에서 먼 행성일수록 공전 속도가 느리다. 그런데 막상 관측을 해 보니 은하수 안의 모든 별들이 거의 동일한 속도로 회전하고 있었다. 눈에 보이는 천체들의 중력만으로는 이 현상을 설명할 수 없었기에, 암흑 물질이라는 새로운 개념을 도입하게 된 것이다. 이와 같은 현상은 은하수뿐만 아니라 거의 모든 은하에서 공통적으로 나타난다. 즉, 암흑 물질은 우주 전체에 퍼져 있어야 한다. 은하수의 경우에는 거리가 가까워서 먼지와 바위, 죽은 별, 블랙홀 등 관측을 방해하는 요인들을 걸러낼 수 있다. 이 과정을 거쳐서 얻은 결과를 논리적으로 설명하려면 '기존의 입자들과 상호 작용을 거의 하지 않는 새로운 입자로 구성된' 미지의 물질이 은하 곳곳에 퍼져 있다고 생각하는 수밖에 없다.

■ 4. 은하수의 중심에 육중한 블랙홀이 있다는 것은 관측을 통해 얻어진 결론이다. 은하수의 중심 근처에 있는 별들의 운동 상태는 중심에 엄청난 질량이 밀집되어 있다고 가정해야 설명이 가능하다. 성단(星團, cluster)도 질량 밀집도가 높지만, 중심부에서 일어나는 현상을 설명하기에는 역부족이다. 현재 하와이에 있는 세계 최대의 케크(Keck) 망원경은 블랙홀의 사건 지평선(event horizon)을 최초로 관측한다는 야심찬 시도를 하고 있다. 사건 지평선이란 블랙홀과 관련된 모든 정보가 빠져 나오지 못하는 경계선을 의미한다.

■ 5. 이 시뮬레이션 결과는 〈네이처(Nature)〉의 표지에 실린 적이 있다. Volker Springel, Simon White, Carlos Frenk, 'Simulation of the Formation, Evolution and Clustering of Galaxies and Quasars,' 〈Nature 435(2005)〉, p.629 참조.

■ 6. 우주의 생성 과정을 재현하는 컴퓨터 시뮬레이션은 아직도 개선의 여지가 많이 남아 있다. 전체적인 구성은 암흑 물질의 영향을 가장 많이 받지만, 정상적인 물질도 반드시 고려해야 한다. 지금 우리 눈에 보이는 별과 은하 등 모든 천체는 일상적인 물질로 이루어져 있기 때문이다. 그런데 별이 형성되는 복잡한 천체 물리학적 과정을 시뮬레이션에 포함시키기가 어렵기 때문에, 은하의 특성 등 자세한 사항은 손으로 직접 입력해야 한다. 그 외에 다른 사람들이 시도한 시뮬레이션 중에는 기체와 먼지까지 고려하여 은하의 생성 과정을 더욱 현실에 가깝게 재현한 것도 있다. 대부분의 시뮬레이션은 작은 물체를 먼저 만들고 큰 물체를 나중에 만드는 '하향식' 접근법을 택하고 있다. 지금까지 얻어진 관측 결과에 의하면 큰 은하에는 활동적인 별이 적고 작은 은하일수록 최근에 형성된 별이 많은데, 그 이유를 시뮬레이션으로 설명할 수

있어야 한다. 현재 개발된 시뮬레이션은 관측 결과와 그런 대로 잘 일치하고 있으며, 암흑 물질과 암흑 에너지가 우주의 팽창 속도를 좌우한다는 가설도 부분적으로 입증하고 있다.

■7. 암흑 물질 자체의 특성과는 별도로, 은하의 형성 과정에는 또 하나의 수수께끼가 남아 있다. 은하수의 전체적인 모양이 매끄럽지 않고 울퉁불퉁한 이유는 무엇인가? 그리고 암흑 물질이 부분적으로 뭉쳐 있는 곳에는 반드시 별이 있어야 할 것 같은데, 왜 대부분의 공간은 텅 빈 것처럼 보이는가? 천문학자들은 "작은 양의 암흑 물질 속으로 기체가 유입되면 지나치게 뜨거워져서 한 덩어리로 뭉치기 어렵다"고 설명한다. 그래서 이런 지역은 검게 보인다는 것이다.

■8. 핵융합의 얼개를 이해하려면 먼저 다음의 사실을 알아야 한다. 헬륨 원자의 핵은 두 개의 양성자와 두 개의 중성자로 이루어져 있는데, 이들의 총 질량은 (양성자 한 개의 질량×2)+(중성자 한 개의 질량×2)보다 작다. 즉, 헬륨 원자핵의 질량은 구성 입자의 각 질량을 모두 합한 것보다 작다. 어떻게 그럴 수 있을까? 헬륨 원자핵은 매우 안정된 상태에 있다. 다시 말해서, 헬륨 원자핵이 스스로 붕괴하여 양성자와 중성자로 흩어지는 일은 없다. 이들을 붕괴시키려면 외부에서 에너지를 투입해야 한다. 그런데 에너지는 자발적으로 사라지거나 무(無)에서 생성되지 않기 때문에, 결합 전의 에너지는 결합 후의 에너지와 같아야 한다. 즉, '헬륨 원자핵의 에너지'에 '붕괴에 필요한 에너지'를 더한 값은 '낱개로 흩어진 각 입자의 에너지'와 같다. 이 등식을 조금 조절하면 헬륨 원자핵의 에너지는 각 구성 성분의 에너지에서 분리하는 데 필요한 에너지를 뺀 값과 같아진다. 이 마지막 에너지를 '결합 에너지(binding energy)'라 한다. 간단히 말해서, 양성자와 중성자가 결합하면서 질량 결손(없어진 질량)이 발생하고, 이것이 아인슈타인의 $E=mc^2$에 의해 에너지의 형태로 방출되는 것이다. 2+2가 4보다 작기 때문에 그 차이가 에너지로 나타나고, 그 덕분에 태양은 지금처럼 열과 빛을 발하고 있다.

■9. T. J. Cox and A. Loeb, 'The Collision Between the Milky Way and Andromeda,' 〈Monthly Notices of the Royal Astronomical Society 386(2007)〉, p.461.

■10. A. Ghez and Collaborators, 'Stellar Orbits Around the Galactic Center Black Hole,' 〈The Astrophysical Journal 620(2005)〉, p.744. R. Genzel and Collaborators, 'The Stellar Cusp Around the Supermassive Black Hole in the Galactic Center,' 〈The Astrophysical Journal Supplement 594(2003)〉, p.812.

■11. P. Hopkins and collaborators, 'A Conmological Framework for the Co-Evolution of Quasars, Supermassive Black Holes, and Elliptical Galaxies. I. Galaxy Mergers and Qusar Activity,' 〈The Astrophysical Journal Supplement 175(2008)〉, p.356.

■12. 은하가 변하는 과정을 실제 동영상으로 볼 수는 없다. 천문학자들은 각기 다른 시대에 은하의 '정지 사진'만을 볼 수 있을 뿐이다. 지금으로부터 100억 년 전에는 퀘이사의 수가 지금보다 수백 배나 많았으며, 이때가 퀘이사의 전성기였다. 우리의 은하수와 마찬가지로 대부

분 은하의 중심부에는 기체가 거의 남아 있지 않다. 망원경에 포착된 밝은 은하들 중에서 중심부에 퀘이사가 존재하는 은하는 1,000개 중 1개밖에 되지 않는다. 밝은 은하의 중심부에는 대부분 블랙홀이 존재하기 때문에, 이들은 주어진 수명의 1000분의 1(약 1000만 년)밖에 살지 않은 것으로 추정된다.

10장 | 우리는 정말 외톨이인가

▪ 1. 큰 별의 수명이 짧은 이유는 핵융합 반응의 효율 온도에 매우 민감하기 때문이다. 질량이 큰 별은 중력이 강해서 중심부의 온도가 높고, 그 결과 핵융합도 고효율로 빠르게 진행된다. 그런데 질량이 아무리 크다 해도 연료의 빠른 소비율을 따라가지 못하기 때문에 큰 별이 작은 별보다 단명한 것이다. 은하이건 성단이건 간에, 질량이 크고 뜨거운 별이 가장 먼저 죽는다. 그래서 오래된 은하일수록 붉고 희미한 색을 띠는 경향이 있다.

▪ 2. 이 분포는 프린스턴 대학의 천체 물리학자 에드 샐피터(Ed Salpeter)의 계산에 근거한 것이다. 그는 질량에 따른 별의 분포 데이터로부터 우주 말기의 분포도를 추정했다. 별이 처음 형성될 때 큰 별의 수가 부족하면 에너지원이 모두 고갈되었을 때 중성자별이나 블랙홀의 수가 적어진다.

▪ 3. 현대 우주론은 물리학의 법칙이 시간이나 장소에 따라 변하지 않는다는 가정을 기본으로 깔고 있다. 우주가 팽창한다는 사실을 처음 알아냈던 에드윈 허블(Edwin Hubble)은 "우리가 계산한 안드로메다까지의 거리는 세페이드(Cepheid) 변광성의 물리적 특성이 다른 은하에서도 동일한지의 여부에 따라 달라질 수 있다"고 하면서도 '자연의 균질성(uniformity of nature)'이라는 가정에는 고개를 끄덕였다. 우주론 학자들은 우주의 물리적 조건이 온도와 밀도, 압력, 화학 성분 등에 따라 달라진다는 데에는 동의하지만, 이 모든 것을 관장하는 물리 법칙만은 언제 어디서나 변하지 않는다고 믿고 있다. 만일 물리 법칙이 시간에 따라 변한다면 우주론은 지금과 비교가 안 될 정도로 어려워진다. 물론 우주를 지배하는 법칙이 우리의 입맛에 맞게 세팅되어 있다는 보장은 어디에도 없다.

▪ 4. 천문학자들은 지난 400년 동안 오직 전자기파를 이용하여 천체를 관측해 왔다. 과거에는 가시광선을 이용한 광학 망원경이 주류였고, 적외선이나 자외선을 이용한 망원경은 최근 50년 사이에 개발되었다. 그렇다면 '중력'을 통해 바라본 우주는 어떤 모습일까? 중력파 감지기 LIGO(Laser Interferometer Gravitational-Wave Observatory)가 가동되는 2014년이 되면 궁금증이 풀릴 것이다. 이 정교한 장비는 10억 광년 거리에서 중성자별 두 개가 하나로 합쳐질 때 발생하는 중력파를 감지할 수 있으며, 50억 광년 거리에서 두 블랙홀이 하나로 합쳐지는 사건까지 포착할 수 있다. LIGO의 감지 영역 안에는 수천 개의 은하가 존재한다. 따라서 합병 사건이 뜸하게 일어난다 해도 LIGO에는 거의 매주, 또는 매일마다 한 건씩 포착될 것이다.

■5. 사업가들은 항상 최악의 상태를 염두에 두고 미래를 의도적으로 과소평가하는 경향이 있다. 그러나 SF 작가들의 글도 신빙성이 떨어지기는 마찬가지다. 아서 클라크(Arthur C. Clark)는 자신의 글에서 위성 통신 시대의 도래를 정확하게 예견했지만, 대부분의 SF 작가들은 인간보다 우월한 외계 문명을 상습적으로 도입하는 등 현실과 동떨어진 예측을 해 왔다. 이런 허황된 소설보다는 아서 클라크가 제안한 '예견의 세 가지 법칙'이 훨씬 가깝게 와 닿는다. (1)저명한 노과학자가 근엄한 목소리로 무언가가 "가능하다"고 주장했다면, 그의 말은 맞을 가능성이 높다. 그러나 그가 무언가를 놓고 "불가능하다"고 주장한다면, 그 말은 틀릴 가능성이 높다. (2)가능성의 한계를 발견하는 유일한 방법은 그것을 불가능의 세계에 던져놓고 모험을 시도하는 것이다. (3)고도로 발달한 기술은 마술과 구별하기 어려울 정도로 비슷하다.

■6. 이것은 찰스 스트로스(Charles Stross)가 2007년에 뮌헨에서 열린 TNG 기술 자문 회사의 개업식에서 했던 연설로서, 2007년 5월 14일에 그의 개인 블로그에 '찰리의 일기(Charlie's Diary)라는 제목으로 게재되었다. www.antipope.org 참조.

■7. 폰 노이만(Von Neumann)은 수학과 물리학, 그리고 컴퓨터 과학 분야에서 지대한 업적을 남긴 천재 중의 천재였다. 그는 양자 역학의 선구자였으며 원자 폭탄을 제작하는 맨해튼 프로젝트에서도 핵심적인 역할을 수행했다. 또한 그는 자신이 개발한 수학적 개념을 경제학과 게임 이론에 적용하여 새로운 학문 분야를 창시하기도 했다. 흔히 수학자라 하면 점잖고 신중한 사람을 떠올리겠지만, 노이만은 평소 음담패설을 좋아하고 책을 읽으면서 자동차를 운전하는 등, 독특한 캐릭터의 소유자였다. 어느 날 그는 기어이 자동차 사고를 냈고, 당시의 상황을 다음과 같이 진술했다. "나는 내리막길을 달리고 있었고, 오른쪽 창문에는 길거리의 가로수들이 시속 90km의 속도로 일정하게 지나가고 있었다. 그런데 가로수 하나가 갑자기 튀어나오더니 내 길을 가로막았다."

■8. 미치오 카쿠(Michio Kaku)의 'Star Makers,' 〈Cosmos no.7(2006)〉, p.12.에서 인용.

■9. SETI의 연구원들은 칼 세이건(Carl Sagan)이 남긴 명언을 자주 인용한다. "증거가 없다고 해서 존재하지 않는 것은 아니다(Absence of evidence is not evidence of absence)." 이것은 칼 세이건의 저서《유령이 출몰하는 세상(Demon-Haunted World)》에서 오류나 가짜 과학을 가려내는 '엉터리 탐지 장치(Baloney Detection Kit)'와 함께 언급된 말이다. 외계인을 발견하지 못한 이유(즉, 탐지에 실패한 이유)는 여러 가지로 설명될 수 있는데, "외계인이 존재하지 않는다"는 것은 그 많은 설명들 중 하나에 불과하다. 그 외에도 수많은 가능성이 있지만, 우리의 상상력이 그것을 따라가지 못하는 것뿐이다. 게다가 남은 가능성들은 '증거가 없다'는 이유만으로 폐기될 수 없는 것들이다. 외계인의 존재를 확인하려면 지금과는 확끈하게 다른 새로운 실험 방법을 개발할 필요가 있다.

11장 | 거대한 종말

■ 1. 에드윈 허블(Edwin Hubble)은 당대 천문학의 대가였지만, 그가 예측한 은하까지의 거리와 우주 팽창 이론은 처음부터 문제가 많았다. 그 주된 이유는 세페이드 변광성에 두 가지 종류가 있다는 사실을 몰랐기 때문이다. 또한 허블은 성단을 관측하면서 하나의 별을 관측하고 있다고 생각한 적도 있었다. 그가 초기에 관측한 자료에 따르면 은하수는 다른 어떤 은하보다 컸으며, 팽창 속도로부터 추정한 우주의 나이는 약 20억 년이었다. 그런데 방사성 동위 원소의 함량으로부터 추정된 지구의 나이는 약 30억 년이므로, 우주가 지구보다 젊다는 심각한 모순을 낳는다. 이것은 팽창 속도를 실제보다 7배나 크게 잡았기 때문에 생긴 오차로서, 훗날 더욱 정밀한 관측을 통해 수정되었다. 그러나 허블은 초기의 실수에도 불구하고 천문학의 대부로서 확고한 입지를 굳혔다.

■ 2. 현대 우주론은 우주가 균질하고(homogeneous) 등방적임을(isotropic) 가정하고 있다. 균질하다는 것은 우리 근처의 우주 공간이 우주 안에 있는 임의의 다른 공간과 평균적으로 동일하다는 뜻이다. 그러므로 우리의 눈에 보이는 팽창은 다른 은하에서 본 팽창과 동일하다. 그러나 우주의 균질성을 증명하기란 결코 쉽지 않다. 우주 곳곳을 일일이 돌아다니면서 확인할 수가 없기 때문이다. 설령 충분히 멀리 간다 해도, 그곳까지 가는 데 엄청난 시간이 소요되었을 것이므로 동시대의 고향 공간과 비교할 수가 없다. 우주가 등방적이라는 것은 어떤 방향을 바라봐도 우주가 동일하다는 것인데, 이 가정은 다양한 방향으로 관측을 시도한 결과 거의 사실로 확인되었다.

■ 3. ^{3}He와 중수소(deuterium), 그리고 리튬(Li)도 빅 뱅과 함께 생성되었으며, 현재 우주에 존재하는 이들의 양은 빅 뱅 이론의 모형과 매우 정확하게 일치한다. 빅 뱅이 일어나던 무렵에 리튬보다 무거운 물질이 생성되지 않은 이유는 우주가 너무 빠르게 팽창하면서 핵융합이 일어날 수 없을 정도로 식었기 때문이다.

■ 4. 스티븐 호킹은 중력 이론 속에 블랙홀 형태의 종말 이론이 포함되어 있다고 주장했다. 블랙홀에는 무한대의 온도와 밀도라는 특이점(singularity)이 존재하기 때문이다. 빅 뱅 우주론도 이와 비슷한 문제점을 안고 있다. 팽창 과정을 역으로 되돌리면 온도와 밀도가 무한대인 상태에 도달하게 되는데, 팽창을 설명하는 일반 상대성 이론으로는 빅 뱅의 초기 상태를 계산할 수 없다.

■ 5. 특수 상대성 이론에 의하면 두 관성계(inertial frame) 사이에서 오가는 임의의 신호는 빛보다 빠를 수 없다. 그러나 우주를 지배하는 것은 일반 상대성 이론이고, 이 이론에서는 속도의 한계가 없다. 우주의 두 지점은 광속보다 빠르게 멀어질 수 있으며, 그 결과 두 지점에서 가운데를 향해 방출된 광자는 뒤로 갈 수도 있다.

■ 6. 빅 뱅의 경계는 공간보다 시간으로 따지는 것이 더 정확하다. 빅 뱅 이후로 어떤 곳에서 빛이 방출되었다면, 그 빛이 우주의 나이보다 짧은 시간 안에 우리에게 도달할 수 있어야 그

'어떤 곳'을 볼 수 있다. 빛이 아직 도달하지 않았다고 해서 그곳에 공간이 없는 것은 아니다.

■ 7. 은하와 퀘이사, 그리고 마이크로파 배경 복사의 관측 결과는 국소 기하학적 구조에 따라 크게 달라진다. 광역 기하학적 구조는 측정이 불가능할 수도 있기 때문에 '어느 곳을 보아야 할지'를 이론적으로 먼저 알아내는 것이 중요하다. 수학자들은 계산이 지나치게 어려워지는 것을 방지하기 위해 우주가 측지적으로 완벽한 다양체(manifold)라고 가정하고 있다. 즉, 공간상의 어떤 두 점도 최단 거리로 연결할 수 있다는 뜻이다. 파열된 공간을 '위상학적 결함(topological defect)'이라고 하는데, 이런 공간에서는 계산이 매우 어려워진다. 실린더(원통)와 축구공, 뿔 등은 높은 대칭성을 갖고 있으며, 양(또는 음)의 곡률을 가진 3차원 공간의 기본적 형태이다.

■ 8. 정상 입자들(양성자, 중성자 등)은 다른 말로 '바리온(baryon)'이라 불린다. 바리온은 그리스어로 '무겁다'는 뜻이다. 우주에 존재하는 바리온의 양은 빅 뱅 이론으로 추정할 수 있는데, 관측 가능한 우주(500억 개의 은하와 모든 별)에 존재하는 바리온의 양을 모두 합해도 이론적 예상치의 10%밖에 안 된다. 나머지의 대부분은 은하들 사이에 퍼져 있는 뜨거운 기체 속에 들어 있을 것으로 예상되고 있다.

■ 9. 암흑 에너지의 경우, 초신성을 표준 전구(standard lightbulb)로 사용하는 데서 오류가 발생할 가능성이 가장 크다. 멀리 있는 초신성은 매우 희미하기 때문에 은하 사이의 넓은 공간에 퍼져 있는 먼지가 조금만 방해를 해도 큰 오차가 발생할 수 있다. 그러나 천문학자들은 정밀한 관측을 통해 "초신성의 빛이 먼지 때문에 실제보다 붉게 보이는 경우는 없다"는 사실을 알게 되었다. 또 다른 가능성은 초신성의 에너지 역학이 시간에 따라 변할 수도 있다는 점인데, 이것은 아마도 기체 속에 무거운 원소들이 꾸준히 유입되고 있기 때문일 것이다. 그러나 지금까지 초신성에서 비정상적인 현상이 발견된 사례가 없으므로, 이들은 우주 팽창을 가늠하는 가장 정확한 지표로 계속 사용될 것이다.

■ 10. M. Busha, A. Evard, and F. Adams, 'The Asymptotic Form of Cosmic Structures: Small-Scale Power and Accretion History,' 〈The Astrophysical Journal 665(2007)〉, p. 1.

■ 11. 우주론 학자들은 우주의 팽창 속도가 비교적 최근에 '감속'에서 '가속'으로 바뀐 것을 예의 주시하고 있다. 여기서 최근이라 함은 우주 역사의 절반 이상이 지난 시점이라는 뜻이다. 이로부터 유추할 수 있는 사실 중 하나는 암흑 에너지와 암흑 물질의 규모와 영향력이 3배 이내로 비슷하다는 것이다. 이들은 물리학적 기본이 다르기 때문에, 3배 정도면 매우 비슷한 수치이다. 만일 암흑 에너지의 규모가 훨씬 컸다면 우주는 너무 빠르게 팽창해서 어떤 천체도 생성되지 못했을 것이고, 생명체도 탄생하지 못했을 것이다.

■ 12. R. Caldwell, M. Kamionkowski, and N. Weinberg, 'Phantom Energy: Dark Energy with W<-1 Causes a Cosmic Doomsday,' 〈Physical Review Letters 91(2003)〉

■ 13. 2008년 12월 16일 데니스 오버바이(Dennis Overbye)의 〈뉴욕 타임스〉 인터뷰에서 발췌.

■ 14. 블랙홀의 증발은 아직 관측되지 않았다. 별만 한 크기에서 은하 중심에 있는 괴물에 이르기까지, 현재 알려진 모든 블랙홀은 뜨거운 기체와 별들에 둘러싸여 있으며, 이들 중 상당수는 주변 물질을 크게 가속시키고 있다. 이 모든 효과들이 한데 어우러져서 관측을 방해하고 있기 때문에, 지구에서 호킹 복사를 감지하기란 거의 불가능하다. 굳이 관측을 하고 싶다면 블랙홀의 사건 지평선 근처까지 가는 수밖에 없다.

12장 | 다시, 새로운 우주로

■ 1. 인식론적 측면에서 볼 때, 우주의 환경이 생명체에게 알맞게 갖춰져 있다는 생각은 논란의 여지가 있다. 이론 자체의 오류에 의해 잘못된 결론이 내려졌는데, 그것이 어설픈 추측과 맞아떨어질 수도 있기 때문이다. 우리는 현재 알려진 이론으로부터 내려질 수 있는 모든 결론을 아직 이해하지 못해서 경이로움을 느낄 수도 있고, 이론이 일상적인 경험의 세계를 넘어선 영역까지 포함하고 있어서 경이로움을 느낄 수도 있다. 경이롭다고 해서 반드시 거기에 깊은 의미가 있다는 보장은 없으며, 굳이 새로운 이론을 찾을 필요도 없다.

■ 2. Michael Frayn, 《The Human Touch》 (New York: Henry Hilt, 2006).

■ 3. J. Barrow, F. Tipler, and J. Wheeler, 《The Cosmological Anthropic Principle》 (Oxford, England: Oxford University Press, 1988).

■ 4. Martin Rees, 《Before the Beginning: Our Universe and Others》 (New York: Simon and Schuster, 1997).

■ 5. 2005년 '최종 이론의 전망'이라는 주제로 개최된 케임브리지 대학 학회, 스티븐 와인버그(Steven Weinberg)의 개막 강연에서 발췌. 나중에 《Universe or Multiverse? ed. B. Carr》 (Cambridge, England: Cambridge University Press, 2006)로 출판되었다. 그러나 끈 이론과 다중 우주 이론에 대한 의구심은 학자들 사이에서 꾸준히 증가하고 있다. 피터 보이트(Peter Woit)의 《Not Even Wrong: The Failure of String Theory and the Search for Unity in Physical Law》 (New York: Basic Books, 2006 / 국내 번역판: 《초끈 이론의 진실》)은 끈 이론의 부정적인 측면을 부각시킨 대표적인 책이다.

■ 6. 2003년 3월 26일에 스탠퍼드 대학에서 "단일 우주인가, 다중 우주인가(Universe or Mutiverse)"라는 주제로 개최된 학술회의에서 오갔던 질문과 응답. Peter Chou가 편집하여 WisdomPortal.com에 게시.

■7. Freeman Dyson, 'Time Without End: Physics and Biology in an Open Universe,' 〈Reviews of Modern Physics 51(1979)〉, p.447.

■8. P. Steinhardt and N. Turok, 'A Cyclic Model of the Universe,' 〈Science 296(2002)〉, p.1436.

■9. S, Lloyd, 'The Ultimate Physical Limits to Computation,' 〈Nature 406(2000)〉, p.1047.

| 옮긴이의 말 |

만물의 삶과 죽음을 응시하다

이 책의 주제는 '죽음'이다. 미생물에서 식물과 동물의 죽음, 인간과 생태계의 죽음, 지구와 태양계, 은하계의 죽음, 그리고 최종적으로 우주의 죽음을 다루고 있다. 원래 살아 있는 것만 죽을 수 있으니, 따지고 보면 우주의 모든 만물이 삶과 죽음을 경험하는 셈이다.

이 세상에 종말을 반기는 사람은 없기에, 무언가의 일생에 '주기cycle'의 개념을 도입하면 사고의 영역이 확장되면서 커다란 안도감을 느끼게 된다. 초끈 이론superstring theory의 브레인 세계 가설brane-world scenario에 의하면 우주는 빅 뱅으로 탄생한 후 빅 크런치big crunch나 빅 립을 맞으면서 영영 끝나는 것이 아니라, 거대한 주기로 탄생과 소멸을 반복한다고 한다. 물론 이것은 하나의 가설에 불과하지만, 과거의 '일회용' 우주론보다는 분명히 매력적인 이론이다. 은하와 별도 탄생과 소멸을 반복한다. 지금의 태양이 죽은 뒤 똑같은 태양으로 다시 부활하는 것은 아니지만, 죽음의 잔해들이 어딘가에 다시 유입되어 새로 태어날 별의 씨앗이 되는 것이다. 지구도 예외는 아니어서 생태계의 환경은 지난 수십억 년 동안 삶과 죽음을 여러 차례 반복해왔고, 그 와중에 수많은 종이 탄생했다가 사라졌다. 물론 지구 자체는 훗날 태양이 적색 거성이 되었을 때 그 안으로 흡수되어 낱낱이 분해되었다가 새로운 천체의 탄생에 기여하게 될 것이다.

이쯤 되면 이 세상에 진정한 죽음은 없는 것 같다. 그러나 생명은 어떻게 되는가? 위와 같은 맥락에서 따져 보면 생명체의 죽음도 새로운 시작을 의미한다. 우리의 몸을 이루고 있던 모든 성분들이 낱낱이 분해되어 다른 생명체나 생태계 속으로 흡수되기 때문이다. 그러나 생명을 우주 최고의 가치로 삼고 있는 사람들에게 이런 식의 설명은 별로 위로가 되지 않는다. 그래서 우리의 선조들은 가까운 자연 환경과 천체의 움직임에서 뚜렷한 주기를 발견한 후, 인간의 삶에 '윤회'라는 독특한 주기론을 도입했다. 그러나 윤회는 생물학적 주기 운동이 아니라 과학적으로 실체를 검증할 수 없는 영혼의 주기 운동이기 때문에, 과학적 탐구 대상이 될 수 없다.

생명의 윤회를 과학의 영역으로 유입하는 데 실패한 과학자들은 차선책으로 삶의 기간을 연장하고 질을 높이는 데 총력을 기울여 왔다. 그 결과 지난 100년 사이에 인간의 평균 수명은 두 배 가까이 길어졌고 노동량은 크게 줄어들었다. 그러나 여분의 시간이 늘어났다고 해서 삶의 질이 높아지는 것은 아니다. 나는 이것이 과학의 한계라고 생각한다. 지금의 과학은 좋은 삶을 누리기 위해 '반드시 해야 할 일'을 알려주는 게 아니라, 주로 '해서는 안 될 일'을 열거하고 있기 때문이다. 다시 말해서 인간의 삶과 죽음에 관한 한, 과학은 지극히 소극적인 자세를 취할 수밖에 없다는 이야기다.

과학적인 관점에서 볼 때 생명체의 죽음은 진화의 대가代價이다. 미생물이 단성 생식을 하던 시절에는 모든 후손들이 모체와 완전히 동일하여 진화의 여지가 없는 대신 영원히 살 수 있었다. 그러나 다른 개체와 유전자를 섞어서 우수한 후손을 생산하는 양성 생식이 개발된 후로 자연사의 필요성이 대두되었다. 양성 생식을 하면 개체 수가 대책 없이 증가하기 때문에, 부모들은 새로운 세대를 위해 어쩔 수 없이 죽어야 했던 것이다. 물론 시스템 전체를 놓고 보면 후자가 훨씬 더 효율적이다. 생태계에 돌발 변수가 나타났을 때 종의 생존 확률이 훨씬 높기 때문이다. 그러나 거시적인 안목으로 죽음을 논하는 것은 '나무를 직접 보기가 두려워 먼 거리에서 숲을 논하는' 것과 비슷하다. 저자도 말했듯이 죽음은 지극히 개인적인 사건이기에, 그것이 후손을 위한 것이건 생태계의 안정을 위한 것이건 한 개인에게 죽음은 우주의 종말과 다를 것이 없다. 그것을 초연하게 받아들이고 싶다면 과학이 아닌 다른 곳에서 비결을 찾아야 할 것이다.

우주의 역사에서 인간이 존재해 온 시기는 도표에 표시하기 어려울 정도로 너무나 짧다. 그러나 인간이 있었기에 우주의 역사를 알게 되었고, 그 앞날을 예견할 수도 있게 되었다. 인간이 없었어도 우주는 나름대로 진화의 수순을 밟아 가겠지만, 그것을 관측하고 인지하는 주체가 없다면 지금과는 전혀 다른 세상이 될 것이다. 소리가 존재하는 것은 그것을 들어줄 귀가 있기 때문이고, 빛이 존재하는 것은 그것을 보는 눈이 있기 때문이다. 우주를 아무리 객관적인 시각으로 바라보려고 애를 써도, 인간의 오감이 존재하는 한 우리는 적극적인 참여자일 수밖에 없다. 이것은 책의 후반부에 소개된 인류 원리anthropic principle나 양자 역학의 관측 역설measurement paradox과도 일맥상통한다. 그렇다면 한 생명체가 죽을 때마다 우주의 일부분도 죽는 것일까? 모든 생명체가 사라지면 우주도 사라지는 것은 아닐까? 오스트리아의 물리학자 에른스트 마흐Ernst Mach는 "우주의 질량이 모두 사라지고 한 물체만 남는다면, 그 물체의 등속 운동과 가속 운동을 구별할 수 없다"고 했다. 훗날 발표된 아인슈타인의 등가 원리equivalence principle에 의해 중력과 가속 운동이 동일한 결과를 낳는다는 사실이 알려졌으니, 중력이 없으면(질량이 없으면) 가속 운동도 없다는 마흐의 주장은 꽤 설득력이 있다. 논리의 비약일지는 모르겠으나, 역자는 우주에서 생명체의 역할도 이와 비슷하다고 생각한다. 인지 능력을 가진 생명체가 하나도 없는 우주는 붕괴되지 않은 확률 파동 함수로 가득 차 있을 뿐, 우리가 말하는 '실체reality'라는 것은 존재하지 않을 것이기 때문이다.

이 책의 저자는 생물학자가 아닌 천문학자이다. 그런데도 생명의 탄생과 죽음, 그리고 생태계의 변화에 대한 서술에 책의 반 이상을 할애했다(그 덕분에 번역하는 데 꽤 애를 먹었다). 물론 죽음의 실체를 정확하게 밝히지는 못했지만, 지극히 개인적인 사건인 '죽음'을 객관적인 시각으로 바라보는 데에는 이 책이 많은 도움이 될 것이다. 인간은 누구나 죽는다는 이유로 자신의 죽음을 어쩔 수 없이 수용하는 소극적인 자세보다, 죽음의 원인과 결과로부터 그 필연성을 이해하는 적극적인 사고를 하는 편이 삶을 더 의미 있게 만들지 않을까.

세상은 어떻게 끝나는가

2012년 1월 30일 초판 1쇄 발행
2013년 7월 5일 초판 2쇄 발행

지은이 | 크리스 임피
옮긴이 | 박병철
발행인 | 전재국

발행처 | (주)시공사
출판등록 | 1989년 5월 10일(제3-248호)

주소 | 서울특별시 서초구 사임당로 82(우편번호 137-879)
전화 | 편집 (02)2046-2864 · 영업 (02)2046-2800
팩스 | 편집 (02)585-1755 · 영업 (02)585-0835
홈페이지 | www.sigongsa.com

ISBN 978-89-527-6413-3 03400

본서의 내용을 무단 복제하는 것은 저작권법에 의해 금지되어 있습니다.
파본이나 잘못된 책은 구입한 곳에서 교환해 드립니다.